职业教育机电类技能人才培养规划教材
ZHIYE JIAOYU JIDIANLEI JINENG RENCAI PEIYANG GUIHUA JIAOCAI

计算机辅助设计系列

CAXA制造工程师2008机械设计与加工教程

□ 吴为 主编

人民邮电出版社
北京

图书在版编目（CIP）数据

CAXA制造工程师2008机械设计与加工教程 / 吴为主编. -- 北京 : 人民邮电出版社, 2010.11（2016.2 重印）
职业教育机电类技能人才培养规划教材. 计算机辅助设计系列
ISBN 978-7-115-23921-1

Ⅰ. ①C… Ⅱ. ①吴… Ⅲ. ①机械设计－计算机辅助设计－应用软件，CAXA 2008－职业教育－教材 Ⅳ. ①TH122

中国版本图书馆CIP数据核字(2010)第189004号

内容提要

全书共 6 个项目。项目 1——认识 CAXA 制造工程师 2008，介绍软件的用户界面及软件基本功能；项目 2——绘制线框造型图，以 3 个平面图形的案例贯穿整个项目，讲解曲线绘制的相关命令；项目 3——创建曲面造型，以 4 个案例全面引导出曲面造型的命令及操作方法；项目 4——创建实体造型，以 7 个典型零件的案例，穿插有关实体造型的命令及操作；项目 5——创建曲面实体混合造型，通过 3 个案例介绍实体与曲面的衔接命令，使读者学会曲面和实体混合造型的方法，提高造型的综合应用能力；项目 6——零件加工，以 7 个案例的零件及模具的加工为主线，完整地介绍零件造型、设置加工参数、生成刀具轨迹、轨迹仿真加工、生成 G 代码和生成工序单的全过程。在每个项目的后面，有综合练习和相关命令汇总表，便于读者复习、查询和提高应用能力。

本书可作为技工学校、职业院校机电类相关专业“计算机辅助设计与制造”课程的教材，也可作为相关工程技术人员的参考书。

职业教育机电类技能人才培养规划教材

计算机辅助设计系列

CAXA 制造工程师 2008 机械设计与加工教程

♦ 主　　编　吴　为
　责任编辑　刘盛平
♦ 人民邮电出版社出版发行　　北京市丰台区成寿寺路 11 号
　邮编　100164　　电子邮件　315@ptpress.com.cn
　网址　http://www.ptpress.com.cn
　中国铁道出版社印刷厂印刷
♦ 开本：787×1092　1/16
　印张：18.25　　　　2010 年 11 月第 1 版
　字数：464 千字　　　2016 年 2 月北京第 5 次印刷

ISBN 978-7-115-23921-1

定价：32.00 元

读者服务热线：(010)81055256　印装质量热线：(010)81055316
反盗版热线：(010)81055315
广告经营许可证：京崇工商广字第 0021 号

BIANWEIHUI

职业教育机电类技能人才培养规划教材

随着我国制造业的快速发展，高素质技术工人的数量与层次结构远远不能满足劳动力市场的需求，技术工人的培养培训工作已经成为国家大力发展职业教育的重要任务。为此，中共中央办公厅、国务院办公厅印发了《关于进一步加强高技能人才工作的意见》（中办发［2006］15号）的通知。目前，各类职业院校主动适应经济社会发展要求，积极开展教学研讨，探索更加适合当前技能人才需求的教育培养模式，对中高级技能人才的培养和培训工作起到了积极的推动作用。

职业教育要根据行业的发展和人才的需求，来设定人才的培养目标。当前各行业对技能人才的要求越来越高，而激烈的社会竞争和复杂多变的就业环境也使得职业教育学生只有切实地掌握一技之长才能实现就业。但是，加强技能培养并不意味着弱化或放弃基础知识的学习；只有扎实地掌握相关理论基础知识，才能自如地运用各种技能，进而进行技术创新。所以，如何解决理论与实践相结合的问题，走出一条理实一体化的教学新路，是摆在职业教育工作者面前的一个重要课题。

我们本着为职业教育教学改革尽一份社会责任之目的，依据职业教育专家的研究成果，依靠技工学校老师和企业一线工作人员，共同参与“职业教育机电类技能人才教学方案研究与开发”课题研究工作。在对职业教育机电大类专业教学进行规划的基础上，我们的课题研究以职业活动为导向、以职业能力为核心，根据理论知识够用、强化技能训练的原则，将理论和实践有机结合，开发出机电类技能人才培养专业教学方案，并制定出每门课程的教学大纲，然后组织教学一线骨干教师进行教材的编写。

本套教材针对不同课程的教学要求采用“理实相结合”或“理实一体化”两种形式组织教学内容，首批55本教材涵盖2个层次（中级工、高级工），3个专业（数控技术应用、模具设计与制造、机电一体化）。教材内容统筹规划，合理安排知识点与技能训练点，教学内容生动活泼，尽可能使教材体系与编写结构满足职业教育机电类技能人才培养教学要求。

我们衷心希望本套教材的出版能够对目前职业院校的教学工作有所帮助，并希望得到职业教育专家和广大师生的批评与指正，以期通过逐步调整、完善和补充，使之更符合机电类技能人才培养的实际。

“职业教育机电类技能人才教学方案研究与开发”课题专家指导委员会

2009年2月

CAXA 制造工程师是由我国北航海尔软件有限公司研制开发的面向数控铣床和加工中心的计算机辅助设计与辅助制造（CAD/CAM）软件。本书是以 CAXA 制造工程师 2008 软件为版本编写的。在认真总结、吸取相关 CAD/CAM 软件应用教材的基础上，本书坚持“以就业为导向，以能力为本位”的主导思想，突出应用性和可操作性，力争在教材内容、教材体系结构、教材案例等方面有特色和创新，使之成为能体现现代职业教育理念的新型教材。

教材编写，以突出应用性和可操作性为宗旨。采用任务驱动式，以实例带命令和操作，减少空洞的理论说教，增加了可理解性和可操作性。讲述简明扼要，每个案例的操作以流程图的形式体现，步骤清晰、便于学习掌握。通过一个案例的操作，即完成若干命令的学习；完成全项目中案例的操作，即学习了该项目的知识内容。

教材中的案例，源自典型的工业产品零件，典型的机械零件，相关行业考核的图例，如数控中级工、高级工、数控工艺员等。

本教材适合作为中职现代制造类专业的课程教材，也可作为高职学生的工程训练用书、企业相关培训用书及工程技术人员的参考书。

本书由吴为任主编并编写项目 1 和项目 2，冯志群编写项目 3 和项目 4，张春卿编写项目 5 和项目 6。

由于编者的水平和经验有限，书中难免存在欠妥和错误之处，恳请读者指正。

编者

2010 年 7 月

CONTENTS
目录

认识CAXA制造工程师2008

CAXA 制造工程师是由我国北航海尔软件有限公司研制开发的面向数控铣床和加工中心的计算机辅助设计与辅助制造（CAD/CAM）软件。该软件提供了从造型、设计到加工代码生成、加工仿真、代码校验等一体化的解决方案。

任务1　了解软件的主要功能

CAXA 制造工程师 2008 是 CAXA 制造工程师 2006 的升级版本，对原版本的功能做了增强和改进，新增加了部分加工功能。

一、CAXA 制造工程师 2008 软件的主要功能

1．特征实体造型

实体造型主要有拉伸、旋转、导动、放样、倒角、圆角、打孔、筋板、拔模、分模等特征造型方式，可以将二维的草图轮廓快速生成三维实体模型。实体造型样例如图 1.1 所示。

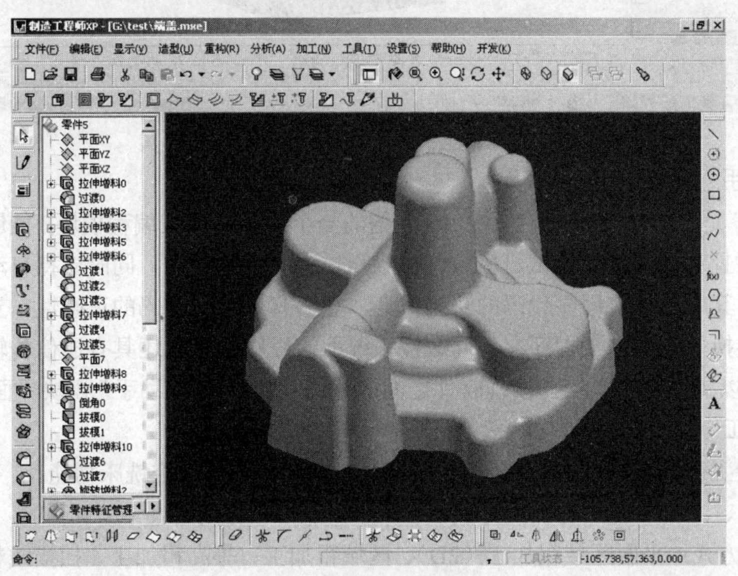

图 1.1　实体造型样例

2．曲面造型

系统提供多种 NURBS 曲面造型手段，可通过列表数据、数学模型、字体、数据文件及各种测量数据生成样条曲线，通过扫描、放样、旋转、导动、等距、边界网格等多种形式生成复杂曲

面，并提供了曲面线裁剪和面裁剪、曲面延伸、按照平均切矢或选定曲面切矢的曲面缝合功能、多张曲面之间的拼接功能。另外，系统还提供了强大的曲面过渡功能，可以实现两面、三面、系列面等曲面过渡方式，还可以实现等半径或变半径过渡。

3．实体与复杂曲面混合的造型

实体与复杂曲面混合的造型方法，应用于复杂零件设计或模具设计。系统提供曲面裁剪实体功能、曲面加厚成实体、闭合曲面填充生成实体功能。另外，系统还允许将实体的表面生成曲面供用户直接引用。实体曲面综合造型样例如图 1.2 所示。

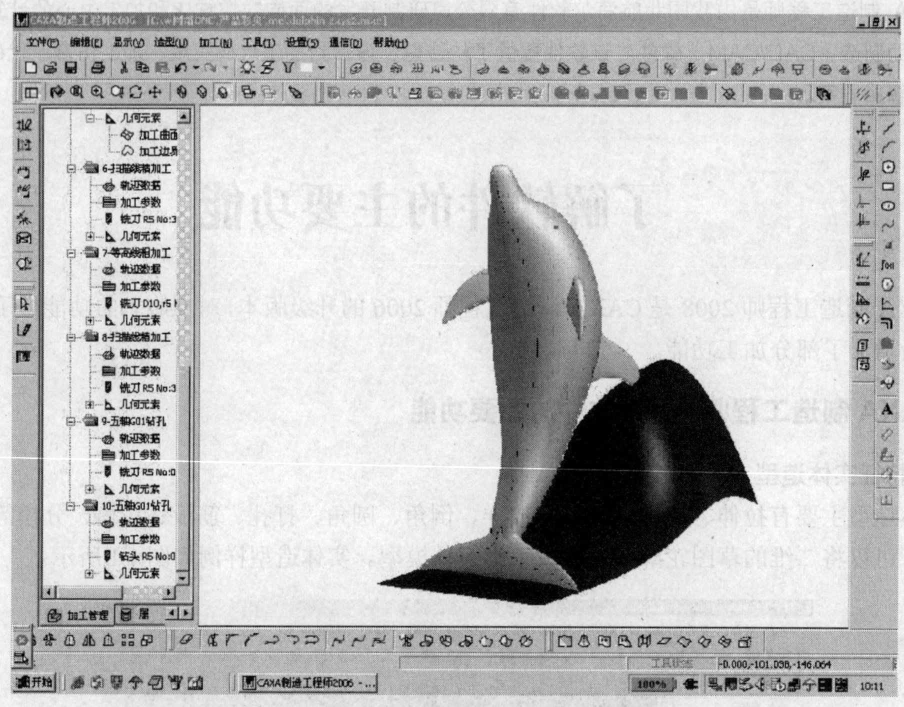

图 1.2　实体曲面综合造型样例

4．编程助手

“编程助手”是 CAXA 制造工程师 2008 新增的一个数控铣加工编程模块，能够让用户手工输入加工代码，并且对代码进行调试、校验、模拟和仿真的工具软件。同时支持自动导入代码和手工编写的代码，其中包括宏程序代码的轨迹仿真，能够有效验证代码的正确性。支持多种系统代码的相互后置转换，实现加工程序在不同数控系统上的程序共享。还具有通信传输的功能，通过 RS-232 接口可以实现数控系统与编程软件之间的代码互传。“编程助手”模块界面如图 1.3 所示。

5．数控加工

CAXA 制造工程师 2008 的加工功能涵盖了从 2 轴到 5 轴的数控铣床功能。

（1）多种粗、半精、精、补加工方式。

7 种粗加工方式：平面区域粗加工（2D）、区域粗加工、等高粗加工、扫描线粗加工、摆线式粗加工、插铣式粗加工和导动线粗加工（2.5 轴）。

14 种精加工方式：平面轮廓精加工、轮廓导动精加工、曲面轮廓精加工、曲面区域精加工、曲面参数线精加工、轮廓线精加工、投影线精加工、等高线精加工、导动精加工、扫描线精加工、限制线精加工、浅平面精加工、三维偏置精加工和深腔侧壁精加工。

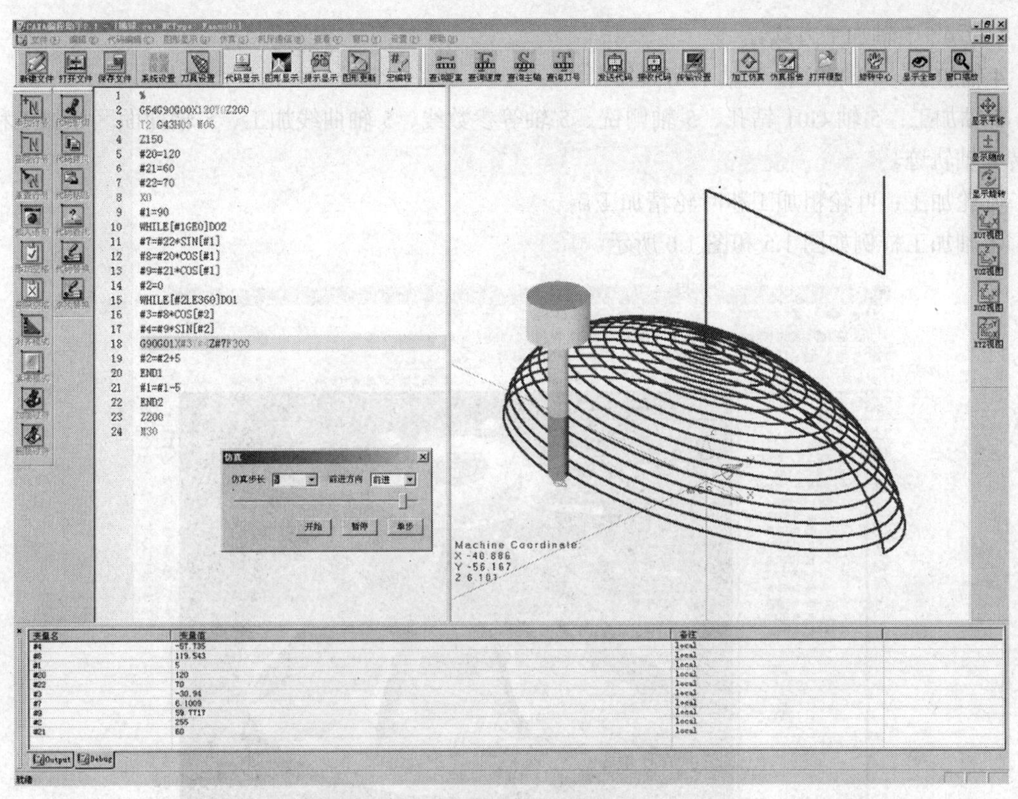

图 1.3 “编程助手”模块界面

3 种补加工：等高线补加工、笔式清根加工和区域补加工。

2 种槽加工：曲线式铣槽加工和扫描式铣槽加工。

刀具轨迹设置样例如图 1.4 所示。

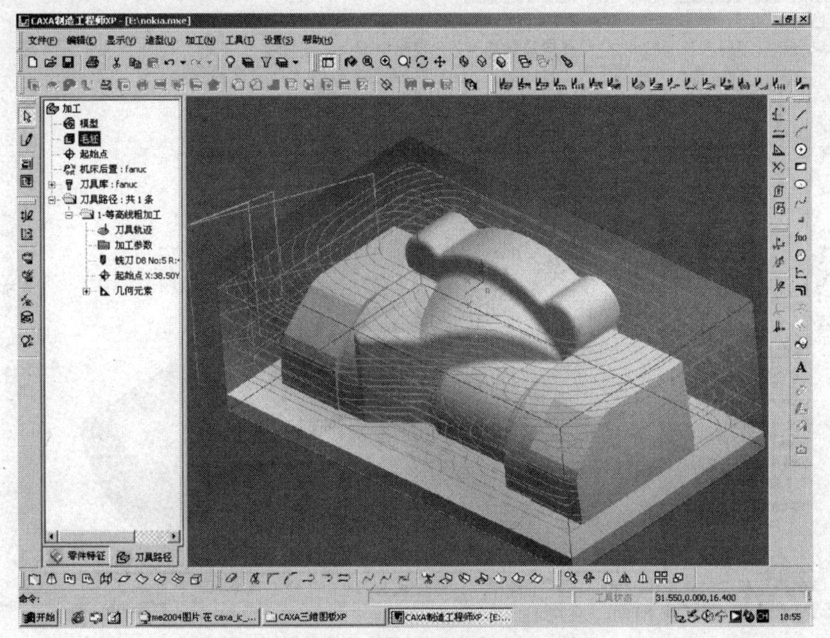

图 1.4 刀具轨迹设置样例

（2）4～5 轴加工方式。

4 轴加工：4 轴曲线、4 轴平切面加工。

5 轴加工：5 轴 G01 钻孔、5 轴侧铣、5 轴等参数线、5 轴曲线加工、5 轴曲面区域加工和 5 轴转 4 轴轨迹。

叶轮加工：叶轮粗加工和叶轮精加工。

多轴加工样例如图 1.5 和图 1.6 所示。

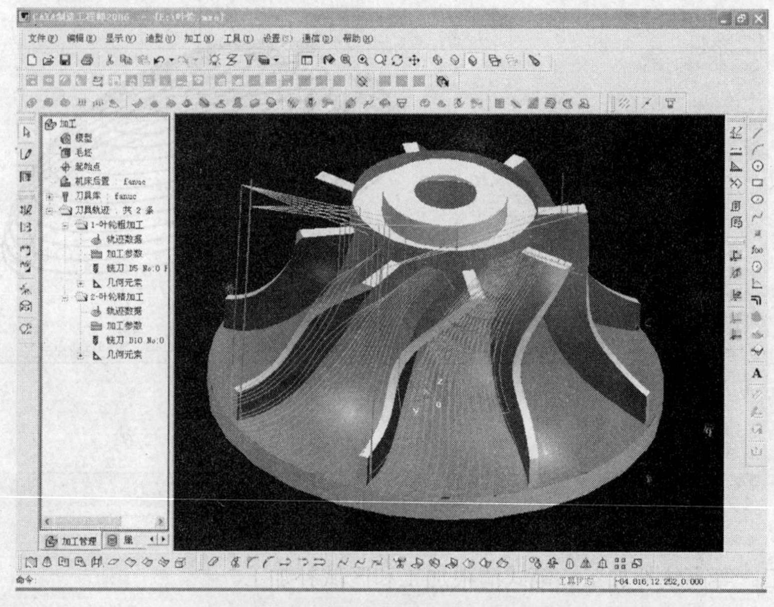

图 1.5　叶轮加工刀具轨迹设置样例

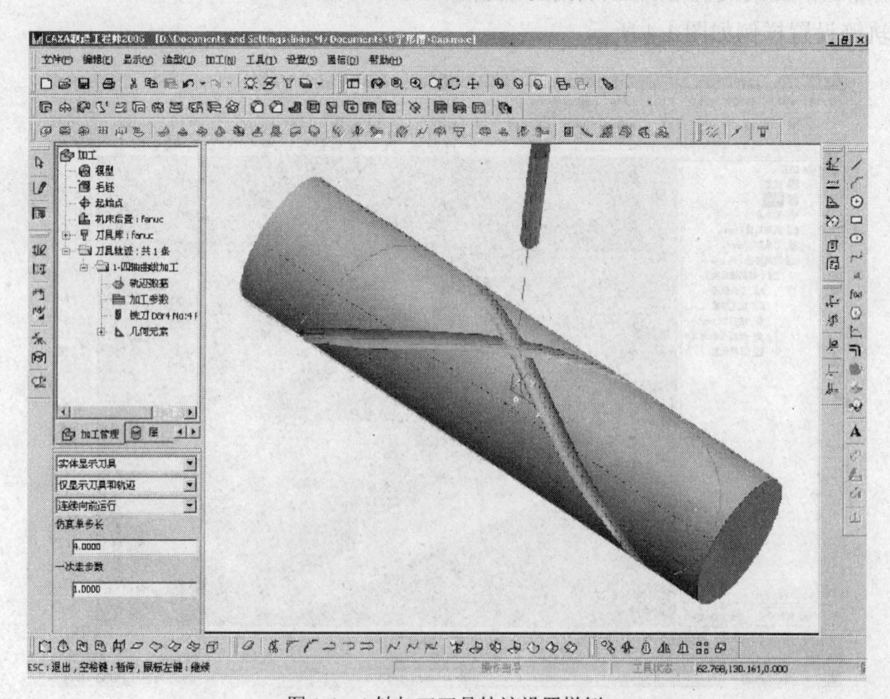

图 1.6　4 轴加工刀具轨迹设置样例

6．宏加工

系统提供倒圆角加工，可生成加工圆角的轨迹和带有宏指令的加工代码，可以充分利用宏程序功能，使得倒圆角的加工程序变得非常简单、灵活。

7．知识加工

运用知识加工，经验丰富的编程者可以将加工的步骤、刀具及工艺条件进行记录、保存和重用，大幅度提高编程效率和编程的自动化程度；数控编程的初学者可以快速学会编程，共享经验丰富编程者的经验和技巧。随着企业加工工艺知识的积累和规范化，形成企业标准化的加工流程。

具体应用知识加工的方法如下。

（1）设置知识库参数（生成模板）：用于记录用户已经成熟或定型的加工流程，在模板文件中记录加工流程的各个工步的加工参数，该项设置由编程和加工经验丰富的工程师来完成，设置好后可以存为一个文件，文件名可以根据自己的习惯或公司规范设置。

（2）使用知识库（应用模板）：使用知识加工，新的编程者只需观察出零件整体模型是平坦或者陡峭，直接利用已有的加工工艺和加工参数，可以很快地创建刀具轨迹，完成编程过程。

知识加工样例如图 1.7 所示。

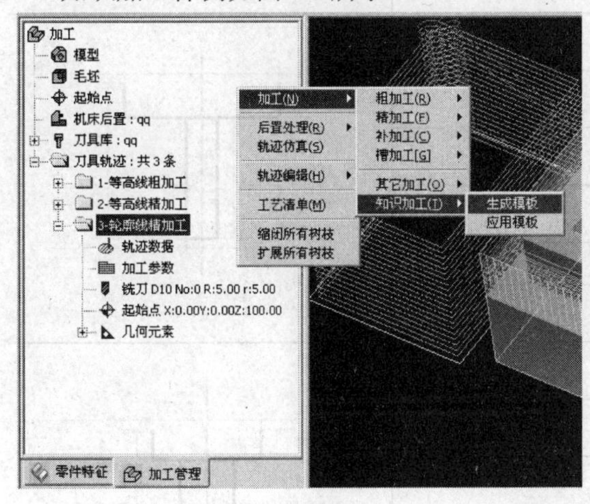

（a）生成模板

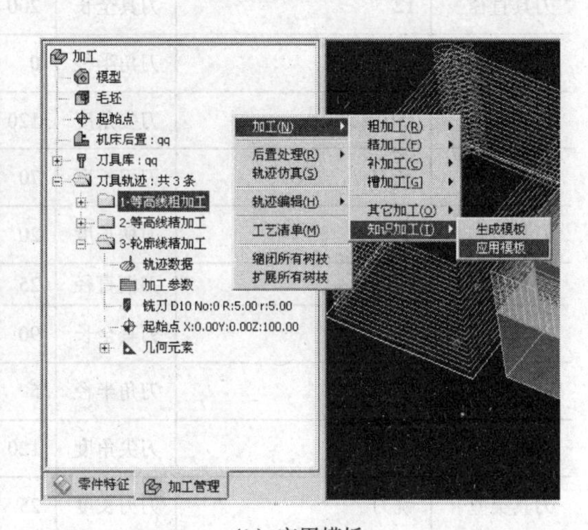

（b）应用模板

图 1.7　知识加工样例

8．生成加工工艺清单

为了满足各用户对工艺清单模板不同风格的需求，系统提供了一套关键字机制，用户结合网页制作，合理使用这些关键字，就可以生成各种风格的模板。根据模板组（\CAXAME 安装文件夹\camchart\Template 内的文件夹）中的模板文件，通过更换定义的关键字来输出加工工艺参数到指定文件夹。

根据制定好的模板，可以输出多种风格的工艺清单，其模板可以自行设计制定。刀具清单模板及清单样例如表 1.1 所示。

表 1.1　　　　刀具清单模板及清单样例

刀具顺序号	$CAXAMETOOLNO$	刀角半径	$CAXAMETOOLCORNERRAD$	$CAXAMETOOLIMAGE - 300 - 400$
刀具名	$CAXAMETOOLNAME$	刀尖角度	$CAXAMETOOLENDANGLE$	
刀具类型	$CAXAMETOOLTYPE$	刀刃长度	$CAXAMETOOLCUTLEN$	
刀具号	$CAXAMETOOLID$	刀柄长度	$CAXAMETOOLSHANKLEN$	
刀具补偿号	$CAXAMETOOLSUPPLEID$	刀柄直径	$CAXAMETOOLSHANKDIA$	
刀具直径	$CAXAMETOOLDIA$	刀具全长	$CAXAMETOOLTOTALLEN$	
刀具顺序号	1	刀角半径	5	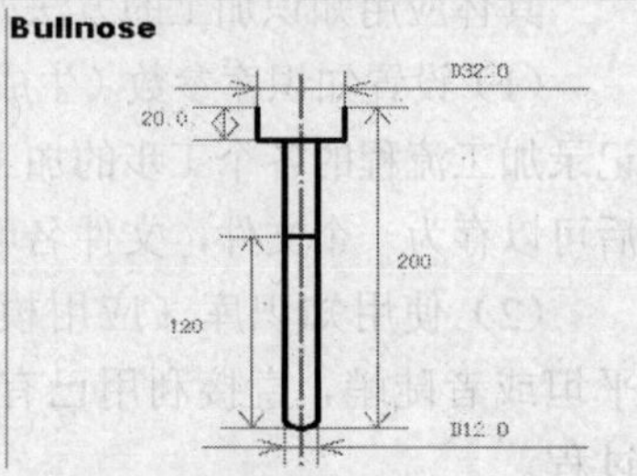 Bullnose D32.0 20.0 200 120 D12.0
刀具名	D10	刀尖角度	120	
刀具类型	铣刀	刀刃长度	120	
刀具号	0	刀柄长度	20	
刀具补偿号	0	刀柄直径	16	
刀具直径	12	刀具全长	200	
刀具顺序号	2	刀角半径	0	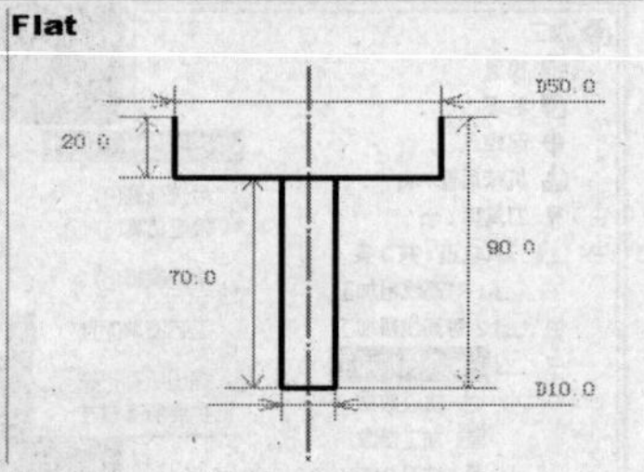 Flat D50.0 20.0 90.0 70.0 D10.0
刀具名	D10	刀尖角度	120	
刀具类型	铣刀	刀刃长度	70	
刀具号	0	刀柄长度	20	
刀具补偿号	0	刀柄直径	25	
刀具直径	10	刀具全长	90	
刀具顺序号	3	刀角半径	5	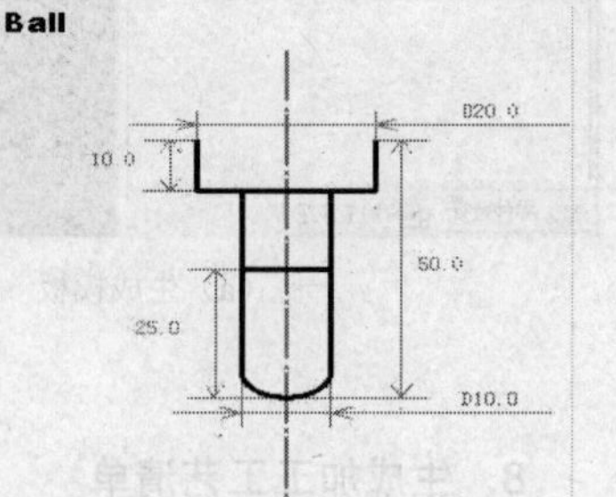 Ball B20.0 10.0 50.0 25.0 D10.0
刀具名	D10	刀尖角度	120	
刀具类型	铣刀	刀刃长度	25	
刀具号	0	刀柄长度	10	
刀具补偿号	0	刀柄直径	10	
刀具直径	10	刀具全长	50	

9．加工轨迹仿真

系统提供了轨迹仿真手段以检验数控代码的正确性。可以通过实体真实感仿真模拟加工过程，显示加工余量；自动检查刀具切削刃、刀柄等在加工过程中是否存在干涉现象。轨迹仿真样例如图 1.8 所示。

10．通用后置处理

系统提供了常见的数控系统后置格式，用户还可以自定义专用数控系统的后置处理格式，后置处理器无须生成中间文件就可直接输出 G 代码指令。系统还具有对已有 G 代码反出刀具轨迹，以检验 G 代码的正确性的功能。

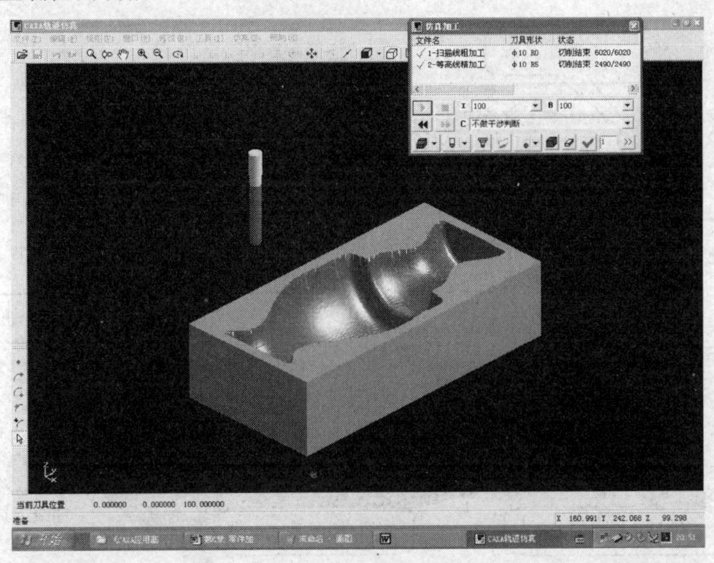

图 1.8　轨迹仿真样例

11．系统支持高速加工

用户可设定斜向切入和螺旋切入等接近和切入方式，拐角处可设定圆角过渡，轮廓与轮廓之间可通过圆弧或 S 型方式来过渡形成光滑连接，生成光滑刀具轨迹，有效地满足了高速加工对刀具路径形式的要求。

二、系统需求

运行 CAXA 制造工程师 2008 的系统需求如下。

最低要求：英特尔“奔腾”4 处理器 2.4GHz 以上 CPU，512MB 内存，10GB 硬盘。

推荐配置：英特尔“奔腾”4 处理器 2.6GHz 以上 CPU，1GB 以上内存，20GB 硬盘。

CAXA 制造工程师 2008 可运行于 Windows 2000、Windows XP 等系统平台之上。

任务2　认识用户界面

思路分析

用户界面（简称界面）是交互式 CAD/CAM 软件与用户进行信息交流的中介。系统通过界面反映当前信息状态和将要执行的操作，用户按照界面提供的信息做出判断，并经由输入设备进行下一步操作。

CAXA 制造工程师 2008 的用户界面如图 1.9 所示，它与其他 Windows 风格的软件类似，各种应用功能通过菜单和工具条驱动，状态栏指导用户进行操作并提示当前状态和所处位置，特征/轨迹树记录了历史操作和相互关系，绘图区显示各种功能操作的结果。绘图区和特征/轨迹树为用户提供了数据的交互功能。

CAXA 制造工程师 2008 工具条中每一个按钮都对应一个菜单命令，单击按钮和选择菜单命令的效果完全一样。

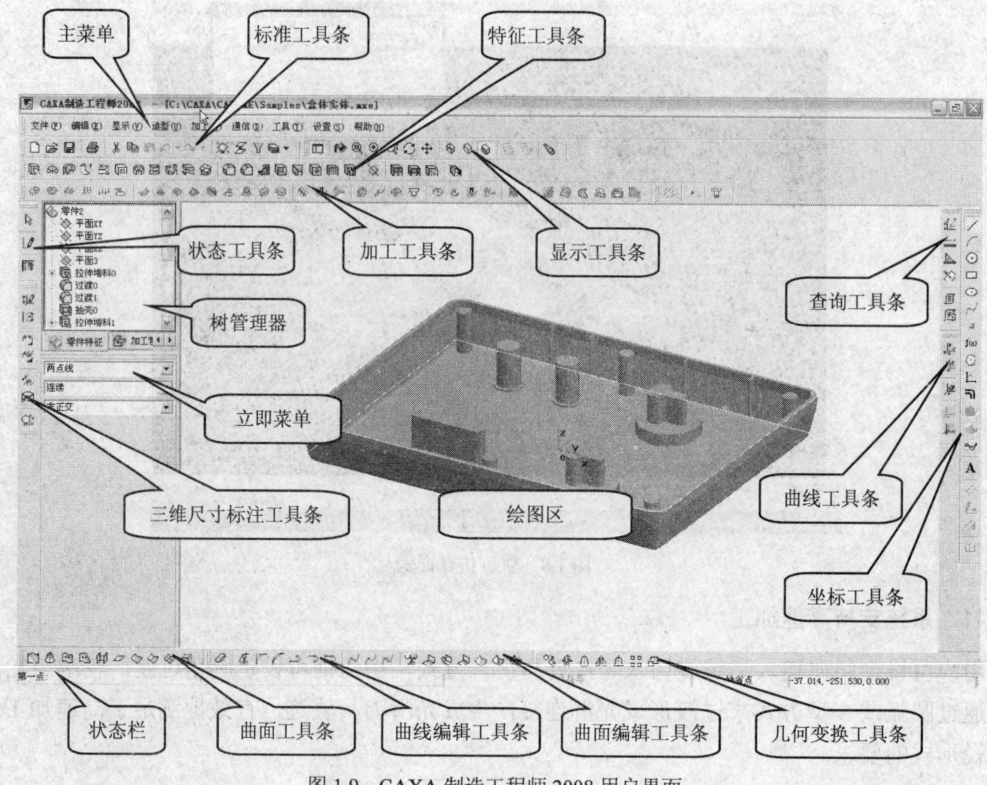

图 1.9　CAXA 制造工程师 2008 用户界面

操作步骤

步骤一　认识绘图区

绘图区是用户进行绘图设计的工作区域，它位于屏幕的中心，并占据了屏幕的大部分面积。在绘图区的中央设置了一个三维直角坐标系，该坐标系称为世界坐标系。它的坐标原点为（0.0000，0.0000，0.0000）。用户在操作过程中的所有坐标均以此坐标系的原点为基准。

步骤二　认识主菜单

主菜单是界面最上方的菜单条，单击菜单条中的任意一个菜单项，都会弹出一个下拉式菜单，指向某一个菜单项会弹出其子菜单。菜单条与子菜单构成了下拉菜单，如图 1.10 所示。

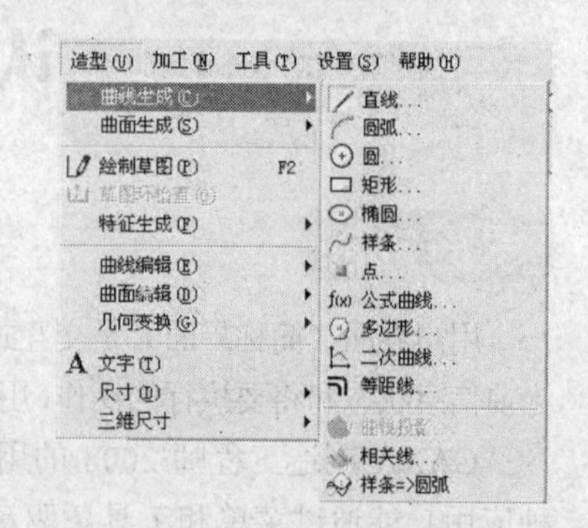

图 1.10　下拉菜单

主菜单包括文件、编辑、显示、造型、加工、通信、工具、设置和帮助 9 个部分，每个部分都含有若干个下拉菜单。

单击主菜单中的“造型 | 曲线生成 | 直线”菜单项，界面左侧会弹出一个立即菜单，并在状态栏显示相应的操作提示和执行命令状态。对除立即菜单和工具

点菜单以外的其他菜单来说，某些菜单选项要求用户以对话的形式予以回答。用鼠标单击这些菜单时，系统会弹出一个对话框，用户可根据当前操作做出响应。

步骤三 认识立即菜单

立即菜单描述了该项命令执行的各种情况和使用条件。用户根据当前的作图要求，正确地选择某一选项，即可得到准确的响应。在图 1.9 中显示的是画直线的立即菜单。

在立即菜单中，用鼠标选择其中的某一项（如“两点线”），便会在下方出现一个选项菜单或者改变该项的内容。

步骤四 认识快捷菜单

光标处于不同的位置，单击鼠标右键会弹出不同的快捷菜单。熟练使用快捷菜单，可以提高绘图速度。

将光标移到特征树中 *XY*、*YZ*、*ZX* 三个基平面上，单击鼠标右键，弹出快捷菜单如图 1.11（a）所示。

将光标移到特征树的草图上，单击鼠标右键，弹出快捷菜单如图 1.11（b）所示。

将光标移到特征树中的特征上，单击鼠标右键，弹出快捷菜单如图 1.11（c）所示。

将光标移到绘图区中的实体上单击实体，再单击鼠标右键，弹出快捷菜单如图 1.11（d）所示。

在非草图状态下，将光标移到绘图区中的草图上单击曲线，再单击鼠标右键，弹出快捷菜单如图 1.11（e）所示。

在草图状态下单击鼠标右键，弹出快捷菜单如图 1.11（f）所示。

在任意菜单空白处单击鼠标右键，弹出快捷菜单如图 1.11（g）所示。

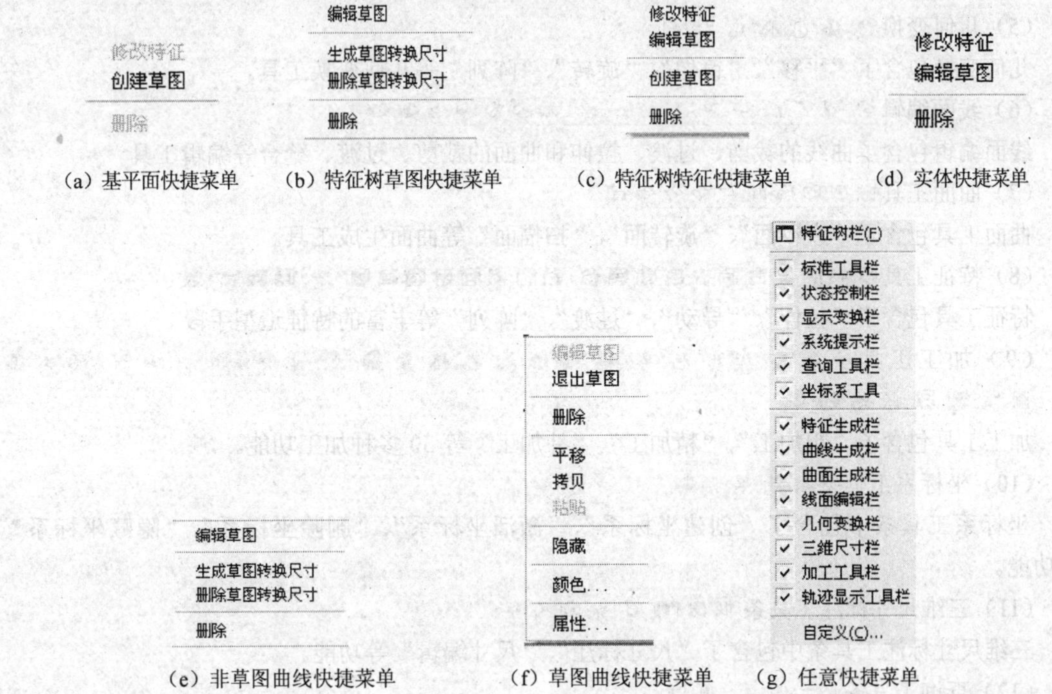

图 1.11 快捷菜单

步骤五　认识对话框

某些菜单选项要求用户以对话的形式予以回答，单击这些菜单时，系统会弹出一个对话框，如图 1.12 所示，用户可根据当前操作做出响应并填入相关参数。

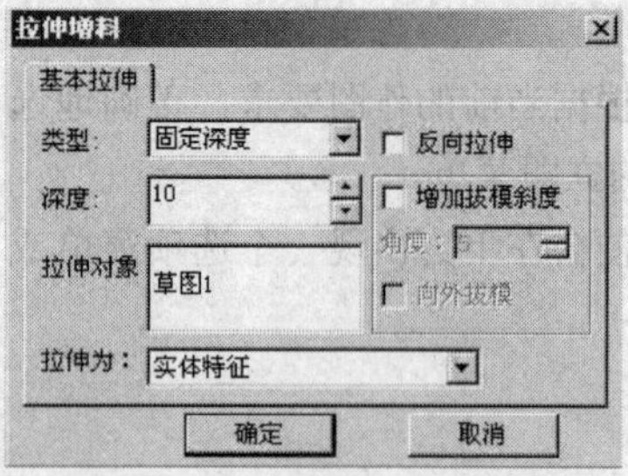

图 1.12 “拉伸增料”对话框

步骤六　认识工具条

应用工具条操作，可以通过用鼠标左键单击按钮进入相应的命令操作。系统设置了若干个工具条，用户也可通过相应的操作来定制需要的工具条。界面上的工具条包括标准工具、显示工具、状态工具、曲线工具、几何变换、线面编辑、曲面工具、特征工具等。

（1）标准工具

标准工具包含了标准的“打开文件”、“打印文件”等 Windows 按钮，也有“制造工程师”的“线面可见”、“层设置”、“拾取过滤设置”和“当前颜色”按钮。

（2）显示工具

显示工具包含了“缩放”、“移动”、“视向定位”等选择显示方式的按钮。

（3）状态工具

状态工具包含了“终止当前命令”、“草图状态开关”、“启动电子图板”和“数据接口”功能。

（4）曲线工具

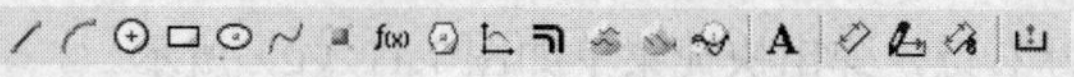

曲线工具包含了“直线”、“圆弧”、“公式曲线”等丰富的曲线绘制工具。

（5）几何变换

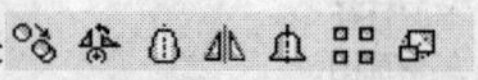

几何变换包含了“平移”、“镜像”、“旋转”、“阵列”等几何变换工具。

（6）线面编辑

线面编辑包含了曲线的裁剪、过渡、拉伸和曲面的裁剪、过渡、缝合等编辑工具。

（7）曲面工具

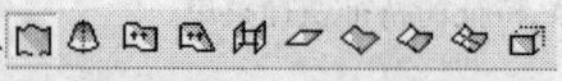

曲面工具包含了“直纹面”、“旋转面”、“扫描面”等曲面生成工具。

（8）特征工具

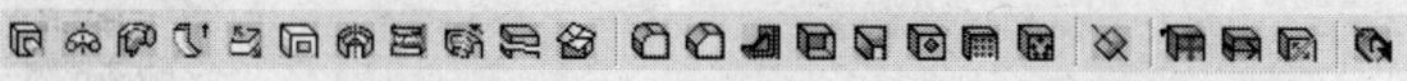

特征工具包含了“拉伸”、“导动”、“过渡”、“阵列”等丰富的特征造型手段。

（9）加工工具

加工工具包含了“粗加工”、“精加工”、“补加工”等 30 多种加工功能。

（10）坐标系工具条

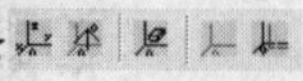

坐标系工具条中包含了“创建坐标系”、“激活坐标系”、“删除坐标系”、“隐藏坐标系”等功能。

（11）三维尺寸标注工具条

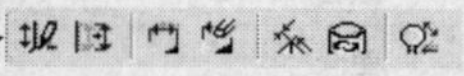

三维尺寸标注工具条中包含了“尺寸标注”、“尺寸编辑”等功能。

（12）查询工具条

查询工具条中包含了“坐标查询”、“距离查询”、“角度查询”、“属性查询”等功能。

步骤七 认识树管理器

树管理器是记录操作过程和信息的平台，也是用户的交互区域。树管理器位于界面的左侧，共有 3 个页面，即零件特征、加工管理和属性。

（1）零件特征树。零件特征树设置有初始的 3 个系统基准面：“平面 XY”、“平面 YZ”和“平面 XZ”。零件特征树同步记录了零件生成的操作过程，用户可以直接在特征树中快速地选择相应的特征或草图，如图 1.13（a）所示。

（2）加工管理树。加工管理树将包括加工模型、毛坯、起始点、机床后置、刀具库等信息记录在初始设置中，并同步记录刀具轨迹的信息，即刀具、几何元素、加工参数等信息，用户可以直接在特征树中快速地选择相应的设置加以编辑，如图 1.13（b）所示。

（3）属性树。属性树记录元素属性查询的信息，支持曲线、曲面的最大和最小曲率半径、圆弧半径等，如图 1.13（c）所示。

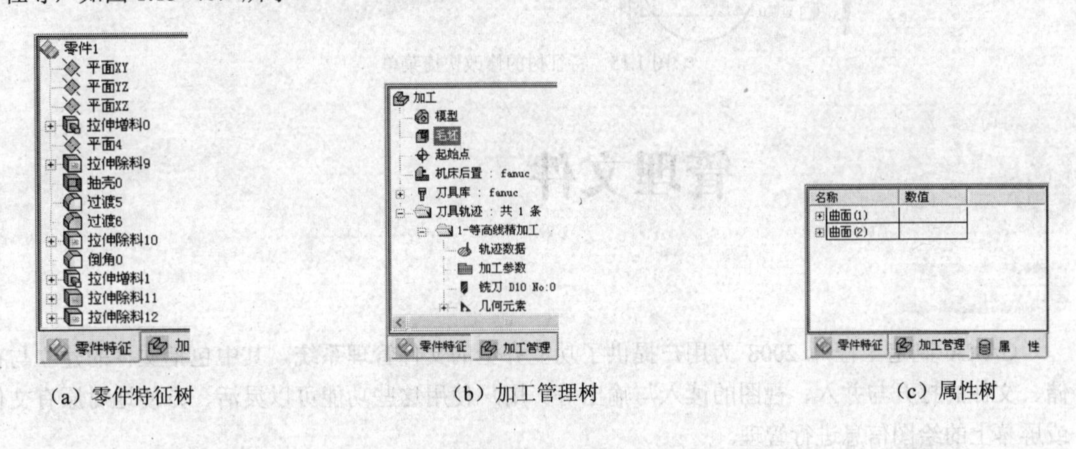

（a）零件特征树　　（b）加工管理树　　（c）属性树

图 1.13 树管理器

当鼠标对正在树管理器时，按 Tab 键可以在“零件特征”、“加工管理”和“属性”之间切换。

例如，对于笔台实体造型，特征树上记录了特征生成的 9 个步骤，如图 1.14 所示。

图 1.14 9 个特征步骤

在特征下又可分别展开下级内容，用鼠标右键单击不同的特征或草图，可以弹出特征修改快捷菜单或草图修改快捷菜单，再对特征和草图进行编辑修改，如图 1.15 所示。

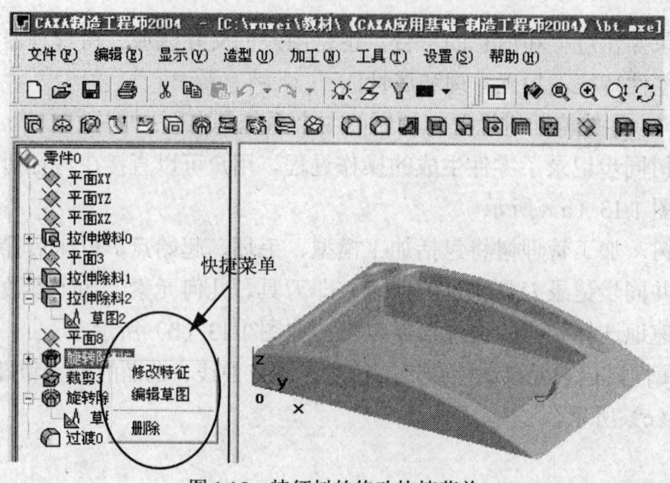

图 1.15 特征树的修改快捷菜单

任务3 管理文件

思路分析

CAXA 制造工程师 2008 为用户提供了功能齐全的文件管理系统，其中包括文件的建立与存储、文件的打开与并入、视图的读入与输出等。用户使用这些功能可以灵活、方便地对原有文件或屏幕上的绘图信息进行管理。

文件管理功能通过主菜单中的“文件”下拉菜单来实现。选择该菜单项，系统弹出一个下拉菜单，如图 1.16 所示。

选择相应的菜单项，即可实现对文件的管理操作。

操作步骤

步骤一 新建文件

单击“文件”下拉菜单中的“新建”命令，或者直接单击“标准”工具条中的□按钮，可创建新的图形文件。建立一个新文件后，用户就可以应用图形绘制、实体造型等各项功能进行各种操作。

步骤二 打开文件

打开一个已有的制造工程师存储的数据文件，并为非制造工程师的数据文件格式提供相应接口，使得在其他软件上生成的文件也可以通过此接口转换成制造工程师的文件格式，并进行处理。

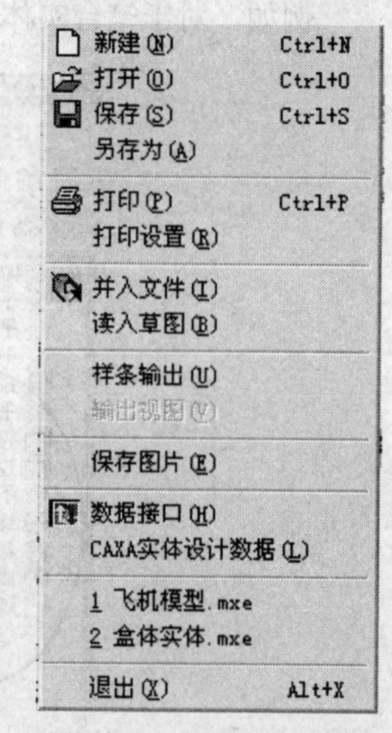

图 1.16 “文件”下拉菜单

在制造工程师中可以读入 ME 数据文件 mxe，零件设计数据文件

epb，ME1.0、ME2.0 数据文件 csn，Parasolid x_t 文件，Parasolid x_b 文件，dxf 文件，IGES 文件和 DAT 数据文件。

（1）单击“文件”下拉菜单中的“打开”命令，或者直接单击“标准”工具条中的按钮，弹出“打开”对话框，如图 1.17 所示。

（2）选择相应的文件类型并选中要打开的文件名，单击“打开”按钮，如图 1.18 所示。

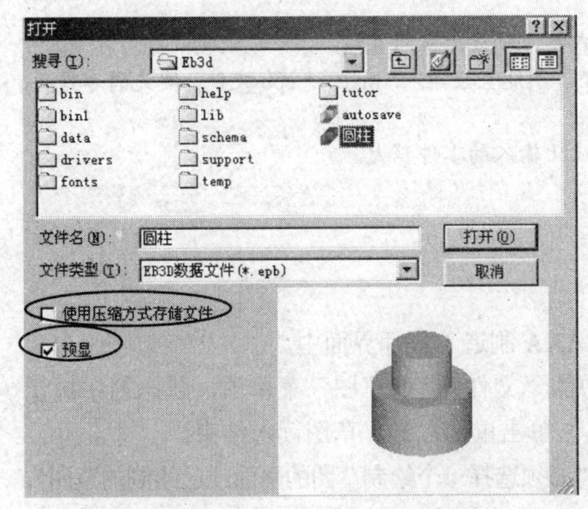

图 1.17 “打开”对话框

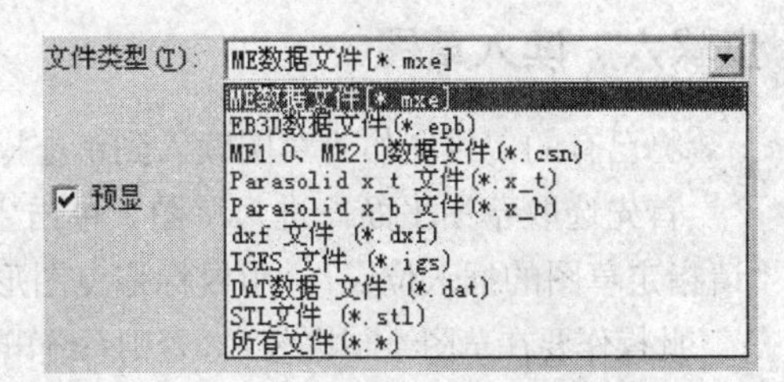

图 1.18 打开的文件类型

在“打开”对话框中，选择“使用压缩方式存储文件”复选框，将文件进行压缩后存储，容量比不压缩时要小；选择“预显”复选框，可以预览所绘制的图形的形状。

步骤三 保存文件

将当前绘制的图形及 CAM 参数信息以文件形式存储到磁盘上。

（1）单击“文件”下拉菜单中的“保存”命令，或者直接单击“标准”工具条中的按钮，如果当前没有文件名，则系统弹出一个存储文件对话框。

（2）在对话框的“文件名”文本框中输入一个文件名，单击“保存”按钮，系统即按所给文件名存盘。文件类型可以选用 ME 数据文件 mex、EB3D 数据文件 epb、Parasolid x_t 文件、Parasolid x_b 文件、dxf 文件、IGES 文件、VRML 数据文件、STL 数据文件和 EB97 数据文件。

（3）如果当前文件名存在，则系统直接按当前文件名存盘。

步骤四 另存文件

将当前绘制的图形及 CAM 参数信息另取一个文件名或更改存储路径存储到磁盘上。

（1）单击“文件”下拉菜单中的“另存为”命令，系统弹出一个文件存储对话框。

（2）在对话框的“文件名”文本框中输入一个文件名，单击“保存”按钮，系统将文件另存为所给文件名。

“保存”和“另存为”中的 EB97 格式，只有线框显示下的实体轮廓能够输出。

步骤五　并入文件

并入一个实体或者线面数据文件（DAT、IGES、dxf），与当前图形合并为一个图形。具体操作和参数解释参见造型菜单中特征生成中的实体布尔运算。

（1）采用“拾取定位的 x 轴”方式时，轴线为空间直线。

（2）选择文件时，注意文件的类型，不能直接输入*.mxe、*.epb 文件，要先将零件存成*.x_t 文件，然后进行并入文件操作。

（3）进行并入文件时，基体尺寸应比输入的零件稍大。

步骤六　读入草图

将已有的二维图作为草图读入到正在操作的 CAXA 制造工程师界面中。

首先选取草图平面，进入草图。单击主菜单中的“文件 | 读入草图”菜单项，状态栏中提示“请指定草图的插入位置”，用鼠标拖曳图形到某点，单击鼠标左键，草图读入结束。

此操作要在草图绘制状态下，否则系统出现警告“必须选择一个绘制草图的平面或已绘制的草图”。

步骤七　样条输出

将样条线输出为*.dat 文件。文件中记录每个样条线的型值点的个数和坐标值。具体操作步骤如下。

（1）单击“文件”下拉菜单中的“样条输出”命令，弹出“样条输出”对话框，如图 1.19（a）所示。

（2）选择“输出所有样条”或“输出拾取样条”单选钮，单击“确定”按钮。

（3）如果选择“输入拾取样条”单选钮，需拾取要输出的样条元素，单击鼠标右键确认。

（4）系统弹出“存储文件”对话框，输入文件名，单击“确定”按钮，如图 1.19（b）所示。

（5）系统弹出提示“DAT 文件只输出样条的型值点”，单击“确定”按钮，样条输出完成，如图 1.19（c）所示。

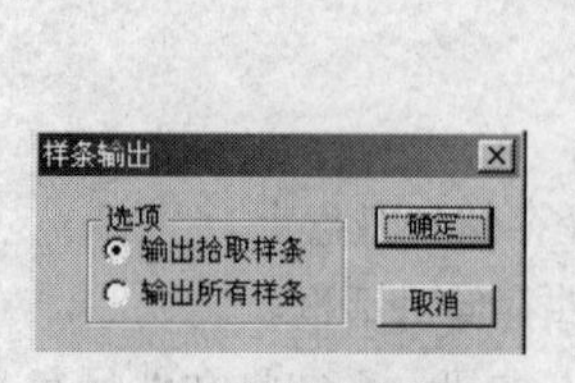

（a）样条输出对话框 1

（b）“存储文件”对话框

（c）样条输出对话框 2

图 1.19　样条输出

步骤八　保存图片

将 CAXA 制造工程师的实体图形导出类型为.bmp 的图像。

（1）单击主菜单中的“文件 | 保存图片”菜单项，弹出“输出位图文件”对话框，如图 1.20 所示。

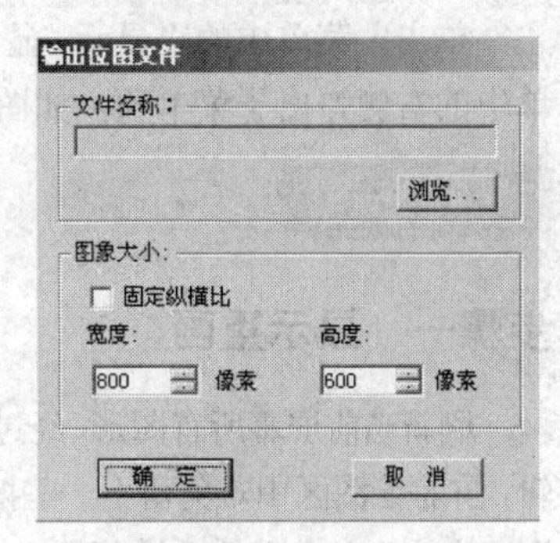

图 1.20 “输出位图文件”对话框

（2）单击“浏览”按钮，弹出“另存为”对话框，选择路径，输入文件名，单击“保存”按钮，“另存为”对话框关闭，返回“输出位图文件”对话框。

（3）选择是否需要固定纵横比，确定图像大小的宽度和高度，单击“确定”按钮，图像导出完毕。

步骤九 数据接口

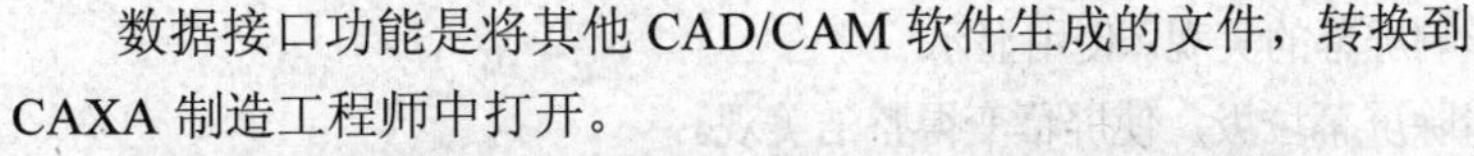

数据接口功能是将其他 CAD/CAM 软件生成的文件，转换到 CAXA 制造工程师中打开。

利用 CAXA 制造工程师的数据接口，可以直接读取市场上流行的三维 CAD/CAM 软件，如 CATIA、Pro/E 的数据接口，基于曲面的 DXF 和 IGES 标准图形接口，基于实体的 STEP 标准数据接口，Parasolid 几何核心的 X－T 和 X－B 格式文件，ACIS 几何核心的 SAT 格式文件，面向快速成型设备的 STL 以及面向 Internet 和虚拟现实的 VRML 接口。这些接口保证了与世界流行的 CAD 软件进行双向数据交换，使企业可以跨平台和跨地域地与合作伙伴实现虚拟产品的开发和生产。

数据接口的操作方法：单击“文件”下拉菜单中的“数据接口”命令，或单击按钮，CAXA 制造工程师的数据接口模块将自动启动，然后选择要转换的文件。

注意 在数据接口模块中，用户可以选择不同类型的文件，然后单击“模型转换”工具栏上的按钮，数据接口模块将各类数据自动转换到CAXA制造工程师系统中。

步骤十 CAXA 实体设计数据

将 CAXA 实体设计软件生成的实体，转换到 CAXA 制造工程师软件中打开。

首先要在“CAXA 实体设计”软件中准备好数据文件，单击“数据转换”按钮。然后在 CAXA 制造工程师中单击“文件”下拉菜单中的“CAXA 实体设计数据”命令，就可以将 CAXA 实体设计数据转换到 CAXA 制造工程师环境中。

任务4 控制显示

思路分析

CAXA 制造工程师为用户提供了绘制图形的显示命令，它们只改变图形在屏幕上显示的位置、比例、范围等，不改变原图形的实际尺寸。图形的显示控制对绘制复杂视图和大型图纸具有重要作用，在图形绘制和编辑过程中经常使用。

单击主菜单中的“显示 | 显示变换”菜单项，在该菜单中的右侧弹出子菜单项，如图 1.21 所示。

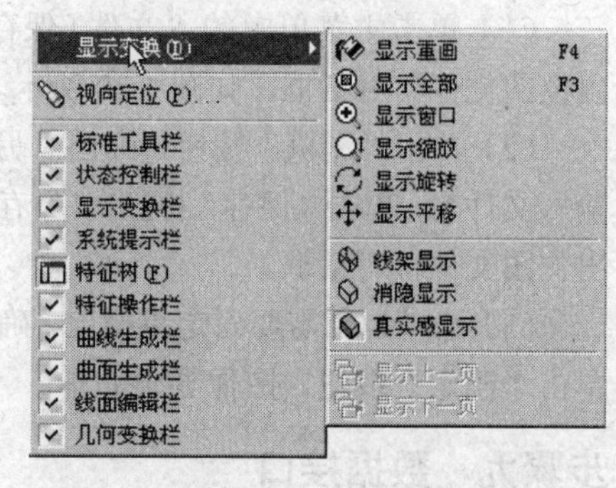

图 1.21　显示工具

操作步骤

步骤一　显示重画

刷新当前屏幕所有图形。经过一段时间的图形绘制和编辑，屏幕绘图区中难免留下一些擦除痕迹，或者使一些有用图形上产生部分残缺，这些由于编辑后而产生的屏幕垃圾，虽然不影响图形的输出结果，但影响屏幕的美观。使用显示重画功能，可对屏幕进行刷新，清除屏幕垃圾，使屏幕变得整洁美观。

（1）单击主菜单中的“显示 | 显示变换 | 显示重画”菜单项，或单击“显示”工具条中的按钮。

（2）屏幕上的图形发生闪烁，原有图形消失，但立即在原位置把图形重画一遍，即实现了图形的刷新。

用户还可以通过 F4 键使图形显示重画。

步骤二　显示全部

单击主菜单中的“显示 | 显示变换 | 显示全部”菜单项，或单击“显示”工具条中的按钮，将当前绘制的所有图形全部显示在屏幕绘图区内。

用户还可以通过 F3 键使图形显示全部。

步骤三　显示窗口

提示用户输入一个矩形窗口的上角点和下角点，系统将两角点所包含的图形充满屏幕绘图区加以显示。

（1）单击主菜单中的“显示 | 显示变换 | 显示窗口”菜单项，或单击“显示”工具条中的按钮。

（2）按提示要求在所需位置输入显示窗口的第一个角点，输入后十字光标立即消失。此时再移动鼠标时，出现一个由方框表示的窗口，窗口大小可随鼠标的移动而改变。

（3）窗口所确定的区域就是即将被放大的部分，窗口的中心将成为新的屏幕显示中心。在该方式下，不需要给定缩放系数，制造工程师将把给定窗口范围按尽可能大的原则，将选中区域内的图形按充满屏幕的方式重新显示出来。

步骤四　显示缩放

按照固定的比例将绘制的图形进行放大或缩小。

（1）单击主菜单中的“显示 | 显示变换 | 显示缩放”菜单项，或单击“显示”工具条中的按钮。

（2）按住鼠标右键向左上方或者右上方拖动鼠标，图形将跟着鼠标的上下拖动而放大或者缩小。

（3）按住 Ctrl 键，同时按左、右方向键或上、下方向键，图形将跟着按键的按动而放大或者缩小。

步骤五　显示旋转

将拾取到的零部件进行旋转。

（1）单击主菜单中的“显示 | 显示变换 | 显示旋转”菜单项，或单击“显示”工具条中的按钮。

（2）在屏幕上选取一个显示中心点，按下鼠标左键，系统立即将该点作为新的屏幕显示中心，将图形重新显示出来。

步骤六　显示平移

根据用户输入的点作为屏幕显示的中心，将显示的图形移动到所需的位置。

用户还可以使用上、下、左、右方向键使屏幕中心进行显示平移。

（1）单击主菜单中的“显示 | 显示变换 | 显示平移”菜单项，或单击“显示”工具条中的按钮。

（2）在屏幕上选取一个显示中心点，按下鼠标左键，系统立即将该点作为新的屏幕显示中心将图形重新显示出来。

步骤七　显示效果

显示效果有 3 种，分为线架显示、消隐显示和真实感显示。

（1）线架显示。将零部件采用线架的显示效果进行显示，如图 1.22 所示。

线架显示的操作：单击主菜单中的“显示 | 显示变换 | 线架显示”菜单项，或单击“显示”工具条中的按钮。

线架显示时，可以直接拾取被曲面挡住的另一个曲面，如图 1.23 所示，也可以直接拾取下面曲面的网格，这里的曲面不包括实体表面。

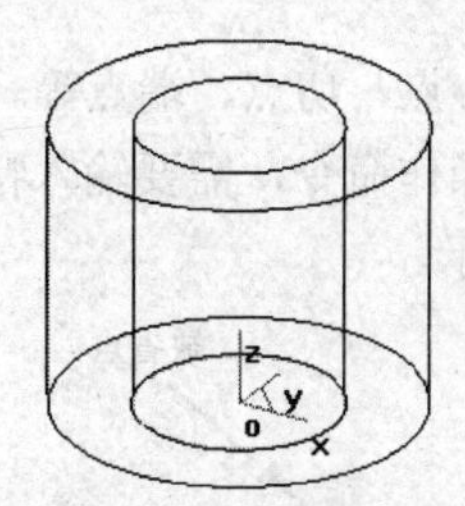

图 1.22　线架显示

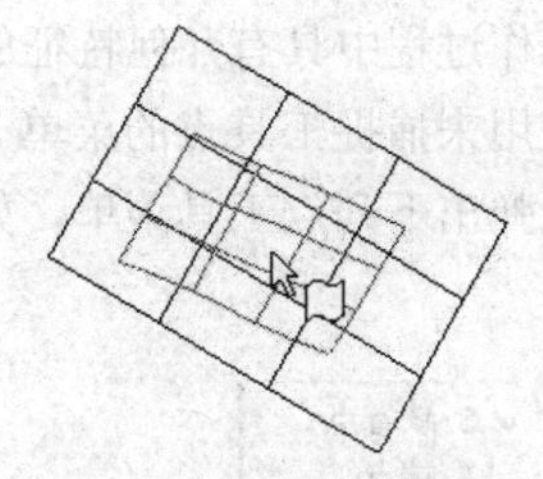

图 1.23　拾取下面曲面

（2）消隐显示。将零部件采用消隐的显示效果进行显示，如图 1.24 所示。消隐显示只对实体的线架显示起作用，对线架造型和曲面造型的线架显示不起作用。

消隐显示的操作：单击主菜单中的“显示 | 显示变换 | 消隐显示”菜单项，或单击“显示”工具条中的按钮。

（3）真实感显示。零部件采用真实感的显示效果进行显示，如图 1.25 所示。

真实感显示的操作：单击主菜单中的“显示 | 显示变换 | 真实感显示”菜单项，或单击“显示”工具条中的按钮。

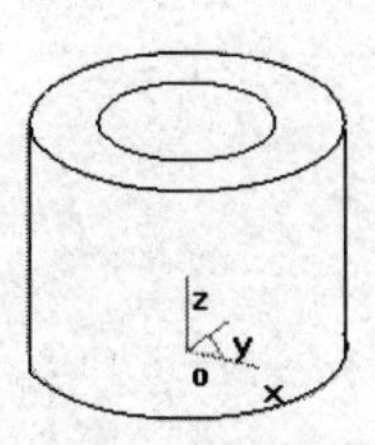

图 1.24　消隐显示

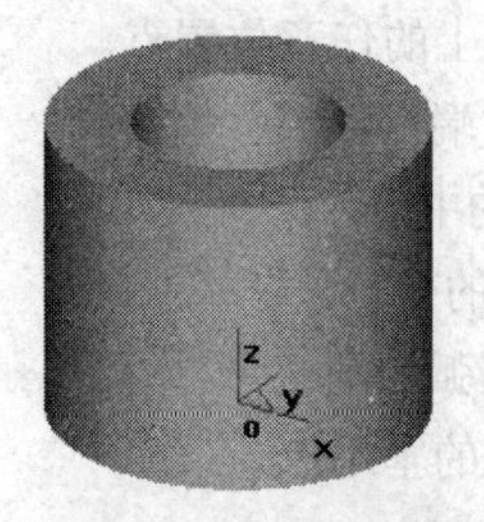

图 1.25　真实感显示

（4）显示上一页。取消当前显示，返回显示变换前的状态。

显示上一页的操作：单击主菜单中的“显示 | 显示变换 | 显示上一页”菜单项，或单击“显示”工具条中的按钮。

（5）显示下一页。返回下一次显示的状态（同显示上一页配套使用）。

显示下一页的操作：单击主菜单中的“显示 | 显示变换 | 显示下一页”菜单项，或单击“显示”工具条中的按钮。

任务5 使用工具

思路分析

在应用软件绘图的过程中，系统提供了方便、准确、快捷的绘图工具，了解和掌握这些工具的使用功能及应用，将对绘图操作有很大的帮助。

操作步骤

步骤一 使用点工具菜单

工具点就是在操作过程中具有几何特征的点，如圆心点、切点、端点等。

点工具菜单就是用来捕捉工具点的菜单。用户进入操作命令，需要输入特征点时，只要按下空格键，即在屏幕上弹出下列点工具菜单，如图 1.26 所示。

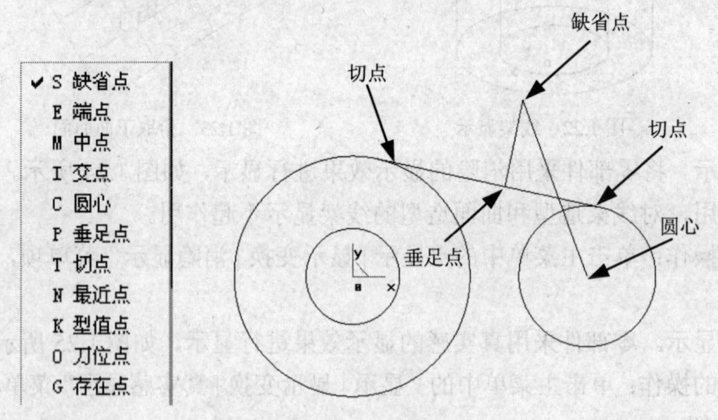

图 1.26 点工具菜单

缺省点（S）：屏幕上的任意位置点。

端点（E）：曲线的端点。

中点（M）：曲线的中点。

交点（I）：两曲线的交点。

圆心（C）：圆或圆弧的圆心。

垂足点（P）：曲线的垂足点。

切点（T）：曲线的切点。

最近点（N）：曲线上距离捕捉光标最近的点。

型值点（K）：已存在的几何元素上的特殊点，如圆的象限点，圆弧的起点、中间点和终点，直线的起点、中间点和终点等。

刀位点（O）：生成刀具轨迹后的刀具。

存在点（G）：用曲线生成中的点工具生成的点。

步骤二 使用矢量工具

矢量工具主要是用来选择方向，在曲面生成时经常要用到。例如，在应用扫描面生成曲面的操作中，先绘制曲线，单击“扫描面”命令，系统会提示选择方向，按空格键，出现“矢量工具”快捷菜单，选择“Y 轴正方向”命令，一侧曲面生成。另一侧曲面可应用同样方法，选择“Y 轴负方向”形成，也可应用“曲面延伸”工具完成，如图 1.27 所示。

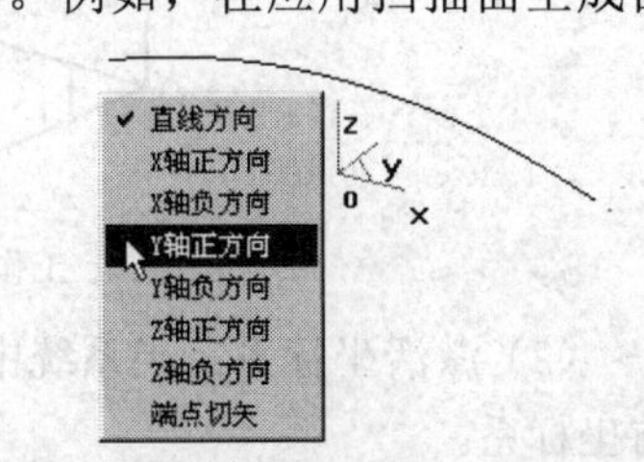

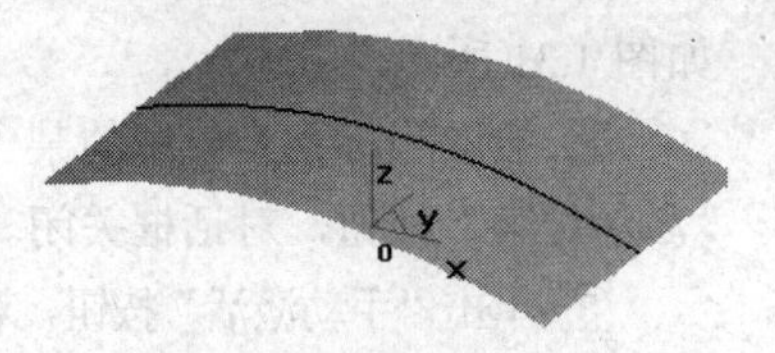

图 1.27　矢量工具及应用

步骤三 使用选择集拾取工具

拾取图形元素（点线面）的目的就是根据作图的需要在已经完成的图形中，选取作图所需的某个或某几个元素。

选择集拾取工具就是用来方便地拾取需要的元素的工具。拾取元素的操作是经常要用到的操作，应当熟练地掌握它。

已选中的元素集合，称为选择集。当交互操作处于拾取状态（工具菜单提示出现“添加状态”或“移出状态”）时，用户可通过选择集拾取工具菜单来改变拾取的特征，如图 1.28 所示。

（1）拾取所有：拾取画面上所有的元素。但系统规定，在所有被拾取的元素中不应含有拾取设置中被过滤掉的元素或被关闭图层中的元素。

（2）拾取添加：指定系统为拾取添加状态，此后拾取到的元素，将放到选择集中（拾取操作有两种状态：“添加状态”和“移出状态”）。

拾取添加	A
拾取所有	W
拾取取消	R
取消尾项	L
取消所有	D

图 1.28　选择集拾取工具

（3）取消所有：取消所有被拾取到的元素。

（4）拾取取消：从拾取到的元素中取消某些元素。

（5）取消尾项：取消最后拾取到的元素。

上述几种拾取元素的操作，都是通过鼠标来完成的，也就是说，通过移动鼠标对准待选择的某个元素，然后按下鼠标左键，即可完成拾取的操作。被拾取的元素呈拾取加亮颜色的显示状态（默认为红色），以示与其他元素的区别。

步骤四 使用坐标系

（1）工作坐标系：工作坐标系如图 1.29 所示，它是建立模型时的参考坐标系。系统默认坐标系叫做“绝对坐标系”。用户作图时自定义的坐标系叫做“工作坐标系”（也称“用户坐标系”）。

系统允许同时存在多个坐标系，其中正在使用的坐标系叫做“当前坐标系”，其坐标架为红色，其他坐标架为白色。

（2）创建坐标系：为作图方便，用户可以根据自己的实际需要创建新的坐标系，在特定的坐标系下操作。

单击主菜单中的“工具 | 坐标系”菜单项，在其右侧弹出下一级菜单选择项，如图 1.30 所示，选择“创建坐标系”命令即可创建新的坐标系。

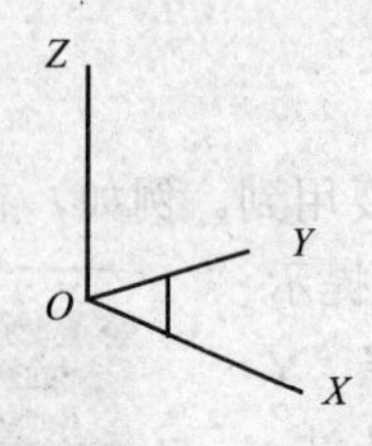

图 1.29　工作坐标系

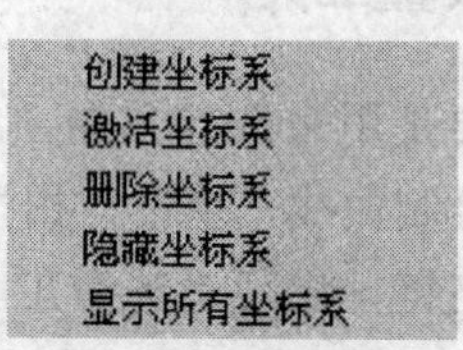

图 1.30　坐标系菜单

（3）激活坐标系：当系统中存在多个坐标系时，激活某一坐标系就是将这一坐标系设为当前坐标系。

① 单击主菜单中的“工具 | 坐标系 | 激活坐标系”菜单项，弹出“激活坐标系”对话框，如图 1.31 所示。

② 拾取坐标系列表中的某一坐标系，单击“激活”按钮，该坐标系被激活后变为红色。单击“激活结束”按钮，对话框关闭。

③ 单击“手动激活”按钮，对话框关闭，拾取要激活的坐标系，该坐标系变为红色，表明已激活。

（4）删除坐标系：删除用户创建的坐标系。

① 单击主菜单中的“工具 | 坐标系 | 删除坐标系”菜单项，弹出“坐标系编辑”对话框，如图 1.32 所示。

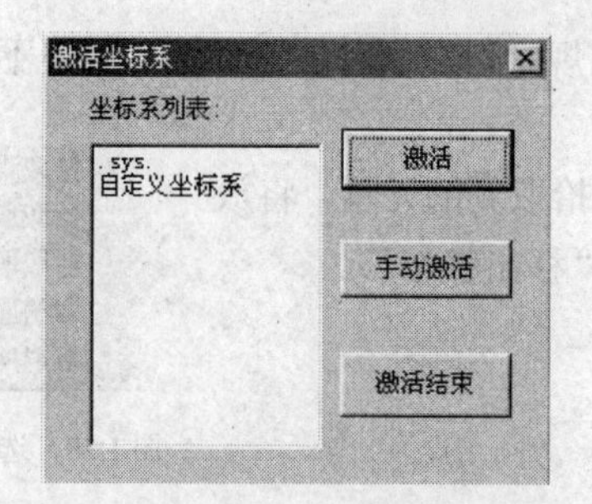

图 1.31　“激活坐标系”对话框

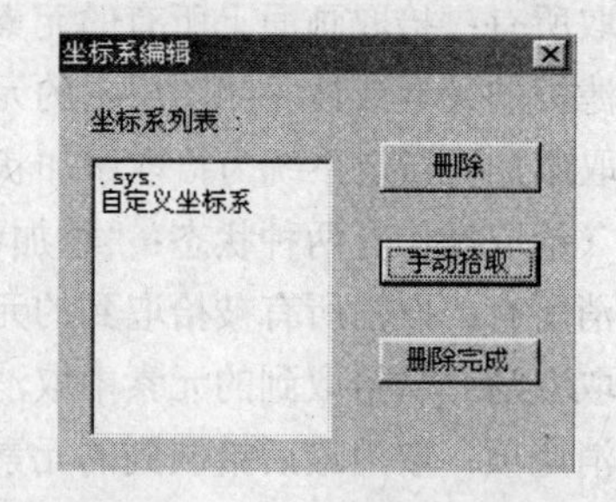

图 1.32　“坐标系编辑”对话框

② 拾取要删除的坐标系，单击坐标系，删除坐标系完成。

③ 拾取坐标系列表中的某一坐标系，单击“删除”按钮，该坐标系消失。单击“删除完成”按钮，对话框关闭。

④ 单击“手动拾取”按钮，对话框关闭，拾取要删除的坐标系，该坐标系消失。

当前坐标系和世界坐标系不能被删除。

（5）隐藏坐标系：使坐标系不可见。

① 单击主菜单中的“工具 | 坐标系 | 隐藏坐标系”菜单项。

② 拾取工作坐标系，单击坐标系，即可将坐标系隐藏。

（6）显示所有坐标系：使所有坐标系都可见。

单击主菜单中的“工具 | 坐标系 | 显示所有坐标系”菜单项，系统中的所有坐标系都可见。

步骤五　查询

CAXA 制造工程师为用户提供了查询功能，它可以查询点的坐标、两点间的距离、角度、元素属性以及零件体积、重心、惯性距等内容，用户不可以将查询结果存入文件。

单击主菜单中的“工具 | 查询”菜单项，在该菜单中的右侧弹出下一级菜单选择项，如图 1.33 所示。

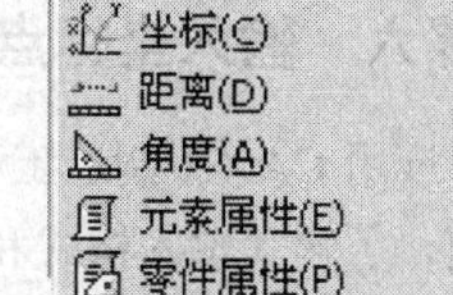

图 1.33　查询菜单

单击要查询的项目，拾取元素，弹出查询结果对话框，显示查询结果。

（1）坐标：查询各种工具点方式下的坐标。

① 单击主菜单中的“工具 | 查询 | 坐标”菜单项。

② 用鼠标在屏幕上拾取所需查询的点，系统立即弹出“查询结果”对话框，对话框中依次列出被查询点的坐标值。

坐标查询样例如图 1.34 所示。

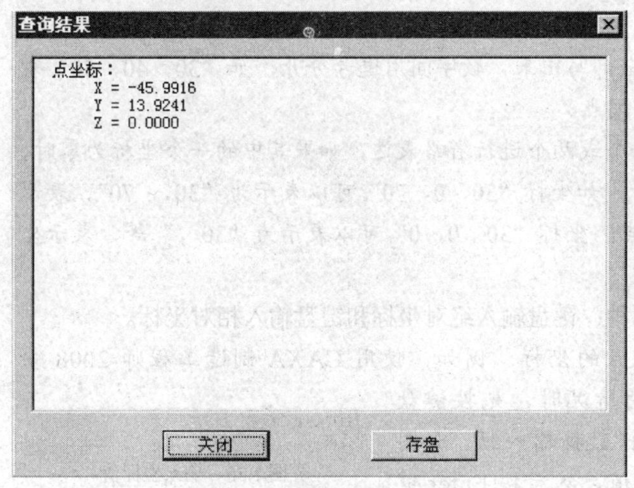

图 1.34　“查询结果”对话框

（2）距离：查询任意两点之间的距离。在点的拾取过程中可以充分利用智能点、栅格点、导航点以及各种工具点。

① 单击主菜单中的“工具 | 查询 | 距离”菜单项。

② 拾取待查询的两点，屏幕上立即弹出“查询结果”对话框。对话框中列出被查询两点的坐标值、两点间的距离以及第一点相对于第二点 *X* 轴、*Y* 轴上的增量。

（3）角度：查询两直线夹角和圆心角。

① 单击主菜单中的“工具 | 查询 | 角度”菜单项。

② 拾取两条相交直线或一段圆弧后，屏幕立即弹出“查询结果”对话框，对话框中列出系统查询的两直线夹角或圆弧所对应圆心角的度数及弧度。

（4）元素属性：查询拾取到的图形元素属性，这些元素包括菜单项点、直线、圆、圆弧、公式曲线、椭圆等。

① 单击主菜单中的“工具 | 查询 | 元素属性”菜单项。

② 拾取几何元素，这时可以移动鼠标在屏幕上绘图区内单个拾取要查询的图形元素或者用矩形框拾取。

③ 拾取完毕后单击鼠标右键，屏幕上立即弹出“查询结果”对话框，将查询到的图形元素按

拾取顺序依次列出其属性。

（5）零件属性：查询零件属性，包括体积、表面积、质量、重心 *X* 坐标、重心 *Y* 坐标、重心 *Z* 坐标、*X* 轴惯性矩、*Y* 轴惯性矩、*Z* 轴惯性矩。

① 单击主菜单中的“工具 | 查询 | 零件属性”菜单项。

② 弹出“查询结果”对话框，显示零件属性查询结果。

步骤六　输入坐标点

应用 CAXA 制造工程师 2008 进行操作过程中，常会遇到坐标点的输入和数学表达式的输入问题，了解其输入格式和技巧，是软件应用过程所必须掌握的内容。

（1）坐标点输入支持格式。CAXA 制造工程师 2008 点坐标输入支持如下格式。

① 绝对坐标点输入和相对坐标点输入。

② 笛卡儿坐标输入方式。

③ 柱坐标输入方式（极坐标可以用 *z*=0 的柱坐标来表示）。

④ 球坐标输入方式。

（2）输入坐标点。在 CAXA 制造工程师中，点的输入有“绝对坐标输入”、“相对坐标输入”和“数学符号输入”3 种方式。

① 点坐标的表达式。CAXA 制造工程师 2008 坐标点的表达式分为完全表达和不完全表达两种方式。

- 完全表达。将 *X*、*Y*、*Z* 3 个坐标全部写出来，数字间用逗号分开，如“30，40，50”表示坐标为 *X*=30，*Y*=40，*Z*=50 的空间点。
- 不完全表达。只用 3 个坐标中的一个或两个进行省略表达，如果其中的一个坐标为零时，该坐标可以省略，其间用逗号隔开，如坐标“30，0，70”可以表示为“30，，70”，表示坐标为 *X*=30，*Y*=0，*Z*=70 的空间点。坐标“30，0，0”可以表示为“30，，”等，表示坐标为 *X*=30，*Y*=0，*Z*=0 的空间点。

② 点的输入方式。点的输入方式有两种：键盘输入绝对坐标和键盘输入相对坐标。

- 输入绝对坐标。由键盘直接输入点的坐标。例如，使用 CAXA 制造工程师 2008 中绘制两点线或其他需要输入点的情况时，先按键盘上的 Enter 键，系统在屏幕中弹出数据输入框，如图 1.35 所示。此时，直接输入坐标值，然后按 Enter 键确定。

10, 20, 30

图 1.35　输入坐标值

- 输入相对坐标。相对坐标就是相对前一点的增量坐标。输入相对坐标需要在坐标数值前加“@”符号，该符号的含义是：所输入的坐标值为相对于当前点的坐标增量。例如，第 1 点坐标（10，20），即表示第 1 点为坐标 *X*=10，*Y*=20，*Z*=0 的空间点，第 2 点是相对第 1 点的 *X* 方向增量 30，*Y* 方向增量 40，则第 2 点应输入（@30，40），表示第 2 点的绝对坐标为 *X*=10+30，*Y*=20+40，*Z*=0 的空间点。注意，相对坐标输入时必须先按 Enter 键，让系统弹出数据输入框，然后再按规定输入。

（3）输入表达式。CAXA 制造工程师 2008 提供了数学运算符号的点坐标输入方式。例如，如果输入点坐标为“60/2，10*3，20*sin（0）”，它等同于经公式计算后的坐标值“30，30，0”。用户也可按 F10 快捷键，在线得到运算后的数值。

任务6 使用常用键

思路分析

在 CAXA 制造工程师 2008 中，是通过鼠标键和键盘键进行人机交互的。系统将常用的一些操作设定在某些键（又称为热键）上，用户按这些固定按键，可达到相应的操作效果。

操作步骤

步骤一 鼠标键

鼠标左键可以用来激活菜单、确定位置点、拾取元素等，鼠标右键用来确认拾取、结束操作和终止命令。

例如，要实现画直线功能，应先把光标移动到直线图标上，然后单击鼠标左键，激活画直线功能，这时，在命令提示区出现下一步操作的提示；把光标移动到绘图区内，单击鼠标左键，输入一个位置点，再根据提示输入第 2 个位置点，就生成了一条直线。

又如，在删除几何元素时，当拾取完毕要删除的元素后，单击鼠标右键就可以结束拾取，被拾取到的元素就被删除掉了。

如鼠标配有带滚轮的中键，则该中键具有如下特殊的功能。

（1）鼠标中键滚轮向前滚动，图形缩小显示。

（2）鼠标中键滚轮向后滚动，图形放大显示。

（3）按住鼠标中键，图形旋转显示。

步骤二 回车键和数值键

回车键和数值键在系统要求输入点时，可以激活一个坐标输入框，在输入框中可以输入坐标值。如果坐标值以@开始，表示一个相对于前一个输入点的相对坐标。在某些情况也可以输入字符串。（详细操作见本书任务 5 中“输入坐标点”）

步骤三 空格键

在下列情况下，需要按空格键。

（1）当系统要求输入点时，按空格键弹出“点工具”菜单，显示点的类型，如图 1.36（a）所示。

（2）有些操作（如作扫描面）中需要选择方向，这时按空格键会弹出“矢量工具”菜单，如图 1.36（b）所示。

（3）在有些操作（如进行曲线组合等）中，要拾取元素时按空格键，可以进行拾取方式的选择，如图 1.36（c）所示。

（4）在“删除”等操作需要拾取多个元素时，按空格键则弹出“选择集拾取工具”菜单，如图 1.36（d）所示。默认状态是“拾取添加”，在这种状态下，可以单个拾取元素，也可以用窗口来拾取对象。

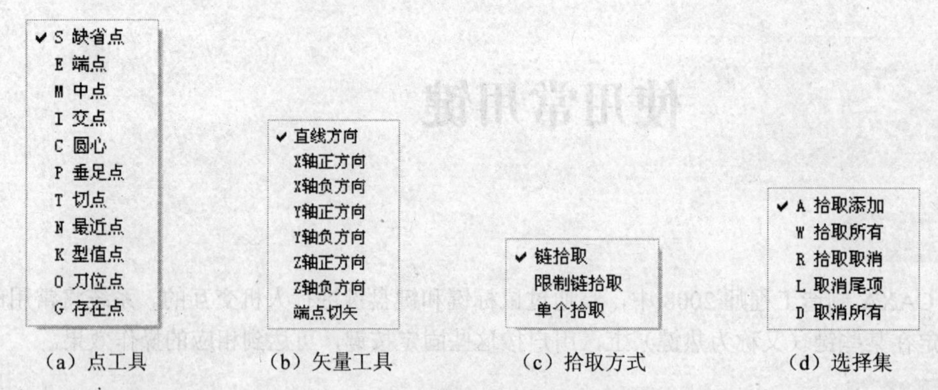

（a）点工具　（b）矢量工具　（c）拾取方式　（d）选择集

图 1.36　按空格键弹出的工具菜单

步骤四　功能热键

（1）系统设置的热键。系统为用户提供了热键操作，使用热键将极大地提高工作效率。用户还可以自定义需要的热键。系统设置的定功能热键如下。

① F1 键：请求系统帮助。

② F2 键：草图器。用于“草图绘制”模式与“非绘制草图”模式的切换。

③ F3 键：显示全部图形。

④ F4 键：重画（刷新）图形。

⑤ F5 键：将当前平面切换至 *XOY* 面。同时将显示平面置为 *XOY* 面，将图形投影到 *XOY* 面内进行显示，即选取“XOY 平面”为视图平面和作图平面。

⑥ F6 键：将当前平面切换至 *YOZ* 面。同时将显示平面置为 *YOZ* 面，将图形投影到 *YOZ* 面内进行显示，即选取“YOZ 平面”为视图平面和作图平面。

⑦ F7 键：将当前平面切换至 *XOZ* 面。同时将显示平面置为 *XOZ* 面，将图形投影到 *XOZ* 面内进行显示，即选取“XOZ 平面”为视图平面和作图平面。

⑧ F8 键：显示轴测图。

⑨ F9 键：切换作图平面（*XY*、*XZ*、*YZ*）。重复按 F9 键，可以在 3 个平面中相互转换。

⑩ 方向键（←、↑、→、↓）：显示平移，可以使图形在屏幕上左、上、右、下移动。

⑪ Shift+方向键（←、↑、→、↓）：显示旋转，使图形在屏幕上向左、上、右、下方向旋转显示。

⑫ Ctrl + ↑：图形显示放大，同“鼠标中键滚轮向后滚动”功能。

⑬ Ctrl + ↓：图形显示缩小，同“鼠标中键滚轮向前滚动”功能。

⑭ Shift +鼠标左键：显示旋转，同“Shift+方向键（←、↑、→、↓）”和“按住鼠标中键”功能。

⑮ Shift + 鼠标右键：显示缩放。

⑯ Shift + 鼠标左键+鼠标右键：显示平移，同方向键（←、↑、→、↓）功能。

（2）用户自定义热键。用户可根据使用习惯定义自己的快捷健。例如，将“文件”菜单中的“保存”功能热键修改为“Ctrl+B”，具体操作步骤如下。

① 单击选项中的“设置 | 自定义”，弹出“自定义”对话框，单击“键盘”选项卡，选择“文件”类，再选择“保存”命令。

② 在“按下新加速键”文本框中，输入自定义的快捷键“Ctrl+B”，若此快捷键已经被使用，下面的“已分配给”会有提示。

③ 单击“指定”按钮，确认新的快捷键，如图 1.37 所示。

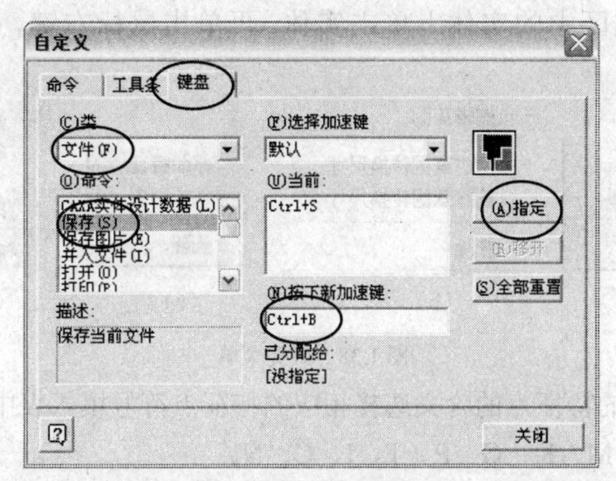

图 1.37 自定义功能热键

（1）单击“全部重置”按钮，可以恢复系统默认的键盘命令。
（2）设置用户工具条也应用图 1.37 所示的对话框。

项目小结

本项目涉及的内容，是学习 CAXA 制造工程师 2008 软件的入门知识，是软件学习的基石，其主要目的是使用户了解 CAXA 制造工程师 2008 的主要功能，认识软件界面，学会对软件的基本操作，学会使用工具，了解控制技巧等。本项目从 6 个方面对软件的基本概况及操作做了详细的阐述，其中操作性的内容，在后续的项目中还会具体应用练习。

综合练习

1．填空题

（1）绘图区的中央设置了一个三维直角坐标系，该坐标系称为________。它的坐标原点为________。

（2）主菜单包括________。

（3）立即菜单描述________。

（4）界面上的工具条包括________________。

（5）工具点就是在操作过程中具有几何特征的点，如________________________等。

（6）打开 Pro/E 软件所生成的三维实体零件，应用________方法。将 CAXA 软件生成的零件造型在快速成型机中应用，应保存为________格式的文件。

2．选择题

（1）将光标移到特征树中 *XY*、*YZ*、*ZX* 三个基平面上，单击鼠标右键，弹出快捷菜单如图 1.38（　　）所示。

（2）将光标移到特征树的草图上，单击鼠标右键，弹出快捷菜单如图 1.38（　　）所示。

（3）将光标移到特征树中的特征上，单击鼠标右键，弹出快捷菜单如图 1.38（　　）所示。

（4）将光标移到绘图区中的实体上单击实体，再单击鼠标右键，弹出快捷菜单如图 1.38（　　）所示。

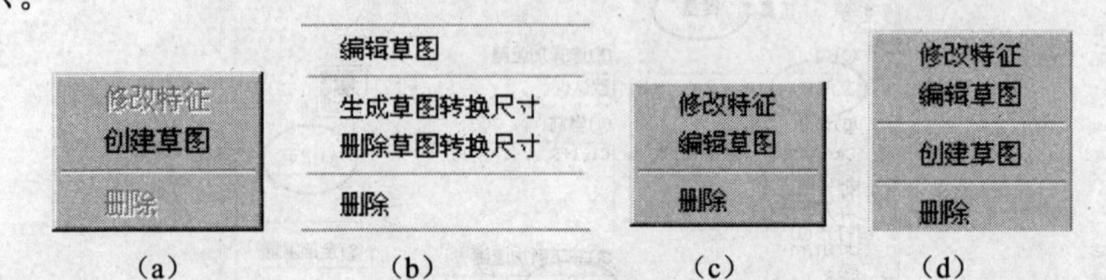

图 1.38　快捷菜单

（5）根据表 1.2 给出的特征点的含义选择相应的特征点符号填入表中。

特征点符号：S、E、M、K、G、P、T、I、C、N。

表 1.2　　根据特征点的含义填入特征点符号

含　义	符　号	含　义	符　号
屏幕上的任意位置点		曲线的切点	
曲线的端点		曲线的垂足点	
曲线的中点		曲线上距离捕捉光标最近的点	
圆或圆弧的圆心		样条的特征点	
两曲线的交点		用曲线生成中的点工具生成的点	

3．判断题

（1）拾取图形元素（点线面）的目的就是根据作图的需要在已经完成的图形中，选取作图所需的某个或某几个元素。（　　）

（2）CAXA 制造工程师 2008 中没有提供表达式的输入点的坐标的方式。（　　）

（3）如果坐标值以%开始，表示一个相对于前一个输入点的相对坐标。（　　）

（4）用于绘制草图状态与非绘制草图状态的切换是 F3 键。（　　）

4．简答题

（1）CAXA 制造工程师 2008 中软件的基本功能是什么？

（2）在“文件”菜单下选择并入文件时，先要将文件保存成哪种文件格式？

（3）“显示”菜单和“显示变换”、“显示重画”菜单项的作用是什么？

（4）CAXA 制造工程师 2008 中零件的 3 种显示效果是什么？

（5）在操作软件的过程中，空格键的功能是什么？F5 键、F6 键、F7 键、F8 键、F9 键的功能分别是什么？鼠标中键滚轮的热键功能是什么？

绘制线框造型图

线框造型的主要功能为曲线绘制和曲线编辑修改。线框造型是特征造型、曲面造型和零件加工的基础。本项目将介绍绘制直线、圆弧、圆、矩形、椭圆、样条、点、多边形、等距线等十几种基本图形元素的操作方法，介绍删除、曲线裁剪、曲线过渡等曲线编辑方法以及移动、旋转、镜像、阵列等几何变换的工具。

任务1 绘制支架平面图

思路分析

支架是常见的一种机械零件，本任务将绘制支架零件的轮廓图。通过绘图的过程，读者可以了解线框造型的设计方法及相关知识，学习点的输入以及直线、矩形、圆等曲线工具的知识点及操作。

支架平面图如图 2.1 所示。

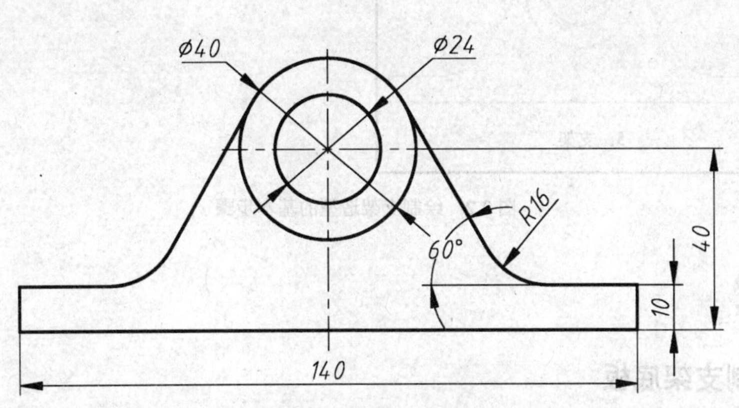

图 2.1 支架平面图

绘制支架造型的基本步骤如图 2.2 所示。

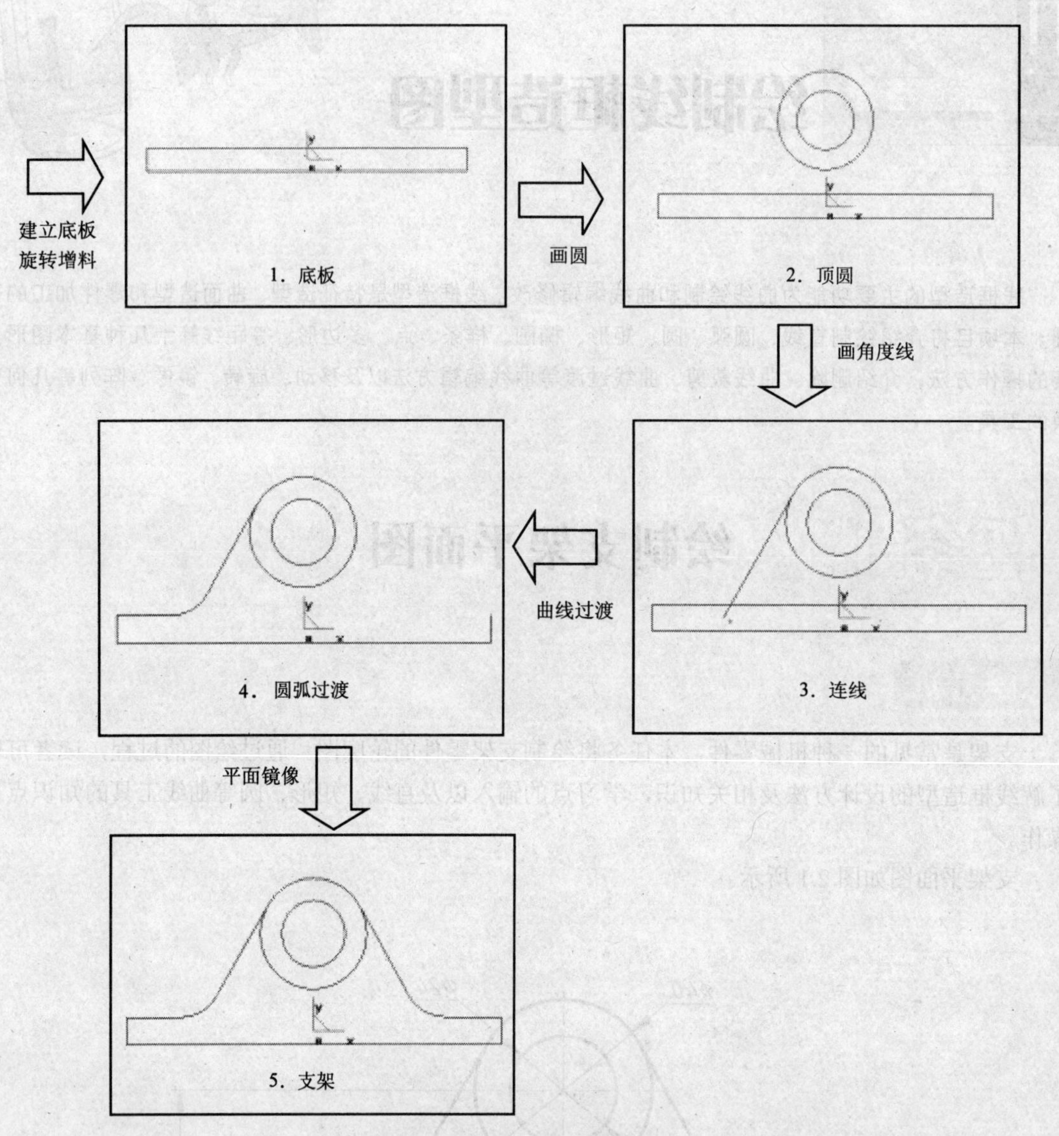

图 2.2　绘制支架造型的基本步骤

操作步骤

步骤一　绘制支架底板

用矩形命令的方法生成支架底板。

（1）草图线和非草图线。利用曲线工具所画的线有草图线和非草图线两种。草图线的用途主要为实体造型做准备，非草图线主要用于曲面造型和某些加工轨迹的基础线条。

草图线要先选择画草图平面，再用曲线工具画线。非草图线可以直接应用曲线工具画图。

（2）基准平面。确定基准平面是草图绘制的第一步，它的作用是确定草图在哪个基准面上绘制。绘制草图的基准面可以是特征树中系统给定 3 个坐标平面，即平面 *XY*、平面 *XZ*、平面 *YZ*，也可以是实体生成的某个平面。

确定草图基准面，进入绘制草图状态。

① 用鼠标左键拾取特征树中的平面 *XY*。

② 单击“绘制草图”按钮，此时特征树中添加了“草图 0”，表示系统已经处于绘制草图状态。

（3）底板矩形。

① 单击主菜单中的“造型 | 曲线生成 | 矩形”菜单项，或单击“曲线”工具条中的□按钮。

② 在立即菜单中选择“中心_长_宽”方式，设定长度为“140”、宽度为“10”，如图 2.3（a）所示。选择坐标原点为矩形中心，生成矩形如图 2.3（b）所示。

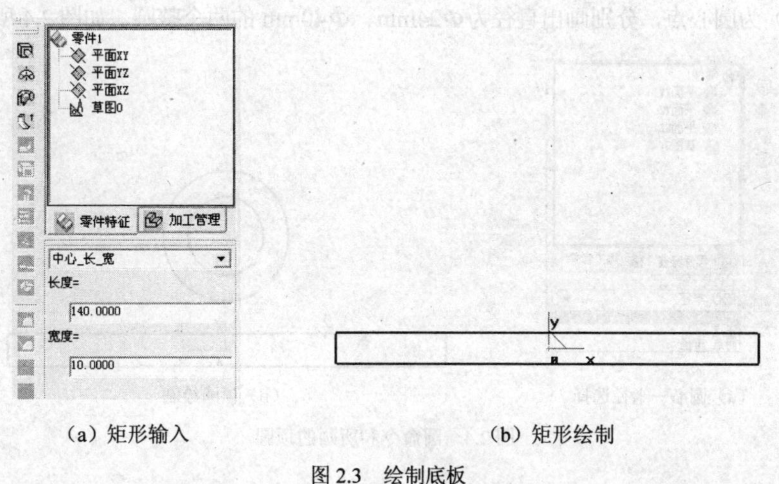

（a）矩形输入　　（b）矩形绘制

图 2.3　绘制底板

矩形中心点的输入有两种方式：按空格键拾取工具点为“缺省点”，鼠标直接拾取坐标原点和按回车键直接输入坐标值（0，0，0）。

知识链接——绘制矩形

矩形是图形构成的基本要素，为了适应各种情况下矩形的绘制，CAXA 制造工程师软件提供了两点矩形和中心_长_宽两种方式。

命令位置：单击主菜单中的“造型 | 曲线生成 | 矩形”菜单项，或单击“曲线”工具条中的□按钮。

操作：选取画矩形方式，根据状态栏提示完成操作。

（1）两点矩形。给定对角线上两点绘制矩形。

① 单击□按钮，在立即菜单中选择“两点矩形”方式。

② 给出起点和终点，矩形生成。

（2）中心_长_宽。给定长度和宽度尺寸值来绘制矩形。

① 单击□按钮，在立即菜单中选择“中心_长_宽”方式。

② 输入矩形长度、宽度尺寸，选择矩形中心点位置，生成矩形。

点的输入有两种方式：按空格键拾取工具点和按回车键直接输入坐标值。

步骤二　绘制顶圆

用圆命令的方法生成支架顶圆。

（1）单击主菜单中的“造型 | 曲线生成 | 圆”菜单项，或“曲线”工具条中的⊙按钮。

（2）根据立即菜单提示，选择“圆心_半径”方式，此时系统提示给出“圆心点”，输入坐标值（0，35）为圆心点，分别画出直径为Φ24mm、Φ40mm 的两个整圆，如图 2.4 所示。

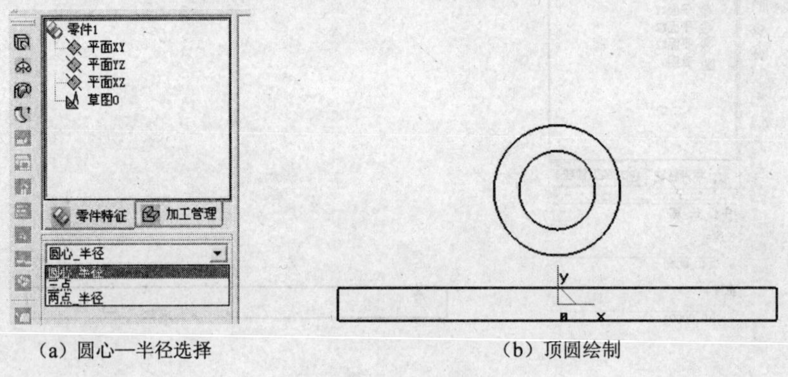

（a）圆心—半径选择　　（b）顶圆绘制

图 2.4　圆命令和所画的顶圆

知识链接——绘制圆

圆是图形构成的基本要素，CAXA 制造工程师软件的圆功能提供了圆心_半径、三点和两点_半径 3 种方式。

命令位置：单击主菜单中的“造型 | 曲线生成 | 圆”菜单项，或单击“曲线”工具条中的⊙按钮。

操作：选取画圆方式，根据状态栏提示完成操作。

（1）圆心_半径。已知圆心和半径画圆。

① 单击⊙按钮，在立即菜单中选择“圆心_半径”方式。

② 给出圆心点，输入圆上一点或半径，圆生成。

（2）三点。过已知三点画圆。

① 单击⊙按钮，在立即菜单中选择“三点”方式。

② 给出第一点、第二点、第三点，圆生成。

（3）两点_半径。已知圆上两点和半径画圆。

① 单击⊙按钮，在立即菜单中选择“两点_半径”方式。

② 给出第一点、第二点、第三点或半径，圆生成。

步骤三　绘制连接线

用直线命令的方法生成连接线。

（1）单击主菜单中的“造型 | 曲线生成 | 直线”菜单项，或单击“曲线”工具条中的⁄按钮。

（2）根据立即菜单提示，选择“角度线”画线方式，生成与坐标轴或一条直线成一定夹角的直线，如图 2.5（a）所示。

（3）在角度线下的立即菜单中选择“X 轴夹角”，输入角度值 60°，如图 2.5（b）所示。

（4）系统提示给出“第一点”，按空格键拾取工具点为“切点”，拾取 Φ40mm 圆的左侧；系统提示给出“第二点或长度”，按空格键拾取工具点为“缺省点”，沿角度线向左下方向拾取与底板矩形的交点，生成角度线，如图 2.5（c）所示。

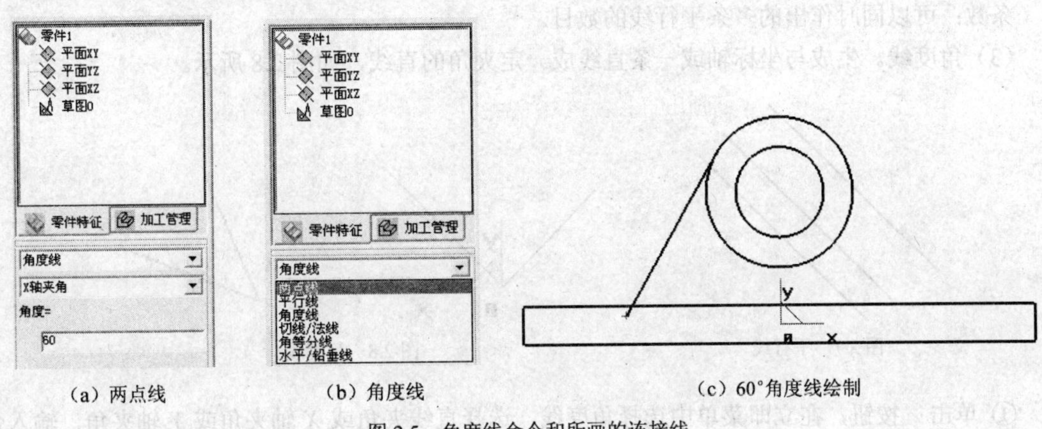

（a）两点线　　（b）角度线　　（c）60°角度线绘制

图 2.5　角度线命令和所画的连接线

知识链接——绘制直线

直线是图形构成的基本要素。CAXA 制造工程师软件的直线功能提供了两点线、平行线、角度线、切线/法线、角等分线和水平/铅垂线 6 种方式。

命令位置：单击主菜单中的“造型 | 曲线生成 | 直线”菜单项，或单击“曲线”工具条中的⁄按钮。

操作：在立即菜单中选取画线方式，根据状态栏提示完成操作。

（1）两点线。两点线就是在屏幕上按给定两点画一条直线段或按给定的连续条件画连续直线段，如图 2.6 所示。

① 单击⁄直线按钮，在立即菜单中选择“两点线”。

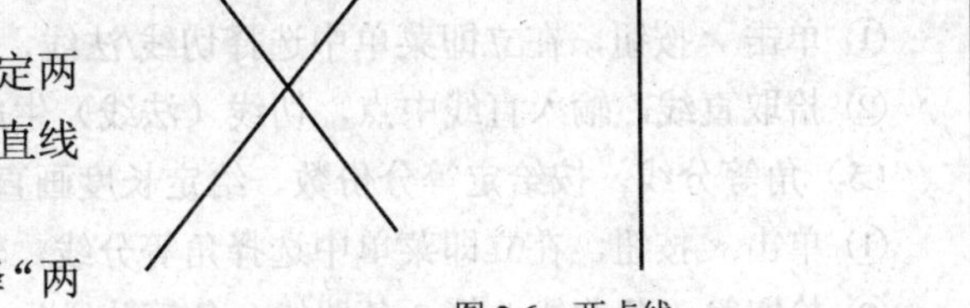

图 2.6　两点线

② 按状态栏提示，给出第一点和第二点，两点线生成。

连续：指每段直线段相互连接，前一段直线段的终点为下一段直线段的起点。

单个：指每次绘制的直线段相互独立，互不相关。

非正交：可以画任意方向的直线，包括正交的直线。

正交：指所画直线与坐标轴平行。

点方式：指定两点来画出正交直线。

长度方式：按指定长度和点来画出正交直线。

（2）平行线。按给定距离或通过给定的已知点绘制与已知线段平行、且长度相等的平行线段，如图 2.7 所示。

① 单击⁄按钮，在立即菜单中选择平行线、距离或点方式。

② 若为距离方式，输入距离值和条数。按状态栏提示拾取直线，给出等距方向，平行线生成。

③ 若为点方式，按状态栏提示拾取直线，拾取点，平行线生成。

过点：指过一点作已知直线的平行线。

距离：指按照固定的距离作已知直线的平行线。

条数：可以同时作出的多条平行线的数目。

（3）角度线。生成与坐标轴或一条直线成一定夹角的直线，如图 2.8 所示。

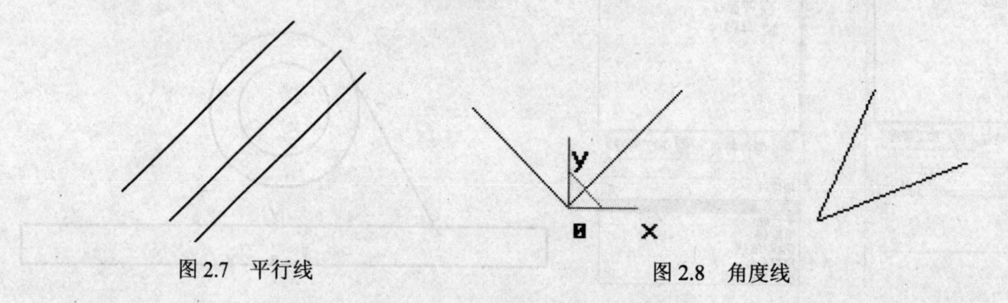

图 2.7 平行线

图 2.8 角度线

① 单击⁄按钮，在立即菜单中选择角度线，选择直线夹角或 *X* 轴夹角或 *Y* 轴夹角，输入角度值。

② 若为直线夹角，拾取直线，给出第一点，给出第二点或长度，角度线生成。

③ 若为 *X* 轴或 *Y* 轴夹角，给出第一点，给出第二点或长度，角度线生成。

夹角类型包括与 *X* 轴夹角、与 *Y* 轴夹角和与直线夹角。

与 *X* 轴夹角：所作直线从起点与 *X* 轴正方向之间的夹角，逆时针为正。

与 *Y* 轴夹角：所作直线从起点与 *Y* 轴正方向之间的夹角，逆时针为正。

与直线夹角：所作直线从起点与已知直线之间的夹角，逆时针为正。

（4）切线/法线。过给定点作已知曲线的切线或法线，如图 2.9 所示。

① 单击⁄按钮，在立即菜单中选择切线/法线，选择切线或法线，给出长度值。

② 拾取直线，输入直线中点，切线（法线）生成。

（5）角等分线。按给定等分份数、给定长度画直线段将一个角等分，如图 2.10 所示。

① 单击⁄按钮，在立即菜单中选择角等分线，输入份数和长度值。

② 拾取第 1 条曲线、第 2 条曲线，角等分线生成。

（6）水平/铅垂线。生成平行或垂直于当前平面坐标轴的给定长度的直线，如图 2.11 所示。

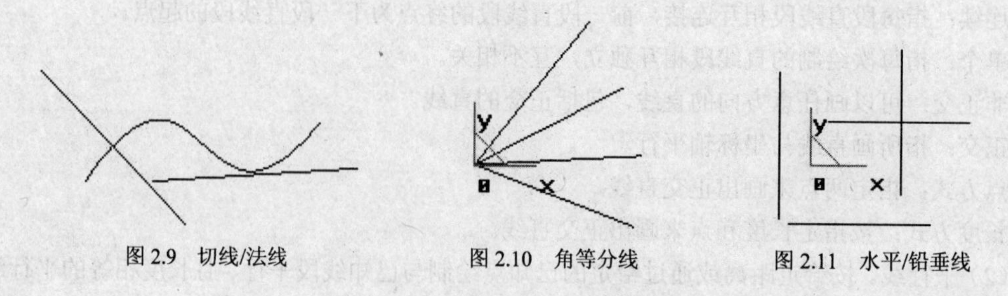

图 2.9 切线/法线

图 2.10 角等分线

图 2.11 水平/铅垂线

① 单击⁄按钮，在立即菜单中选择水平/铅垂线，选择水平（铅垂或水平+铅垂线）。

② 输入直线中点，直线生成。

步骤四 绘制圆角

（1）单击主菜单中的“造型 | 曲线编辑 | 曲线过渡”菜单项，或单击“线面”工具条中的按钮。

（2）在立即菜单中选择“圆弧过渡”方式，设置圆角半径为“16”，选择“裁剪曲线 1”和“裁剪曲线 2”，然后分别拾取第 1 条曲线、第 2 条曲线，圆弧过渡完成，如图 2.12 所示。

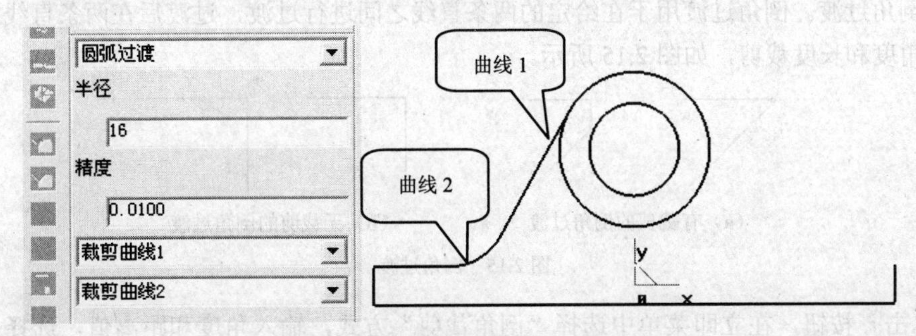

图 2.12 曲线过渡命令和所画的圆弧过渡

知识链接——曲线过渡

CAXA 制造工程师软件的曲线过渡共有 3 种方式：圆弧过渡、尖角过渡和倒角过渡。对尖角、倒角及圆弧过渡中拾取的线段均是需保留的线段。

命令位置：单击主菜单中的“造型|曲线编辑|曲线过渡”菜单项，或单击“线面编辑”工具条中的按钮。

（1）圆弧过渡。用于在两条曲线之间进行给定半径的圆弧光滑过渡。

圆弧在两条曲线的哪个侧边生成，取决于两条曲线上的拾取位置。可利用立即菜单控制是否对两条曲线进行裁剪，此处裁剪是用生成的圆弧对曲线进行裁剪。系统约定只生成劣弧（圆心角小于 180° 的圆弧），如图 2.13 所示。

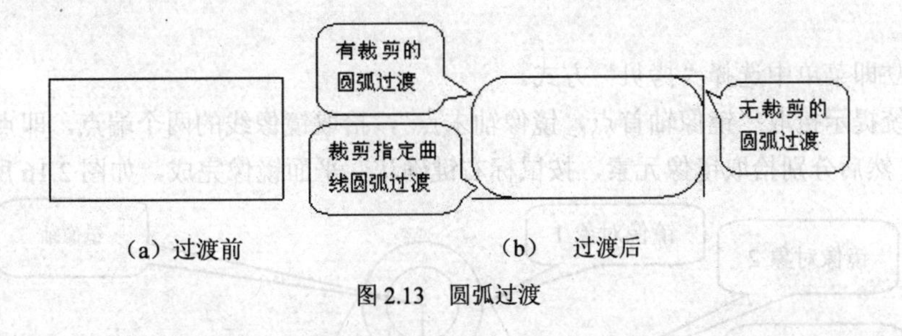

（a）过渡前 （b） 过渡后

图 2.13 圆弧过渡

① 单击按钮，在立即菜单中选择“圆弧过渡”方式，输入半径，选择是否裁剪曲线 1 和曲线 2。

② 拾取第 1 条曲线、第 2 条曲线，圆弧过渡完成。

（2）尖角过渡。用于在给定的两条曲线之间进行过渡，过渡后在两条曲线的交点处呈尖角。尖角过渡后，一条曲线被另一条曲线裁剪，如图 2.14 所示。

① 单击按钮，在立即菜单中选择“尖角裁剪”方式。

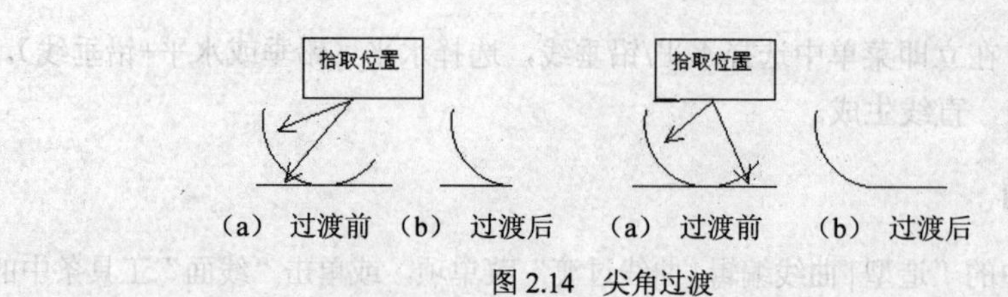

图 2.14 尖角过渡

② 拾取第 1 条曲线、第 2 条曲线，尖角过渡完成。

（3）倒角过渡。倒角过渡用于在给定的两条直线之间进行过渡，过渡后在两条直线之间有一条按给定角度和长度裁剪，如图 2.15 所示。

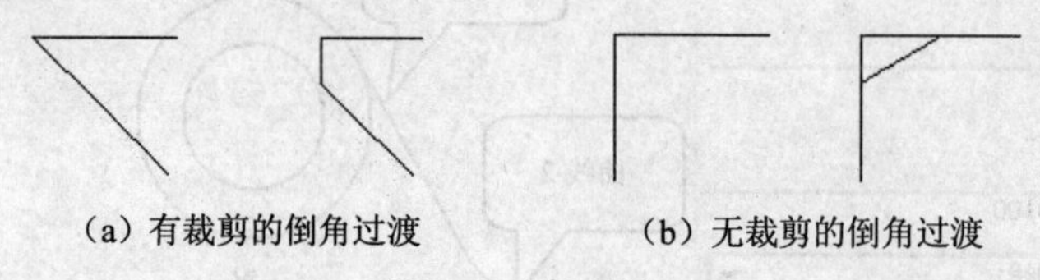

图 2.15 倒角过渡

① 单击按钮，在立即菜单中选择“倒角裁剪”方式，输入角度和距离值，选择是否裁剪曲线 1 和曲线 2。

② 分别拾取第 1 条曲线、第 2 条曲线，尖角过渡完成。

步骤五 绘制右侧对称图形

命令位置：单击主菜单中的“造型 | 几何变换 | 镜像”菜单项，或单击“几何变换”工具条中的按钮。

操作：

① 在立即菜单中选择“移动”或“拷贝”方式。

② 拾取镜像平面上的第 1 点、第 2 点、第 3 点，3 点确定一个平面。

③ 拾取镜像元素，单击鼠标右键确认，完成元素对 3 点确定的平面镜像。

（1）单击主菜单中的“造型 | 几何变换 | 平面镜像”菜单项，或单击“几何变换”工具条中的按钮。

（2）在立即菜单中选择“拷贝”方式。

（3）系统提示拾取“镜像轴首点，镜像轴末点”，拾取镜像线的两个端点，即点（0，35）和点（0，0），然后分别拾取镜像元素，按鼠标右键确认，平面镜像完成，如图 2.16 所示。

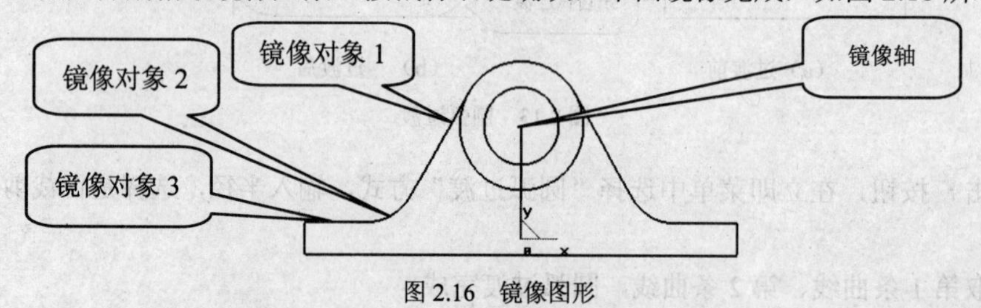

图 2.16 镜像图形

知识链接 1——平面镜像

对拾取到的曲线或曲面以某一条直线为对称轴，进行同一平面上的对称镜像或对称拷贝。

平面镜像有拷贝和平移两种方式，如图 2.17 所示。

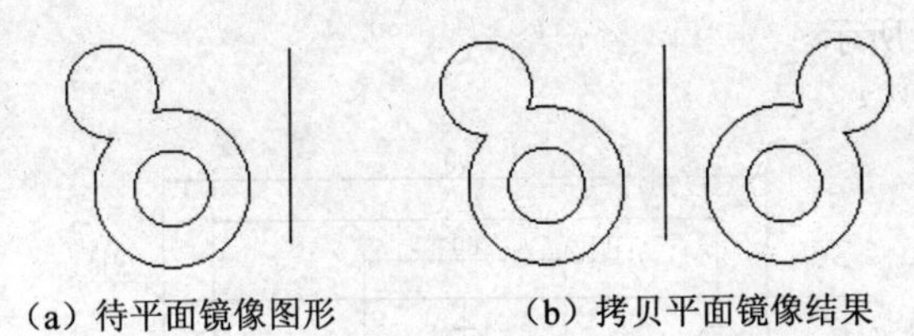

（a）待平面镜像图形　　（b）拷贝平面镜像结果

图 2.17　平面镜像

命令位置：单击主菜单中的“造型 | 几何变换 | 平面镜像”菜单项，或单击“几何变换”工具条中的按钮。

操作：在立即菜单中选择“移动”或“拷贝”方式。拾取镜像轴首点、镜像轴末点，拾取镜像元素，按鼠标右键确认，平面镜像完成。

知识链接 2——镜像

对拾取到的曲线或曲面以某一条直线为对称轴，进行空间上的对称镜像或对称拷贝。

镜像有拷贝和平移两种方式，如图 2.18 所示。

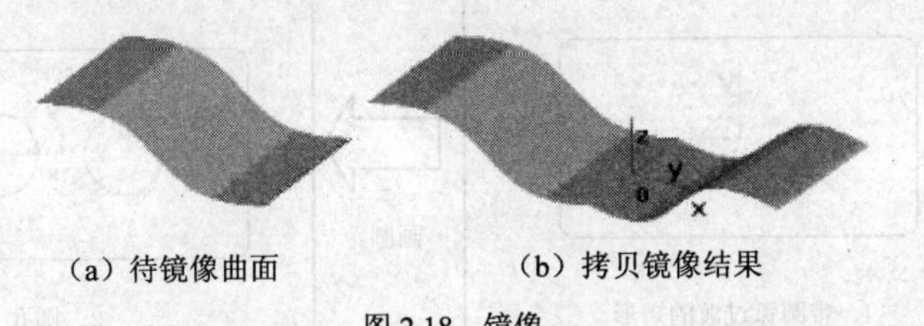

（a）待镜像曲面　　（b）拷贝镜像结果

图 2.18　镜像

步骤六　完善图形

应用删除命令和修剪命令去除多余的曲线，得到最终的图形轮廓。

（1）单击主菜单中的“编辑 | 删除”菜单项，或单击“线面编辑”工具条中的按钮。

（2）拾取要删除的元素“镜像轴”，单击鼠标右键确认，如图 2.19 所示。

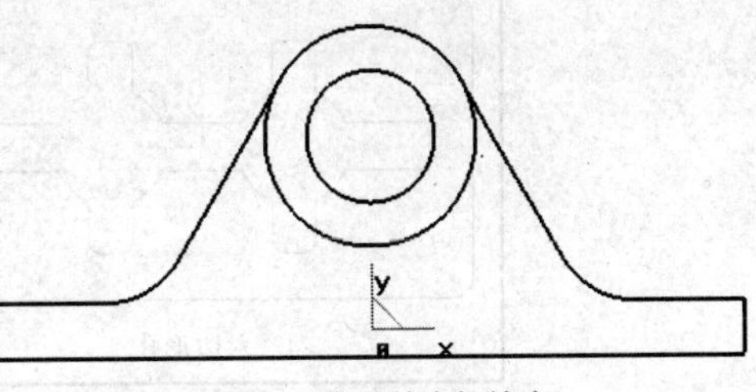

图 2.19　完整的支架轮廓

至此，完成了支架的轮廓图的绘制。

任务2　绘制盖板平面图

思路分析

盖板零件是机箱后板零件，本任务将绘制其轮廓图。通过本任务的学习，读者应掌握点、直线、等距线、矩形、多边形等曲线工具的应用方法及阵列曲线编辑工具的应用方法，掌握其知识点，学会相应的操作。

盖板平面图如图 2.20 所示。

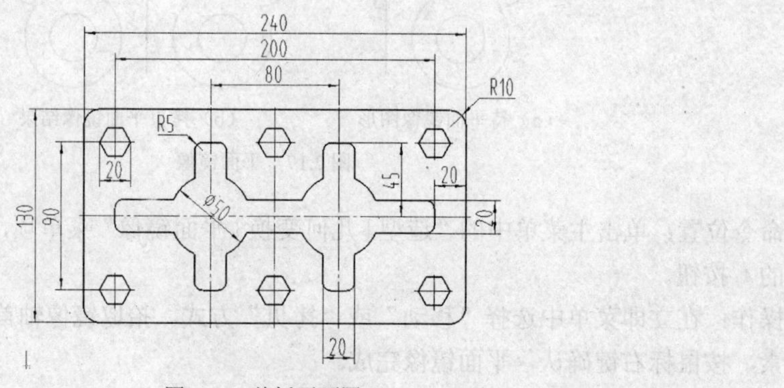

图 2.20　盖板平面图

绘制盖板造型的基本步骤如图 2.21 所示。

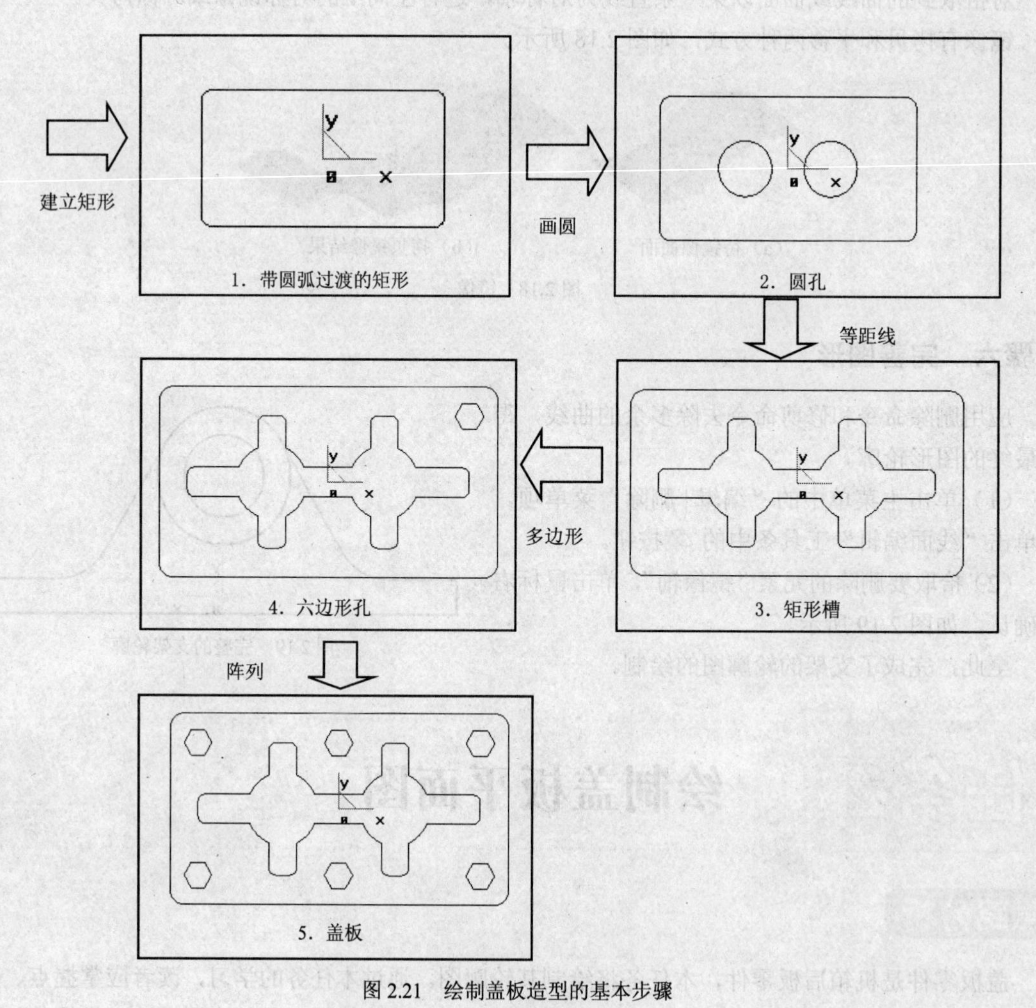

图 2.21　绘制盖板造型的基本步骤

操作步骤

步骤一　绘制盖板底面

用矩形和曲线过渡命令的方法生成盖板底板。

（1）矩形。

① 单击主菜单中的“造型 | 曲线生成 | 矩形”菜单项，或单击“曲线”工具条中的□按钮。

② 在立即菜单中选择“中心_长_宽”方式，设定长度为 240、宽度为 130 绘制矩形，选择坐标原点为矩形中心，生成矩形如图 2.22 所示。

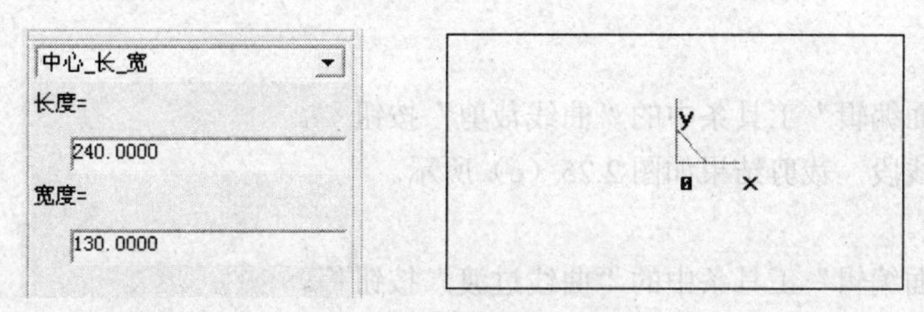

图 2.22　画矩形

（2）曲线过渡。

① 单击“线面编辑”工具条中的“曲线过渡”按钮◜。

② 设置倒角半径为“10”，将矩形各直角倒成圆角，如图 2.23 所示。

图 2.23　倒圆角

步骤二　绘制圆孔

用整圆命令的方法生成圆孔。

（1）单击主菜单中的“造型 | 曲线生成 | 圆”菜单项，或单击⊙按钮。

（2）根据立即菜单提示，选取“圆心_半径”方式，此时系统提示给出“圆心点”，分别以（40，0）和（−40，0）为圆心点，画出直径为Φ50mm 两个整圆，如图 2.24 所示。

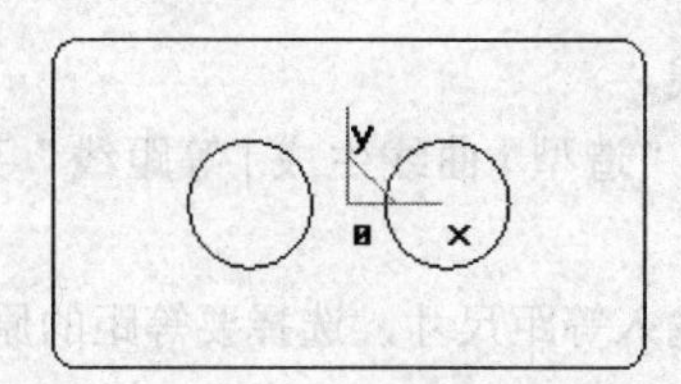

图 2.24　绘制圆孔

步骤三　绘制矩形槽

用等距线、曲线裁剪和曲线过渡命令生成矩形槽。

（1）等距线。

① 单击“曲线”工具条中的按钮，在立即菜单中选择“等距”方式，输入距离为“55”。

② 拾取矩形长边曲线，给出向内的等距方向，生成两条等距线。

③ 在立即菜单中选择“等距”，输入距离为“20”。

④ 拾取矩形长边曲线，给出向内的等距方向，再生成两条等距线。

⑤ 同理，将矩形的短边向内等距，等距距离分别为 20mm、70mm、90mm，如图 2.25（b）所示。

（2）曲线裁剪。

① 单击“线面编辑”工具条中的“曲线裁剪”按钮。

② 删除多余线段，裁剪结果如图 2.25（c）所示。

（3）曲线过渡。

① 单击“线面编辑”工具条中的“曲线过渡”按钮。

② 设置倒角半径为 5mm，将矩形槽各直角倒成圆角，如图 2.25（d）所示。

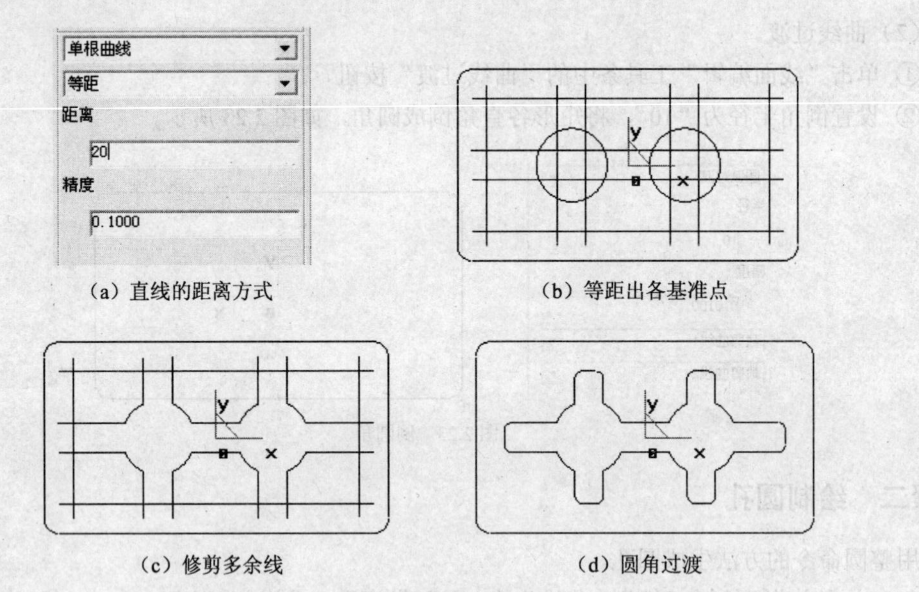

（a）直线的距离方式　（b）等距出各基准点

（c）修剪多余线　（d）圆角过渡

图 2.25　绘制矩形槽

知识链接 1——等距线

绘制给定曲线的等距离的曲线。

命令位置：单击主菜单中的“造型 | 曲线生成 | 等距线”菜单项，或单击“曲线”工具条中的按钮。

操作：选择画等距线方式，输入等距尺寸，选择要等距的原始对象，单击带方向的箭头可以确定等距方向，完成操作。

（1）等距。按照给定的距离作曲线的等距线。

① 单击 按钮，在立即菜单中选择等距，输入距离。

② 拾取曲线，给出等距方向，等距线生成。

（2）变等距。按照给定的起始和终止距离，作沿给定方向变化距离的曲线的变等距线。

① 单击 按钮，在立即菜单中选择“等距”方式，输入起始距离、终止距离。

② 拾取曲线，给出等距方向和距离变化方向（从小到大），变等距线生成。

注意

使用“直线”命令中的“平行线”的“等距”方式，可以等距多条直线。

知识链接 2——曲线裁剪

使用曲线做剪刀，裁掉曲线上不需要的部分，即利用一个或多个几何元素（曲线或点称为剪刀）对给定曲线（称为被裁剪线）进行修整，删除不需要的部分，得到新的曲线。

曲线裁剪共有 4 种方式：快速裁剪、线裁剪、点裁剪和修剪。

命令位置：单击主菜单中的“造型 | 曲线编辑 | 曲线裁剪”菜单项，或直接单击“线面编辑”工具条中的 按钮。

操作：

① 在立即菜单中选择“线裁剪”、“正常裁剪”或“投影裁剪”。

② 拾取作为剪刀的曲线，该曲线变红。

③ 拾取被裁剪的线（选取保留的段），线裁剪完成。

（1）快速裁剪。快速裁剪是指系统对曲线修剪具有指哪裁哪的快速反映。

快速裁剪的方式分为正常裁剪和投影裁剪。正常裁剪适用于裁剪同一平面上的曲线，投影裁剪适用于裁剪不共面的曲线。

在操作过程中，拾取同一曲线的不同位置将产生不同的裁剪结果，如图 2.26 所示。

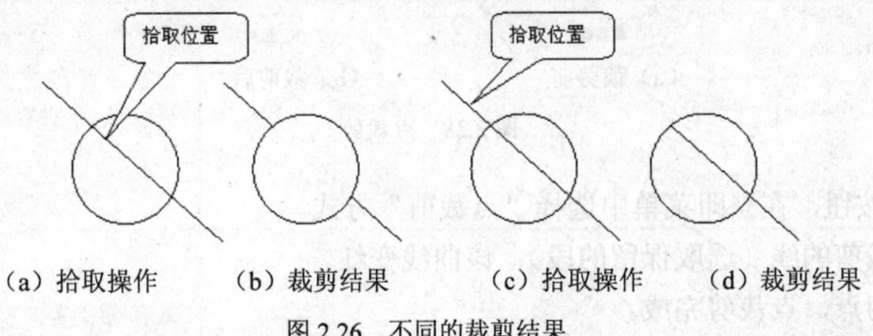

图 2.26 不同的裁剪结果

注意

（1）当系统中的复杂曲线多的时候，建议不使用快速裁剪。因为在大量复杂曲线的处理过程中，系统计算速度较慢，影响用户的工作效率。

（2）在快速裁剪操作中，拾取同一曲线的不同位置，将产生不同的裁剪结果。

（2）线裁剪。以一条曲线作为剪刀，对其他曲线进行裁剪。

线裁剪的方式分为正常裁剪和投影裁剪。正常裁剪的功能是以选取的剪刀线为参照，对其他曲线进行裁剪。投影裁剪的功能是曲线在当前坐标平面上施行投影后，进行求交裁剪。

线裁剪具有曲线延伸功能。如果剪刀线和被裁剪曲线之间没有实际交点，系统在分别依次自动延长被裁剪线和剪刀线后进行求交，在得到的交点处进行裁剪。延伸的规则是：直线和样条线按端点切线方向延伸，圆弧按整圆处理。由于采用延伸的做法，可以利用该功能实现对曲线的延伸。

在拾取了剪刀线之后，可拾取多条被裁剪曲线。系统约定拾取的段是裁剪后保留的段，因而可实现多根曲线在剪刀线处齐边的效果，如图 2.27 所示。

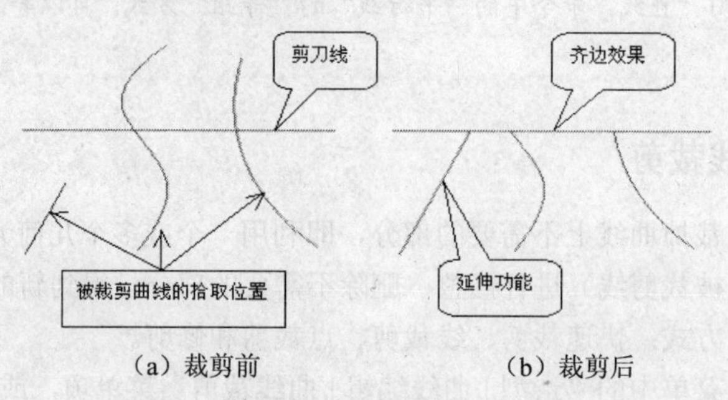

（a）裁剪前　　（b）裁剪后

图 2.27　线裁剪

拾取被裁剪曲线的位置确定裁剪后保留的曲线段，有时拾取剪刀线的位置也会对裁剪结果产生影响：在剪刀线与被裁剪线有两个以上的交点时，系统约定取离剪刀线上拾取点较近的交点进行裁剪。

（3）点裁剪。利用点（通常是屏幕点）作为剪刀，对曲线进行裁剪。点裁剪具有曲线延伸功能，用户可以利用该功能实现曲线的延伸，如图 2.28 所示。

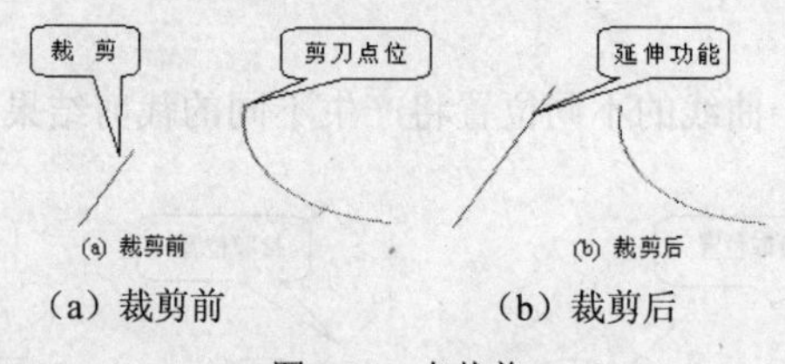

（a）裁剪前　　（b）裁剪后

图 2.28　点裁剪

① 单击按钮，在立即菜单中选择“点裁剪”方式。

② 拾取被裁剪的线（选取保留的段），该曲线变红。

③ 拾取剪刀点，点裁剪完成。

在拾取了被裁剪曲线之后，利用点工具菜单输入一个剪刀点，系统对曲线在离剪刀点最近处进行裁剪。

（4）修剪。需要拾取一条曲线或多条曲线作为剪刀线，对一系列被裁剪曲线进行裁剪。修剪与“线裁剪”和“点裁剪”不同，修剪功能中系统将裁剪掉所拾取的曲线段，而保留在剪刀线另一侧的曲线段。另外，修剪不采用延伸的做法，只在有实际交点处进行裁剪。

在修剪功能中，剪刀线同时也可作为被裁剪线，如图 2.29 所示。

① 单击按钮，在立即菜单中选择“点裁剪”。

② 拾取剪刀曲线，单击鼠标右键确认，该曲线变红。

③ 拾取被裁剪的线（选取被裁掉的段），修剪完成。

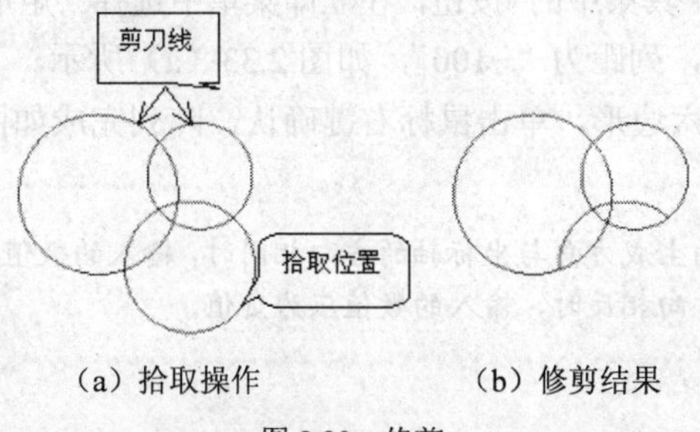

（a）拾取操作　　（b）修剪结果

图 2.29　修剪

步骤四　绘制六边形孔

以输入点为中心，绘制内切或外接多边形。

（1）单击“曲线”工具条中的按钮，在立即菜单中选择“中心”，“内接”，输入边数为“6”。

（2）输入中心坐标（100，45）和边终点（@10，0），生成正六边形，如图 2.30 所示。

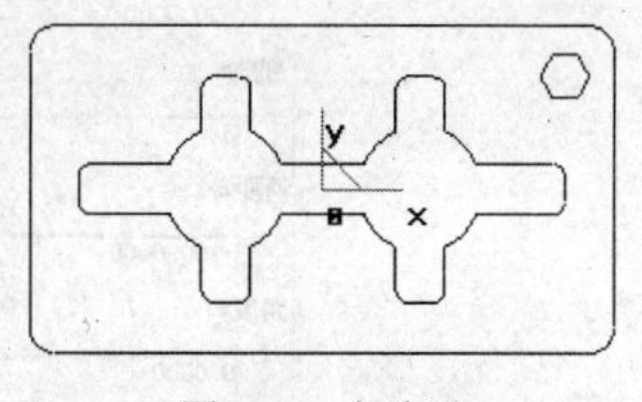

图 2.30　六边形

知识链接——绘制多边形

在给定点处绘制一个给定半径、给定边数的正多边形。其定位方式由菜单及操作提示给出。

命令位置：单击主菜单中的“造型 | 曲线生成 | 多边形”菜单项，或单击“曲线”工具条中的按钮。

操作：在立即菜单中选择方式和参数，根据状态栏提示完成操作。

（1）边。根据输入边数绘制正多边形。

① 单击按钮，在立即菜单中选择“边”方式，输入边数，如图 2.31 所示。

② 输入边的起点和终点，正多边形生成。

（2）中心。以输入点为中心，绘制内切或外接多边形。

① 单击按钮，在立即菜单中选择“中心”方式，内接或外接，输入边数，如图 2.32 所示。

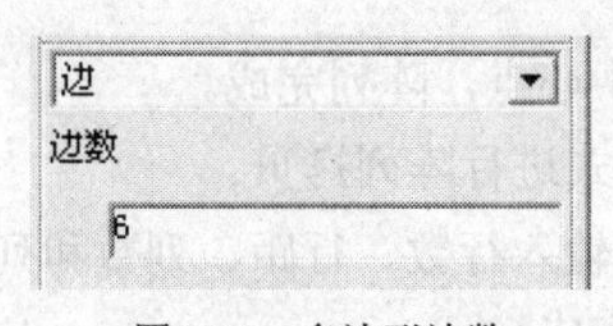

图 2.31　多边形边数

图 2.32　多边形中心、边数

② 输入中心和边终点，正多边形生成。

步骤五　绘制 6 个相同的六边形孔

用阵列的方法生成 6 个六边形。

（1）单击“几何变换”工具条中的按钮，在立即菜单中选择“矩形”方式，输入行数为“2”，行距为“-90”，列数为“3”，列距为“-100”，如图 2.33（a）所示。

（2）拾取需阵列的元素六边形，单击鼠标右键确认，阵列完成如图 2.33（b）所示。

当矩形的生成方向与坐标轴的方向相同时，输入的数值应为正值；当矩形的生成方向与坐标轴的方向相反时，输入的数值应为负值。

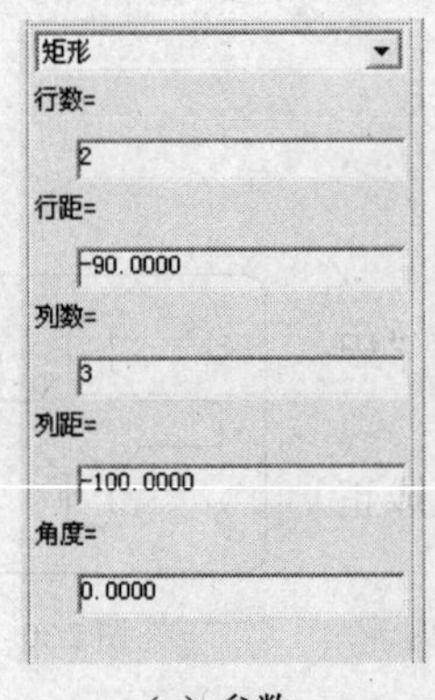

（a）参数

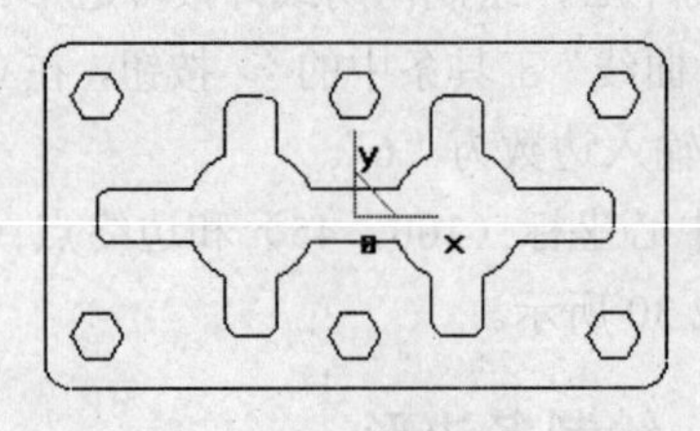

（b）图形

图 2.33　完整的盖板轮廓

至此，完成了盖板的轮廓图绘制。

知识链接——阵列

阵列是对拾取到的曲线或曲面，按圆形或矩形方式进行阵列拷贝，如图 2.34 所示。

阵列分为圆形或矩形两种方式。

（1）圆形阵列。对拾取到的曲线或曲面，按圆形方式进行阵列拷贝。

① 单击“几何变换”工具条中的按钮，在立即菜单中选择“圆形”、“夹角”或“均布”方式。

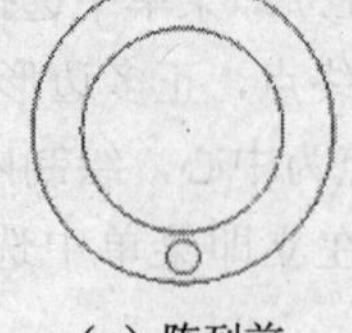

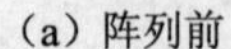

（a）阵列前

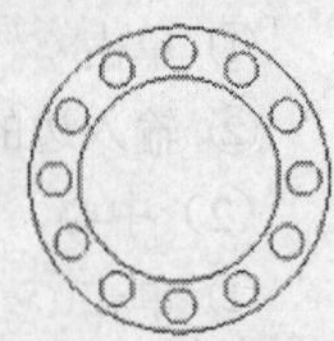

（b）阵列结果

图 2.34　阵列

夹角：给出邻角和填角值。

均布：给出份数。

② 拾取需阵列的元素，单击鼠标右键确认，输入中心点，阵列完成。

（2）矩形阵列。对拾取到的曲线或曲面，按矩形方式进行阵列拷贝。

① 单击按钮，在立即菜单中选择“矩形”方式，输入行数、行距、列数和列距 4 个值。

② 拾取需阵列的元素，单击鼠标右键确认，阵列完成。

任务3 绘制汽车车标平面图

思路分析

汽车标志的图形结构一般是线条简单而几何特点较强，本任务将通过奔驰车标图和丰田车标图的绘制，学习投影线、椭圆、点、样条线等曲线工具的知识，练习其操作。

奔驰车标如图 2.35 所示，丰田车标如图 2.36 所示。

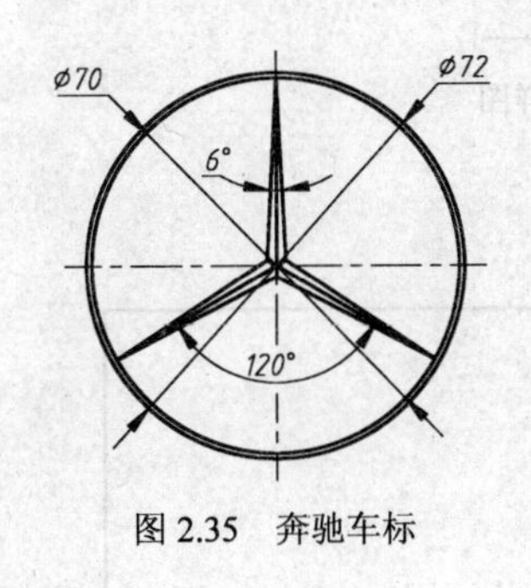

图 2.35 奔驰车标

图 2.36 丰田车标

绘制奔驰车标的基本步骤如图 2.37 所示。

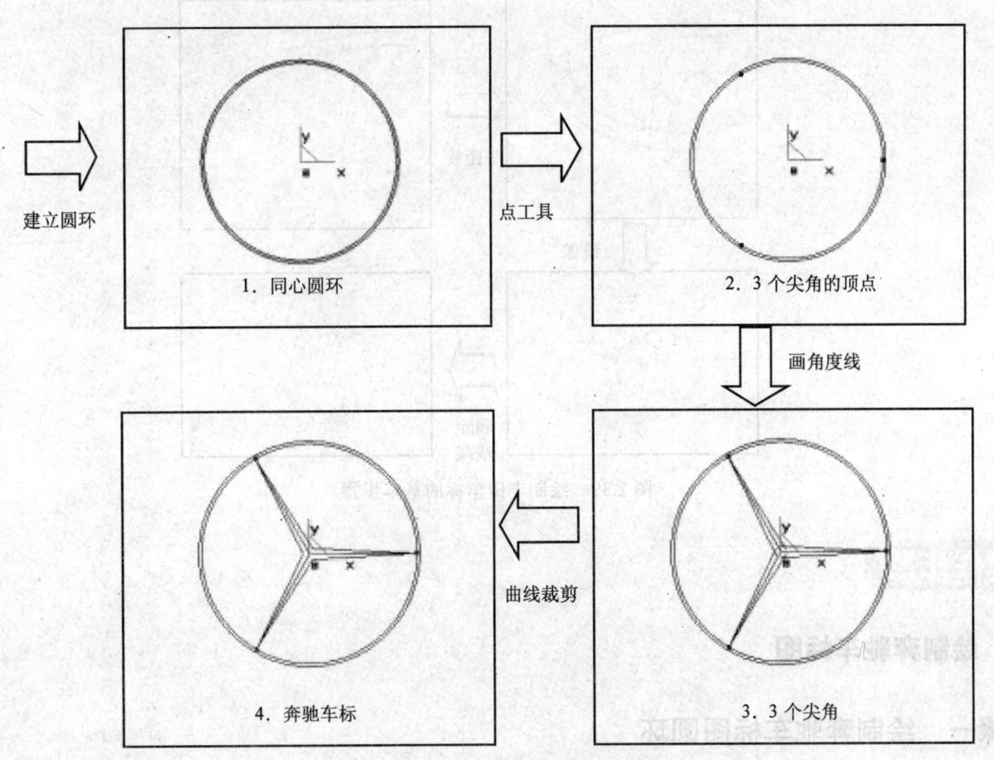

图 2.37 绘制奔驰车标的基本步骤

丰田车标详图如图 2.38 所示。

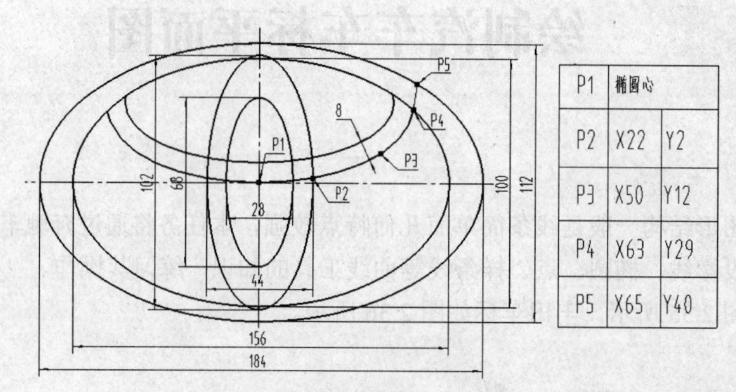

P1	椭圆心	
P2	X22	Y2
P3	X50	Y12
P4	X63	Y29
P5	X65	Y40

图 2.38　丰田车标详图

绘制丰田车标的基本步骤如图 2.39 所示。

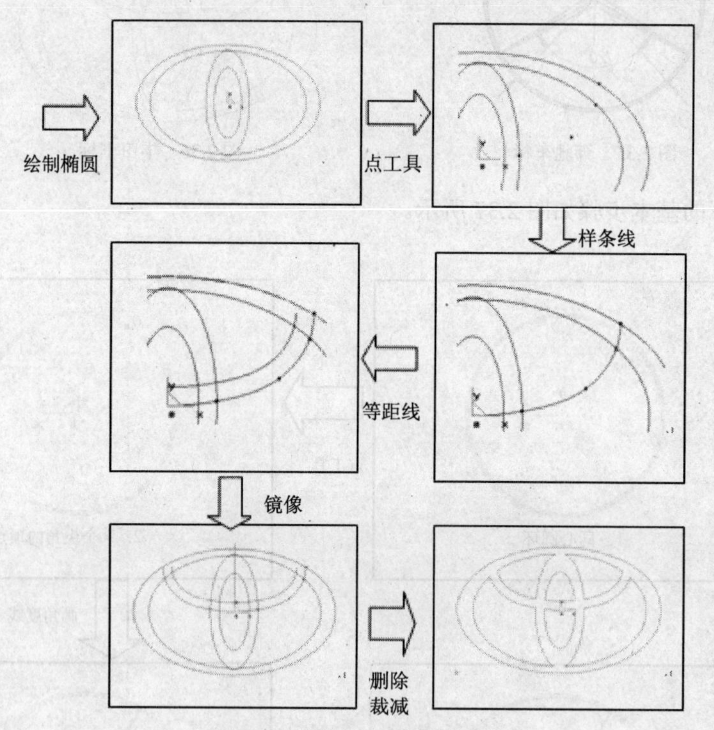

图 2.39　绘制丰田车标的基本步骤

操作步骤

一、绘制奔驰车标图

步骤一　绘制奔驰车标图圆环

用圆命令的方法生成奔驰汽车车标的圆环。

（1）单击主菜单中的“造型 | 曲线生成 | 圆”菜单项，或单击“曲线”工具条中的⊙按钮。

（2）根据立即菜单提示，选取“圆心_半径”方式，此时系统提示给出“圆心点”，分别以（0，0）为圆心点，画出直径为Φ70mm 和Φ72mm 的两个整圆，如图 2.40 所示。

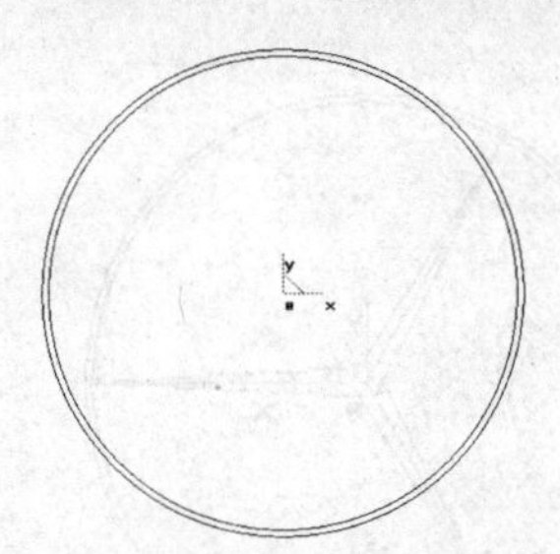

图 2.40　奔驰车标的圆环

步骤二　绘制奔驰车标图尖角点

（1）绘制奔驰车标的 3 个尖角的顶点。用点命令的方法生成奔驰车标的 3 个尖角的顶点。

① 单击▪按钮，选择“批量点”，方式为“等分点”，输入段数值为“3”。

② 按状态栏提示拾取Φ70mm 的圆，生成 3 个夹角为 120° 的点，如图 2.41 所示。

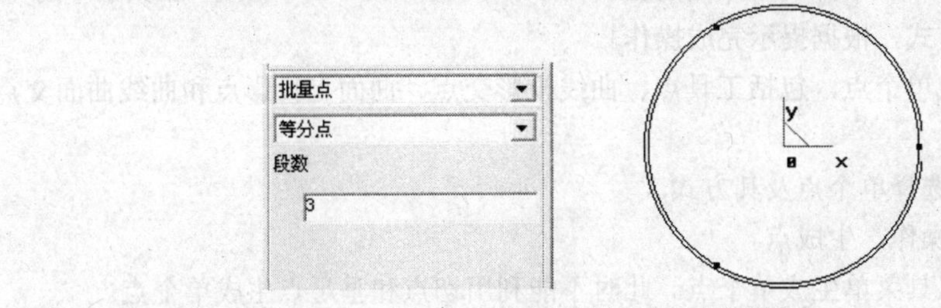

图 2.41　奔驰车标的 3 个尖角的顶点

（2）绘制奔驰车标的 3 个尖角。用直线命令的方法生成连接线。

① 两点线。单击主菜单中的“造型 | 曲线生成 | 直线”菜单项，或单击“曲线”工具条中的∕按钮。根据立即菜单提示，选取“两点”、“连续”、“非正交”线方式，分别拾取上一步生成的点和圆心，生成 3 条直线，如图 2.42 所示。

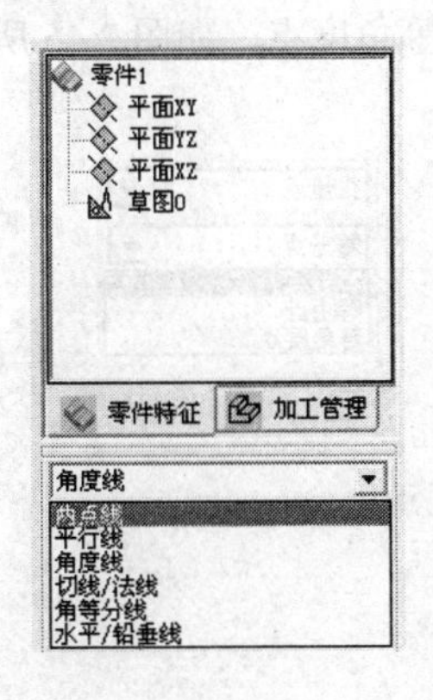

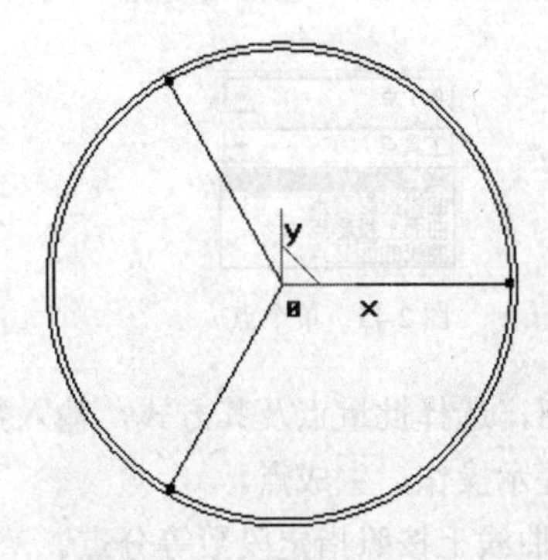

图 2.42　3 条线

② 角度线。在角度线下的立即菜单中选择“角度线”、“直线夹角”，输入角度值为 3° 或-3°，

如图 2.43 所示。

（3）删除与修剪。应用“删除”命令和“曲线裁减”命令去除多余的曲线，得到最终的图形如图 2.44 所示。

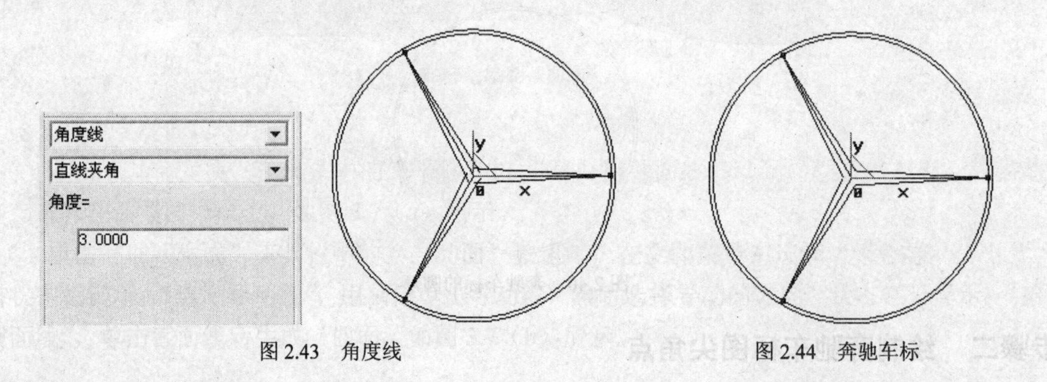

图 2.43　角度线　　　　图 2.44　奔驰车标

知识链接 1——绘制点

在屏幕指定位置处画一个孤立点，或在曲线上画等分点。

命令位置：单击主菜单中的“造型 | 曲线生成 | 点”菜单项，或单击“曲线”工具条中的按钮。

操作：选取画点方式，根据提示完成操作。

（1）单个点。生成单个点，包括工具点、曲线投影交点、曲面上投影点和曲线曲面交点，如图 2.45 所示。

① 单击按钮，选择单个点及其方式。

② 按状态栏提示操作，生成点。

工具点：利用点工具菜单生成单个点。此时不能利用切点和垂足点生成单个点。

曲线投影交点：对于两条不相交的空间曲线，如果它们在当前平面的投影有交点，则在先拾取的直线上生成该投影交点。

曲面上投影点：对于一个给定位置的点，通过矢量工具菜单给定一个投影方向，可以在一张曲面上得到一个投影点。

曲线曲面交点：可以求一条曲线和一张曲面的交点。

（2）批量点。生成多个点，包括等分点、等距点和等角度点，如图 2.46 所示。

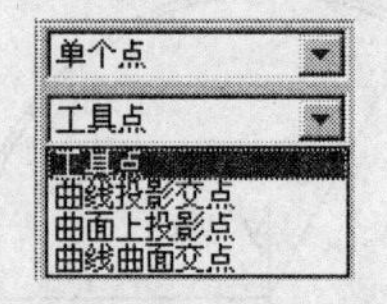

图 2.45　单个点

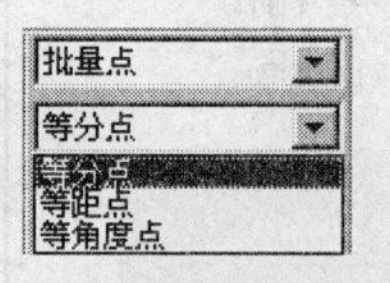

图 2.46　批量点

① 单击按钮，选择批量点及其方式，输入数值。

② 按状态栏提示操作，生成点。

等分点：生成曲线上按照指定段数等分点。

等距点：生成曲线上间隔为给定弧长距离的点。

等角度点：生成圆弧上等圆心角间隔的点。

知识链接 2——曲线投影

指定一条曲线向一个实体的某个基准平面投影，得到曲线在该基准平面上的草图线。利用这个功能可以转化已有的曲线为草图平面里的草图线。该功能只有在草图状态下才可应用。注意，不要与曲线投影到曲面相混淆。

投影的前提：只有在草图状态下，才具有投影功能。

投影的对象：空间曲线、实体的边和曲面的边。

命令位置：单击主菜单中的“造型 | 曲线生成 | 曲线投影”菜单项，或单击“曲线”工具条中的按钮。

操作：拾取曲线，完成操作。

（1）曲线投影功能只能在草图状态下使用。

（2）使用曲线投影功能时，可以使用窗口选取投影元素。

知识链接 3——样条曲线

生成过给定顶点（样条插值点）的样条曲线。点的输入可由鼠标或键盘输入。

命令位置：单击主菜单中的“造型 | 曲线生成 | 样条”菜单项，或单击“曲线”工具条中的~按钮。

操作：选择样条线生成方式，按状态栏提示操作，生成样条线。

（1）逼近。按顺序输入一系列点，系统根据给定的精度生成拟合这些点的光滑样条曲线。用逼近方式拟合一批点，生成的样条曲线品质比较好，适用于数据点比较多且排列不规则的情况。

① 单击~按钮，在立即菜单中选择“逼近”方式。

② 输入或拾取多个点，单击鼠标右键确认，样条曲线生成。

（2）插值。按顺序输入一系列点，系统将顺序通过这些点生成一条光滑的样条曲线。通过设置立即菜单，可以控制生成的样条的端点切矢，使其满足一定的相切条件，也可以生成一条封闭的样条曲线。

① 单击~按钮，在立即菜单中选择缺省切矢或给定切矢，开曲线或闭曲线。

② 若为缺省切矢，拾取多个点，单击鼠标右键确认，样条曲线生成。

③ 若为给定切矢，拾取多个点，单击鼠标右键确认，给定终点切矢和起点切矢，样条曲线生成。

点的输入有两种方式：按空格键拾取工具点和按回车键直接输入坐标值。

知识链接 4——绘制椭圆

用鼠标或键盘输入椭圆中心，然后按给定参数画一个任意方向的椭圆或椭圆弧。

命令位置：单击主菜单中的“造型 | 曲线生成 | 椭圆”菜单项，或单击“曲线”工具条中的“椭圆”按钮。

操作：输入长半轴、短半轴、旋转角、起始角和终止角参数，输入中心坐标，完成操作。

长半轴：椭圆的长轴尺寸值。

短半轴：椭圆的短轴尺寸值。

旋转角：椭圆的长轴与默认起始基准间夹角。

起始角：画椭圆弧时起始位置与默认起始基准所夹的角度。

终止角：画椭圆弧时终止位置与默认起始基准所夹的角度。

二、绘制丰田车标图

步骤一　绘制丰田车标图椭圆环

丰田车标共有 4 个不同长短轴尺寸的椭圆，应用椭圆命令的方法生成这 4 个椭圆。

（1）单击主菜单中的“造型 | 曲线生成 | 椭圆”菜单项，或单击“曲线”工具条中的“椭圆”按钮。

（2）根据立即菜单提示，分 4 次操作，绘制 4 个椭圆，其尺寸如下。

椭圆 1：输入长半轴 92（即 184/2）、短半轴 56（即 112/2）、旋转角 0、起始角 0 和终止角 360，输入中心坐标（0，0，0）。

椭圆 2：输入长半轴 78（即 156/2）、短半轴 50（即 100/2）。

椭圆 3：输入长半轴 22（即 44/2）、短半轴 51（即 102/2）。

椭圆 4：输入长半轴 14（即 28/2）、短半轴 34（即 68/2）。

如图 2.47 所示。

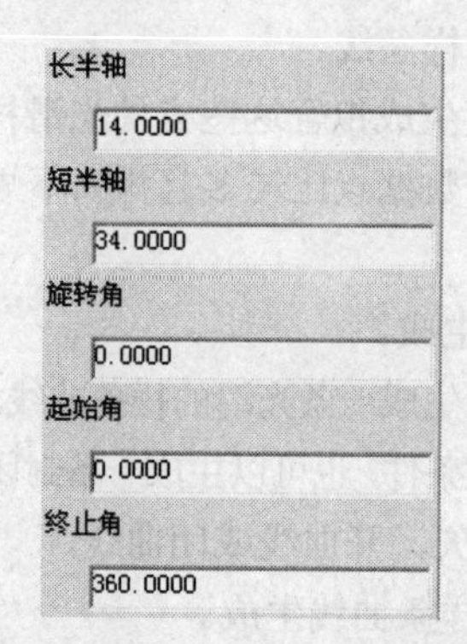

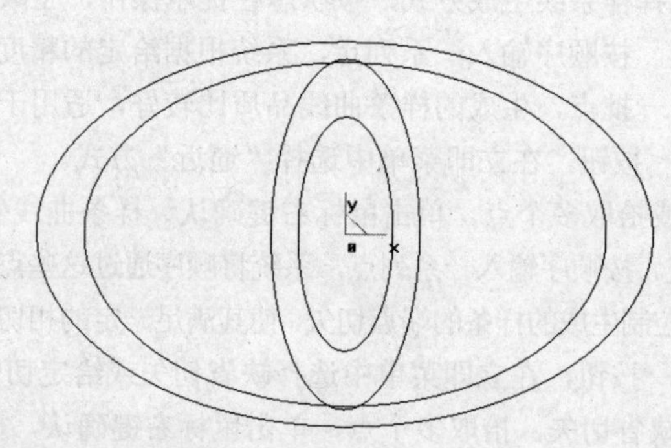

图 2.47　丰田车标的 4 个椭圆

系统立即菜单中的椭圆“长半轴”和“短半轴”，并不是指物理意义上的长和短，而是“长半轴”等于 *X* 方向上的椭圆半轴尺寸，“短半轴”等于 *Y* 方向上的椭圆半轴尺寸。

步骤二　绘制丰田车标图曲线位置点

用点命令的方法生成丰田车标的 5 个定位点。P1 点位于椭圆心（即坐标原点），其余 4 个点应用点工具绘制。

（1）单击“曲线”工具条中的按钮，选择“单个点”，方式为“工具点”。

（2）按状态栏提示，分别输入 4 个点的坐标为 P2（22，2）、P3（50，12）、P4（63，29）、P5（65，40），如图 2.48 所示。

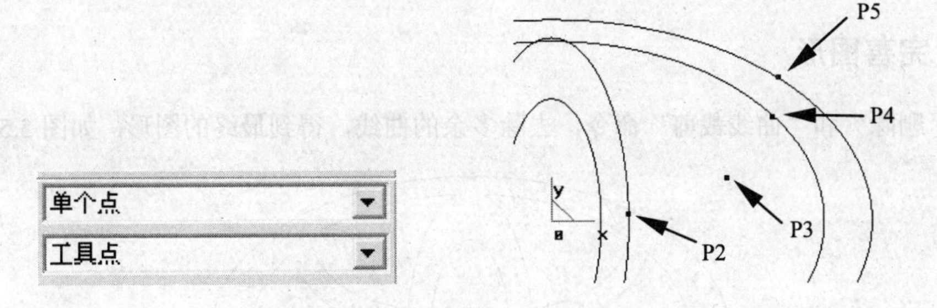

图 2.48 丰田车标的曲线点位

输入点坐标时，要在英文输入状态，其数值间的“,”才有作用。

步骤三 绘制丰田车标图曲线

（1）样条线连接点。用样条线连接 5 个点，形成图形上的曲线。

单击“曲线”工具条中的～按钮，在立即菜单提示中选择“插值”、“缺省切矢”、“开曲线”。系统提示拾取 P1、P2、P3、P4、P5 点，单击鼠标右键确认，曲线生成如图 2.49 所示。

（2）绘制等距线。单击“曲线”工具条中的按钮，在立即菜单中选择“等距”方式，输入距离为“8mm”。

拾取椭圆曲线，给出向上的等距方向，绘制出另一曲线，如图 2.50 所示。

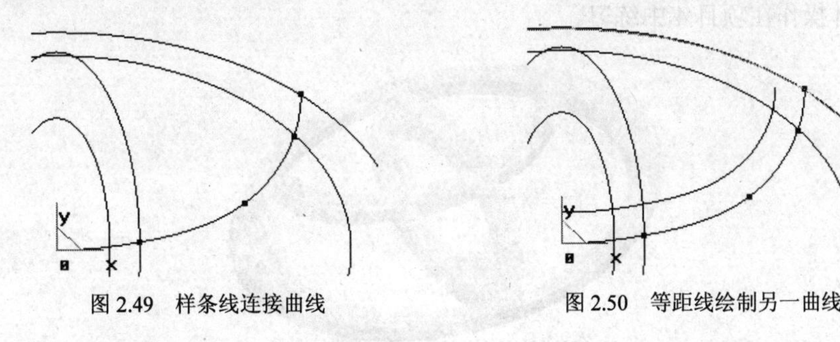

图 2.49 样条线连接曲线　　图 2.50 等距线绘制另一曲线

（3）镜像出曲线的左侧图形。先过中心绘制一条竖线，作为镜像轴线。再应用镜像命令，选择两条曲线，镜像出左侧曲线，如图 2.51 所示。

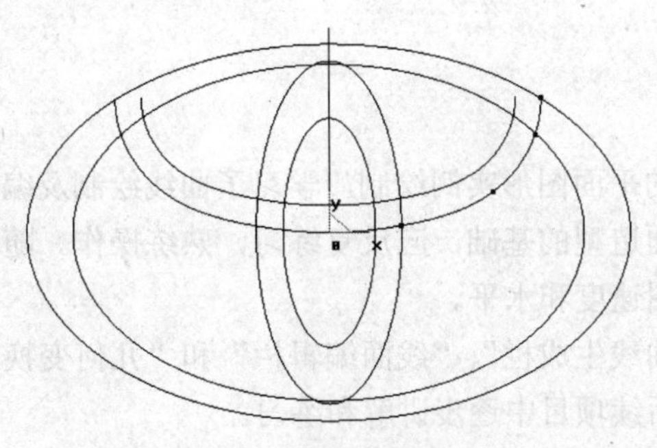

图 2.51 镜像左侧曲线

步骤四　完善图形

应用“删除”和“曲线裁剪”命令，去除多余的曲线，得到最终的图形，如图 5.52 所示。

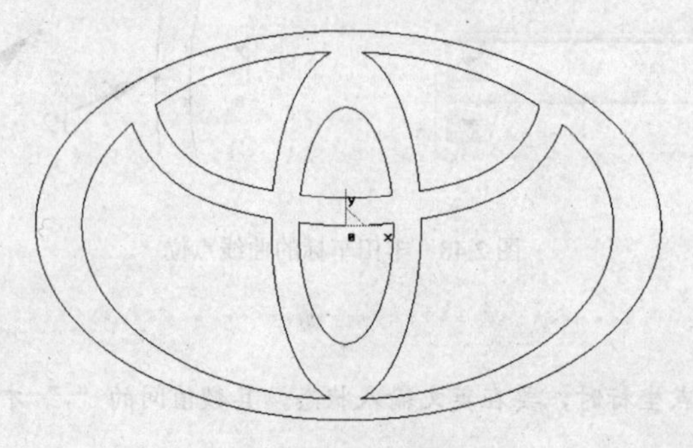

图 2.52　丰田车标

步骤五　生成草图线

将丰田车标图形投影进草图。

（1）选取一个投影平面 *XOY*。

（2）单击“草图绘制”按钮或按 F2 键，激活“草图绘制”功能。

（3）单击“曲线投影”按钮，系统提示拾取曲线（全部图形），单击鼠标右键确定。

完成操作后，目前有两个重叠的图形，一个为非草图线，另一个为草图线。从表面上看草图线较非草图线要粗些，其本质上草图是为实体造型而准备的基础图形。图形形成的立体结果如图 2.53 所示，具体操作在项目 4 中练习。

图 2.53　应用“拉伸增料”生成立体

项目小结

本项目通过 3 个具体的平面图形实例绘制，学习了曲线绘制及编辑的基本命令。平面图形绘图技能，是实体造型和曲面造型的基础，应反复练习，熟练操作。随着练习的深入，自己会摸索出绘图技巧，不断提高绘图速度和水平。

本项目涉及软件的“曲线生成栏”、“线面编辑栏”和“几何变换栏”3 个工具条下的部分命令，其他命令操作方法在后续项目中逐步讲解和练习。

“曲线生成”命令汇总如表 2.1 所示，“曲线编辑”命令汇总如表 2.2 所示。

表 2.1 "曲线生成"命令汇总表

命令	功　能	图　例	使用注意事项
直线	两点线 按给定两点画一条直线段或按给定的连续条件画连续的直线段		非正交：可以画任意方向的直线，包括正交的直线 正交：指所画直线与坐标轴平行 点方式：指定两点来画出正交直线 长度方式：指定长度和点来画出正交直线
	平行线 按给定距离绘制与已知线段平行、且长度相等的单向或双向平行线段		过点：指过一点作已知直线的平行线 距离：两平行线直线之间的距离 条数：可以同时作出的多条平行线的数目
	角度线 生成与坐标轴或一条直线成一定夹角的直线		与 x 轴夹角：直线从起点与 x 轴正方向之间的夹角 与 y 轴夹角：直线从起点与 y 轴正方向之间的夹角 与直线夹角：直线从起点与已知直线之间的夹角
	角等分线 按给定等分份数、给定长度画条直线段将一个角等分		—
	水平/铅垂线 生成平行或垂直于当前平面坐标轴的给定长度的直线		—
圆弧	三点圆弧 过三点画圆弧，其中第一点为起点，第三点为终点，第二点决定圆弧的位置和方向		正确选择工具点
	两点_半径 已知两点及圆弧半径画圆弧		正确选择工具点
	圆心_半径 已知圆心和半径画圆		应根据图形的已知条件选择画圆的方式
	三点 过已知三点画圆		应根据图形的已知条件选择画圆的方式
	两点_半径 已知圆上两点和半径画圆		应根据图形的已知条件选择画圆的方式

续表

命令	功能	图例	使用注意事项
矩形	两点矩形 给定对角线上两点绘制矩形	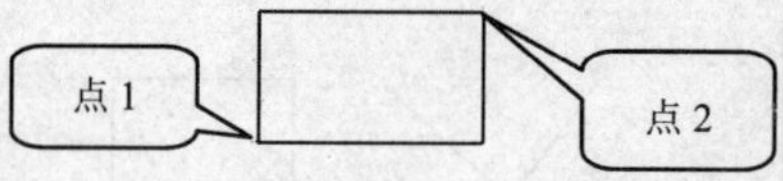 点 1　点 2	给出起点和终点，矩形生成
	中心_长_宽 给定长度和宽度尺寸值来绘制矩形	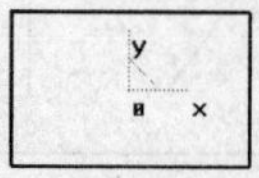	给出矩形中心，矩形生成
椭圆	按给定参数画一个任意方向的椭圆或椭圆弧	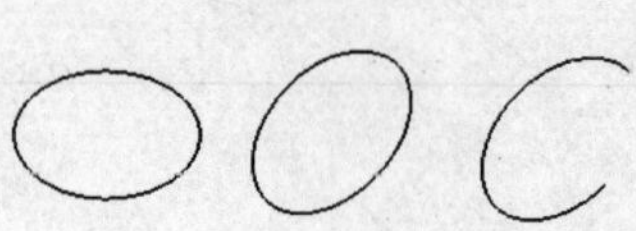	长半轴：指椭圆的长轴尺寸值 短半轴：指椭圆的短轴尺寸值 旋转角：指椭圆的长轴与默认起始基准间夹角 起始角：指画椭圆弧时起始位置与默认起始基准所夹的角度 终止角：指画椭圆弧时终止位置与默认起始基准所夹的角度
样条曲线	生成过给定顶点（样条插值点）的样条曲线	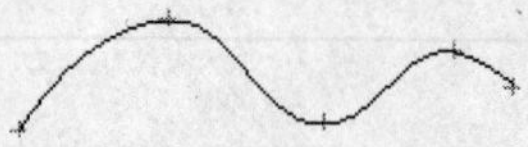	点的输入可由鼠标输入或由键盘输入
点	在屏幕指定位置处画一个孤立点，或在曲线上按一定规律画若干个点	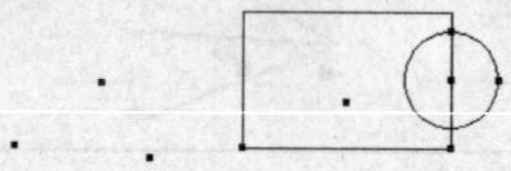	工具点：利用点工具菜单生成单个点
		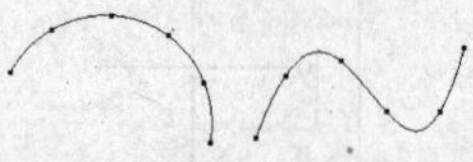	等分点：生成曲线上按照指定段数等分点
		 弧长 20，曲线左端为起始点	等距点：生成曲线上间隔为给定弧长距离的点
		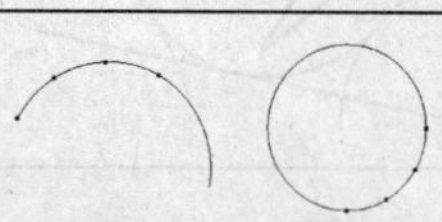 点数 4，角度 30	等角度点：生成圆弧上等圆心角间隔的点
公式曲线	公式曲线是根据数学公式（或参数表达式）绘制出相应的数学曲线，公式的给出既可以是直角坐标形式的，也可以是极坐标形式的。用户只要输入数学公式，给定参数，计算机便会自动绘制出该公式描述的曲线	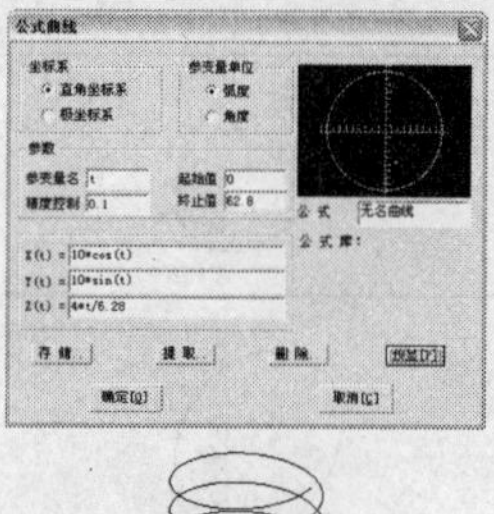 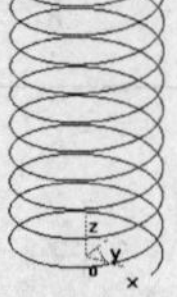 圆柱螺旋线	公式曲线可用的数学函数有："sin"，"cos"，"tan"，"asin"，"acos"，"atan"，"sinh"，"cosh"，"sqrt"，"exp"，"log"，"log10"，共 12 个

续表

命令	功　能	图　例	使用注意事项
多边形	中心 以输入点为中心，绘制内切或外接多边形	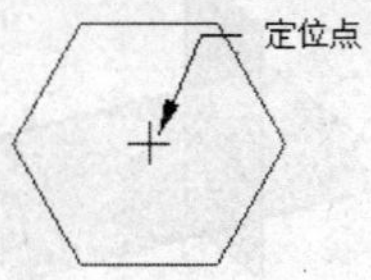 定位点	应根据图形的已知条件选择画多边形的方式
	边 以输入边长的方式绘制多边形	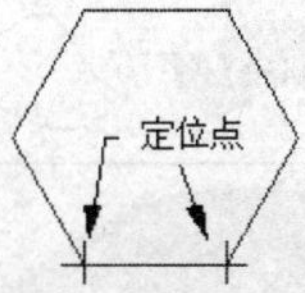 定位点	应根据图形的已知条件选择画多边形的方式
二次曲线	按给定的方程绘制二次曲线（抛物线、双曲线等）	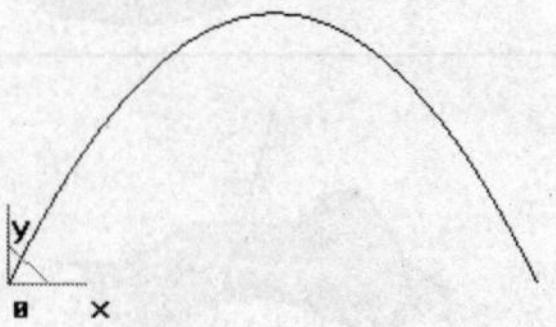 比例因子 0.5，起点坐标（0，0），终点坐标（40，0），方向点（20，40）	定点：给定起点、终点和方向点，再给定肩点，生成二次曲线 比例：给定比例因子，起点、终点和方向点，生成二次曲线
等距线	等距 按照给定的距离作曲线的等距线	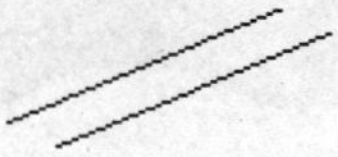	给出等距距离和方向
	变等距 按照给定的起始和终止距离，作沿给定方向变化距离的曲线的变等距线	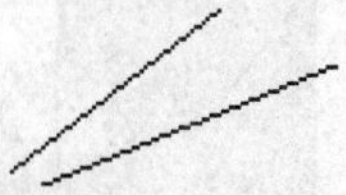	给出等距方向和距离变化方向（从小到大）
曲线投影	通过其他曲线或实体边，沿某一方向向一个作实体的基准平面投影，得到的曲线。该功能可以充分利用已有的曲线和实体来作草图平面里的草图线	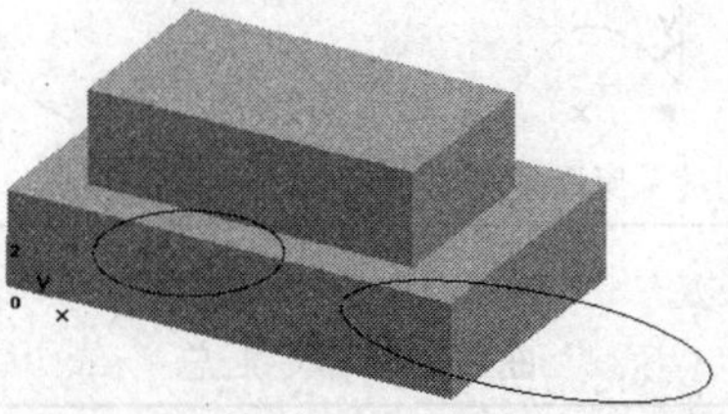 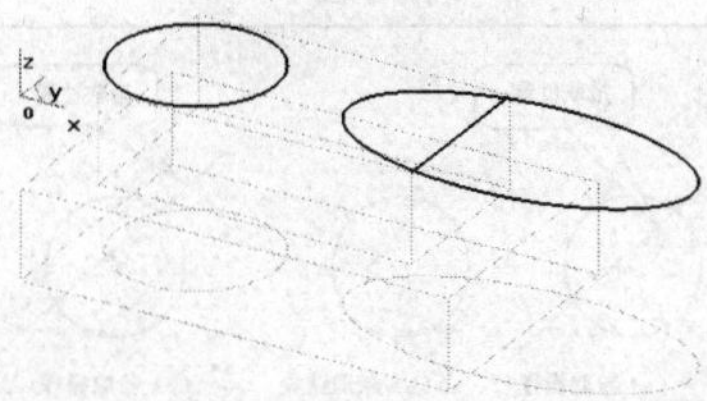	只有草图状态才具有该功能 不要与曲线投影到曲面相混淆

续表

命令	功能	图例	使用注意事项
相关线	曲面来自曲面边界线、曲面参数线、曲面法线、曲面投影线或实体边界	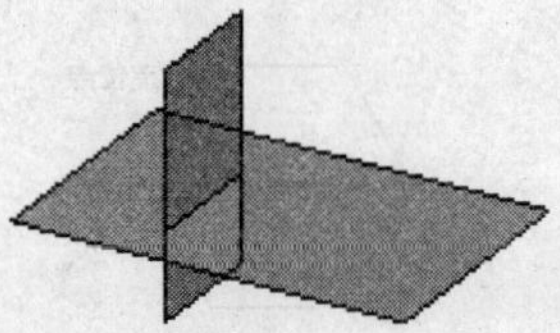	曲面交线
			曲面边界线
		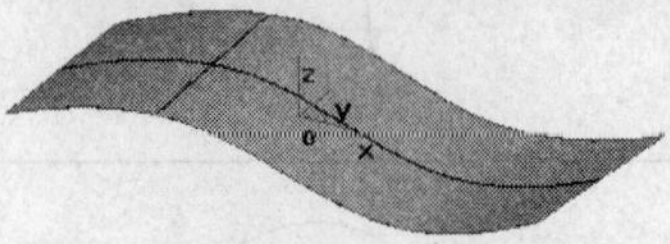	曲面参数线
		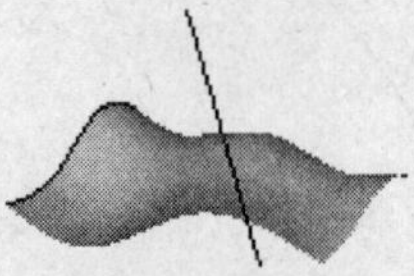	曲面法线
		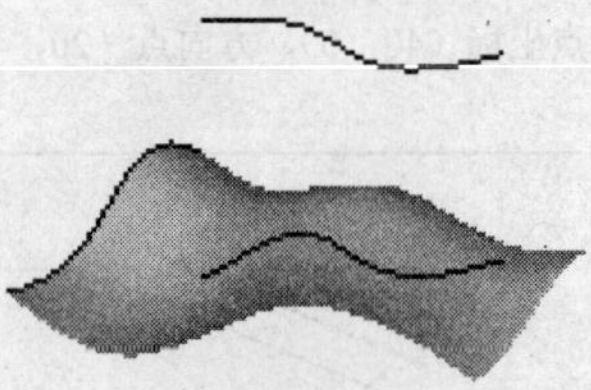	曲面投影线
		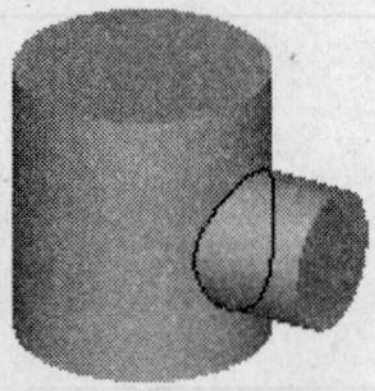	实体边界
样条=>圆弧	用圆弧来表示样条，以便在加工的时更光滑，生成的G代码更简单	 原样条线　24 段圆弧组成	先绘制样条线，再应用该命令将其变为由若干条圆弧组成的曲线

表 2.2　曲线编辑命令汇总

命令	功能	图例	使用注意事项
曲线裁剪	使用曲线做剪刀，裁掉曲线上不需要的部分，对给定曲线进行修整得到新的曲线	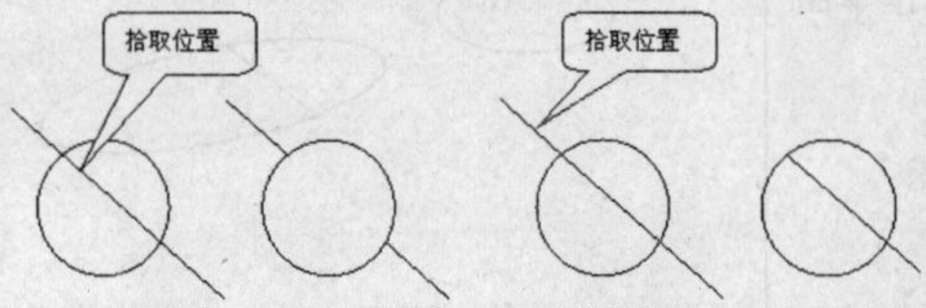 拾取位置　拾取位置 (a) 拾取操作　(b) 裁剪结果　(c) 拾取操作　(d) 裁剪结果	快速裁剪：对曲线指定部分进行修剪

续表

命令	功能	图例	使用注意事项
曲线裁剪	使用曲线做剪刀，裁掉曲线上不需要的部分，对给定曲线进行修整得到新的曲线	剪刀线　齐边效果 被裁剪曲线的拾取位置　延伸功能 (a) 裁剪前　(b) 裁剪后	线裁剪：以一条曲线作为剪刀，对其他曲线进行裁剪
		裁 剪　剪刀点位　延 伸 功 (a) 裁剪前　(b) 裁剪后	点裁剪：利用点（通常是屏幕点）作为剪刀，对曲线进行裁剪。点裁剪具有曲线延伸功能，用户可以利用本功能实现曲线的延伸
曲线过渡	对指定的两条曲线进行圆弧过渡、尖角过渡或对两条直线倒角	有裁剪的圆弧过渡　裁剪指定曲线圆弧过渡　无裁剪的圆弧过渡 (a) 过渡前　(b) 过渡后	圆弧过渡：用于在两根曲线之间进行给定半径的圆弧光滑过渡
		拾取位置　拾取位置 (a)过渡前　(b)过渡后　(a) 过渡前　(b) 过渡后	尖角过渡：用于在给定的两根曲线之间进行过渡，过渡后在两曲线的交点处呈尖角。尖角过渡后，一根曲线被另一根曲线裁剪
		(a) 有裁剪的倒角过渡　(b) 无裁剪的倒角过渡	倒角过渡：倒角过渡用于在给定的两直线之间进行过渡。过渡后在两直线之间有一条按给定角度和长度的直线
曲线打断	用于把拾取到的一条曲线在指定点处打断，形成两条曲线	打断点　打断点 (a) 打断直线　(b) 打断圆弧	在拾取曲线的打断点时，可使用点工具捕捉特征点，方便操作
曲线组合	把拾取到的多条相连曲线组合成一条样条曲线	(a) 组合前　(b) 保留原曲线的组合　(c)删除原曲线的组合	曲线组合有两种方式：保留原曲线和删除原曲线
曲线拉伸	将指定曲线拉伸到指定点	沿圆弧原方向进行拉伸　拉伸方向与圆弧原方向不同 (a) 拉伸前　(b) 伸缩性拉伸　(c) 非伸缩性拉伸	伸缩方式：沿曲线的方向进行拉伸 非伸缩方式：以曲线的一个端点为定点，不受曲线原方向的限制进行自由拉伸

续表

命令	功　能	图　例	使用注意事项
曲线优化	对控制顶点太密的样条曲线在给定的精度范围内进行优化处理，减少其控制顶点	—	—
样条型值点化	对已经生成的样条进行修改，编辑样条的型值点		本功能适合高级用户进行修改
样条控制顶点	对已经生成的样条进行修改，编辑样条的控制顶点		本功能适合高级用户进行修改
样条端点切矢	对已经生成的样条进行修改，编辑样条的端点切矢		本功能适合高级用户进行修改

综合练习

1．填空题

（1）直线是图形构成的基本要素。直线功能提供了________、________、________、________、________和________6 种方式。

（2）角度线是指生成与________或________成一定夹角的直线。

（3）角度线的夹角类型包括与________、________和________。

（4）角等分线是指按________画直线段将一个角等分。

（5）圆弧功能提供了 6 种方式：________________________________。

（6）投影线定义________________________________。

（7）批量点是指________________________________。

（8）矩形是图形构成的基本要素，为了适应各种情况下矩形的绘制，CAXA 制造工程师软件提供了________和________两种方式。

（9）等距线是指________用________________可以确定等距线位置。

2．选择题

（1）角度线的夹角类型中与 X 轴夹角是指（　　）。

A．所做直线从起点与 X 轴正方向之间的夹角

B．所做直线从起点与 Y 轴正方向之间的夹角

C．所做直线从起点与已知直线之间的夹角

D．所做直线从起点与 X 轴负方向之间的夹角

（2）利用已有的曲线来作草图平面里的草图线，这一功能是（　　）。

A．相关线　　B．曲线投影　　C．公式曲线　　D．二次曲线

3．操作题

（1）利用两点线绘制圆的公切线。

操作步骤如下。

① 单击________按钮，系统提示“输入第一点”。

② 按________弹出工具点菜单，单击________项。

③ 然后按提示拾取________。

④ 在输入第 2 点时，拾取________，作图结果如图 2.54 所示。

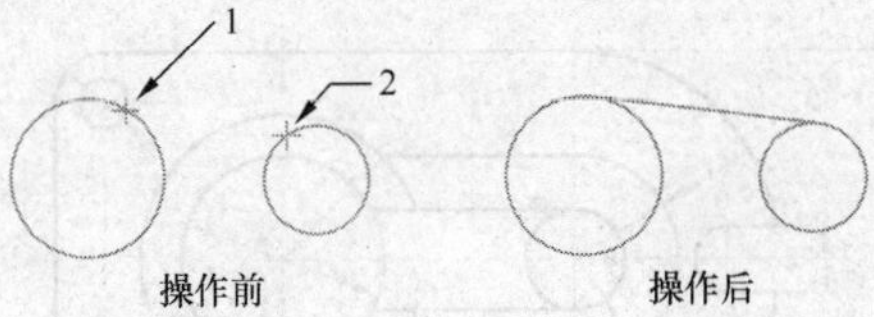

1
2
操作前　操作后

图 2.54

（2）作与圆弧相切的弧。

操作步骤如下。

① 单击________按钮，在立即菜单中选择画________圆弧方式。

② 系统提示输入第 1 点，按空格键弹出工具点菜单，单击________，然后按提示拾取第 1 段圆弧。

③ 输入圆弧的________。

④ 拾取第二段圆弧的________，圆弧绘制完成，作图结果如图 2.55 所示。

3
1
2

图 2.55

（3）将一条直线三等分。

操作步骤如下。

① 单击________按钮，在立即菜单中选择________，输入段数“3”。

② 按状态栏提示拾取________，单击鼠标右键确认，生成________。

③ 单击________图标，按状态栏提示拾取直线，________。这时再拾取________，则可以看到________。

④ 用同样的方法可以将剩余的直线在 2 点处打断，原来的直线已被等分为 3 条互不相关的线段。

4．绘图题

按图中标注的尺寸画出图 2.56 至图 2.60 所示的 5 幅图。

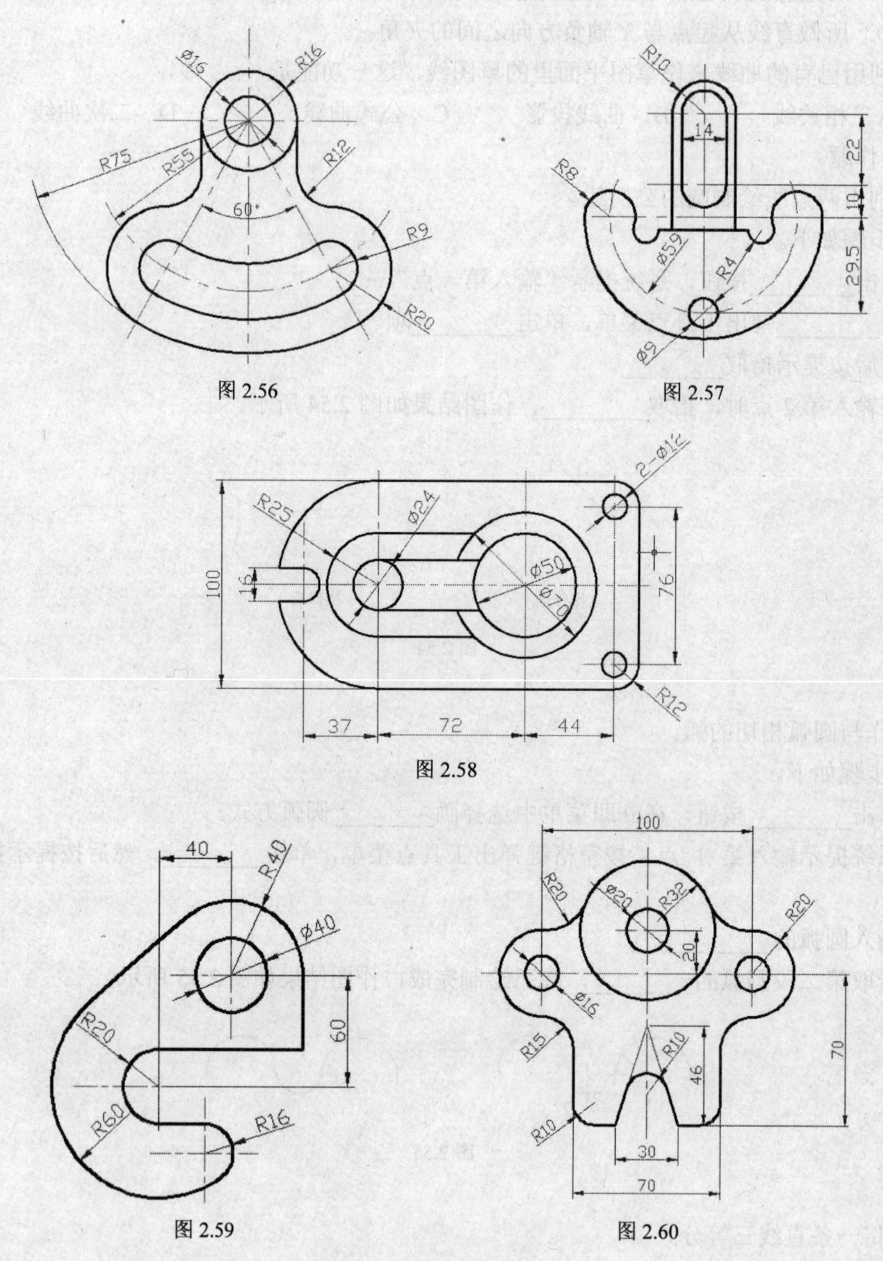

图 2.56

图 2.57

图 2.58

图 2.59

图 2.60

项目三 创建曲面造型

曲面造型是指通过丰富的复杂型面、曲面造型手段，生成复杂的三维曲面模型，是三维造型不可缺少的辅助功能。CAXA 制造工程师 2008 提供了强大的曲面造型功能，包括直纹面、旋转面、导动面、扫描面、放样面、等距面、边界面、平面等曲面绘制方法及曲面裁剪、曲面过渡、曲面缝合、曲面拼接、曲面延伸等曲面编辑功能。构造曲面的关键在于正确绘制出确定曲面形状的曲线或线框，在这些曲线或线框的基础上，再选用各种曲面的生成和编辑方法。

本项目主要通过创建塑料按钮、瓶子、风扇和可乐瓶底的曲面造型设计，使读者学会曲面造型的基本方法。

任务1 塑料按钮造型

思路分析

塑料按钮是由多个曲面构成的，在这些曲面的造型中将会应用到扫描面、旋转面、导动面的造型方法和曲面裁剪、曲面延伸、曲面过渡等编辑命令。

塑料按钮曲面造型如图 3.1 所示。

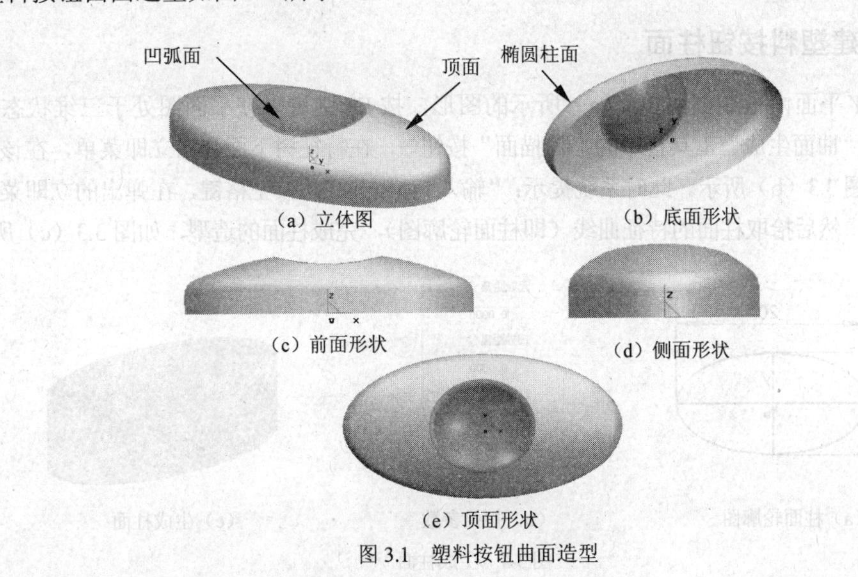

图 3.1　塑料按钮曲面造型

塑料按钮曲面造型的设计步骤如图 3.2 所示。

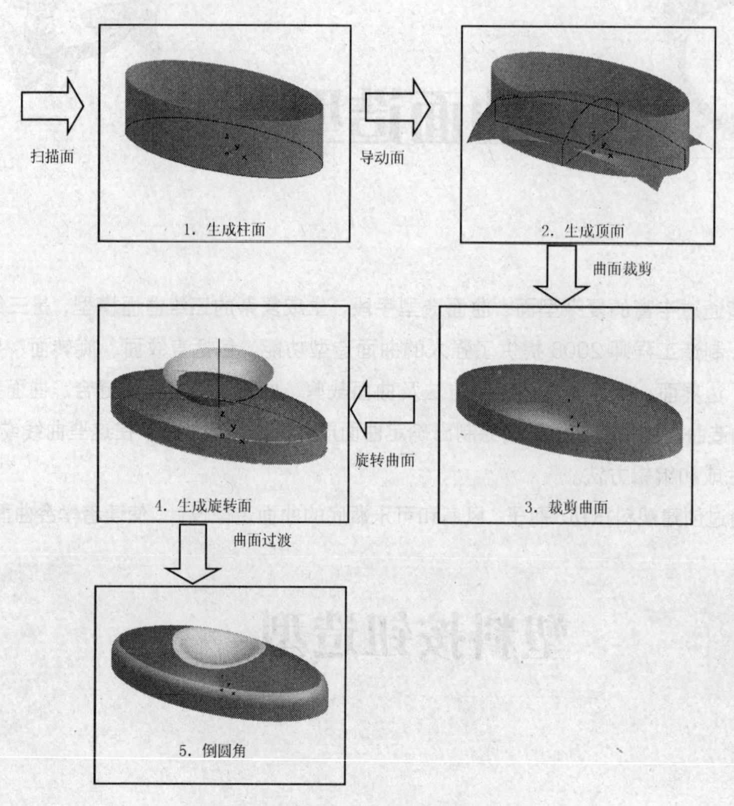

图 3.2　塑料按钮曲面造型的设计步骤

操作步骤

步骤一　创建塑料按钮柱面

（1）在 *XY* 平面内绘制如图 3.3（a）所示的图形，按 F8 键可以使平面图处于三维状态。

（2）单击“曲面生成”工具栏中的“扫描面”按钮，在特征树下面弹出立即菜单，在该菜单中输入参数，如图 3.3（b）所示。此时系统提示：“输入扫描方向”。按空格键，在弹出的立即菜单中选择 *Z* 轴正方向，然后拾取柱面的特征曲线（即柱面轮廓图），完成柱面的造型，如图 3.3（c）所示。

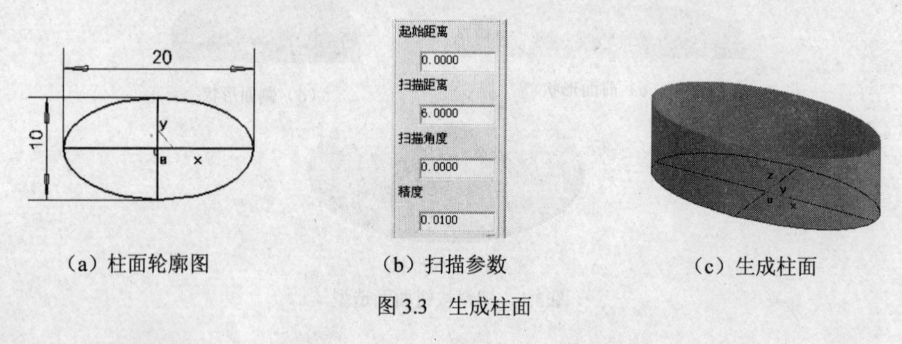

（a）柱面轮廓图　（b）扫描参数　（c）生成柱面

图 3.3　生成柱面

知识链接——扫描面

按照给定的起始位置和扫描距离将曲线沿指定方向以一定的锥度扫描生成的曲面称为扫描面。

（1）扫描面的操作步骤。

① 单击主菜单中的“造型 | 曲面生成 | 扫描面”菜单项，或单击“曲面生成”工具条中的“扫描面”按钮。

② 在特征树下面的立即菜单中填入起始距离、扫描距离、扫描角度和精度参数，如图 3.4（a）所示。

③ 按空格键弹出矢量工具，选择扫描方向，如图 3.4（c）所示。

④ 拾取空间曲线。

⑤ 若扫描角度不为零，选择扫描夹角方向，生成扫描面，如图 3.4（b）所示。

（2）扫描面的参数。

① 起始距离：指生成曲面的起始位置与曲线平面沿扫描方向上的间距。

② 扫描距离：指生成曲面的起始位置与终止位置沿扫描方向上的间距。

③ 扫描角度：指生成的曲面母线与扫描方向的夹角。

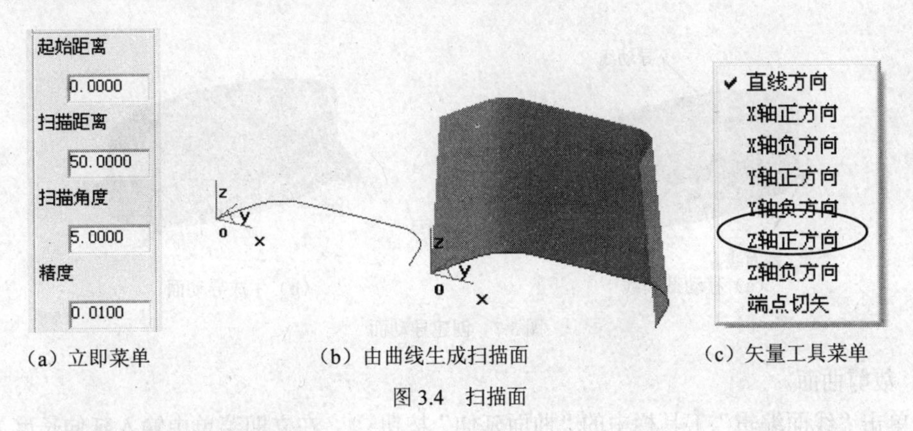

（a）立即菜单　（b）由曲线生成扫描面　（c）矢量工具菜单

图 3.4　扫描面

步骤二　创建塑料按钮的顶面

（1）绘制导动线。

① 按 F9 键将绘图平面切换到 *XZ* 平面，过曲面左、右轮廓线画直线，线长为 2mm。

② 单击“曲线生成”工具条中的“圆弧”按钮，用“两点半径”方式绘制圆弧，如图 3.5 所示。

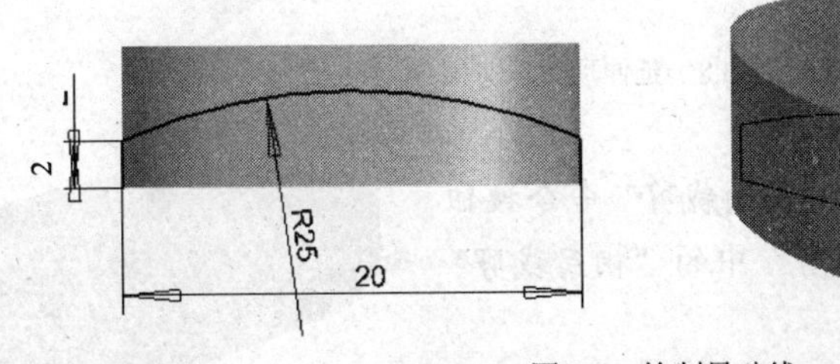

图 3.5　绘制导动线

（2）绘制截面线。

① 按 F9 键将绘图平面切换到 *YZ* 平面，过曲面前、后轮廓线画直线，线长为 2mm。

② 单击“曲线生成”工具条中的“样条线”按钮，过前、后两条直线的顶点和半径为 25 的圆弧的定点作样条曲线，如图 3.6 所示。

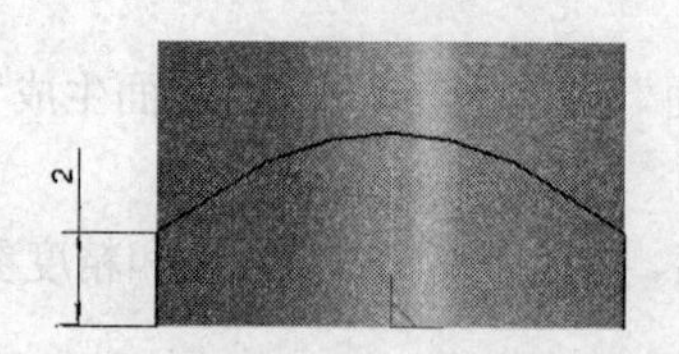

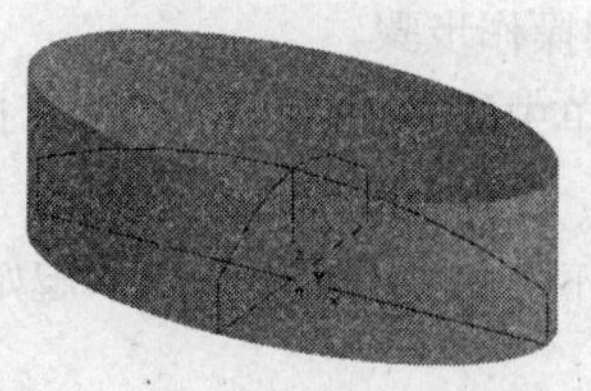

图 3.6　绘制截面线

（3）创建导动面。

① 单击“几何变换”工具条中的“平移”按钮，将截面线移动到导动线的左侧，其移动的基点选择在曲线的中点上，如图 3.7（a）所示。

② 单击“曲线生成”工具栏中的“导动面”按钮，在立即菜单中选择“平行导动”方式，此时状态栏提示：“选择导动线”，用鼠标单击导动线，然后选择导动的方向，状态栏又提示：“拾取截面线”，单击截面线后生成一曲面，如图 3.7（b）所示。

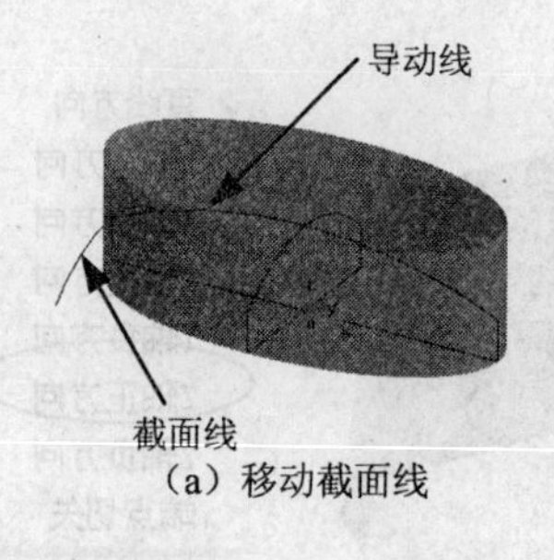

（a）移动截面线

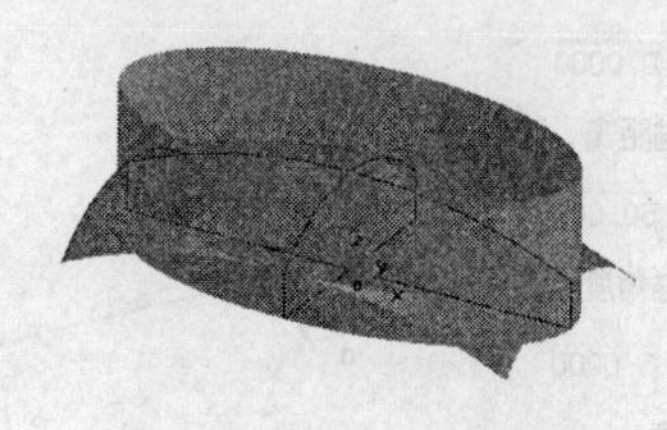

（b）生成导动面

图 3.7　创建导动面

（4）裁剪曲面。

① 单击“线面编辑”工具栏中的“曲面延伸”按钮，在立即菜单中输入延伸长度为 1mm，用鼠标分别单击曲面的 4 个边界，则曲面向四外延伸，如图 3.8 所示。

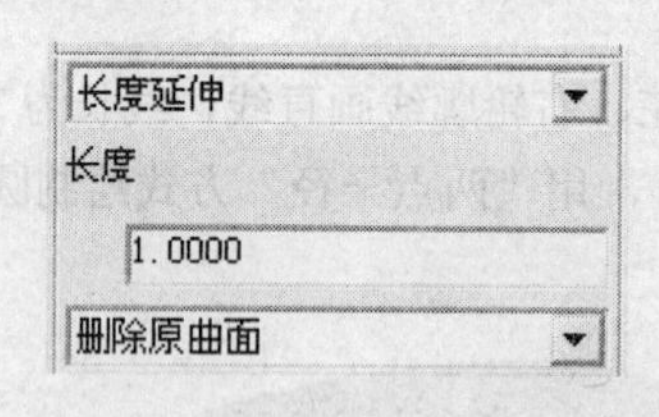

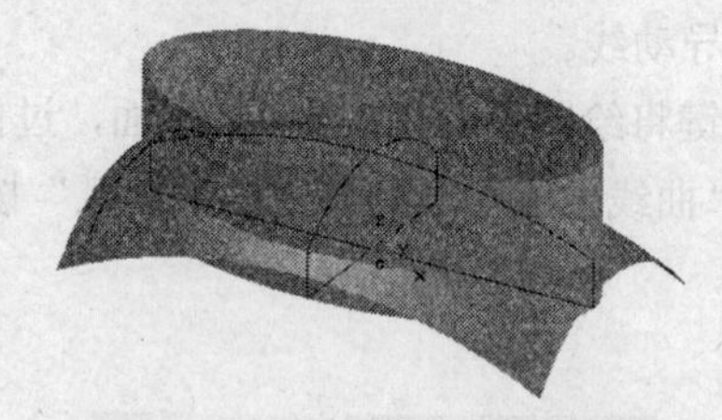

图 3.8　延伸顶面

② 裁剪曲面。

- 单击“线面编辑”工具条中的“曲面裁剪”命令按钮，在立即菜单中选择“面裁剪”中的“相互裁剪”菜单项。
- 用鼠标单击柱面保留部位，然后再单击顶面保留的部位，即可将两个曲面的多余部分裁掉，如图 3.9 所示。

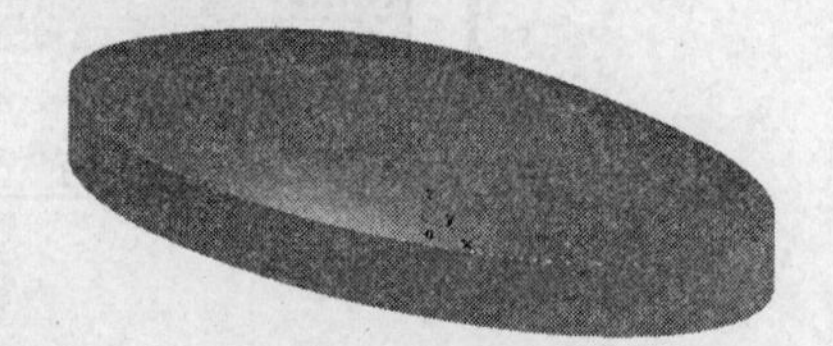

图 3.9　曲面裁剪结果

知识链接 1——平行导动

让特征截面线沿着特征轨迹线的某一方向扫动生成的曲面称为导动面。平行导动是指截面线沿导动线趋势始终平行它自身移动而扫描生成曲面，截面线在运动的过程中不发生旋转，如图 3.10 所示。

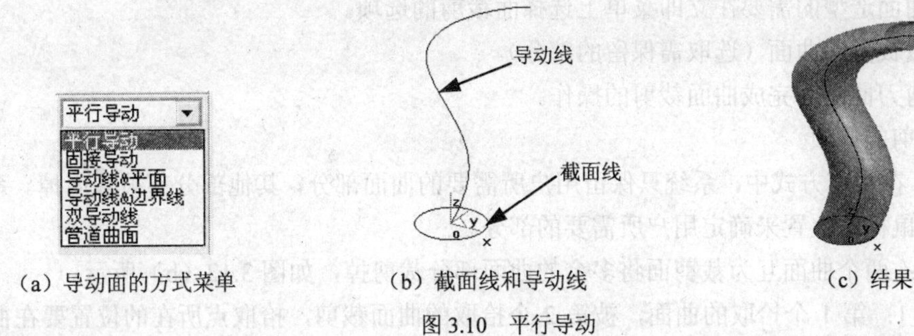

（a）导动面的方式菜单　（b）截面线和导动线　（c）结果

图 3.10　平行导动

操作步骤如下。

（1）单击主菜单中的“造型 | 曲面生成 | 导动面”菜单项，或单击“曲面生成”工具栏中的“导动面”按钮，激活导动面的造型功能。

（2）根据不同形状曲面的要求选择导动方式。

（3）根据不同导动方式下的提示，完成操作。

截面线和导动线不能在同一个坐标平面内。

知识链接 2——曲面延伸

在应用中很多情况会遇到所作的曲面短了或窄了，无法进行下一步操作的情况，这就需要把一张曲面从某条边延伸出去。曲面延伸就是针对这种情况，把原曲面按所给长度沿相切的方向延伸出去，扩大曲面，以帮助用户进行下一步操作。

操作步骤如下。

（1）单击主菜单中的“造型 | 曲面编辑 | 曲面延伸”菜单项，或单击“线面编辑”工具栏中的“曲面延伸”按钮，激活其编辑功能。

（2）在立即菜单中选择“长度延伸”或“比例延伸”方式，输入长度或比例值。

（3）状态栏中提示“拾取曲面”，单击曲面，完成曲面延伸的操作，如图 3.11 所示。

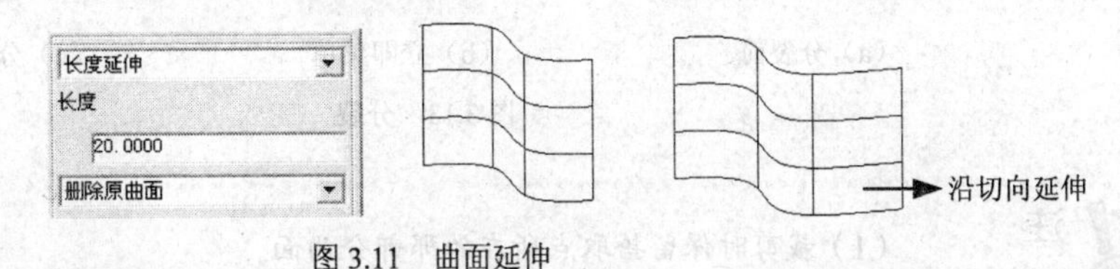

图 3.11　曲面延伸

知识链接 3——曲面裁剪

曲面裁剪是对生成的曲面进行修剪，去掉不需要的部分。面裁剪是曲面裁剪的一种方式，它必须用剪刀曲面和被裁剪曲面求交，用求得的交线作为剪刀线来裁剪曲面。

（1）操作步骤。

① 单击主菜单中的“造型 | 曲面编辑 | 曲面裁剪”菜单项，或单击“线面编辑”工具栏中的“曲面裁剪”按钮，激活其编辑功能。

② 根据曲面造型的需要在立即菜单上选择面裁剪的选项。

③ 拾取被裁剪的曲面（选取需保留的部分）。

④ 拾取剪刀曲面，完成曲面裁剪的操作。

（2）面裁剪的选项。

① 裁剪。在裁剪方式中，系统只保留用户所需要的曲面部分，其他部分都被裁剪掉。系统根据拾取曲面时鼠标的位置来确定用户所需要的部分。

相互裁剪：两个曲面互为裁剪面将多余的曲面部分裁剪掉，如图 3.12（b）所示。

裁剪曲面 1：第 1 个拾取的曲面，被第 2 个拾取的曲面裁剪，拾取点所在的位置要在曲面保留的部位上，如图 3.12（c）所示。

② 分裂。分裂的方式是系统用剪刀面将曲面分成多个部分，并保留裁剪生成的所有曲面部分，删除剪切面后，如图 3.13 所示。

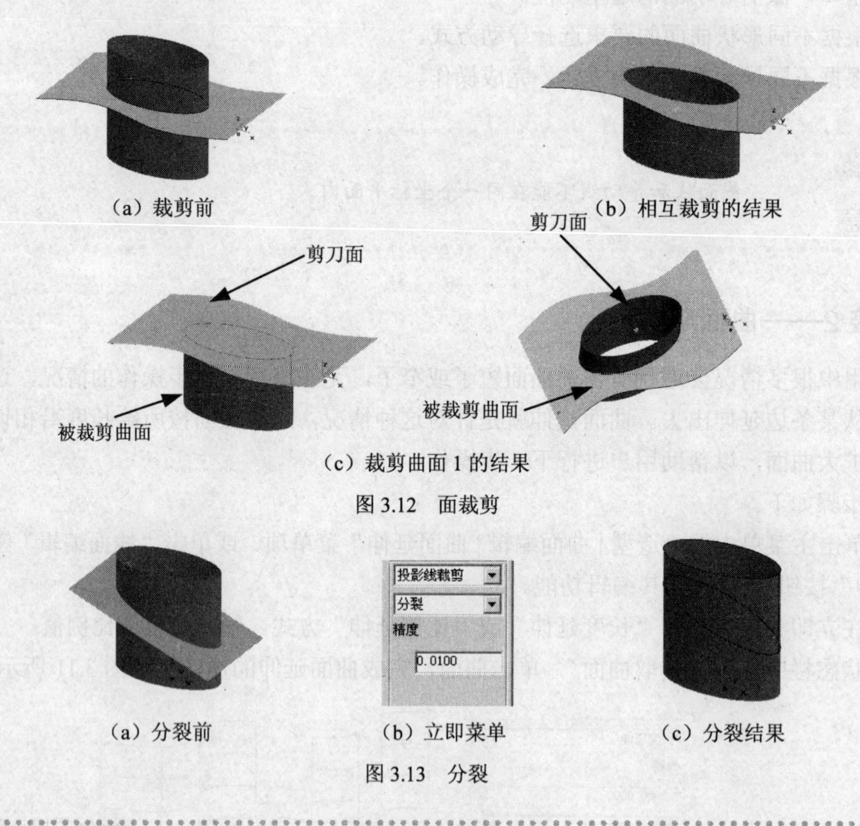

（a）裁剪前　（b）相互裁剪的结果

（c）裁剪曲面 1 的结果

图 3.12　面裁剪

（a）分裂前　（b）立即菜单　（c）分裂结果

图 3.13　分裂

注意

（1）裁剪时保留拾取点所在的那部分曲面。

（2）两曲面必须有交线，否则无法裁剪曲面。

步骤三　创建按钮凹弧面

（1）绘制旋转轴和旋转母线。

① 按 F9 键将绘图平面切换到 *XZ* 平面，过坐标原点绘制一条直线，线长为 8mm，此直线为旋转面的旋转轴，如图 3.14 所示。

② 绘制旋转面的母线，母线的尺寸如图 3.14 所示。

（2）创建旋转面。

① 单击“曲面”工具条中的“旋转面”按钮，激活旋转面造型功能。

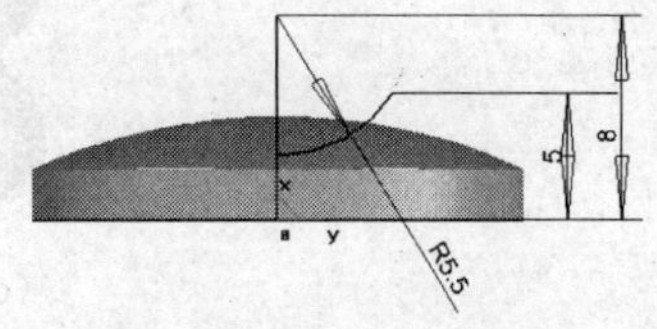

图 3.14　旋转轴和旋转母线

② 在立即菜单中输入起始角和终止角的角度值，缺省的起始角为 0°，终止角为 360°，在“拾取旋转轴”的提示下，用鼠标单击旋转轴并选取方向，在“拾取母线”的提示下，用鼠标单击母线，即可生成曲面，如图 3.15 所示。

（3）裁剪曲面。

① 单击“线面编辑”工具条中的“曲面裁剪”按钮，在立即菜单中选择“面裁剪”中的“相互裁剪”菜单项。

② 用鼠标单击顶面的保留部位，然后再用鼠标单击凹弧面底部的保留部位，即可将两个曲面的多余部分裁掉，裁剪结果如图 3.16 所示。

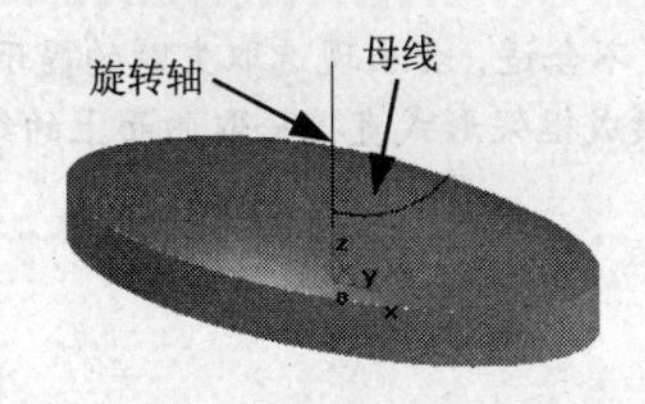

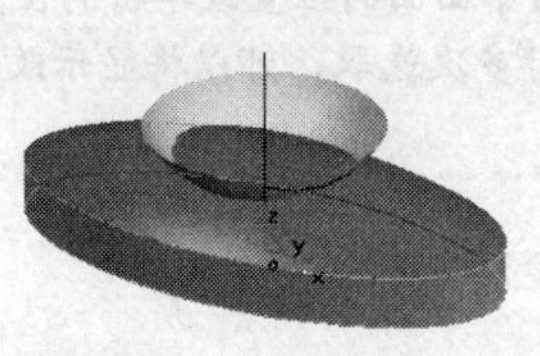

图 3.15　创建旋转面

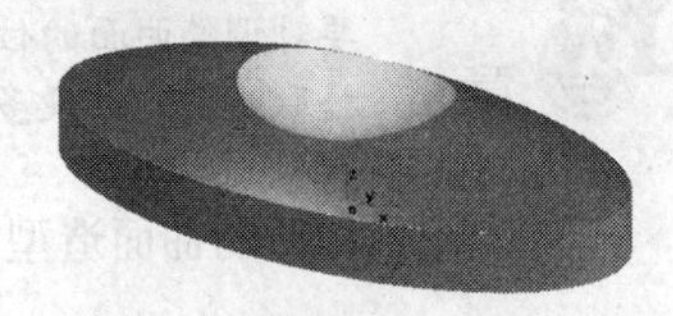

图 3.16　裁剪旋转面

知识链接——旋转面

按给定的起始角度、终止角度将曲线绕一根旋转轴旋转而生成的轨迹曲面称为旋转面。

（1）操作步骤。

① 单击主菜单中的“造型 | 曲面生成 | 旋转面”菜单项，或单击“曲面生成”工具条中的“旋转面”按钮，激活旋转面造型功能。

② 在立即菜单中输入起始角和终止角的角度值，如图 3.17（a）所示。

③ 拾取空间直线为旋转轴，并选择方向。

④ 拾取空间曲线为母线，如图 3.17（b）所示，拾取完毕即可生成旋转面。

（2）旋转面的参数。

① 起始角：指生成曲面的起始位置与母线和旋转轴构成平面的夹角。

② 终止角：指生成曲面的终止位置与母线和旋转轴构成平面的夹角。

设置不同的旋转面参数及旋转结果如图 3.17（c）、（d）所示。

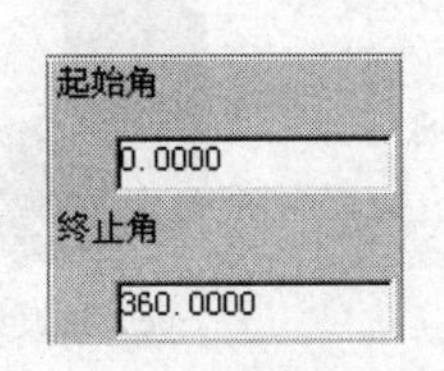

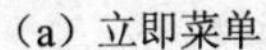
（a）立即菜单

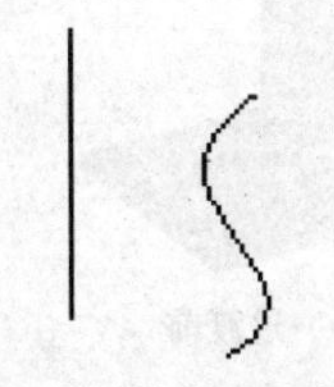
（b）旋转轴和母线

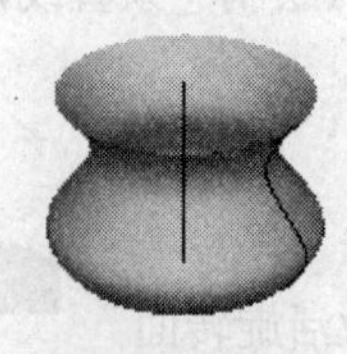

（c）360°旋转

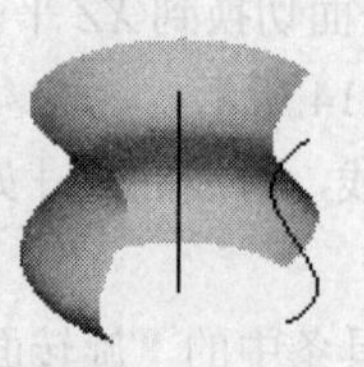

（d）270°旋转

图 3.17　旋转面

步骤四　创建圆角

（1）单击“线面编辑”工具条中的“曲面过渡”按钮，激活曲面过渡功能。

（2）在立即菜单中选择“两面过渡”、“等半径”、“裁剪两面”方式，输入圆角半径为“1mm”，分别拾取两个曲面，确定方向，则在两个曲面之间倒了一个半径为 1mm 的圆角，如图 3.18 所示。

图 3.18　倒圆角

选择倒角曲面时，由于曲面的位置或单击的位置不合适，会出现选取失败的提示，需要对调整曲面的位置进行多次选取，可以将显示改换成框架形式直接拾取曲面上的线架，拾取曲面就方便多了。

至此，塑料按钮的曲面造型设计全部完成。

知识链接——曲面过渡

曲面过渡就是用截面为圆弧的曲面将两张曲面光滑连接起来，以实现曲面之间的光滑过渡。曲面过渡共有 7 种方式：两面过渡、三面过渡、系列面过渡、曲线曲面过渡、参考线过渡、曲面上线过渡和两线过渡，这里只介绍两面过渡方式。

两面过渡是在给定的曲面之间以一定的方式作给定半径或半径规律的圆弧过渡面，两面过渡有等半径和变半径两种方式，这里只介绍等半径。

（1）等半径。

操作步骤如下。

① 单击主菜单中的“造型 | 曲面编辑 | 曲面过渡”菜单项，或单击“线面编辑”工具条中的“曲面过渡”按钮，激活其编辑功能。

② 在立即菜单中选择“两面过渡”、“等半径”方式，根据曲面的需要选择裁剪的方式。

③ 分别拾取曲面，选择倒角方向，完成倒角操作，如图 3.19 所示。

（a）过渡前

（b）立即菜单

（c）过渡结果

图 3.19　曲面过渡——两面过渡

（2）过渡面的裁剪。等半径两面过渡有裁剪曲面、不裁剪曲面和裁剪指定曲面 3 种方式，如图 3.20 所示。

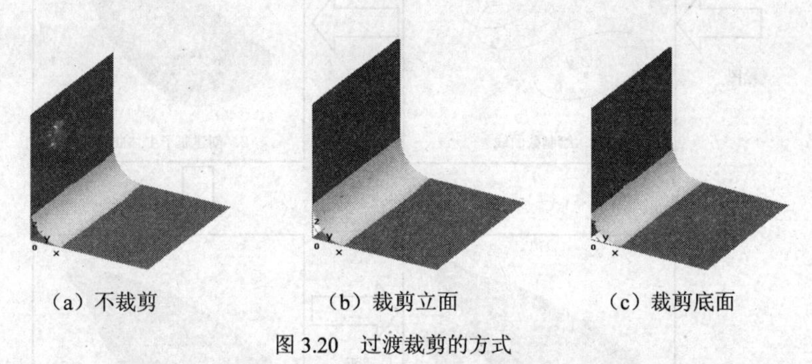

（a）不裁剪　　（b）裁剪立面　　（c）裁剪底面

图 3.20　过渡裁剪的方式

（1）用户需正确地指定曲面的方向，方向不同会导致完全不同的结果。

（2）进行过渡的两个曲面在指定方向上与距离等于半径的等距面必须相交，否则曲面过渡失败。

（3）若曲面形状复杂，变化过于剧烈，使得曲面的局部曲率小于过渡半径时，过渡面将发生自交，形状难以预料，应尽量避免这种情形。

任务2　瓶子造型

思路分析

瓶子的外轮廓是光滑的曲面，底面为椭圆形的平面，假想平行于瓶子的底面进行多次剖切，可以看出瓶子的截面轮廓由一组相互平行、形状相似且方向相同的特征曲线所构成。瓶子提手是截面为圆形的弯管。

本任务将通过瓶子的曲面造型设计过程，使读者学会放样面、固接倒动等功能的应用及操作方法。瓶子曲面造型如图 3.21 所示。

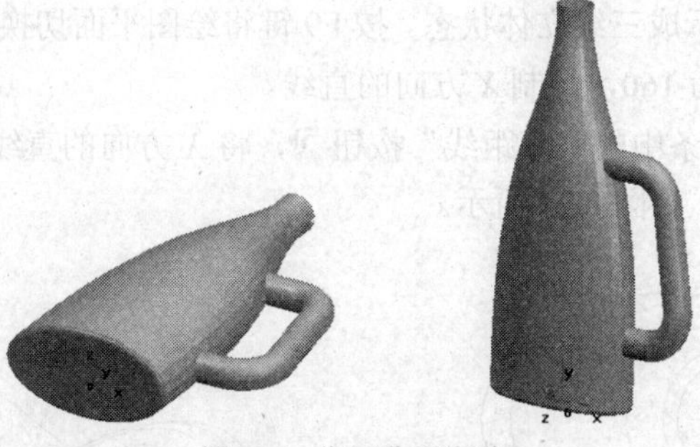

图 3.21　瓶子曲面造型

瓶子曲面造型的设计步骤如图 3.22 所示。

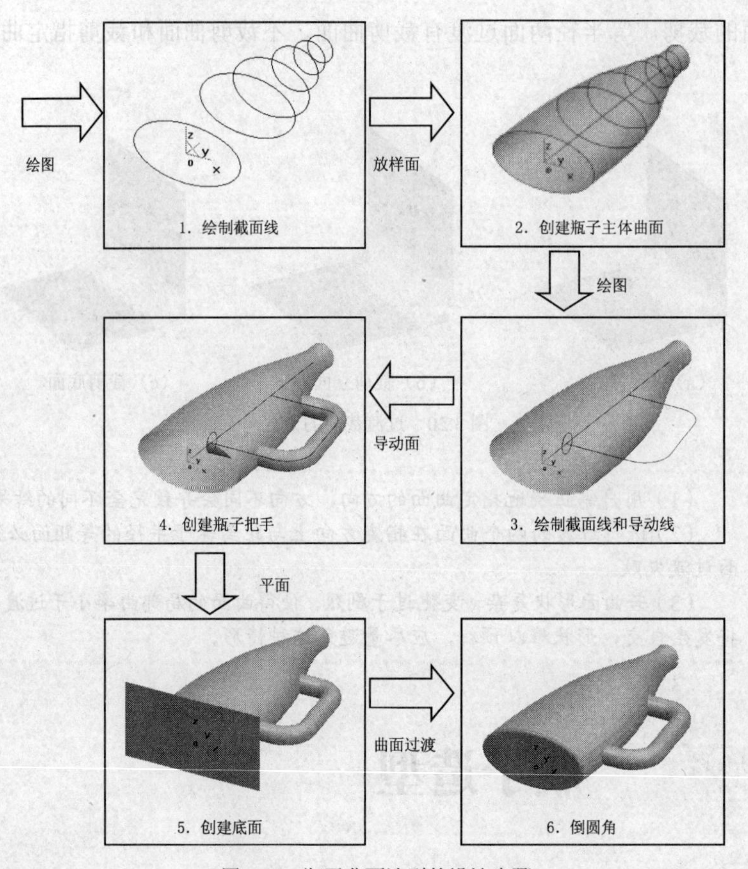

图 3.22 瓶子曲面造型的设计步骤

操作步骤

步骤一 创建瓶子的主体曲面

（1）绘制截面线。

① 按 F9 键将绘图平面切换到 *XOZ* 平面，再以坐标原点为圆心，绘制出各截面线，如图 3.23 所示，各截面线的位置如图 3.25 所示。

② 按 F8 键将图形显示成三维立体状态。按 F9 键将绘图平面切换到 *XY* 平面，过原点延 *Y* 方向绘制一条中心轴线长度为 160，绘制 *X* 方向的直线。

③ 单击“曲线”工具条中的“等距线”按钮 ，将 *X* 方向的直线按图 3.25 所示尺寸依次等距，确定各截面线的位置，如图 3.24 所示。

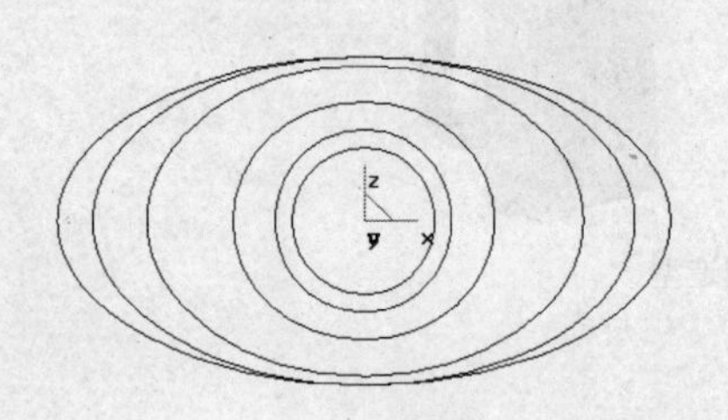

图 3.23 绘制截面线

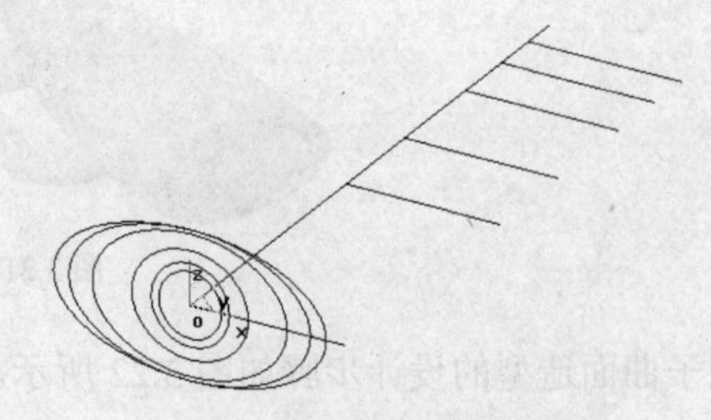

图 3.24 确定各截面线的位置

④ 单击“几何变换”工具条中的“平移”按钮，选择“两点”或“移动”的方式，然后分别拾取各条截面线，将其移动到适当位置，如图 3.25 所示。

（2）创建瓶子的主体曲面。

① 单击主菜单中的“造型 | 曲面生成 | 放样面”菜单项，或单击“曲面生成”工具条中的“放样面”按钮，激活放样面造型功能。

② 分别选择截面曲线，单击鼠标右键完成瓶子主体的曲面操作，如图 3.26 所示。

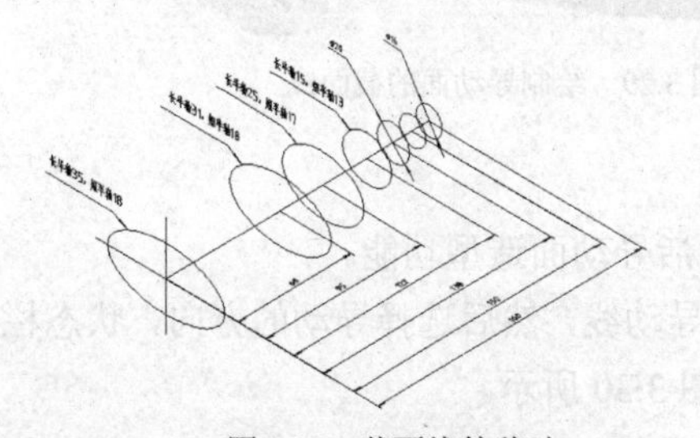

图 3.25 截面线的移动

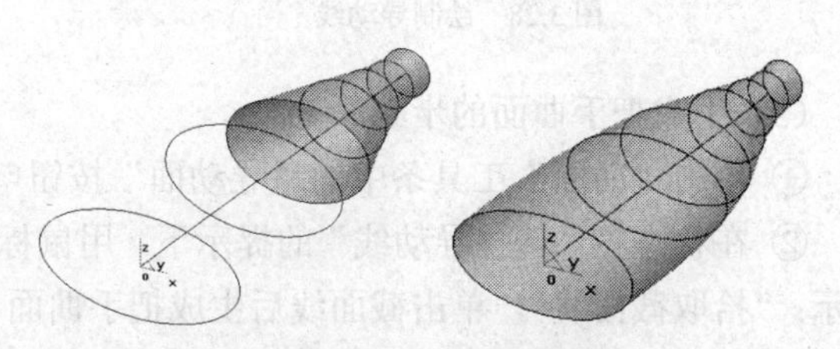

图 3.26 创建瓶子的主体曲面

知识链接——放样面

以一组互不相交、方向相同、形状相似的特征线（或截面线）为骨架进行形状控制，过这些曲线蒙面生成的曲面称为放样曲面。

操作步骤如下。

（1）单击主菜单中的“造型 | 曲面生成 | 放样面”菜单项，或单击“曲面生成”工具条中的“放样面”按钮，激活放样面造型功能。

（2）选择截面曲线或者曲面边界。

（3）按状态栏提示完成放样面操作，如图 3.27 所示。

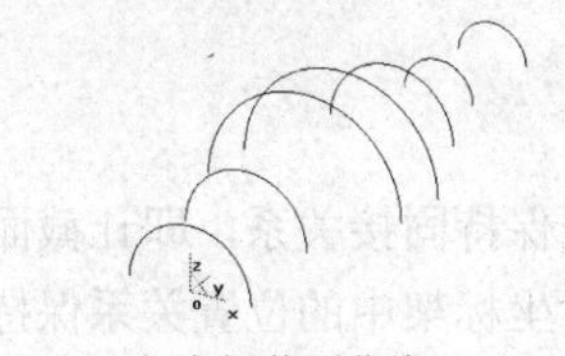

（a）一组空间截面曲线

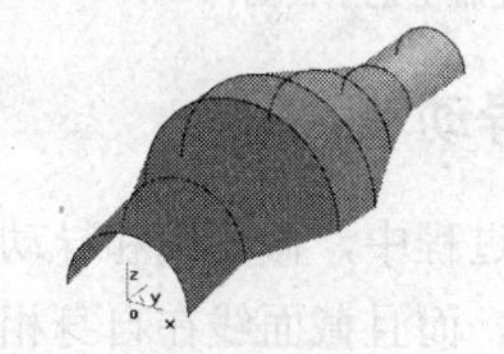

（b）放样面

图 3.27 创建放样面

（1）拾取的一组特征曲线必须互不相交、方向一致、形状相似，否则生成结果将发生扭曲，形状不可预料。

（2）截面线需保证其光滑性。

（3）需按截面线摆放的方位顺序拾取曲线。

（4）拾取曲线时需要保证截面线在方向上的一致性。

步骤二 创建瓶子提手

（1）绘制导动线。

① 按 F9 键将绘图平面切换到 *XZ* 平面，绘制导动线，导动线的尺寸如图 3.28 所示。

② 单击“曲线组合”按钮激活曲线编辑功能，拾取要组合的线段，将导动线的各条线段组合成一条完整的曲线。

（2）绘制截面线。按 F9 键将绘图平面切换到 *YZ* 平面，绘制导动面的截面线，如图 3.29 所示。

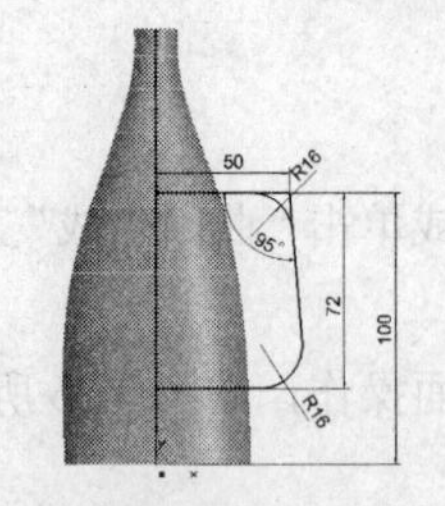

图 3.28　绘制导动线

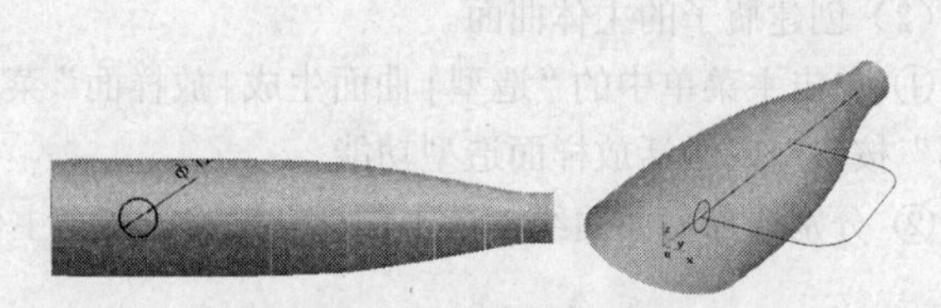

图 3.29　绘制导动面的截面线

（3）生成把手曲面的步骤。

① 单击“曲面”工具条中的“导动面”按钮，激活导动面造型功能。

② 在状态栏“选择导动线”的提示下，用鼠标单击导动线，然后选择导动的方向，状态栏又提示：“拾取截面线”，单击截面线后生成把手曲面，如图 3.30 所示。

（4）曲面裁剪。

① 单击“线面编辑”工具条中的“曲面裁剪”按钮，在立即菜单中选择“面裁剪”中的“相互裁剪”菜单项。

② 用鼠标单击顶面的瓶体的部位，然后再用鼠标单击把手曲面的保留部位，即可将两个曲面的多余部分裁掉，如图 3.31 所示。

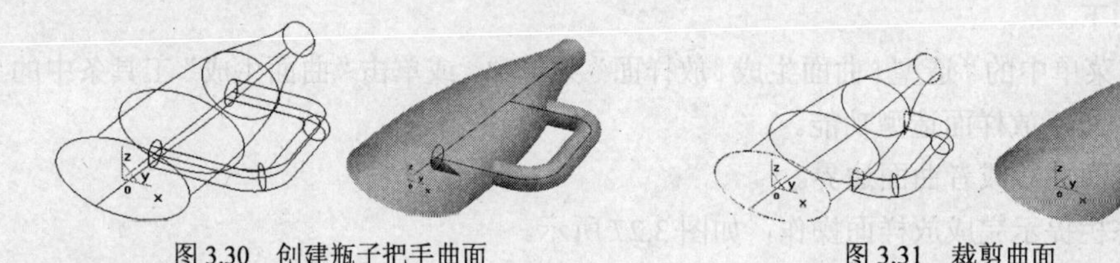

图 3.30　创建瓶子把手曲面　　　　图 3.31　裁剪曲面

知识链接 1——固接导动

固接导动是指在导动过程中，截面线和导动线保持固接关系，即让截面线平面与导动线的切矢方向保持相对角度不变，而且截面线在自身相对坐标架中的位置关系保持不变，截面线沿导动线变化的趋势导动生成曲面。

固接导动有单截面线和双截面线两种。

（1）单截面线导动。在导动线一端，有一个截面图形沿导动线固接导动所形成曲面的方法是单截面线导动，如图 3.32 所示。

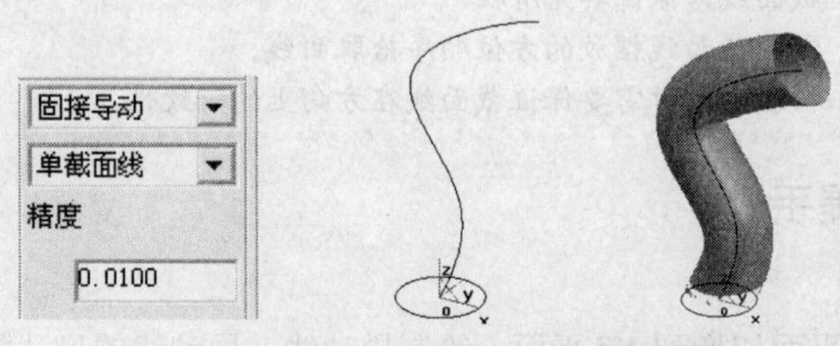

图 3.32　固接导动——单截面线

（2）双截面线导动。在导动线的两端，分别有两个截面图形沿导动线固接导动所形成曲面的方法是双截面线导动，如图 3.33 所示。

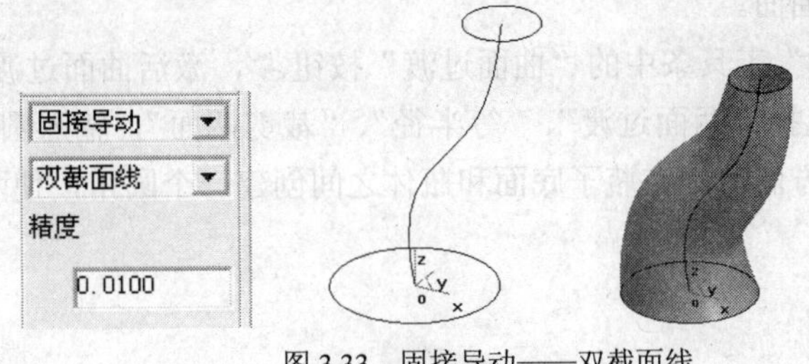

图 3.33　固接导动——双截面线

在拾取截面时，两个截面的拾取点的方位要大致相同，否则生成的曲面将会发生扭曲。

知识链接 2——曲线组合

曲线组合用于把拾取到的多条相连曲线组合成一条样条曲线。如果首尾相连的曲线有尖点，系统会自动生成一条光顺的样条曲线。曲线组合有两种方式：保留原曲线和删除原曲线。

（1）操作步骤。

① 单击主菜单中的“造型 | 曲线编辑 | 曲线组合”菜单项，或单击“线面编辑”工具条中的“曲线组合”按钮，激活曲线编辑功能。

② 按空格键，弹出拾取快捷菜单，选择拾取方式。曲线组合的拾取方式有链拾取、限制链拾取和单个拾取 3 种方式。

③ 按状态栏中的提示拾取曲线，单击鼠标右键确认，曲线组合完成。

（2）曲线组合的立即菜单选项。

① 删除原曲线：将选中的曲线进行曲线组合后删除原来的曲线，如图 3.34（c）所示。

② 保留原曲线：将选中的曲线进行曲线组合后保留原来的曲线，如图 3.34（b）所示。

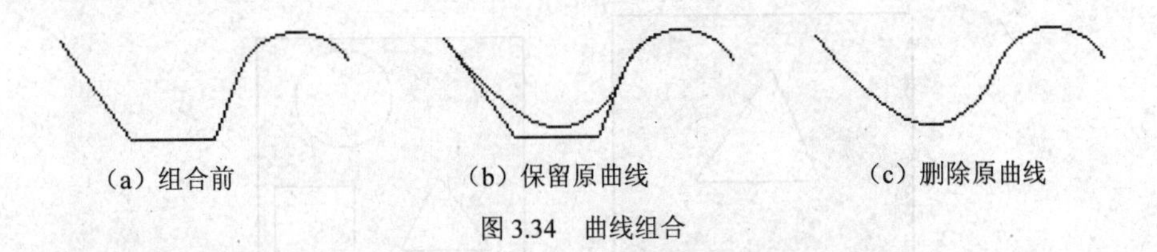

（a）组合前　（b）保留原曲线　（c）删除原曲线

图 3.34　曲线组合

步骤三　创建瓶子底面

（1）生成瓶子底面。

① 单击主菜单中的“造型 | 曲面生成 | 平面”菜单项，或单击“曲面”工具条中的“平面”按钮，激活平面造型功能。

② 在立即菜单中选择“工具平面”方式，选择工具平面的“ZOX 平面”。

③ 在立即菜单中输入长度参数为“80”，宽度参数为“40”，选择坐标原点为平面的中心点，

生成一个平面，如图 3.35 所示。

（2）光滑过渡两个曲面。

① 单击“线面编辑”工具条中的“曲面过渡”按钮，激活曲面过渡功能。

② 在立即菜单中选择“两面过渡”、“等半径”、“裁剪两面”，输入圆角半径为“3mm”，分别拾取两个曲面，确定方向，则在瓶子底面和瓶体之间创建一个圆角，使两个曲面光滑过渡，如图 3.36 所示。

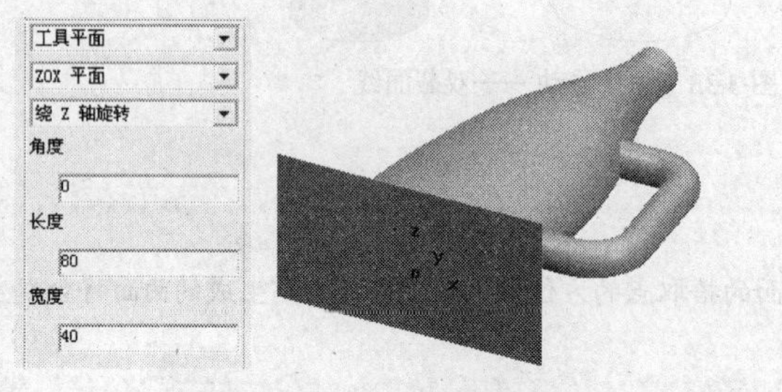

图 3.35 生成的瓶子底面

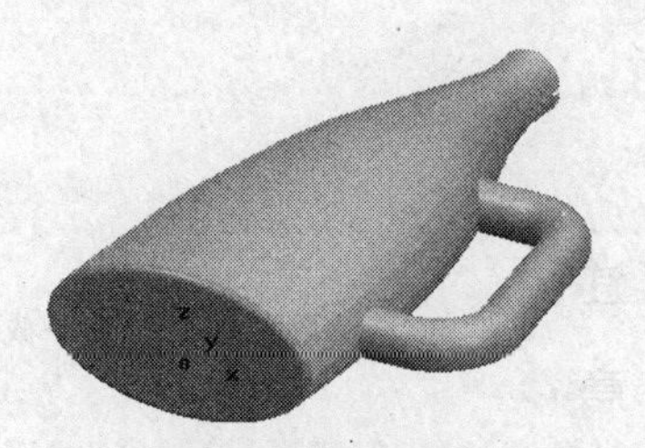

图 3.36 曲面过渡

至此，瓶子的曲面造型设计完成。

知识链接——平面

利用多种方式可生成所需平面。平面与基准面的比较：基准面是在绘制草图时的参考面，而平面则是一个实际存在的面。

（1）操作步骤。

① 单击主菜单中的“造型 | 曲面生成 | 平面”菜单项，或单击“曲面”工具条中的“平面”按钮，激活平面造型功能。

② 选择裁剪平面或者工具平面。

③ 输入参数并按状态栏中的提示完成操作。

（2）平面的种类。

① 裁剪平面：指由封闭的内轮廓线进行裁剪形成的有一个或者多个边界的平面，封闭的轮廓可以有多个，如图 3.37 所示。

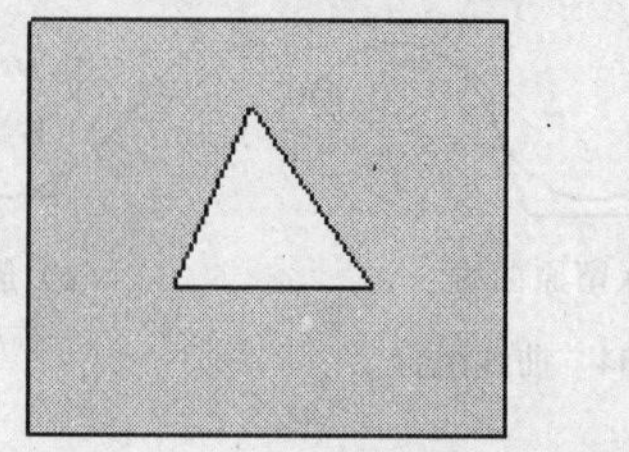

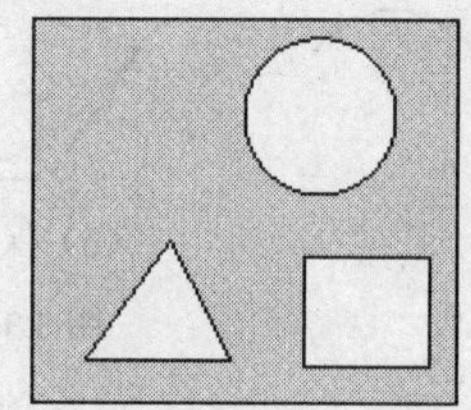

图 3.37 含有多个内截面线的裁剪平面

② 工具平面：包括 *XOY* 平面、*YOZ* 平面、*ZOX* 平面、三点平面、矢量平面、曲线平面和平行平面 7 种方式。

- *XOY* 平面：绕 *X* 轴或 *Y* 轴旋转一定角度生成一个指定长度和宽度的平面。
- *YOZ* 平面：绕 *Y* 轴或 *Z* 轴旋转一定角度生成一个指定长度和宽度的平面。
- *ZOX* 平面：绕 *Z* 轴或 *X* 轴旋转一定角度生成一个指定长度和宽度的平面。

- 三点平面：按给定三点生成一个指定长度和宽度的平面，其中第1点为平面中点。
- 矢量平面：生成一个指定长度和宽度的平面，其法线的端点为给定的起点和终点。
- 曲线平面：在给定曲线的指定点上，生成一个指定长度和宽度的法平面或切平面，有法平面和包络面两种方式。
- 平行平面：按指定距离移动给定平面或生成一个拷贝平面（也可以是曲面）。

"工具平面"方式如图3.38所示。

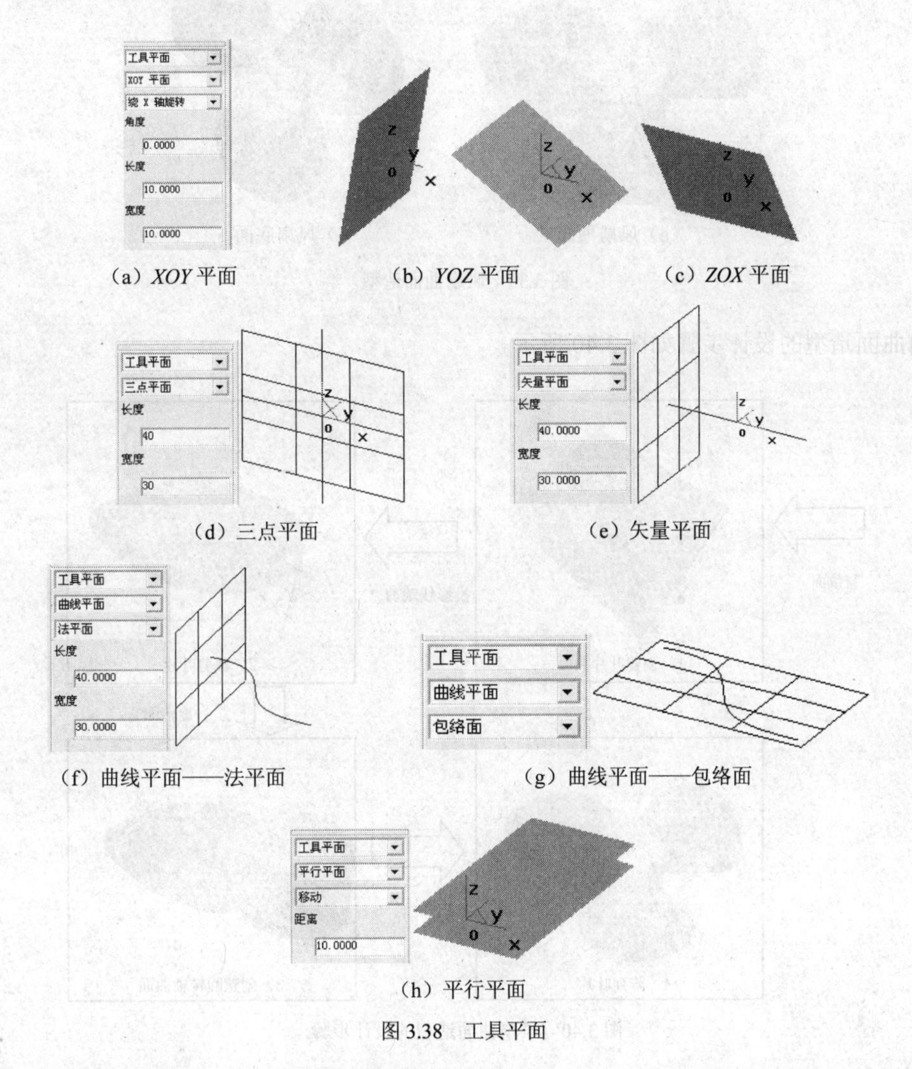

（a）*XOY*平面　（b）*YOZ*平面　（c）*ZOX*平面

（d）三点平面　（e）矢量平面

（f）曲线平面——法平面　（g）曲线平面——包络面

（h）平行平面

图3.38 工具平面

任务3 风扇造型

思路分析

风扇由叶片和旋转轴两部分构成。各叶片的形状及大小相同，与旋转轴相交并均匀分布，叶面为空间曲面，旋转轴的曲面为旋转面。

本任务将通过风扇的曲面造型设计，学习空间曲线的绘制和直纹面、投影裁剪等曲面造型和曲面编辑功能的应用及操作。

风扇曲面造型如图 3.39 所示。

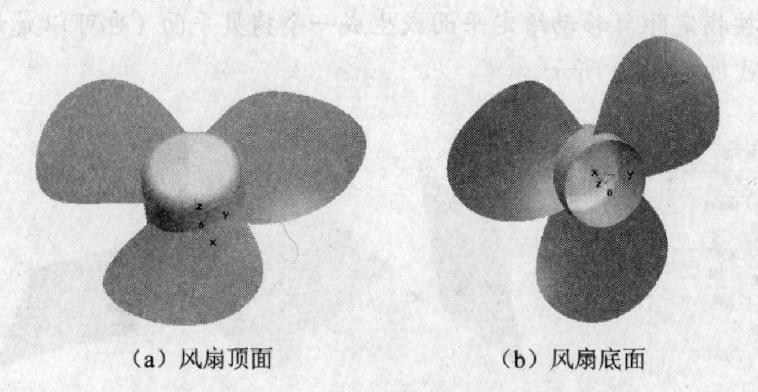

（a）风扇顶面　　（b）风扇底面

图 3.39　风扇曲面造型

风扇曲面造型的设计步骤如图 3.40 所示。

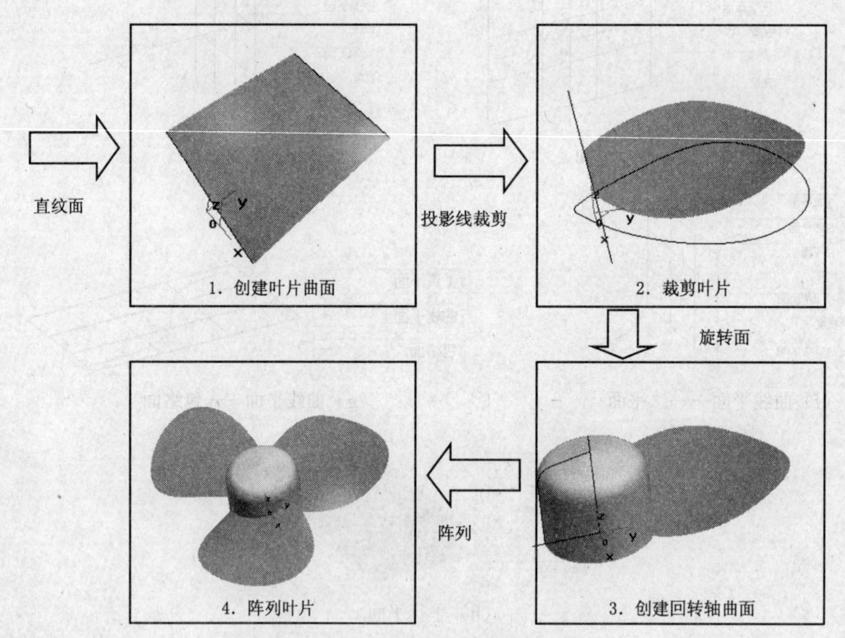

图 3.40　风扇曲面造型的设计步骤

操作步骤

步骤一　创建风扇叶片曲面

（1）绘制空间直线。

① 单击“曲线”工具条中的 ⁄ 按钮，激活画直线功能，在立即菜单中选择“两点线”、“连续”和“非正交”方式。

② 根据状态栏提示，输入第一条直线的端点坐标（−25，0，20）、(25，0，0)，按回车键确定。

③ 根据状态栏提示，输入第二条直线的端点坐标（−25，60，5）、(25，60，20)，按回车键确定。画出两条空间直线，如图 3.41 所示。

（2）生成叶片曲面。

① 单击主菜单中的“造型 | 曲面生成 | 直纹面”菜单项，或单击“曲面”工具条中的“旋转面”按钮，激活直纹面造型功能。

② 在状态栏中“拾取第一条曲线”的提示下，拾取第一条直线，根据状态栏“拾取第二条曲线”的提示，拾取另一条直线，注意拾取位置要在直线的同一侧。此时创建了一张空间曲面，如图 3.42 所示。

图 3.41 绘制空间直线　　图 3.42 生成叶片曲面——直纹面

（3）绘制剪刀线。

① 按 F5 键将坐标平面切换到 *XOY* 平面，单击“曲线”工具条中的“样条线”按钮，激活绘制样条线的功能，在立即菜单中选择“插值”、“缺省切矢”和“闭曲线”方式，如图 3.43（a）所示。

② 在状态栏中“拾取点”的提示下，分别拾取各点绘制出叶片的轮廓曲线，如图 3.43（b）所示。

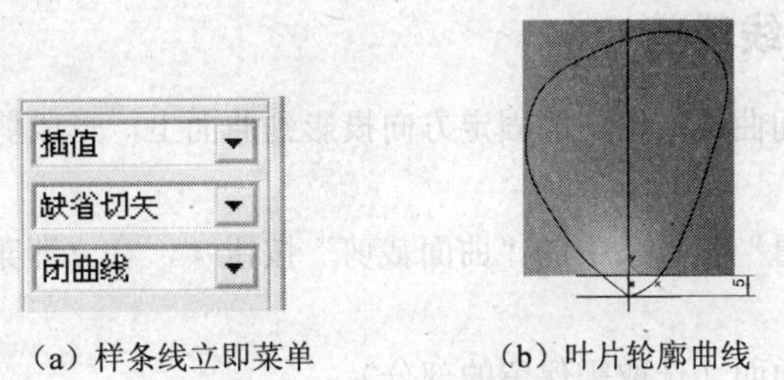

（a）样条线立即菜单　　（b）叶片轮廓曲线

图 3.43 绘制叶片轮廓曲线

（4）裁剪叶片。

① 单击“线面编辑”工具条中的“曲面裁剪”按钮，在立即菜单上选择“投影线裁剪”和“裁剪”方式。

② 状态栏提示“拾取被裁剪的曲面”，用鼠标拾取页面上保留的部位，状态栏又提示“输入投影方向”，按空格键在弹出的矢量工具栏中选择“Z 轴正方向”，如图 3.44（a）所示。

③ 在状态栏的提示下分别拾取叶片轮廓曲线作为剪刀线，拾取链接方向，如图 3.44（b）所示。单击鼠标右键，完成叶片轮廓的裁剪，效果如图 3.44（c）所示。

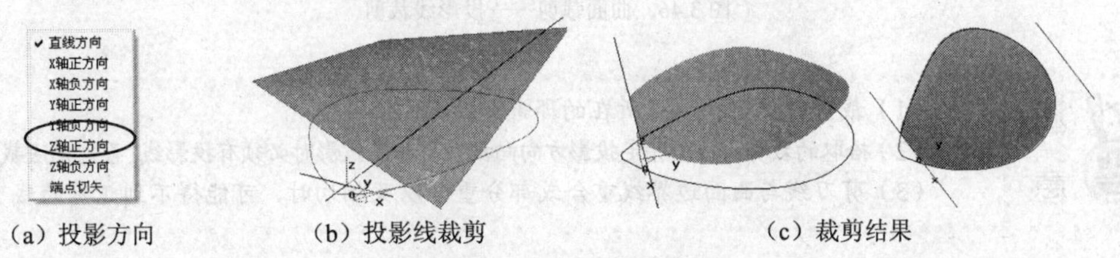

（a）投影方向　　（b）投影线裁剪　　（c）裁剪结果

图 3.44 裁剪叶片的形状

知识链接 1——曲线+曲线

直纹面是由一根直线的两端点分别在两条曲线上匀速运动而形成的轨迹曲面。直纹面生成有 3 种方式：曲线+曲线、点+曲线和曲线+曲面，这里只介绍“曲线+曲线”方式。

操作步骤如下。

（1）单击主菜单中的“造型 | 曲面生成 | 直纹面”菜单项，或单击“曲面”工具条中的“旋转面”按钮，激活直纹面造型功能。

（2）在立即菜单中选择“直纹面”方式。

（3）按状态栏中的提示操作，生成直纹面如图 3.45（b）所示。

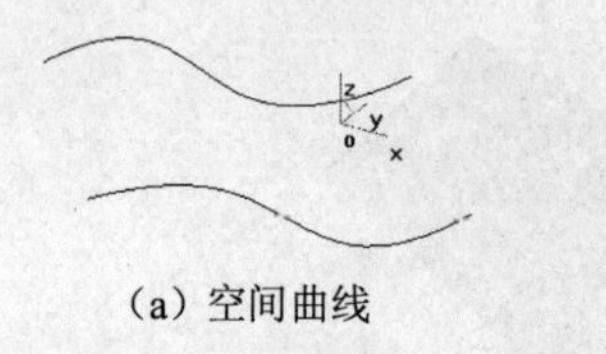

（a）空间曲线

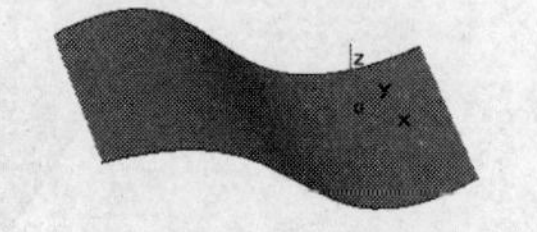

（b）曲线+曲线——直纹面

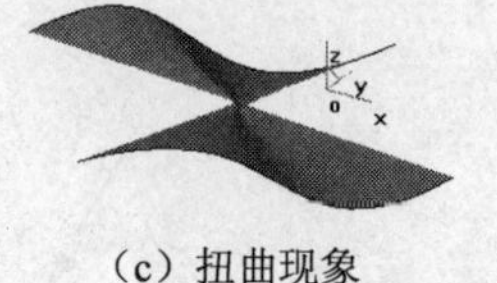

（c）扭曲现象

图 3.45　直纹面

注意

在拾取曲线时应注意拾取点的位置，拾取点应在拾取曲线的同侧对应位置，否则将使两条曲线的方向相反，生成的直纹面发生扭曲，如图 3.45（c）所示。

知识链接 2——投影线裁剪

投影线裁剪是将空间曲线沿给定的固定方向投影到曲面上，形成剪刀线来裁剪曲面。

操作步骤如下。

（1）单击“线面编辑”工具条中的“曲面裁剪”按钮，在立即菜单上选择“投影线裁剪”和“裁剪”方式。

（2）拾取被裁剪的曲面（选取需保留的部分）。

（3）输入投影方向。按空格键，弹出矢量工具菜单，选择投影方向。

（4）拾取剪刀线。拾取曲线，曲线变红，裁剪完成，如图 3.46 所示。

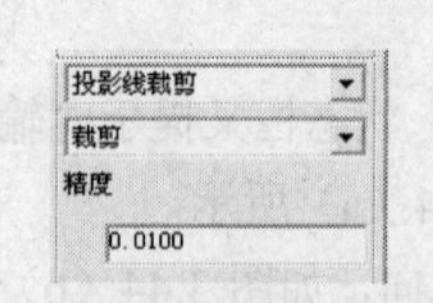

（a）投影线裁剪的立即菜单

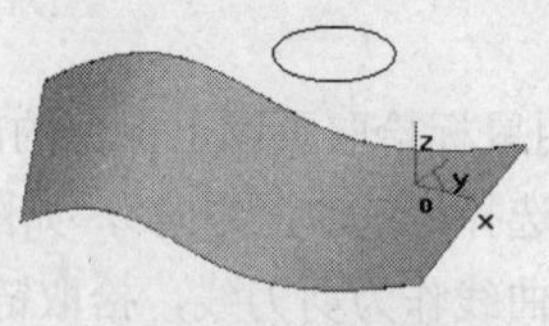

（b）绘制剪刀线

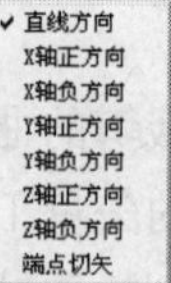

（c）裁剪的投影方向和裁剪结果

图 3.46　曲面裁剪——投影线裁剪

（1）裁剪时保留拾取点所在的那部分曲面。

（2）拾取的裁剪曲线沿指定投影方向向被裁剪曲面投影时必须有投影线，否则无法裁剪曲面。

（3）剪刀线与曲面边界线重合或部分重合以及相切时，可能得不到正确的裁剪结果。

步骤二 创建旋转轴曲面

（1）绘制旋转轴和母线。

① 按 F9 键将绘图平面切换到 *YOZ* 平面，应用曲线绘制命令，画出旋转轴和旋转母线，尺寸如图 3.47 所示。

② 单击“线面编辑”工具条中的“曲线组合”按钮，根据状态栏中的提示，拾取旋转母线的线段，单击箭头确定链的搜索方向，将各线段组合成一条曲线，如图 3.48 所示。

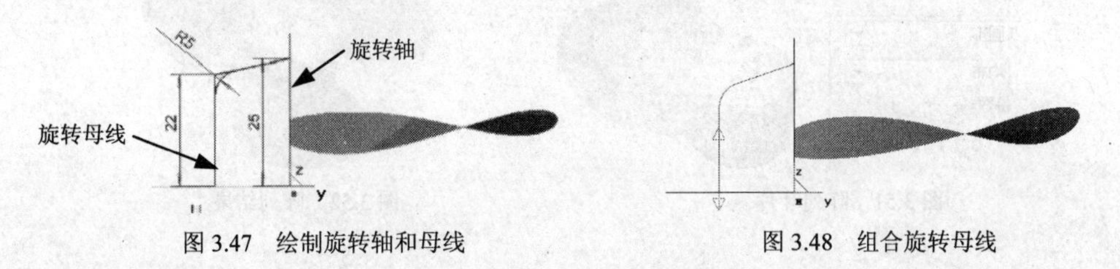

图 3.47 绘制旋转轴和母线　　图 3.48 组合旋转母线

（2）生成旋转轴曲面。

① 单击“曲线”工具条中的“旋转面”按钮，激活旋转面造型功能。

② 在立即菜单中输入起始和终止角度，缺省的起始角为 0°，终止角为 360°。在“拾取旋转轴”的提示下，用鼠标单击旋转轴并选取方向。在“拾取母线”的提示下，用鼠标单击旋转母线，即可生成旋转轴的曲面，如图 3.49 所示。

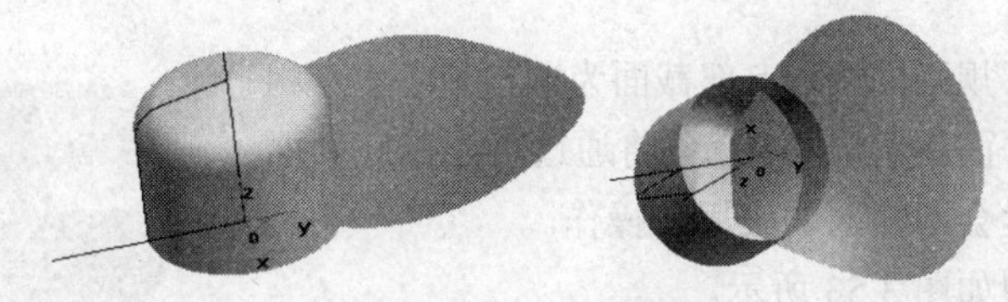

图 3.49 生成旋转轴曲面

（3）裁剪曲面。

① 单击主菜单中的“造型 | 曲面编辑 | 曲面裁剪”菜单项，或单击“曲面”工具条中的“曲面裁剪”按钮，激活曲面裁剪功能。在立即菜单中选择“面裁剪”方式，裁剪参数如图 3.50（a）所示。

② 在状态栏“拾取被裁剪曲面”的提示下，用鼠标拾取扇叶的保留部分，在状态栏“失去剪刀面”的提示下，单击旋转轴曲面，将多余的扇叶裁剪掉，结果如图 3.50（b）所示。

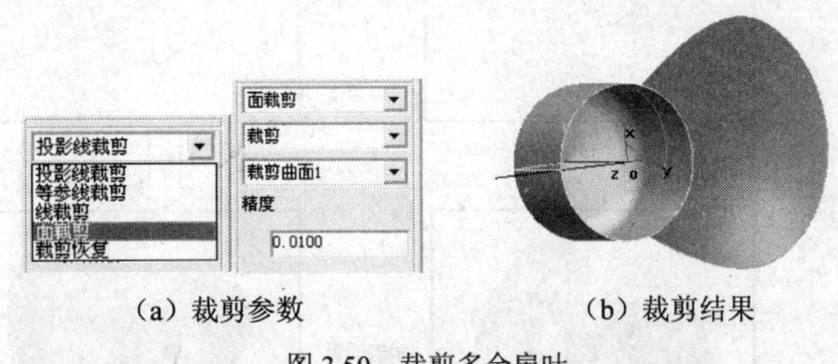

（a）裁剪参数　　（b）裁剪结果

图 3.50 裁剪多余扇叶

（4）阵列叶片。

① 选择主菜单中的“造型 | 几何变换 | 阵列”菜单项，或单击“几何变换”工具条中的“阵列”按钮，激活其编辑功能。

② 在立即菜单中选择“圆形”阵列方式，选择“均布”并输入阵列份数为“5”，如图 3.51 所示。

③ 按 F9 键将坐标面切换到 *XOY* 平面，根据状态栏中“拾取阵列对象”的提示，单击扇叶，单击鼠标右键确认。根据状态栏中“输入中心”的提示，拾取坐标原点，将扇叶阵列成 3 个，如图 3.52 所示。

④ 删除多余的作图线。

至此，完成了风扇的曲面造型设计。

图 3.51　阵列叶片　　　　图 3.52　阵列结果

任务4　可乐瓶底造型

思路分析

可乐瓶底曲面是不规则曲面，上部截面为圆，底由 4 个相同的凸起曲面和圆形平面所组成。本任务将通过可乐瓶底曲面的造型设计，使读者学会网格面的应用和操作。

可乐瓶底曲面造型如图 3.53 所示。

可乐瓶底曲面造型的设计步骤如图 3.54 所示。

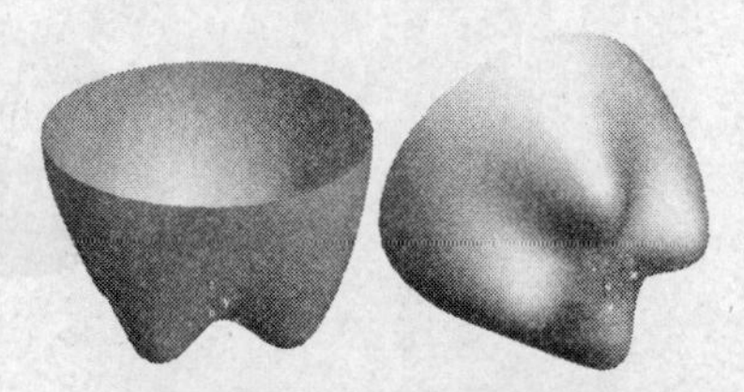

图 3.53　可乐瓶底曲面造型

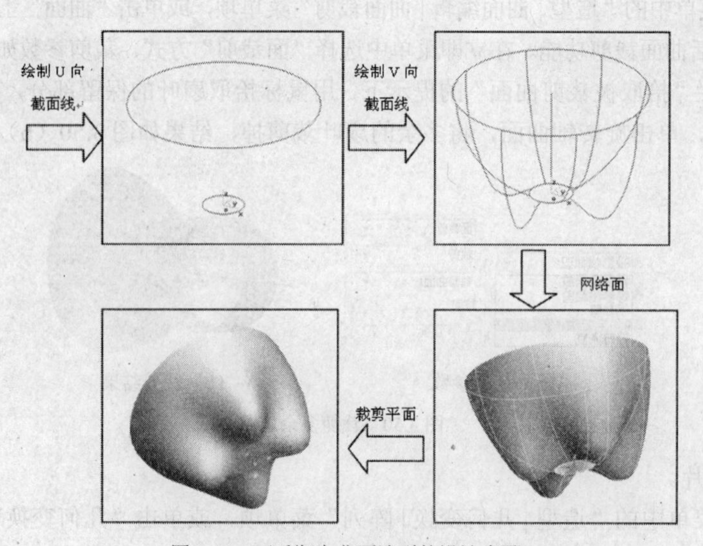

图 3.54　可乐瓶底曲面造型的设计步骤

操作步骤

步骤一 创建主体曲面

（1）绘制 U 向截面线。

① 在 *XY* 坐标平面上绘制两个直径分别为$\Phi 20$、$\Phi 90$ 的同心圆，如图 3.55（a）所示。

② 单击“几何变换”工具条中的“平移”按钮，将$\Phi 90$ 的圆沿 *Z* 轴向上移动 50mm，如图 3.55（b）所示。

（2）绘制 V 向截面线。V 向截面线的尺寸如图 3.56 所示。

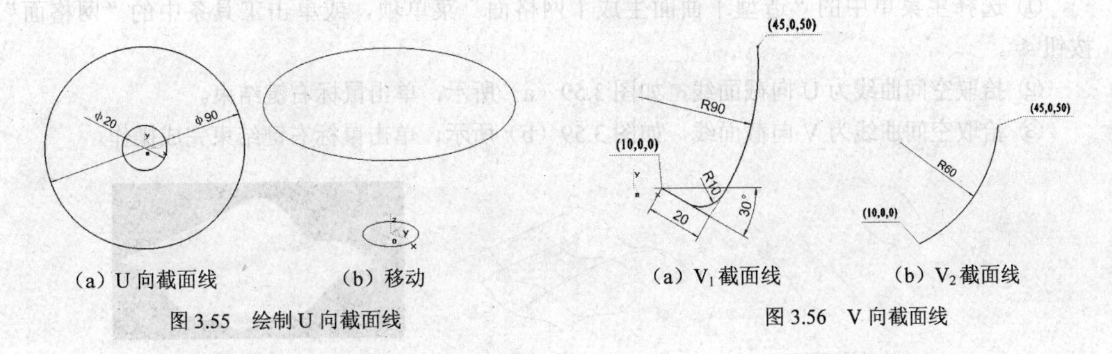

（a）U 向截面线 （b）移动

图 3.55 绘制 U 向截面线

（a）V_1 截面线 （b）V_2 截面线

图 3.56 V 向截面线

① 按 F9 键将坐标平面切换到 *XZ* 坐标面，分别绘制如图 3.56 所示的截面线。

② 单击“曲线组合”按钮，激活曲线编辑功能，按空格键，在快捷菜单中选择“单个拾取”方式，拾取要组合的线段，将 V_2 截面线的各条线段组合成一条完整的曲线。

③ 过原点绘制一轴线，单击“几何变换”工具条中的“旋转”按钮，将 V_2 截面线绕轴旋转 45°，如图 3.57（a）所示。

④ 按 F9 键将坐标平面切换到 *XY* 坐标面，单击“几何变换”工具条中的“阵列”按钮，应用圆形阵列方式将 V_1 和 V_2 截面线阵列成 4 份，如图 3.57（b）所示。

（3）创建网格面。

① 选择主菜单中的“造型 | 曲面生成 | 网格面”菜单项，或单击工具条中单击的“网格面”按钮。

② 按系统提示，分别拾取 U 向截面线和 V 向截面线，单击鼠标右键确定，完成网格面的创建，结果如图 3.58 所示。

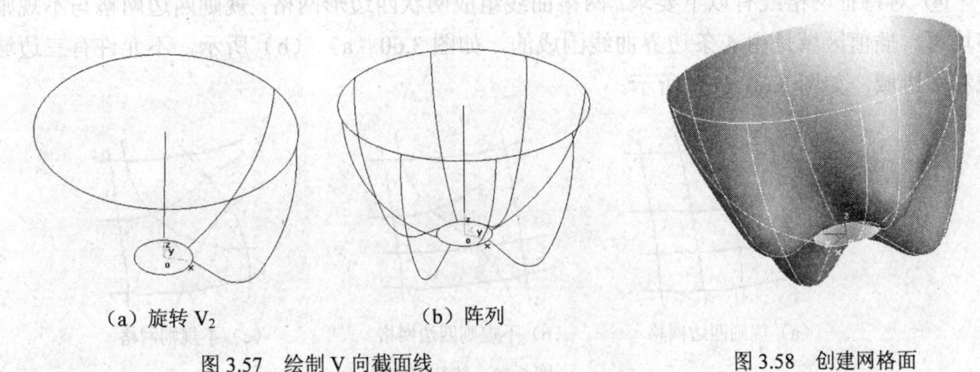

（a）旋转 V_2 （b）阵列

图 3.57 绘制 V 向截面线

图 3.58 创建网格面

在拾取 V 向截面线时，最好先选择 *X* 轴方向的截面线，然后再以逆时针方向依次拾取各截面线，否则曲面造型可能会失败。

知识链接——网格面

以网格曲线为骨架，蒙上自由曲面生成的曲面称为网格曲面。网格曲线是由特征线组成横竖相交线，如图 3.59 所示。

（1）操作步骤。

① 选择主菜单中的“造型｜曲面生成｜网格面”菜单项，或单击工具条中的“网格面”按钮。

② 拾取空间曲线为 U 向截面线，如图 3.59（a）所示，单击鼠标右键结束。

③ 拾取空间曲线为 V 向截面线，如图 3.59（b）所示，单击鼠标右键结束完成操作。

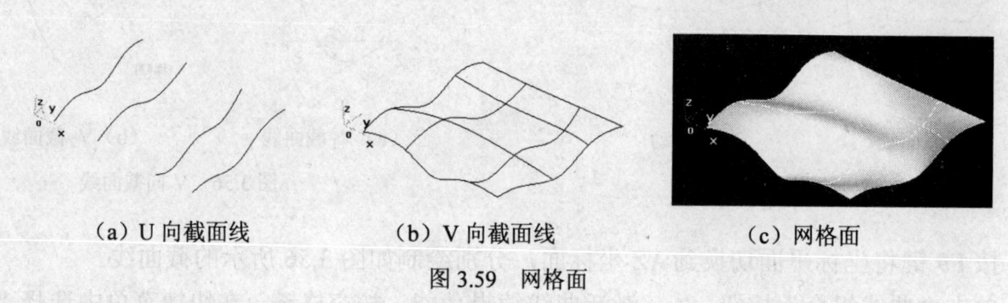

（a）U 向截面线　（b）V 向截面线　（c）网格面

图 3.59　网格面

（2）创建思路。

① 首先构造曲面的特征网格线确定曲面的初始骨架形状，然后用自由曲面插值特征网格线生成曲面。

② 特征网格线可以是曲面边界线或曲面截面线等。由于一组截面线只能反应一个方向的变化趋势，如图 3.59（a）所示，还可以引入另一组截面线来限定另一个方向的变化，这就形成了一个网格骨架，控制住两个方向（U 和 V 方向）的变化趋势，如图 3.59（b）所示。使用特征网格线基本上反映出设计者想要的曲面形状，在此基础上插值网格骨架生成的曲面必然满足设计者的要求。

③ 可以生成封闭的网格面，在拾取 U 向、V 向的曲线时必须从靠近曲线端点的位置拾取，否则封闭网格面失败。

④ 对特征网格线有以下要求：网格曲线组成网状四边形网格，规则四边网格与不规则四边网格均可。插值区域是由 4 条边界曲线围成的，如图 3.60（a）、（b）所示，不允许有三边域、五边域和多边域，如图 3.60（c）所示。

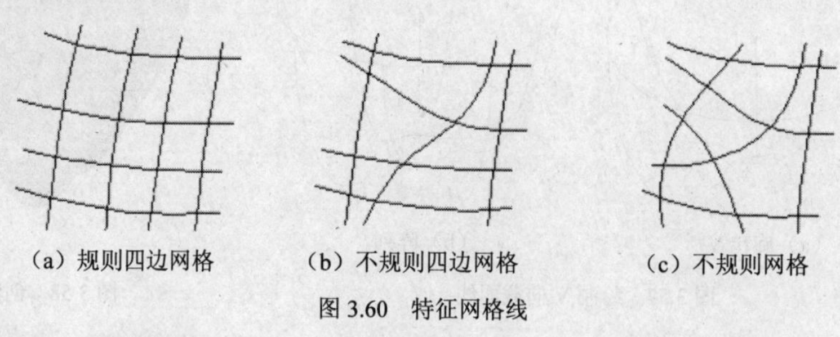

（a）规则四边网格　（b）不规则四边网格　（c）不规则网格

图 3.60　特征网格线

（1）每一组曲线都必须按其方位顺序拾取，而且曲线的方向必须保持一致。曲线的方向与放样面功能中一样，由拾取点的位置来确定曲线的起点。

（2）拾取的每条U向曲线与所有V向曲线都必须有交点。

（3）拾取的曲线应当是光滑曲线。

步骤二　创建瓶底

（1）选择主菜单中的“造型｜曲面生成｜平面”菜单项，或单击工具条中的“平面”按钮▱。

（2）在立即菜单中选择“裁剪平面”方式，用鼠标拾取底面的圆形曲线，单击鼠标右键完成操作，结果如图3.61所示。

至此，完成了可乐瓶底的曲面造型设计。

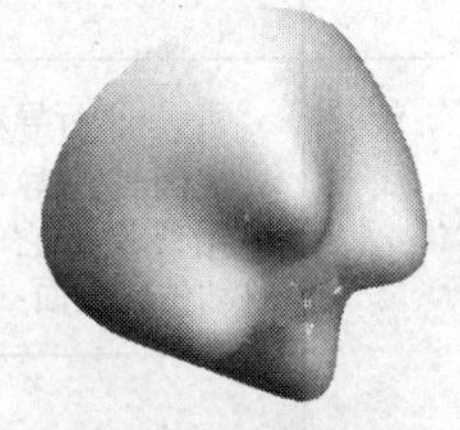

图3.61　创建瓶底曲面

项目小结

本项目通过完成塑料按钮、瓶子、风扇和可乐瓶底4个任务的曲面造型设计，学习了常用曲面造型命令和编辑命令的应用及操作方法，建立了曲面造型的基本思想，掌握了曲面造型的方法和技巧，为今后的学习打下了良好的基础。

如需要了解各曲面造型命令和编辑命令的特性、作用、构造条件及注意事项等内容，请查阅表3.1和表3.2。

表3.1　常用曲面生成命令

命令	功　能	图　例	注 意 事 项
直纹面	曲线＋曲线 在两条自由曲线之间生成直纹面		（1）曲线应为空间曲线 （2）在拾取曲线时应注意要拾取曲线的同侧对应位置，否则将使两曲线的方向相反，使生成的直纹面发生扭曲
	点＋曲线 在一个点和一条曲线之间生成直纹面		（1）直线与圆不能在同一平面内 （2）直线顶点是曲面生成所需要的点元素
	曲线＋曲面 在一条曲线和一个曲面之间生成直纹面		曲线的投影不能全部落在曲面内时，直纹面将无法作出
旋转面	按给定的起始角度、终止角度将截面线绕以旋转轴旋转生成的曲面	旋转轴	（1）旋转轴是直线 （2）选择方向时的箭头方向与曲面旋转方向两者遵循右手螺旋法则 （3）截面线可以为直线、封闭的曲线和非封闭的曲线

续表

命令	功　能	图　例	注 意 事 项
扫描面	按给定的起始位置、终止角度和扫描距离沿指定方向以一定的角度扫描生成曲面		(1) 起始距离：指生成曲面的起始位置与曲线平面沿扫描方向上的间距 (2) 扫描距离：指生成曲面的起始位置与终止位置沿扫描方向上的间距 (3) 扫描角度：指生成的曲面母线与扫描方向的夹角
导动面	平行导动 截面线沿导动线趋势始终平行它自身地移动生成曲面		(1) 截面线与导动线不能在同一平面 (2) 截面线可以为直线、封闭的曲线和非封闭的曲线
	固接导动 导动过程中截面线平面与导动线的切矢方向保持相对角度不变，而且截面线在自身相对坐标架中的位置关系保持不变，截面线沿导动线变化的趋势导动生成曲面	单截面 双截面	(1) 截面线与导动线不能在同一平面 (2) 在拾取双截面线时应注意要拾取曲线的同侧对应位置，否则将使两曲线的方向相反，使生成的曲面发生扭曲
	导动线与平面 截面线按一定规则沿一个平面或空间导动线扫动生成曲面	导动线 截面线	(1) 截面线平面的方向与导动线上每一点的切矢方向之间相对夹角始终保持不变 (2) 截面线的平面方向与所定义的平面法矢的方向始终保持不变 (3) 适用于导动线是空间曲线的情形，截面线可以是一条或两条
	导动线与边界线 截面线沿一条导动线扫动生成曲面	边界线	(1) 运动过程中截面线平面始终与导动线垂直 (2) 运动过程中截面线平面与两边界线需要有两个交点 (3) 对截面线进行放缩，将截面线横跨于两个交点上
	双导动线 将一条或两条截面线沿着两条导动线匀速地扫动生成曲面 双导动线导动支持等高导动和变高导动	等高导动 变高导动	拾取截面曲线（在第一条导动线附近）。如果是双截面线导动，拾取两条截面线（在第一条导动线附近）

续表

命令	功能	图例	注意事项
等距面	按给定距离与等距方向生成与已知平面（曲面）等距的平面（曲面）		等距距离：指生成平面在所选的方向上离开已知平面的距离 如果曲面的曲率变化太大，等距的距离应当小于最小曲率半径
边界面	四边面 通过4条空间曲线生成平面		拾取的曲线必须首尾相连成封闭环，才能作出边界面，并且拾取的曲线应当是光滑曲线
	三边面 用过3条空间曲线生成平面		
放样面	以一组互不相交、方向相同、形状相似的特征线（或截面线）为骨架进行形状控制，过这些曲线蒙面生成的曲面称为放样曲面		（1）拾取的一组特征曲线互不相交，方向一致，形状相似，否则生成结果将发生扭曲，形状不可预料 （2）截面线需保证其光滑性 （3）用户需按截面线摆放的方位顺序拾取曲线 （4）用户拾取曲线时需保证截面线方向的一致性
平面	裁剪平面 由封闭内轮廓进行裁剪形成的有一个或者多个边界的平面。封闭内轮廓可以有多个		—
	工具平面 包括 *XOY* 平面、*YOZ* 平面、*ZOX* 平面、三点平面、矢量平面、曲线平面和平行平面7种方式	*XOY* 平面　*YOZ* 平面　*ZOX* 平面	*XOY* 平面：绕 *X* 轴或 *Y* 轴旋转一定角度生成一个指定长度和宽度的平面 *YOZ* 平面：绕 *Y* 轴或 *Z* 轴旋转一定角度生成一个指定长度和宽度的平面 *ZOX* 平面：绕 *Z* 轴或 *X* 轴旋转一定角度生成一个指定长度和宽度的平面
网格面	以网格曲线为骨架，蒙上自由曲面生成的曲面称为网格曲面		（1）每一组曲线都必须按其方位顺序拾取，而且曲线的方向必须保持一致。曲线的方向与放样面功能中一样，由拾取点的位置来确定曲线的起点 （2）拾取的每条U向曲线与所有V向曲线都必须有交点 （3）拾取的曲线应当是光滑曲线

表 3.2 常用曲面编辑命令

命令	功　能	图　例	注 意 事 项
曲面裁剪	面裁剪 剪刀曲面和被裁剪曲面求交，用求得的交线作为剪刀线来裁剪曲面	被裁剪曲面拾取位置 剪刀曲面 裁剪后的曲面	（1）裁剪时保留拾取点所在的那部分曲面 （2）两曲面必须有交线，否则无法裁剪曲面
	投影线裁剪 曲面上的曲线沿曲面法矢方向投影到曲面上，形成剪刀线来裁剪曲面	投影 剪刀线 被裁曲面拾取位 被裁掉的曲面	（1）裁剪时保留拾取点所在的那部分曲面 （2）拾取的裁剪曲线沿指定投影方向向被裁剪曲面投影时必须有投影线，否则无法裁剪曲面 （3）在输入投影方向时可利用矢量工具菜单
	线裁剪 曲面上的曲线沿曲面法矢方向投影到曲面上，形成剪刀线来裁剪曲面	剪刀线 被裁曲面拾取位置 裁剪后的曲面	（1）裁剪时保留拾取点所在的那部分曲面 （2）若裁剪曲线与曲面边界无交点，且不在曲面内部封闭，则系统将其延长到曲面边界后实行裁剪
曲面过渡	在给定的曲面之间以一定的方式作给定半径或半径规律的圆弧过渡面，以实现曲面之间的光滑过渡	等半径过渡 变化规律 过渡圆弧面	（1）用户需正确地指定曲面的方向，方向不同会导致完全不同的结果 （2）进行过渡的两曲面在指定方向上与距离等于半径的等距面必须相交，否则曲面过渡失败 （3）若曲面形状复杂，变化过于剧烈，使得曲面的局部曲率小于过渡半径时，过渡面将发生自交，形状难以预料，应尽量避免这种情形
曲面延伸	把原曲面按所给长度沿相切的方向延伸出去，扩大曲面		曲面延伸功能不支持裁剪曲面的延伸

综合练习

1. 订书机上盖曲面设计

订书机上盖曲面造型如图 3.62 所示，尺寸根据造型的比例自定。

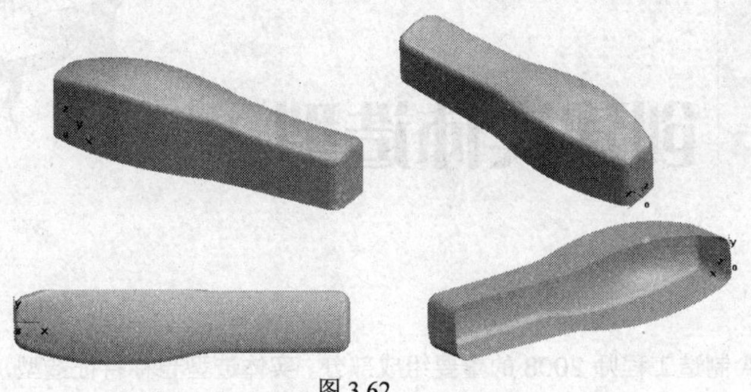

图 3.62

2．勺子曲面设计

勺子曲面造型如图 3.63 所示，尺寸根据造型的比例自定。

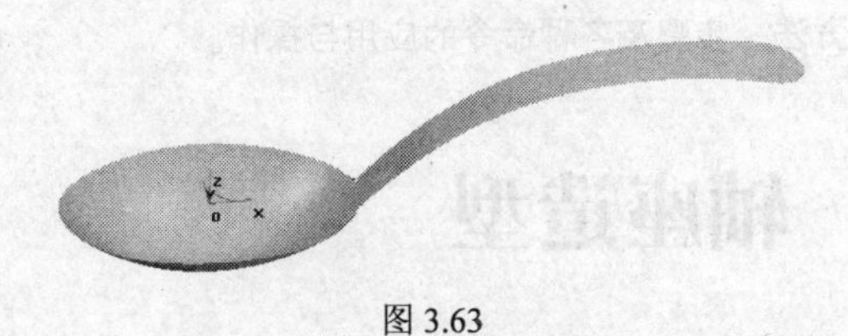

图 3.63

3．台灯曲面设计

台灯曲面造型如图 3.64 所示，尺寸根据造型的比例自定。

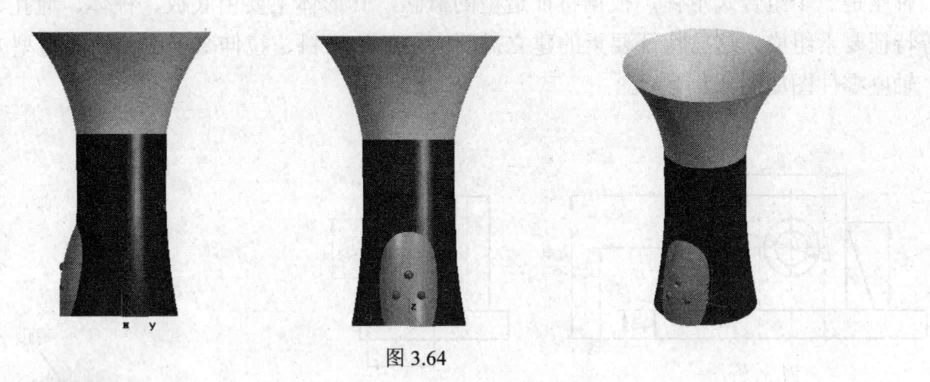

图 3.64

4．瓶子曲面设计

瓶子曲面造型如图 3.65 所示，尺寸根据造型的比例自定。

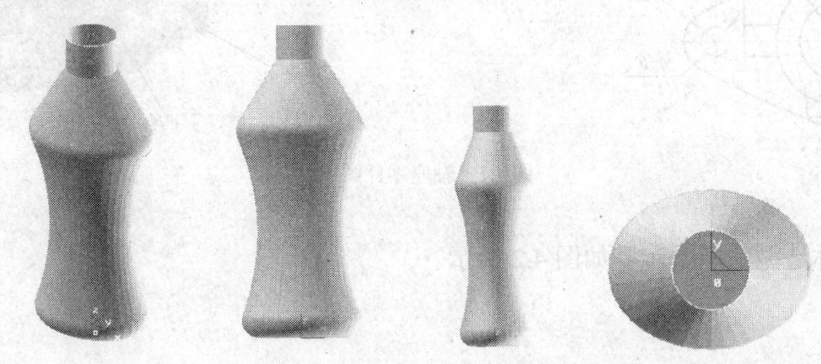

图 3.65

创建实体造型

实体造型是 CAXA 制造工程师 2008 的重要组成部分。实体造型也称特征造型，特征是指可以用来组合生成零件的各种形状，包括孔、槽、型腔、凸台、圆柱体等，采用特征实体造型技术，使零件的设计过程更直观、简单和准确。

本项目将通过轴座、电源插头、凿子、压板、螺杆、电话机机座、对讲机上盖模具等零件的造型设计，介绍运用特征进行零件造型的方法、步骤及各种命令的应用与操作。

轴座造型

思路分析

轴座是一个组合式形体，根据特征造型的概念，其形体主要由底板、柱体、通孔、凸台、筋板等特征要素组成，这些特征要素的建立需要应用拉伸增料、拉伸减料、筋板等造型方法。

轴座零件图如图 4.1 所示。

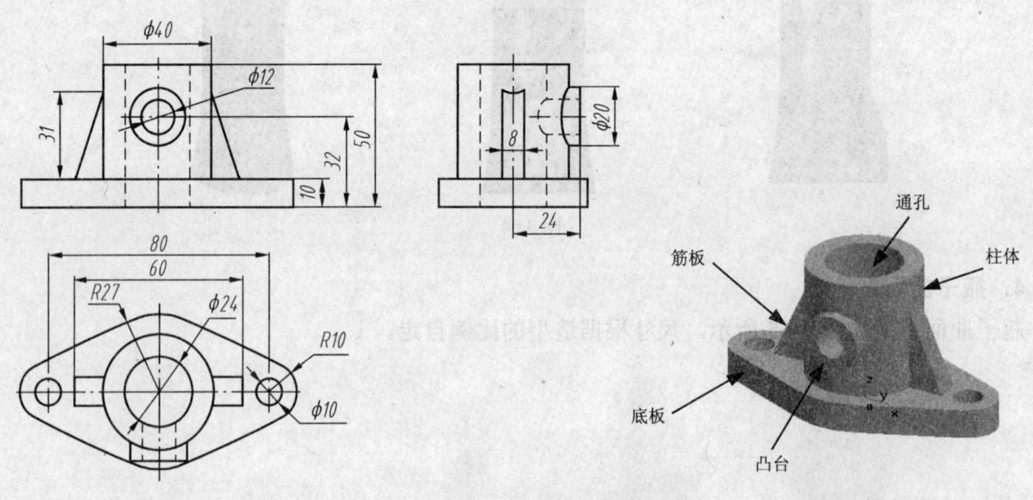

图 4.1　轴座零件图

创建轴座实体造型的基本步骤如图 4.2 所示。

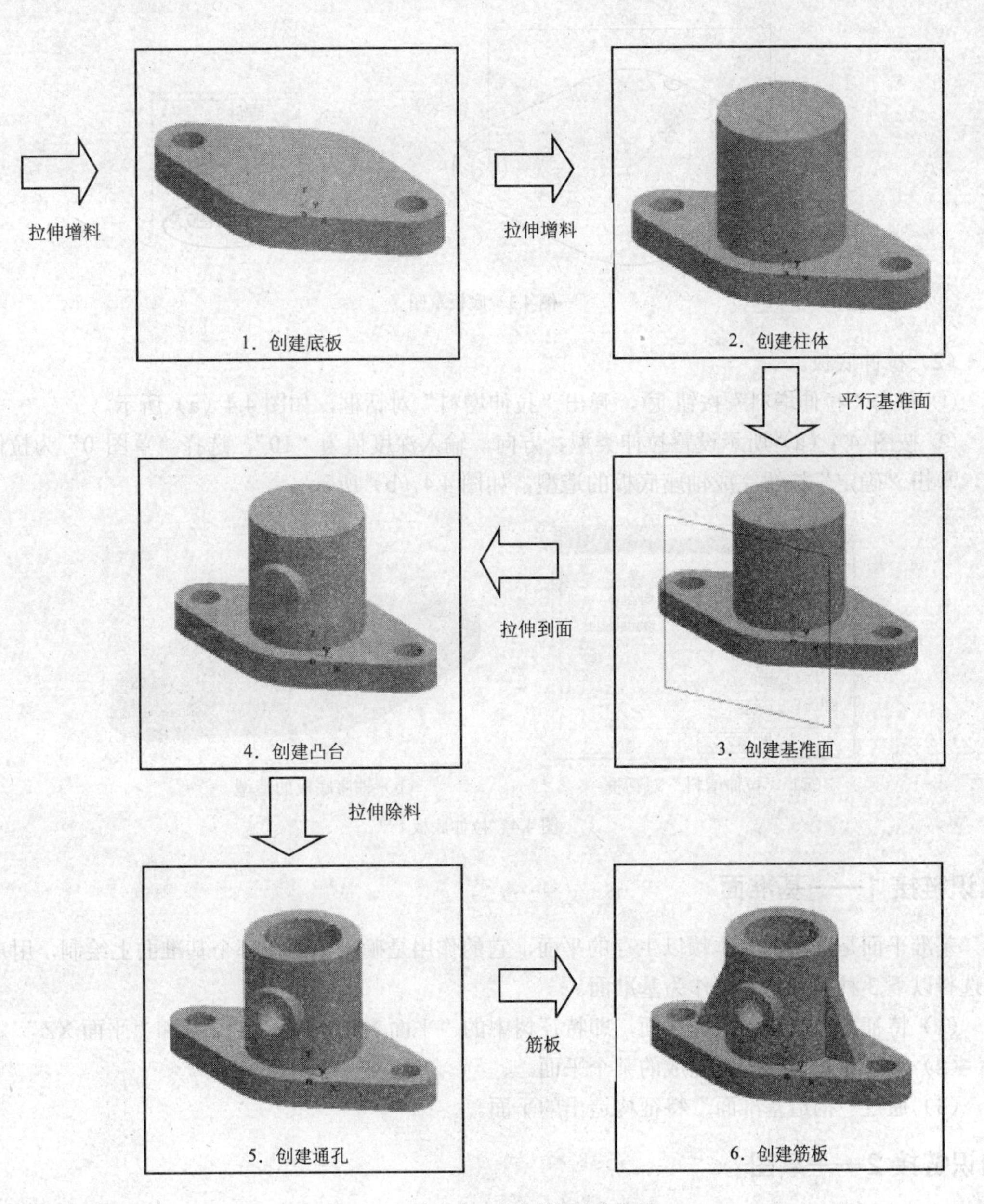

图 4.2 创建轴座实体造型的基本步骤

操作步骤

步骤一 创建轴座的底板

（1）绘制底板草图。

① 选择特征树中的“平面 XY”作为绘制草图的基准平面，单击“绘制草图”按钮 或按 F2 键，进入绘制草图状态。

② 在特征树中出现项目“草图 0”，按尺寸绘制底板草图，如图 4.3 所示。

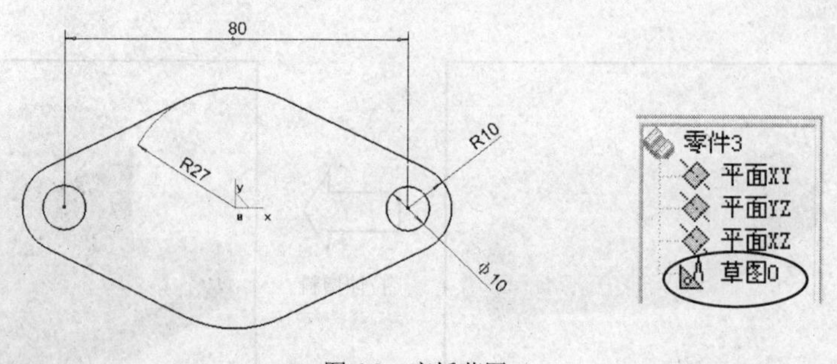

图 4.3　底板草图

（2）拉伸底板。

① 单击“拉伸增料”按钮，弹出“拉伸增料”对话框，如图 4.4（a）所示。

② 按图 4.4（a）所示设置拉伸类型、方向，输入深度值为“10”，选择“草图 0”为拉伸对象，单击“确定”按钮完成轴座底板的造型，如图 4.4（b）所示。

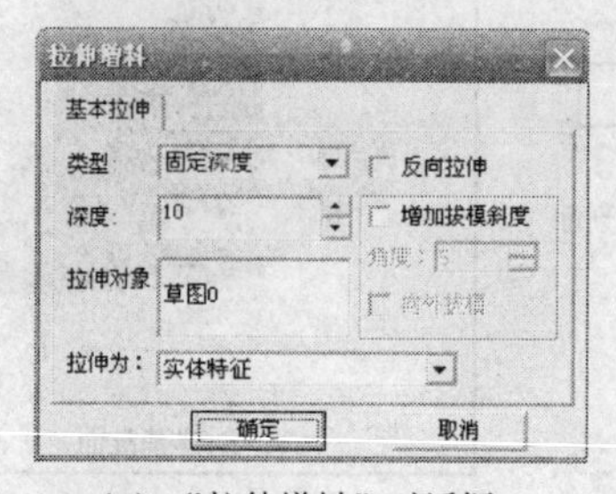

（a）“拉伸增料”对话框

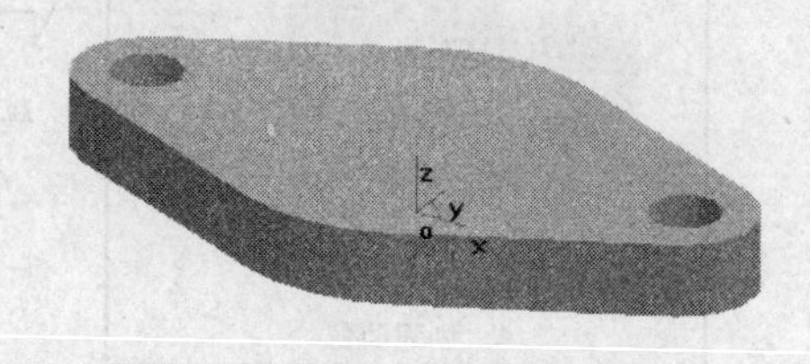

（b）轴座底板的造型

图 4.4　拉伸底板

知识链接 1——基准面

基准平面是草图和实体赖以生存的平面，它的作用是确定草图在哪个基准面上绘制，用户可以选择以下 3 种类型的平面作为基准面。

（1）特征树中已有的坐标平面，即特征树中的“平面 XY”、“平面 YZ”和“平面 XZ”。

（2）形体在实体造型中生成的某个平面。

（3）通过“构造基准面”特征构造出的平面。

知识链接 2——草图

草图是为生成实体特征而准备的一个封闭的平面曲线图形，是实体造型的基础。草图绘制的基本过程如下。

（1）确定基准面。

用鼠标单击特征树中的平面项目或实体的表面。

（2）激活草图功能。

进入草图绘制状态：单击“状态”工具条中的“绘制草图”按钮或按 F2 键，此时在特征树中添加了一个草图项。

（3）绘制草图。

应用曲线绘制的各种命令绘制平面图形。

（4）检查草图。

用于实体造型的草图必须是封闭的图形，图线不允许有空隙和重叠，否则将会使操作失败或不能继续进行，单击“曲线”工具条中的 按钮，可以检查草图是否封闭。当草图环封闭时，系统提示“草图不存在开口环。”当草图环不封闭时，系统提示“草图在标记处开口或重合！”如图 4.5 所示，并在草图中用红标点标记出来。

图 4.5　草图检查

知识链接 3——拉伸增料

拉伸增料是将草图轮廓曲线根据指定的距离或方式做拉伸操作，生成一个增加材料的特征。

1．操作步骤

（1）选择主菜单中的“造型 | 特征生成 | 增料 | 拉伸”菜单项，或单击“特征”工具条中的“拉伸增料”按钮 ，弹出“拉伸增料”对话框。

（2）根据结构的特点选择不同的类型，这里选择“固定深度”，如图 4.6 所示。“反向拉伸”选项可以控制实体拉伸的方向。

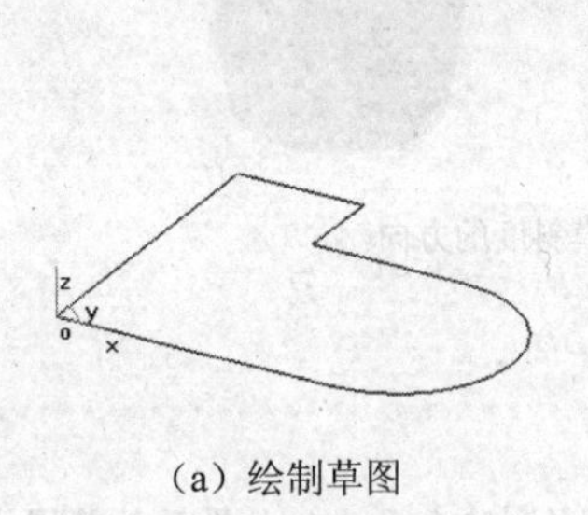

（a）绘制草图

（b）“拉伸增料”对话框

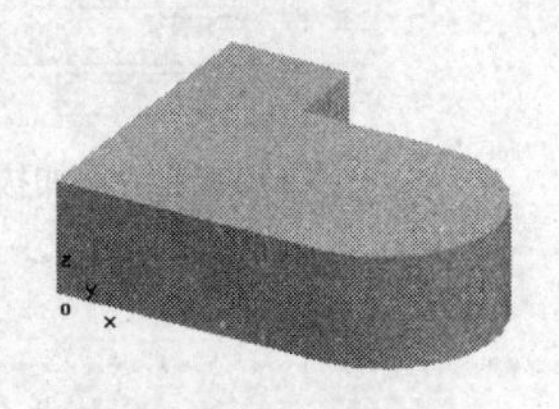

（c）拉伸结果

图 4.6　拉伸增料“固定深度”

2．拉伸增料类型

（1）固定深度：指按照给定的深度数值进行单向的拉伸。

（2）双向拉伸：指以草图为中心，向相反的两个方向进行拉伸，深度值以草图为中心平分生成实体，如图 4.7 所示。

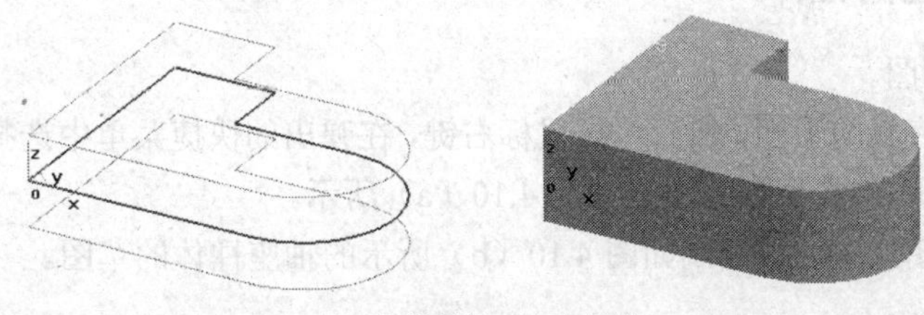

图 4.7　拉伸增料“双向拉伸”

（3）拉伸到面：指拉伸位置以指定的曲面为结束点进行的拉伸，需要选择要拉伸的草图和拉伸到的曲面，如图 4.8 所示。

3．增加拔模斜度

增加拔模斜度是指应用拉伸命令创建的实体带有锥度，锥度的大小由角度选项中输入的参数值决定，在没有勾选“增加拔模斜度”复选框前角度选项不可用，锥度的方向可以通过勾选“向外拔模”复选框调整，如图 4.9 所示。

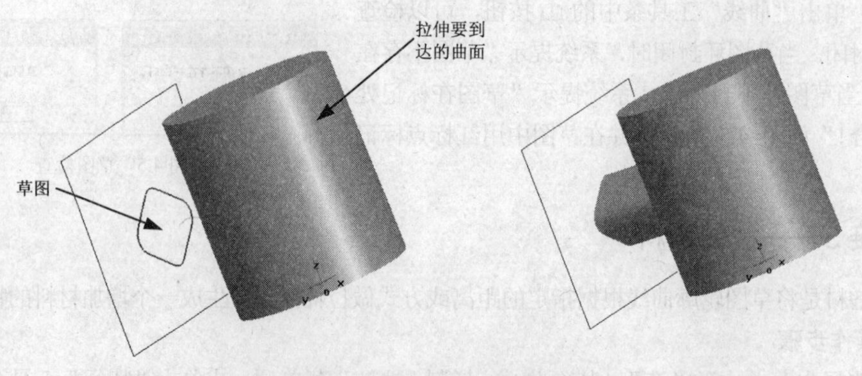

图 4.8　拉伸增料“拉伸到面”

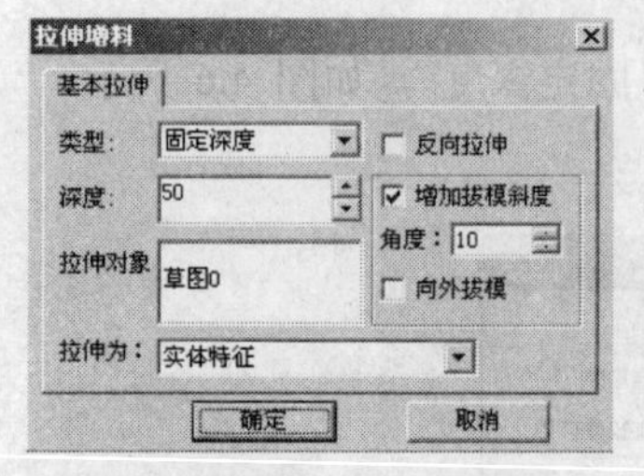

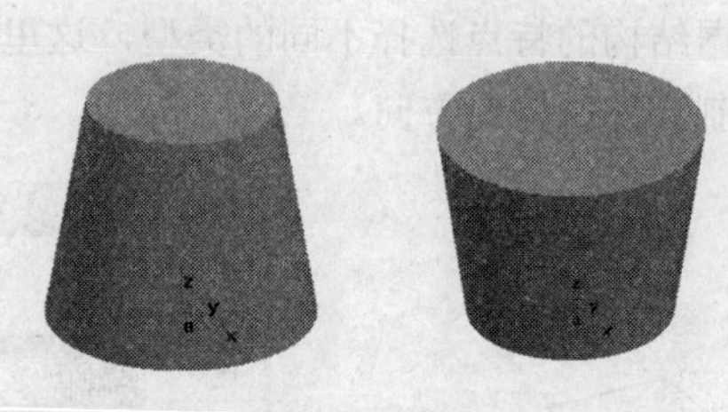

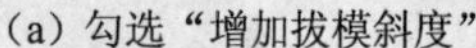

（a）勾选“增加拔模斜度”　　（b）拔模斜度的方向

图 4.9　创建拔模斜度

（1）在进行“双面拉伸”时，拔模斜度不可用。

（2）在进行“拉伸到面”时，要使草图能够完全投影到这个面上，如果面的范围比草图小，会操作失败。

（3）在进行“拉伸到面”时，深度和反向拉伸不可用。

（4）在进行“拉伸到面”时，可以给定拔模斜度。

（5）草图中隐藏的线不能参与特征拉伸。

步骤二　创建轴座的柱体

（1）绘制柱体草图。

① 用鼠标单击底板的上面，然后单击鼠标右键，在弹出的快捷菜单中选择“创建草图”命令。这是进入绘制草图状态的另一种方法，如图 4.10（a）所示。

② 进入绘制草图状态后，绘制如图 4.10（b）所示的轴座柱体的草图。

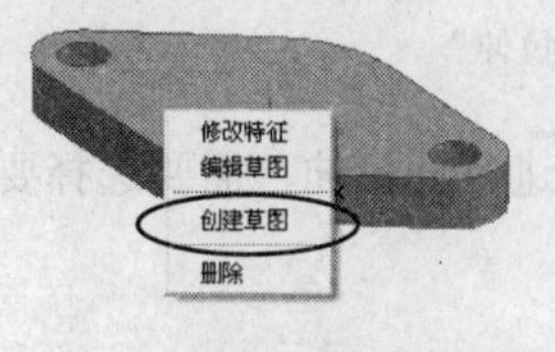

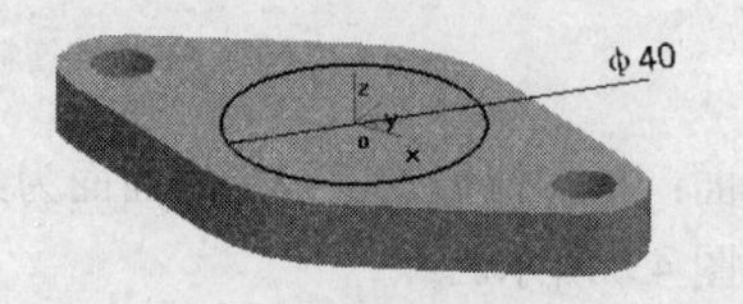

（a）创建草图　　（b）绘制柱体草图

图 4.10　绘制草图

（2）拉伸柱体。

退出草图，用鼠标单击“拉伸增料”按钮，在弹出的“拉伸增料”对话框中选择“固定深度”，输入深度值为“40”，选择柱体草图作为拉伸对象，如图 4.11 所示。单击“确定”按钮，完成柱体的造型。

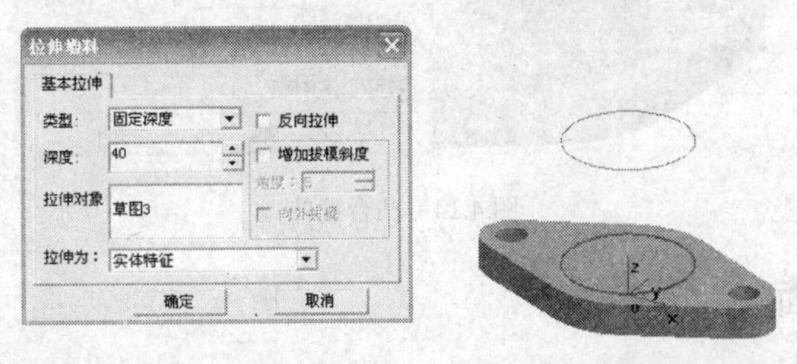

图 4.11　柱体拉伸

步骤三　创建轴座的凸台

（1）构造基准面——等距面。

① 选择主菜单中的“造型 | 特征生成 | 基准面”菜单项，或单击“特征”工具条中的“构造基准面”按钮，弹出“构造基准面”对话框，如图 4.12 所示。

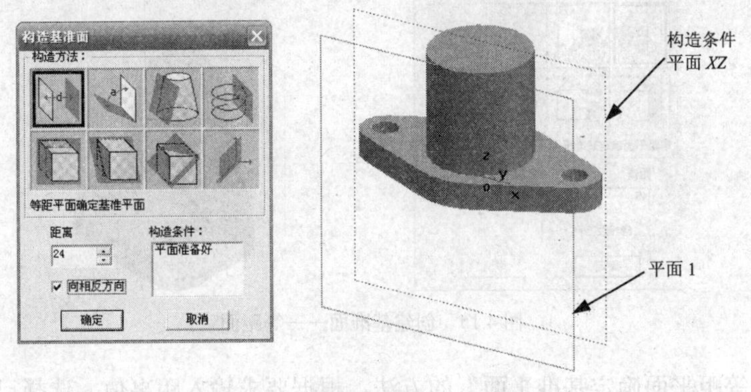

图 4.12　构造基准面——等距面

② 用鼠标单击“构造基准面”对话框中的第一种构造方法，即“等距平面确定基准平面”方法，构造一个与选定平面平行的基准面。设置距离为“24”，构造条件为平面 *XZ*（用鼠标单击特征树中的“平面 XZ”即可），“向相反方向”是指与默认方向相反，可根据造型的需要而定，如图 4.12 所示。单击“确定”按钮完成基准面的设置，此时特征树中将会出现项目“平面 1”。

（2）绘制凸台草图。

① 用鼠标选择特征树中新创建的“平面 1”，然后单击“绘制草图”按钮，进入绘制草图状态。

② 在“平面 1”内绘制凸台草图，如图 4.13 所示。

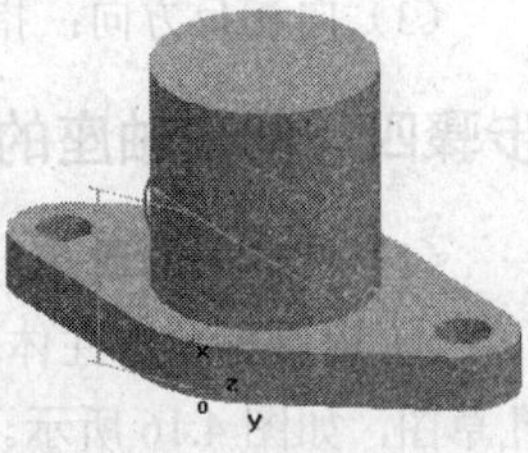

图 4.13　凸台草图

（3）拉伸凸台。

用鼠标单击“拉伸增料”按钮，在弹出的“拉伸增料”对话框中选择“拉伸到面”选项，选择柱体圆柱面作为结束点，如图 4.14 所示。单击“确定”按钮，完成凸台的造型。

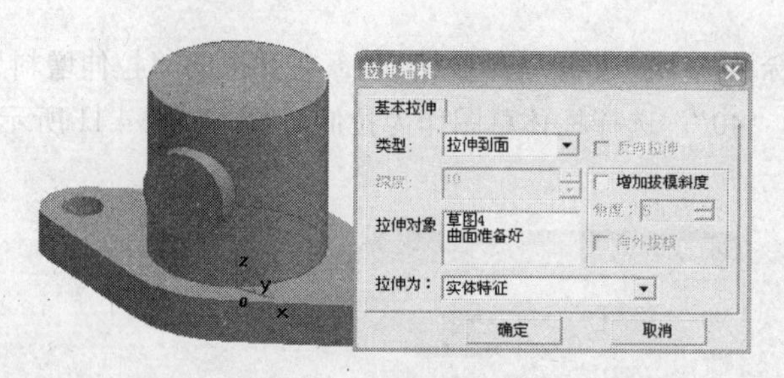

图 4.14 凸台拉伸

知识链接——等距面

应用“构造基准面”命令构造基准面有多种方法，其中创建一个与指定平面平行且相距指定的距离的基准面称为等距面，创建时需要输入距离数值和选择基准面生成的方向。

1．操作步骤

（1）选择主菜单中的“造型 | 特征生成 | 基准面”菜单项，或单击“特征”工具条中的“构造基准面”按钮，弹出“构造基准面”对话框，如图 4.15 所示。

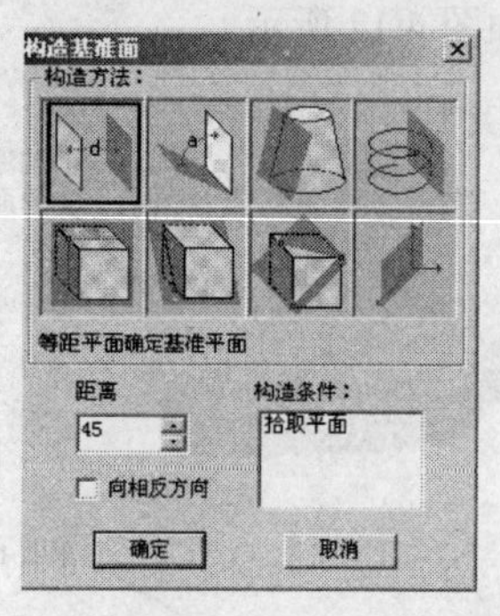

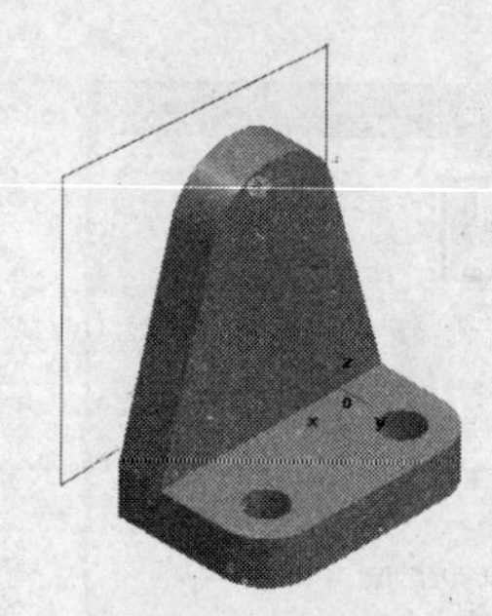

图 4.15 创建基准面——等距面

（2）选择“等距平面确定基准平面”的方法，根据要求输入距离值，选择已知平面后，单击“确定”按钮。

2．选项

（1）距离：指生成平面距参照平面的尺寸值，可以直接输入所需数值，也可以单击按钮来调节。

（2）构造条件：主要是指实体上需要拾取的平面元素。

（3）向相反方向：指与默认方向相反的方向。

步骤四 创建轴座的通孔

（1）柱体上的通孔。

① 用鼠标单击柱体顶面，然后单击“绘制草图”按钮，进入绘制草图状态，绘制柱体通孔草图，如图 4.16 所示。

② 选择主菜单中的“造型 | 特征生成 | 除料 | 拉伸”菜单项，或单击“拉伸除料”按钮，弹出“拉伸除料”对话框，类型选择“贯穿”，拉伸对象为通孔草图，单击“确定”按钮完成通孔造型，如图 4.17 所示。

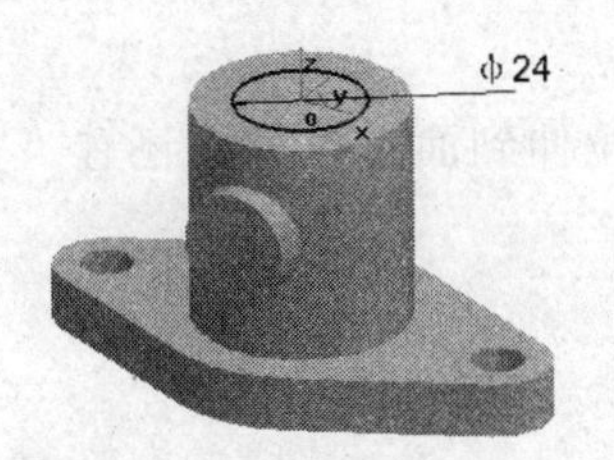

图 4.16 柱体通孔草图

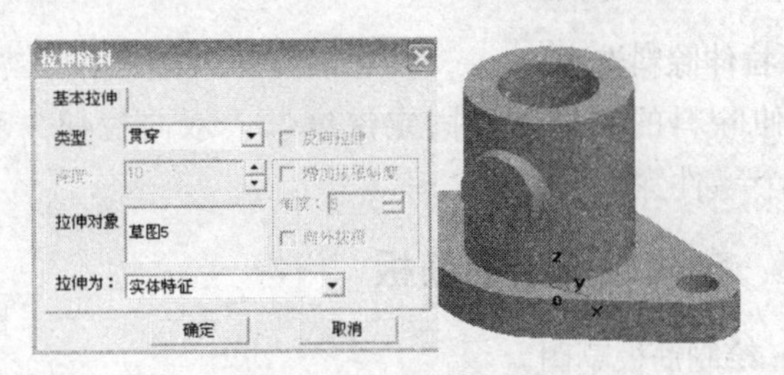

图 4.17 拉伸除料——贯穿

（2）凸台上的通孔。

① 用鼠标单击凸台前面，然后单击“绘制草图”按钮，进入绘制草图状态。按空格键调出工具点快捷菜单，选择“圆心”，在凸台前面绘制一个直径为“12”的整圆，如图 4.18 所示。

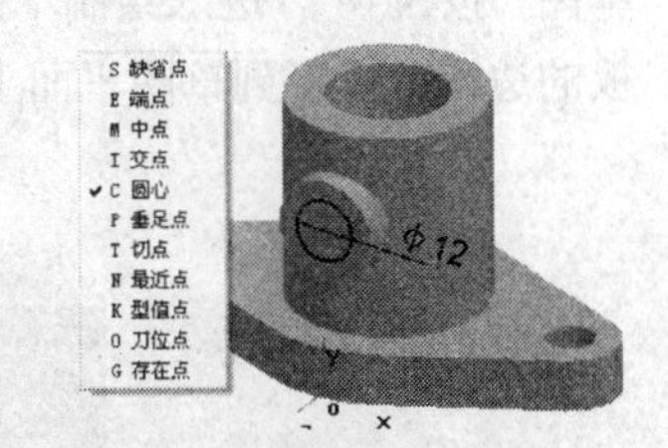

图 4.18 凸台通孔草图

② 单击“拉伸除料”按钮，弹出“拉伸除料”对话框，类型选择“拉伸到面”，拉伸对象为通孔草图，单击“确定”按钮，完成通孔造型，如图 4.19 所示。

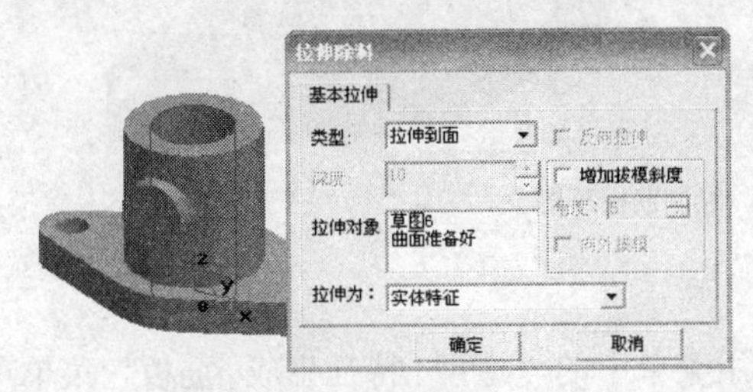

（a）拉伸到面

（b）结果

图 4.19 凸台通孔

知识链接——拉伸除料

与拉伸增料的功能相反，拉伸除料是将一个草图轮廓曲线根据指定的距离或方式做拉伸操作，生成一个减去材料的特征。

1．操作步骤

（1）选择主菜单中的“造型 | 特征生成 | 除料 | 拉伸”菜单项，或单击“特征”工具条中的“拉伸除料”按钮，弹出“拉伸除料”对话框。

（2）根据实体结构的特点选择不同的类型、方向和斜度，单击“确定”按钮完成操作，如图 4.20 所示。

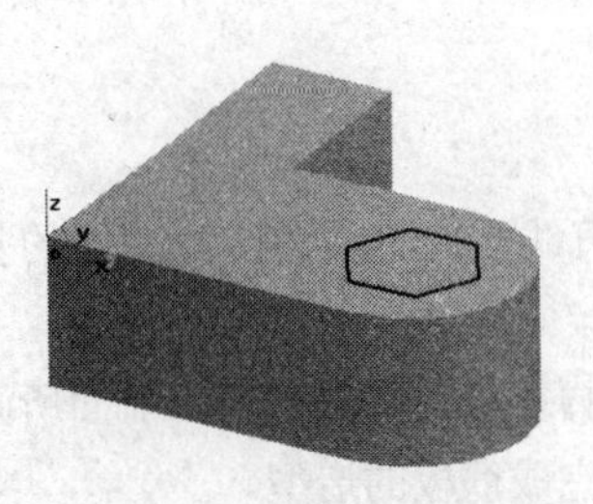

（a）在实体表面绘制草图

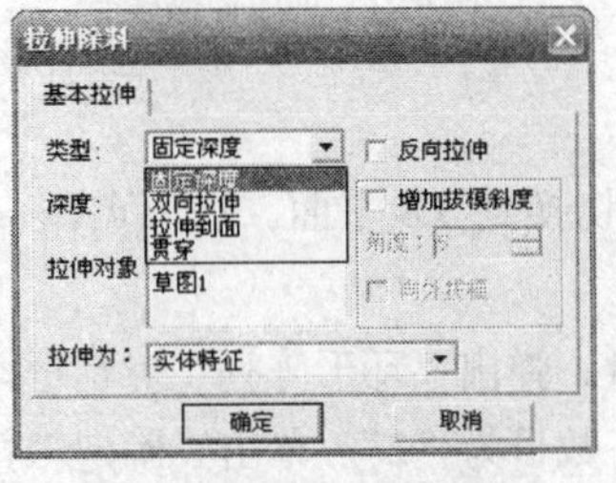

（b）“拉伸除料”对话框

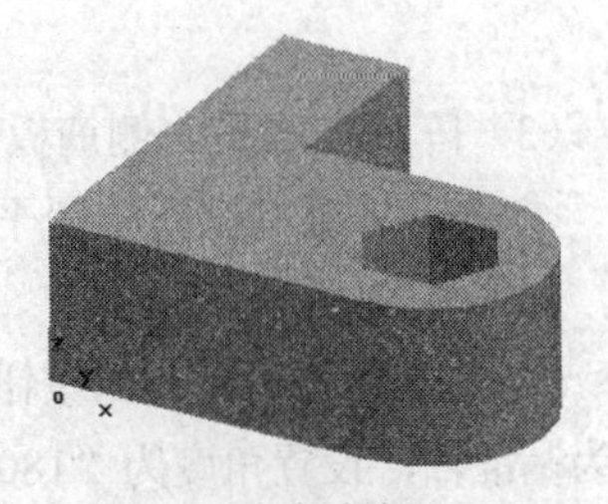

（c）拉伸除料结果

图 4.20 拉伸除料

2．拉伸除料选项

拉伸除料的类型除“固定深度”、“双向拉伸”和“拉伸到面”以外，还有“贯穿”，即将整个零件穿透。

步骤五　创建轴座上的筋板

（1）绘制筋板草图。

按 F9 键将视向切换到 *XZ* 平面。在特征树中选择“平面 XZ”为草图绘制平面，单击“绘制草图”按钮，进入绘制草图状态，绘制筋板草图。绘图时可以应用“曲面投影”命令，单击底板的边线，投影到草图平面上作为辅助线，如图 4.21 所示。

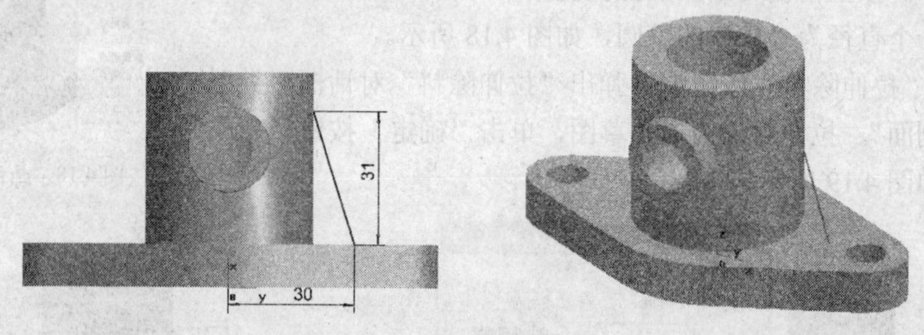

图 4.21　绘制筋板草图

（2）创建筋板特征。

① 退出草图状态，激活筋板功能。选择主菜单中的“造型 | 特征生成 | 筋板”菜单项，或单击“筋板”按钮，弹出“筋板”特征对话框，如图 4.22（a）所示。

② 设置筋板厚度为“双向加厚”，厚度为“8”，拾取筋板草图，单击“确定”按钮完成筋板造型，如图 4.22（b）所示。

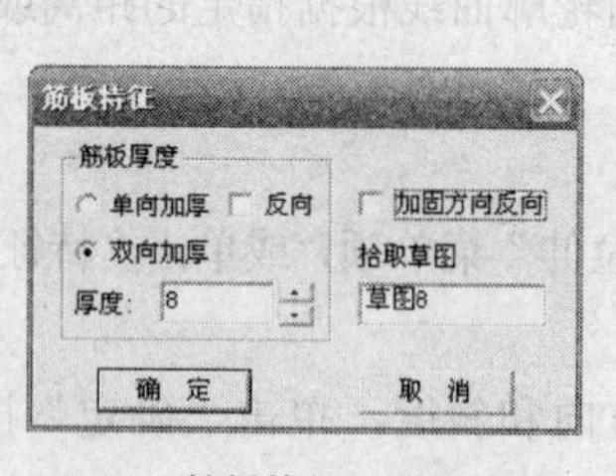

（a）“筋板特征”对话框

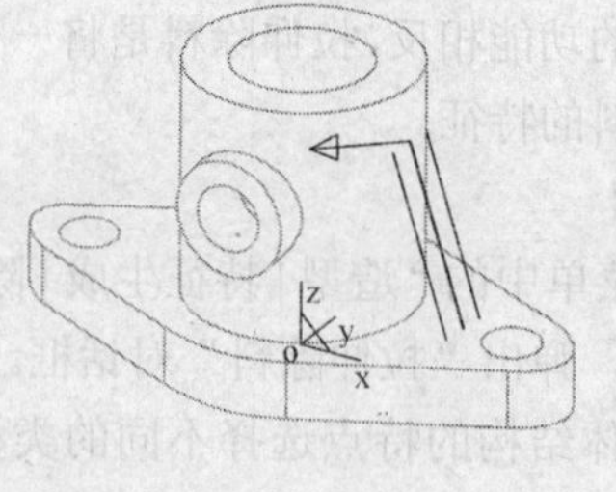

（b）筋板造型

图 4.22　创建筋板特征

（3）阵列生成另一侧筋板。

① 按 F9 键将空间绘图平面切换到 *YZ* 平面。过原点作一条直线，此直线为阵列功能的基准轴，如图 4.23 所示。

② 单击“环形阵列”按钮，弹出“环形阵列”对话框，选择筋板为阵列对象，前面所画直线为基准轴，设置角度为“180”，数目为“2”，单击“确定”按钮完成筋板的造型。

至此，零件轴座的造型设计全部完成。

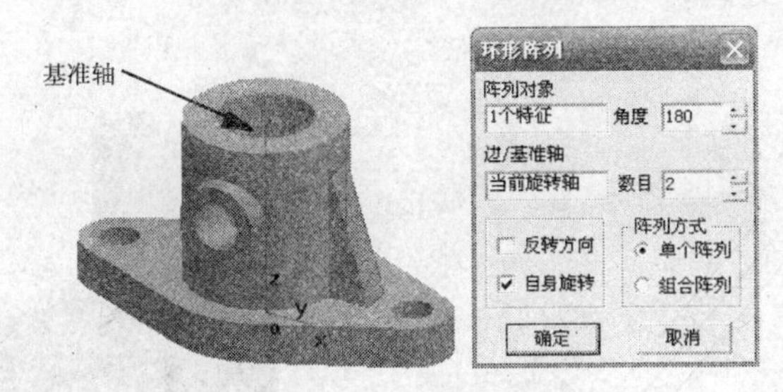

图 4.23　环形阵列

知识链接 1——曲线投影

指定一条曲线或实体的边界，沿某一方向，向一个作实体的基准平面投影，得到曲线或实体边界在该基准平面上的投影线，从而获得草图轮廓，如图 4.24 所示。这是在实体造型中经常用到的绘图命令。

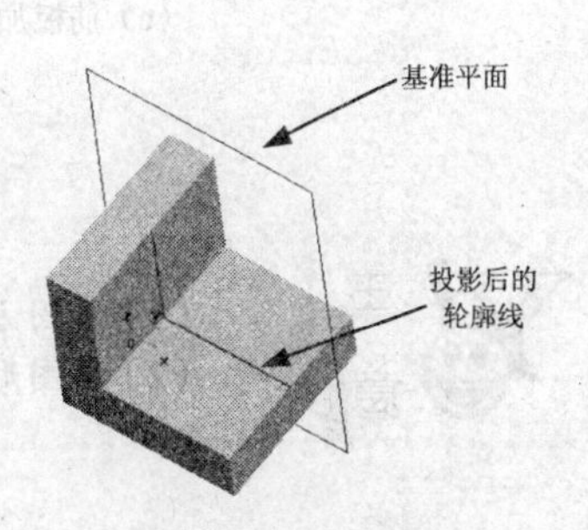

图 4.24　曲线投影

操作步骤如下。

（1）单击主菜单中的“造型 | 曲线生成 | 曲线投影”菜单项，或单击“曲线”工具条中的“曲线投影”按钮 。

（2）拾取曲线，完成操作。

知识链接 2——筋板

筋板的主要作用是加强两个实体间的连接，它必须附在其他特征之上。

1. 操作步骤

（1）创建筋板的草图，与其他特征不同的是筋板的草图是开曲线，如图 4.25（a）所示。

（2）选择主菜单中的“造型 | 特征生成 | 筋板”菜单项，或单击“特征”工具条中的“筋板”按钮，弹出“筋板特征”对话框，如图 4.25（b）所示。

（3）选择筋板加厚的方式，在“厚度”数值框中输入或调整厚度值，拾取草图，单击“确定”按钮完成操作。

2. 筋板的选项

（1）单向加厚：指按照固定的方向和厚度生成实体。

（2）双向加厚：指按照相反的方向生成给定厚度的实体，厚度以草图为分界对称生成。

（3）加固方向反向：指与默认加固方向相反，为按照不同的加固方向所做的筋板。注意，加固方向应指向实体，否则操作失败。筋板加固方向如图 4.25（c）所示，完成后的筋板造型如图 4.25（d）所示。

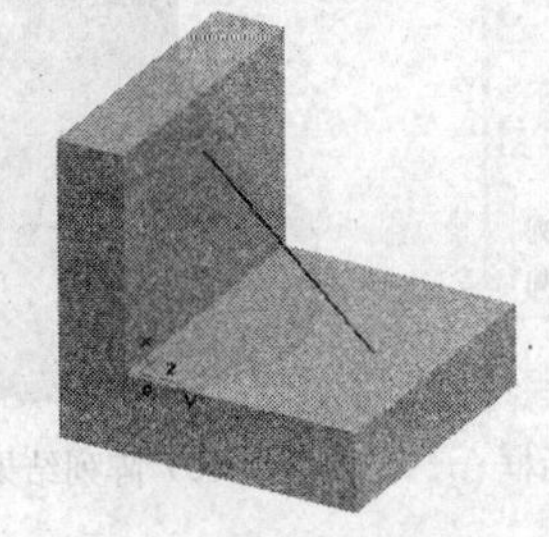

（a）筋板草图

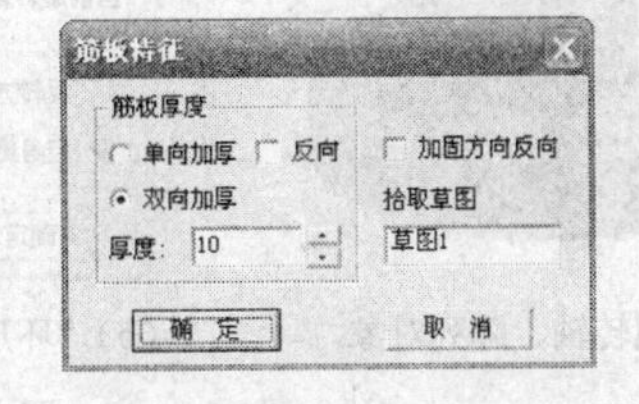

（b）“筋板特征”对话框

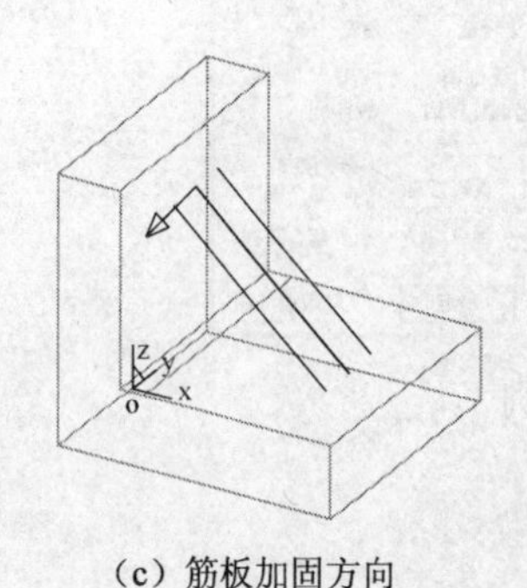

（c）筋板加固方向　　　　（d）结果

图 4.25　筋板特征

（1）加固方向应指向实体，否则操作失败。

（2）草图形状可以不封闭。

知识链接 3——环形阵列

绕某基准轴旋转将特征阵列为多个特征，构成环形阵列。注意，基准轴是空间直线。

1．操作步骤

（1）单击主菜单中的“造型 | 特征生成 | 环性阵列”菜单项，或单击“特征”工具条中的“环形阵列”按钮，弹出“环形阵列”对话框。

（2）拾取阵列对象和边/基准轴，填入角度和数目，单击“确定”按钮完成操作。

2．环形阵列的选项

（1）阵列对象：指要进行阵列的特征。

（2）边/基准轴：指阵列所沿的指示方向的边或者基准轴。

（3）角度：指阵列对象所夹的角度值，可以直接输入所需数值，也可以单击按钮来调整数值。

（4）数目：指阵列对象的个数，可以直接输入所需数值，也可以单击按钮来调整数值。

（5）反转方向：指与默认方向相反的方向进行阵列，阵列结果如图 4.26 所示。

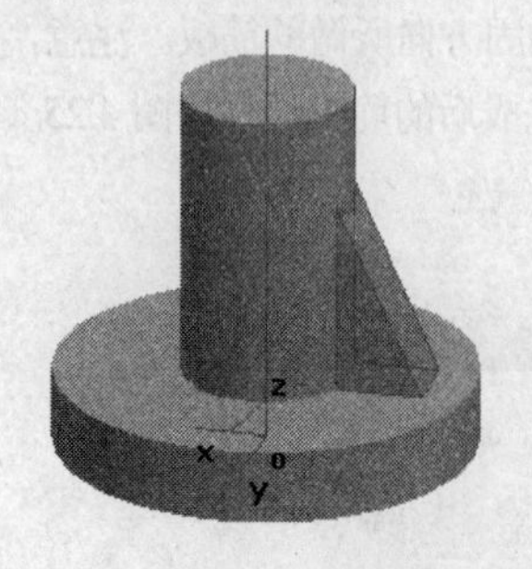

（a）回转轴、阵列对象

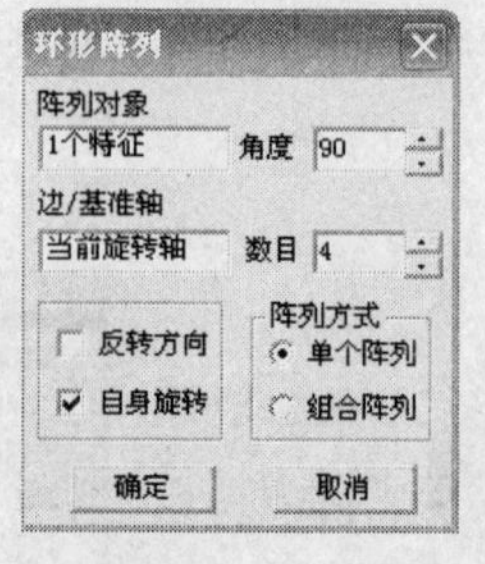

（b）“环形阵列”对话框

（c）阵列结果

图 4.26　阵列

任务2 电源插头造型

思路分析

电源插头由底盘、座体、引线头和导线组成，该形体具有回转体特征，其中座体是非圆曲线形成的回转体，在该形体上均匀分布着 3 个直槽，如图 4.27 所示。

本任务将通过电源插头的实体造型设计，学习旋转增料、旋转除料、过渡、导动增料等特征造型工具的应用与操作。

电源插头零件图如图 4.27 所示。

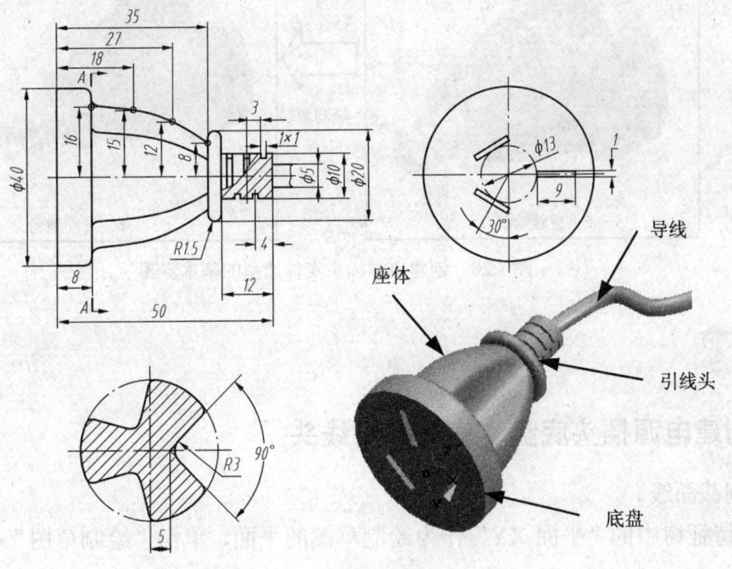

图 4.27 电源插头零件图

创建电源插头实体造型的基本步骤如图 4.28 所示。

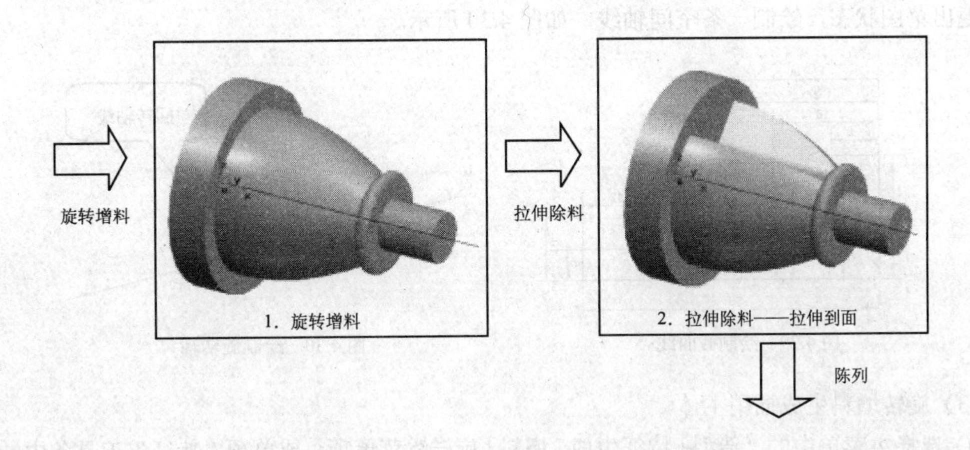

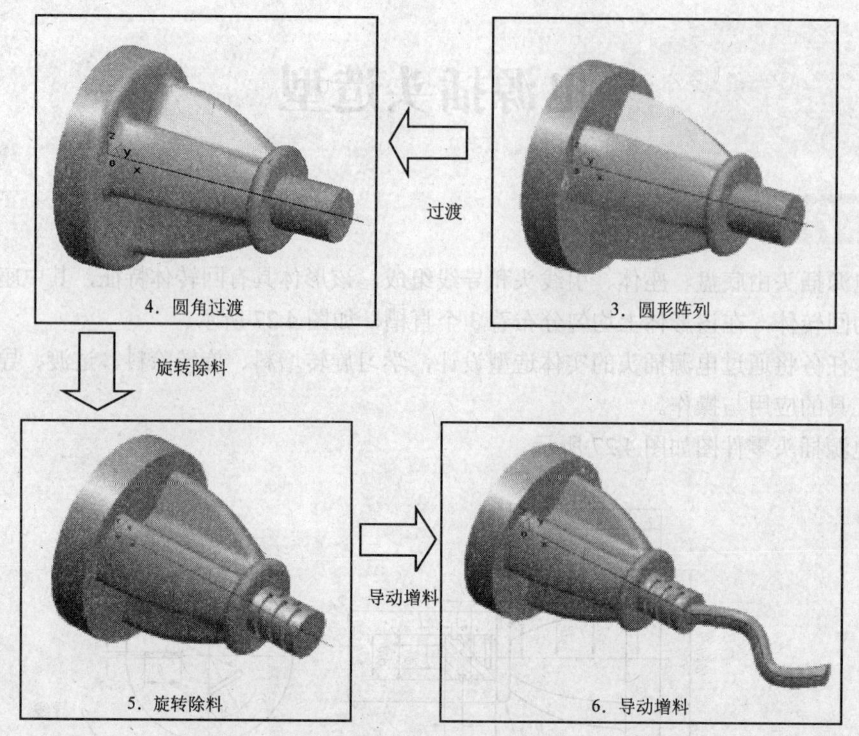

图 4.28 创建电源插头实体造型的基本步骤

操作步骤

步骤一 创建电源插头底盘、座体和引线头

（1）绘制截面线。

① 选择特征树中的“平面 XY”作为绘制草图的平面，单击“绘制草图”按钮，进入绘制草图状态。

② 按图 4.29 所示图形绘制截面线。

（2）绘制旋转轴。

退出草图状态，绘制一条空间轴线，如图 4.30 所示。

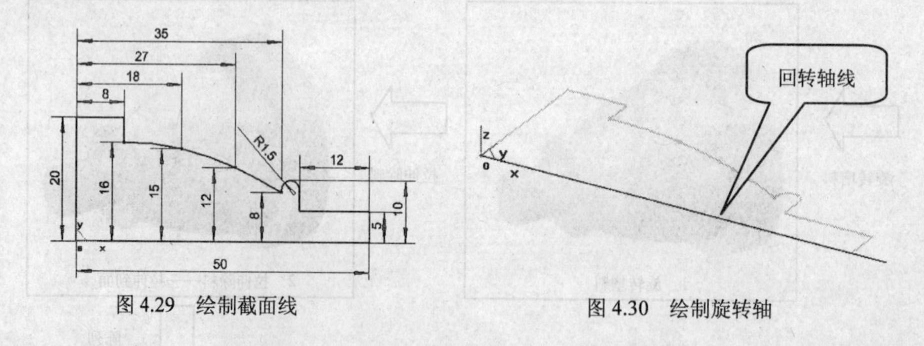

图 4.29 绘制截面线　　图 4.30 绘制旋转轴

（3）旋转增料生成插销主体。

① 选择主菜单中的“造型 | 特征生成 | 增料 | 旋转”菜单项，或单项“特征”工具条中的“旋

转增料”按钮，弹出“旋转”对话框。

② 在对话框中设置类型为“单向旋转”，旋转角度为“360”，分别拾取截面草图和旋转轴线，单击“确定”按钮完成插销主体造型操作，如图 4.31 所示。

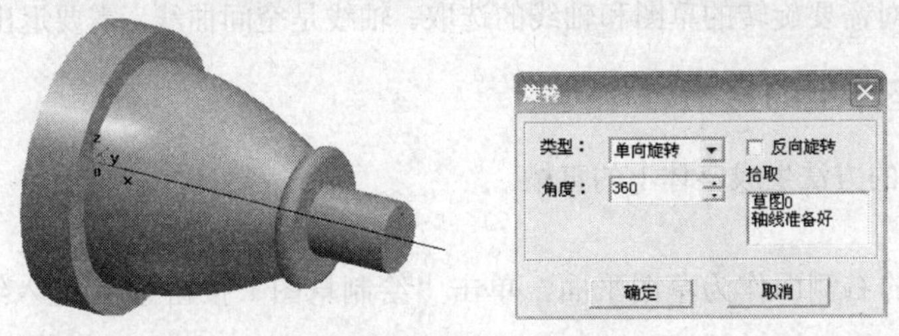

图 4.31 旋转增料生成插销主体

知识链接——旋转增料

通过围绕一条空间直线旋转一个或多个封闭轮廓，增加生成一个特征的方法称为旋转增料，如图 4.32 所示。

1．操作步骤

(1) 选择主菜单中的“造型 | 特征生成 | 增料 | 旋转”菜单项，或单击“特征”工具条中的“旋转增料”按钮，弹出“旋转”对话框。

(2) 根据实体结构的特点选择不同的类型、方向和旋转角度，如图 4.32 (b) 所示。

2．旋转增料的选项

(1) 单向旋转：指按照给定的角度数值进行单向的旋转，如图 4.32 (c) 所示。

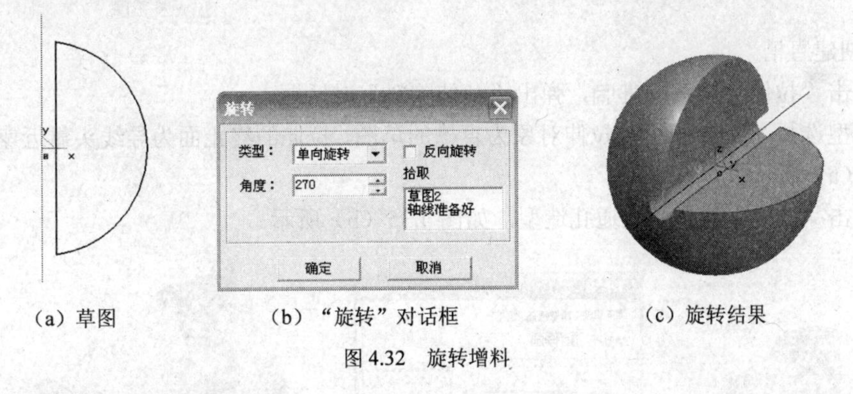

(a) 草图　　(b) “旋转”对话框　　(c) 旋转结果

图 4.32 旋转增料

(2) 对称旋转：指以草图为中心，向相反的两个方向进行旋转，角度值以草图为中心平分，如图 4.33 (a) 所示。

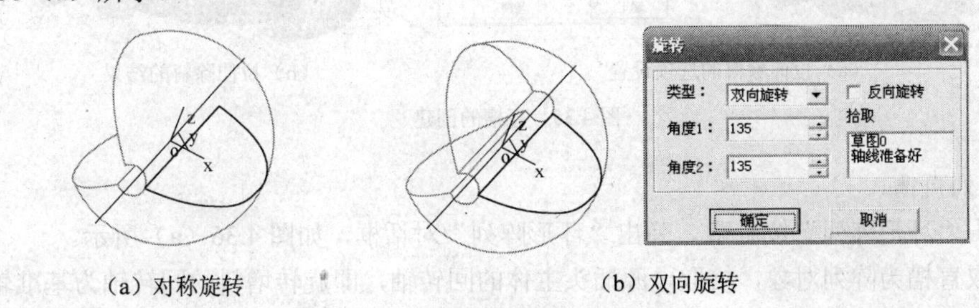

(a) 对称旋转　　(b) 双向旋转

图 4.33 旋转类型

（3）双向旋转：指以草图为起点，向两个方向进行旋转，角度值分别输入，如图 4.33（b）所示。

（4）角度：指旋转的尺寸值，可以直接输入所需数值，也可以单击按钮来调整数值。

（5）反向旋转：指与默认方向相反的方向进行旋转。

（6）拾取：指对需要旋转的草图和轴线的选取。轴线是空间曲线，需要退出草图状态后绘制。

步骤二　创建座体上的直槽

应用拉伸除料的方法生成座体上的直槽。

（1）绘制草图。

① 选择底盘的右侧面作为草图平面，单击“绘制草图”按钮，进入绘制草图状态，如图 4.34（a）所示。

② 按图 4.34（b）所示尺寸绘制草图。

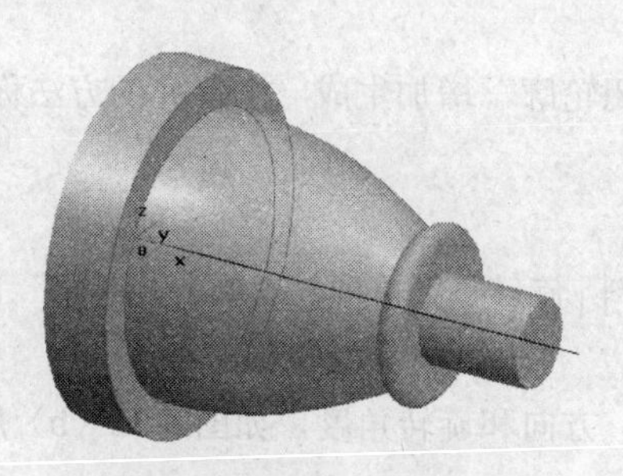

（a）选择直槽的草图绘制平面

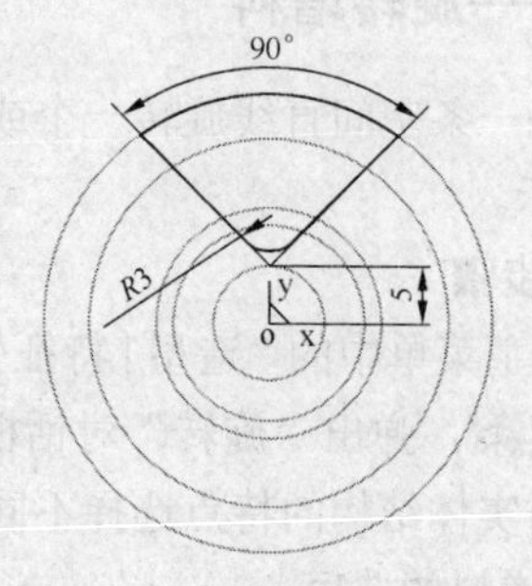

（b）直槽的草图

图 4.34　绘制直槽的草图

（2）创建直槽。

① 单击“拉伸除料”按钮，弹出“拉伸除料”对话框。

② 类型选择“拉伸到面”，拉伸对象为直槽的草图，拉伸的终止面为导线头靠近座体的一侧，如图 4.35（a）所示。

③ 单击“确定”按钮完成通孔造型，如图 4.35（b）所示。

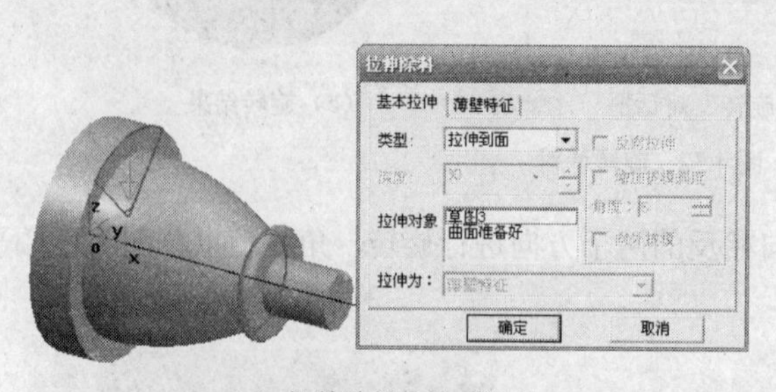

（a）拉伸除料的选项设置

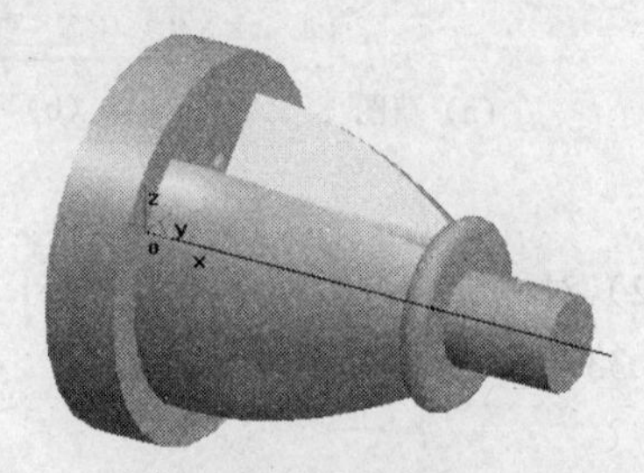

（b）拉伸除料的结果

图 4.35　直槽的创建

（3）阵列直槽。

① 单击“环形阵列”按钮，弹出“环形阵列”对话框，如图 4.36（a）所示。

② 拾取直槽为阵列对象，拾取电源插头主体的回转轴，即旋转增料的回转轴为基准轴。

③ 在对话框的“角度”选项中输入角度为“120”，阵列数目为“3”。单击“确定”按钮完成

所有直槽的造型，如图 4.36（b）所示。

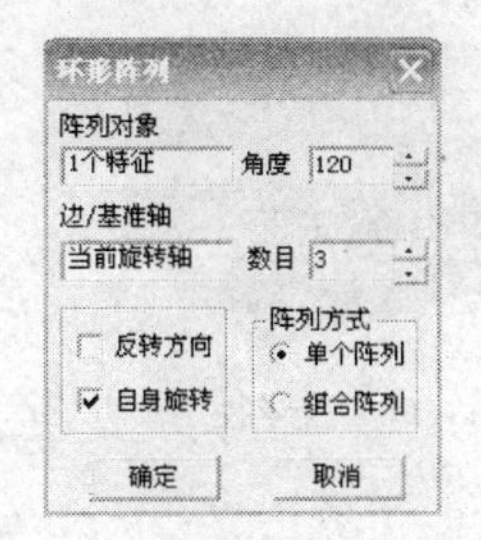

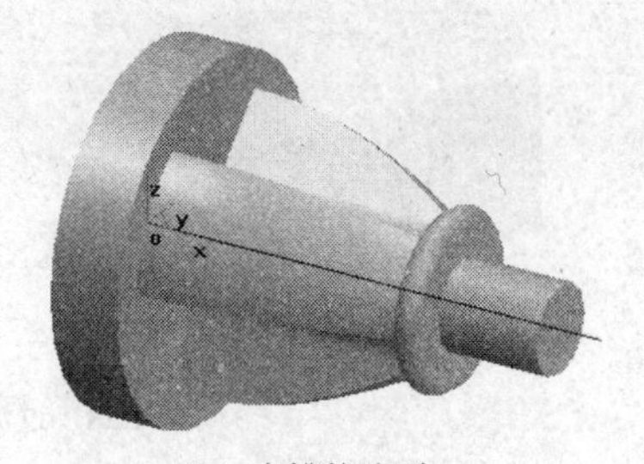

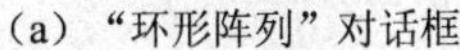
（a）“环形阵列”对话框　　（b）直槽的造型

图 4.36　阵列直槽

（4）倒圆角。

① 选择主菜单中的“造型 | 特征生成 | 过渡”菜单项，或单击“特征”工具条中的“过渡”按钮，弹出“过渡”对话框。

② 设置半径为“2”，选择过渡方式为“等半径”，结束方式选择默认方式，如图 4.37（a）所示。

③ 分别选择实体上需要倒圆角的边或面，单击“确定”按钮完成操作，如图 4.37（b）所示。

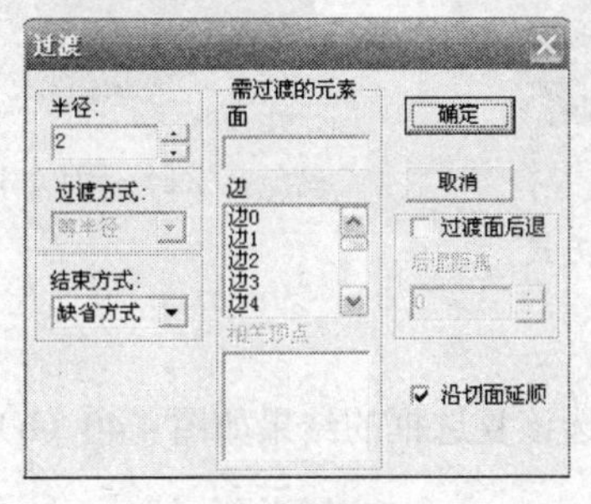

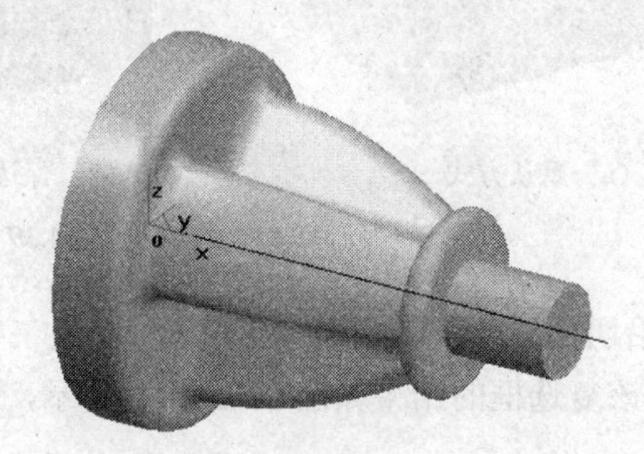

（a）过渡参数　　（b）过渡结果

图 4.37　圆角过渡

知识链接——过渡

过渡是指以给定半径或半径规律对实体的边作光滑过渡，有“等半径过渡”和“变半径过渡”两种。

1．操作步骤

选择主菜单中的“造型 | 特征生成 | 过渡”菜单项，或单击“特征”工具条中的“过渡”按钮，弹出“过渡”对话框。在该对话框中设置半径，选择过渡方式和结束方式，选择实体上需要倒圆角的边或面，单击“确定”按钮完成操作。

2．过渡方式

（1）等半径方式：指整条边或面以固定的尺寸值进行过渡，如图 4.38（a）所示。

（2）变半径方式：指在边或面以渐变的尺寸值进行过渡，需要分别指定各点的半径，如图 4.38（b）所示。

（a）等半径　　　　（b）变半径

图 4.38　过渡方式

3．结束方式

（1）默认方式：指以系统默认的保边或保面方式进行过渡，如图 4.39（a）所示。

（2）保边方式：指线面过渡，如图 4.39（b）所示。

（3）保面方式：指面面过渡，如图 4.39（c）所示。

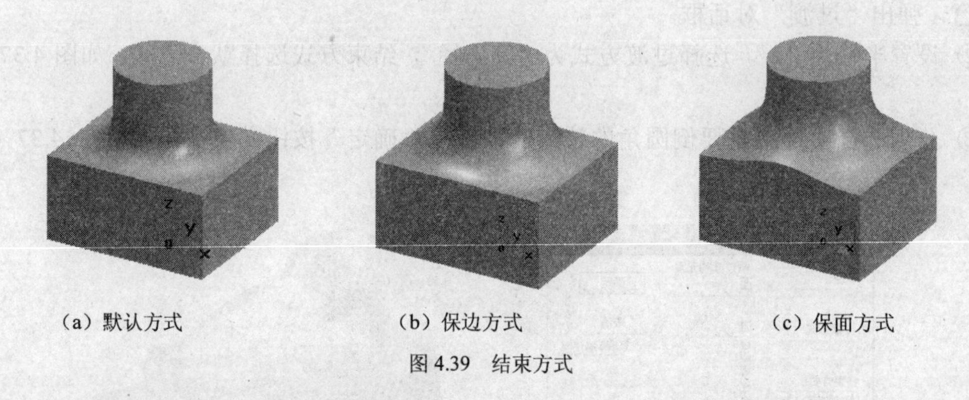

（a）默认方式　　　　（b）保边方式　　　　（c）保面方式

图 4.39　结束方式

4．沿切面延顺

勾选该复选框的结果如图 4.40（a）所示，不勾选该复选框的结果如图 4.40（b）所示。

（a）勾选“沿切面延顺”复选框

（b）不勾选“沿切面延顺”复选框

图 4.40　沿切面延顺

步骤三　创建导线头的凹槽

由于导线头上的凹槽为环形，因此可应用旋转除料的方法创建凹槽。

（1）绘制凹槽草图。

① 选择特征树中的“平面 XY”作为草图绘制平面，单击“绘制草图”按钮，进入绘制草图状态。

② 按图 4.41（a）所示图形绘制凹槽草图。

（2）旋转除料。

① 选择主菜单中的“造型 | 特征生成 | 除料 | 旋转”菜单项，或单击“特征”工具条中的“旋转除料”按钮，弹出“旋转”对话框，如图 4.41（b）所示。

② 设置旋转除料的类型为“单向旋转”，旋转角度为“180”，拾取凹槽草图和旋转轴线。

③ 单击“确定”按钮完成操作，旋转除料结果如图 4.41（c）所示。

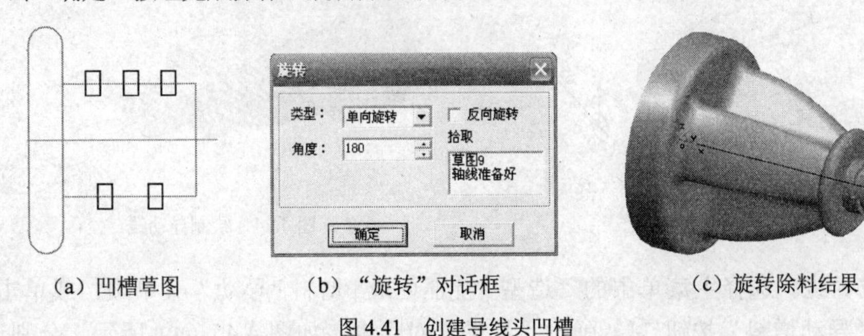

（a）凹槽草图　　（b）“旋转”对话框　　（c）旋转除料结果

图 4.41　创建导线头凹槽

知识链接——旋转除料

通过围绕一条空间直线旋转一个或多个封闭轮廓，移除生成一个特征的方法称为旋转除料，如图 4.42（a）所示。

1．操作步骤

（1）选择主菜单中的“造型 | 特征生成 | 除料 | 旋转”菜单项，或单击“特征”工具条中的“旋转除料”按钮，将某一截面曲线或轮廓线沿着另外一外轨迹线运动移出一个特征实体，弹出“旋转”对话框。

（2）根据结构的特点选择不同的类型、方向和旋转角度，选项设置如图 4.42（b）所示。

2．旋转除料的类型

旋转除料的类型及其他选项与旋转增料相同，所不同的是旋转除料是去除材料，而旋转增料是增加材料，结果如图 4.42（c）所示。

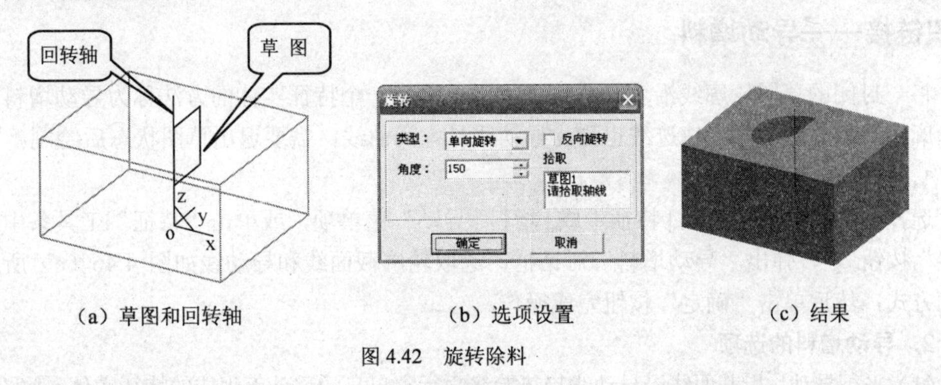

（a）草图和回转轴　　（b）选项设置　　（c）结果

图 4.42　旋转除料

步骤四　创建导线

导线的截面为圆形，其长度方向弯曲不直，因此可以采用导动增料的方法生成其形状。

（1）绘制截面线。单击导线头右端面作为草图绘制平面，单击“绘制草图”按钮，进入绘制草图状态，绘制导线截面线，如图 4.43 所示。

（2）绘制导动线。按 F9 键将绘图平面切换到 *XZ* 平面，单击“样条线”按钮，在 *XY* 平面内绘制一条空间曲线，如图 4.44 所示。

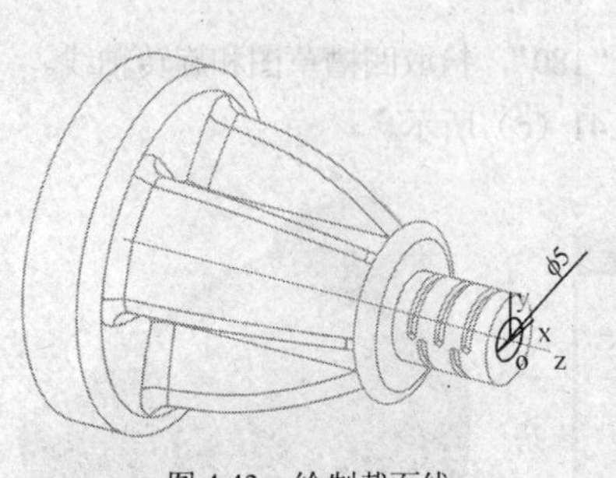

图 4.43　绘制截面线

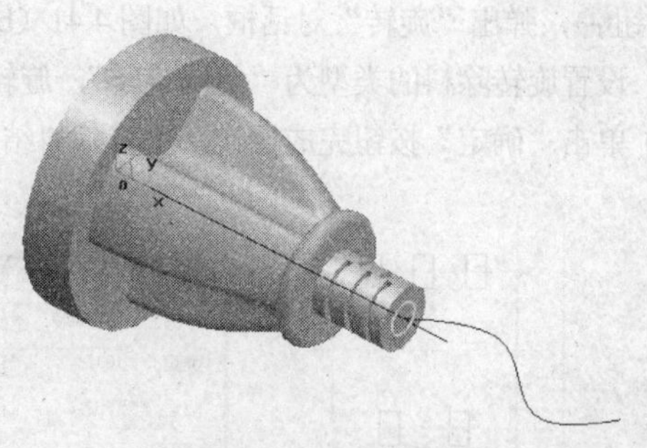

图 4.44　绘制导动线

（3）生成导线。选择主菜单中的“造型 | 特征生成 | 增料 | 导动”菜单项，或单击“特征”工具条中的“导动增料”按钮，弹出“导动”对话框，如图 4.45（a）所示。分别选取草图截面线和导动线，确定导动方式为“固接导动”，单击“确定”按钮完成操作，导动增料结果如图 4.44（b）所示。

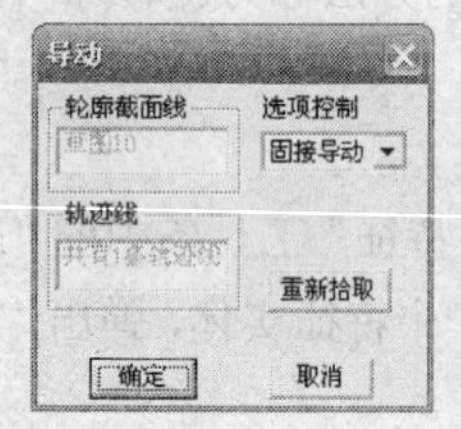

（a）“导动”对话框

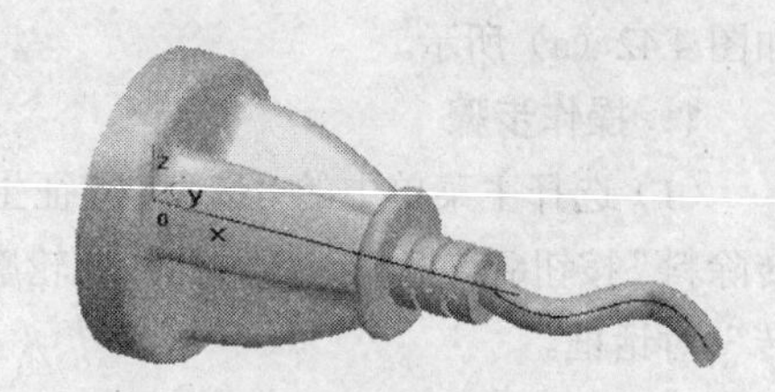

（b）导动增料结果

图 4.45　创建导线

至此，零件电源插头的造型设计全部完成。

知识链接——导动增料

将一封闭的草图轮廓线沿着一条轨迹线运动生成一个特征实体的方法称为导动增料。其中草图轮廓线是机件的截面，轨迹线也称为导动线是空间曲线，需要退出草图状态后绘制。

1．操作步骤

选择主菜单中的“造型 | 特征生成 | 增料 | 导动”菜单项，或单击“特征”工具条中的“导动增料”按钮，弹出“导动增料”对话框，选取轮廓截面线和导动线如图 4.46（a）所示，确定导动方式，然后单击“确定”按钮完成操作。

2．导动增料的选项

（1）平行导动：指截面线沿导动线趋势始终平行它自身的移动而生成的特征实体，如图 4.46（b）所示。

（2）固接导动：指在导动过程中，截面线和导动线保持固接关系，即让截面线平面与导动线的切矢方向保持相对角度不变，而且截面线在自身相对坐标架中的位置关系保持不变，截面线沿导动线变化的趋势导动生成特征实体，如图 4.46（c）所示。

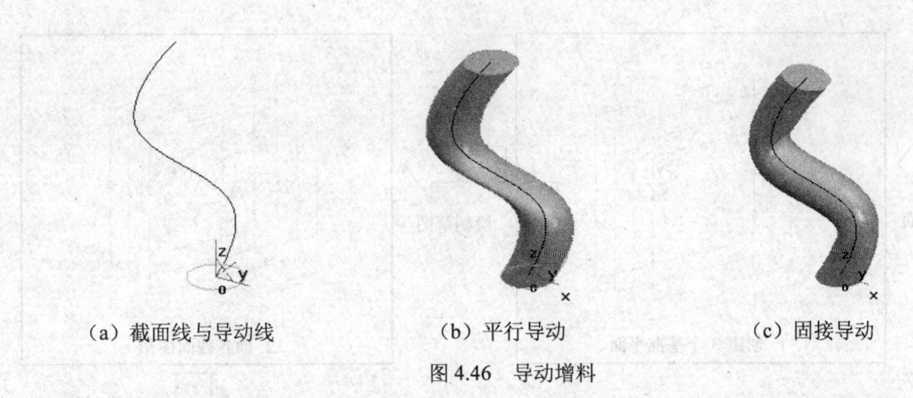
（a）截面线与导动线　　（b）平行导动　　（c）固接导动

图 4.46　导动增料

任务3　凿子造型

思路分析

从形体上分析，零件凿子的形体呈不规则状态，其头部的左端面为球面，外轮廓为曲面，头部的右端面是一个 60mm × 60mm 的正方形，而体部的左端面为正方形与零件头部的右端面相连接，体部的右端面是一 150mm × 5mm 的矩形，各部位截面的形状有圆形、正方形和矩形。

本任务将通过凿子的实体造型设计，学习放样增料这一特征造型工具的应用与操作。

凿子零件图如图 4.47 所示。

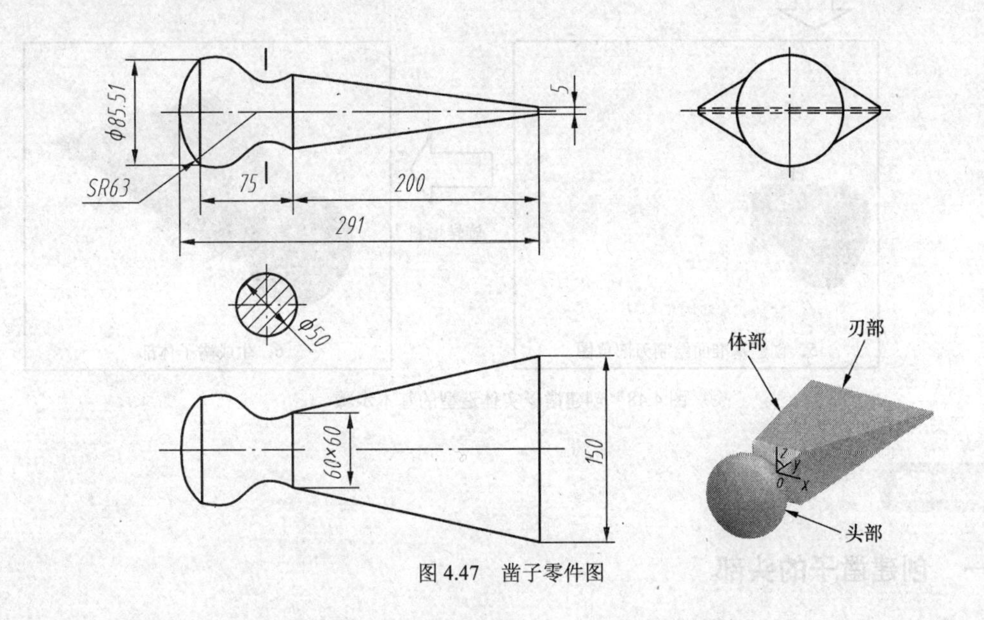

图 4.47　凿子零件图

创建凿子实体造型的基本步骤如图 4.48 所示。

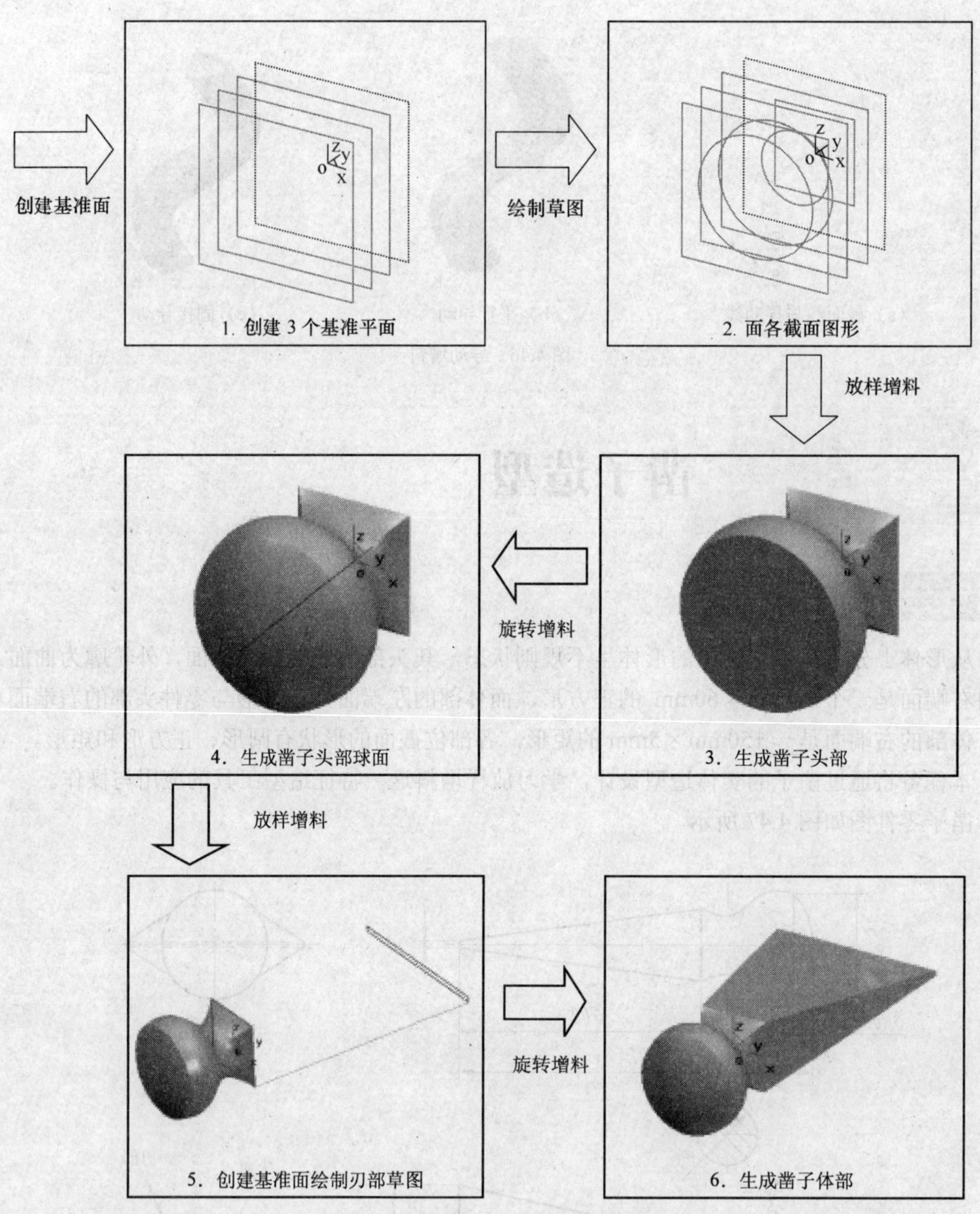

图 4.48　创建凿子实体造型的基本步骤

操作步骤

步骤一　创建凿子的头部

（1）创建 3 个相互平行的基准平面。

① 单击“构造基准面”按钮 ，弹出“构造基准面”对话框。

② 用鼠标单击“构造基准面”对话框中的第一种构造方法，构造一个与选定平面平行的基准

面，设置距离为“25”，构造条件为平面 XZ（用鼠标单击特征树中的“平面 XZ”即可），设置向相反方向创建，单击“确定”按钮完成操作，此时创建了基准平面“平面 3”。

③ 应用同样的操作方法分别创建基准平面“平面 4”、“平面 5”和“平面 6”，如图 4.49 所示。

（2）绘制草图截面。

① 选择特征树中的“平面 XY”，单击“绘制草图”按钮，进入绘制草图状态。绘制截面 1，即边长为 60mm 的正方形，为了使创建的实体表面光滑，建议以 30mm 为长度绘制，如图 4.50 所示。

② 单击特征树中的“平面 3”，单击“绘制草图”按钮，进入绘制草图状态。绘制截面 2，即直径为 50mm 的圆形，如图 4.51 所示。

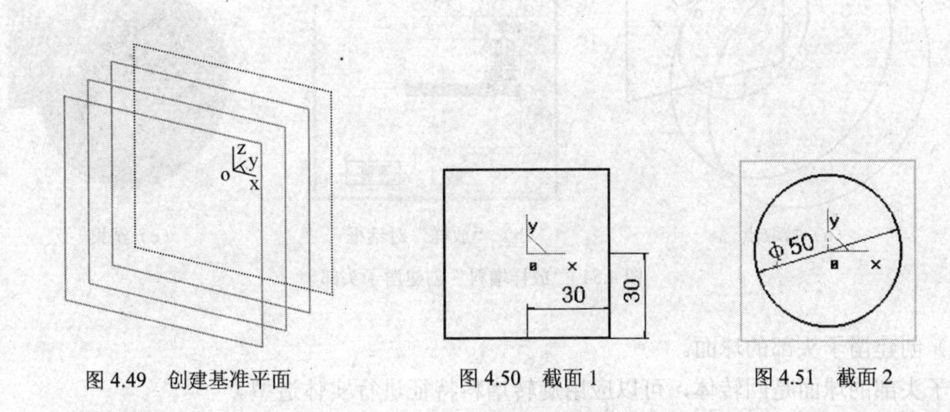

图 4.49　创建基准平面　　图 4.50　截面 1　　图 4.51　截面 2

③ 单击特征树中的“平面 4”，单击“绘制草图”按钮，进入绘制草图状态。绘制截面 3，以原点为圆心圆弧通过正方形的角点，如图 4.52 所示。

④ 单击特征树中的“平面 4”，单击“绘制草图”按钮，进入绘制草图状态。绘制截面 4，截面 4 的画法与截面 3 相同。

这样在 4 个平面内绘制了 4 个截面草图，如图 4.53 所示。

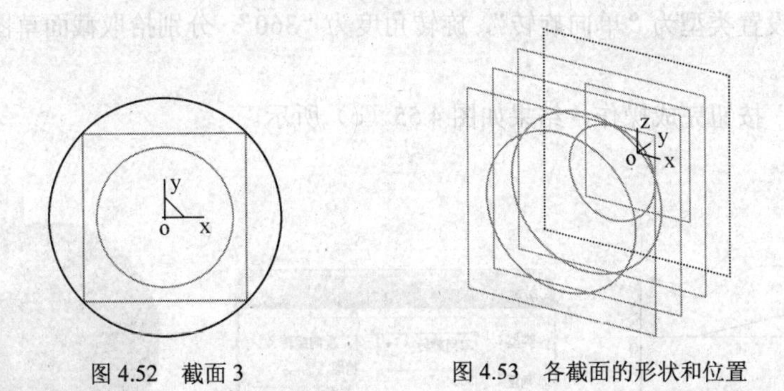

图 4.52　截面 3　　图 4.53　各截面的形状和位置

（3）应用放样增料特征生成凿子的头部。

① 选择主菜单中的“造型 | 特征生成 | 增料 | 放样”菜单项，或单击“特征”工具条中的“放样增料”按钮，弹出“放样”对话框，如图 4.54（b）所示。

② 选取各轮廓截面线，单击“确定”按钮完成凿子头部的造型，结果如图 4.54（c）所示。

拾取草图截面时要顺序选取，拾取截面 1，要选择在正方形上边的中点处，其他截面拾取点的位置要与截面 1 的位置相对应，如图 4.54（a）所示。

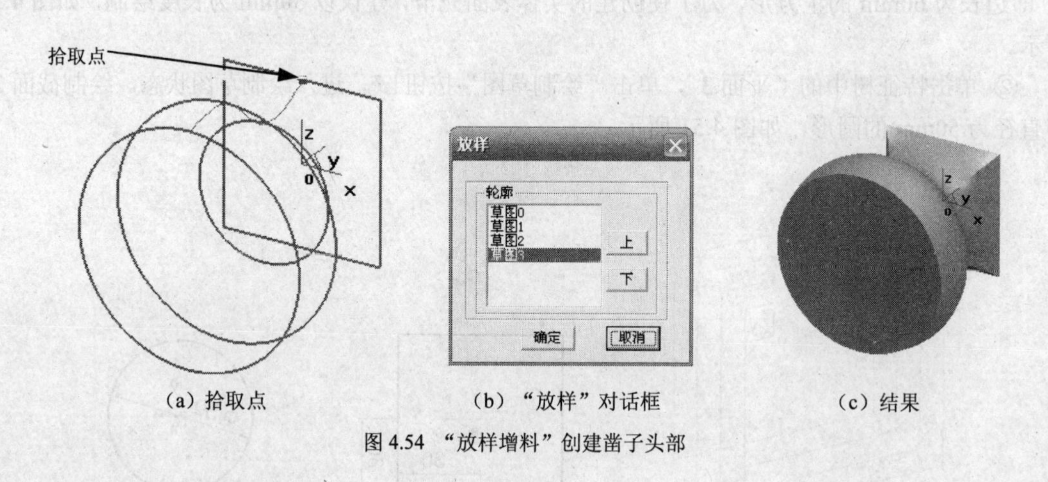

（a）拾取点　　（b）"放样"对话框　　（c）结果

图 4.54 "放样增料"创建凿子头部

（4）创建凿子头部的球面。

凿子头部的球面是回转体，可以应用旋转增料特征进行实体造型。

① 绘制草图。

选择特征树中的基本平面"平面 YZ"作为草图绘制平面，单击"绘制草图"按钮，进入绘制草图状态，绘制草图轮廓。

退出草图状态，按 F9 键将平面切换到 *YZ* 坐标面，过原点绘制回转轴线。

② 创建头部球面。

单击"旋转增料"按钮，弹出"旋转"对话框，如图 4.55（b）所示。

在对话框中设置类型为"单向旋转"，旋转角度为"360"，分别拾取截面草图和旋转轴线，如图 4.55（a）所示。

单击"确定"按钮完成操作，结果如图 4.55（c）所示。

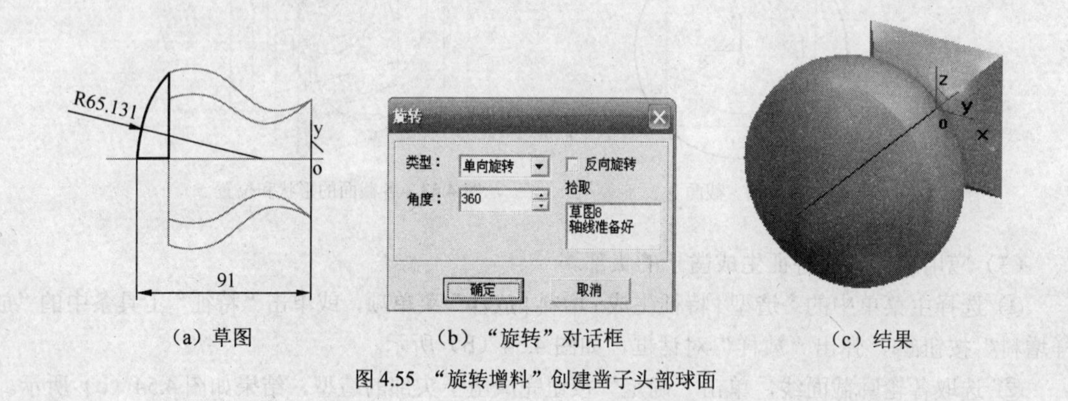

（a）草图　　（b）"旋转"对话框　　（c）结果

图 4.55 "旋转增料"创建凿子头部球面

知识链接——放样增料

放样增料是根据多个截面线轮廓生成一个实体。截面线应为草图轮廓。

放样增料的操作步骤如下。

（1）选择主菜单中的“造型 | 特征生成 | 增料 | 放样”菜单项，或单击“特征”工具条中的“放样增料”按钮，弹出“放样”对话框。

（2）选取各轮廓截面线，然后单击“确定”按钮完成操作，如图 4.56 所示。

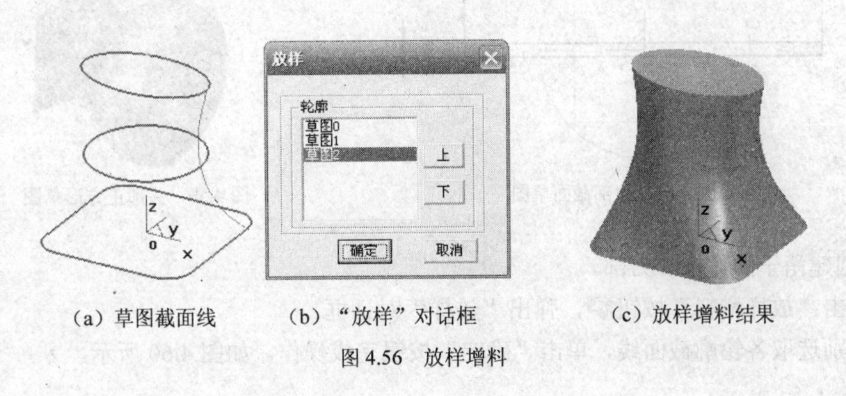

（a）草图截面线　（b）“放样”对话框　（c）放样增料结果

图 4.56　放样增料

注意

（1）轮廓按照操作中的拾取顺序排列。

（2）拾取轮廓时，要注意状态栏中的提示，拾取不同的边，不同的位置，会产生不同的结果，如图 4.57 所示。

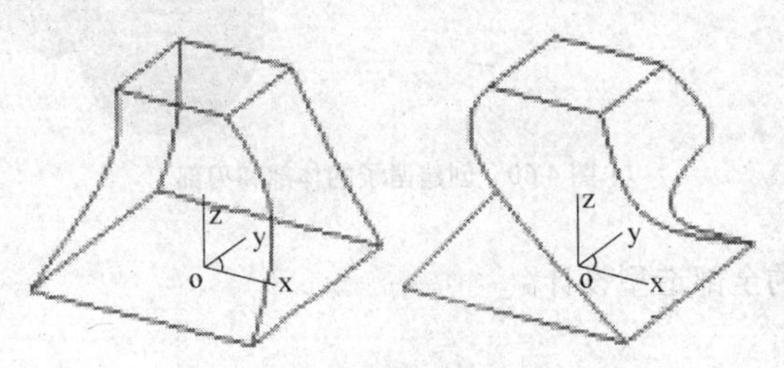

图 4.57 “放样增料”拾取边的位置

步骤二　创建凿子的体部和刃部

根据凿子的体部和刃部的截面形状特点，仍采用“放样增料”进行造型。

（1）创建基准面“平面 6”。

① 单击“构造基准面”按钮，弹出“构造基准面”对话框。

② 用鼠标单击“构造基准面”对话框中的第一种构造方法，构造一个与选定平面平行的基准面，设置距离为“200”，构造条件为平面 *XZ*（用鼠标单击特征树中的“平面 XZ”即可），设置默认方向，单击“确定”按钮完成操作。

（2）绘制草图轮廓。

① 单击特征树中的“平面 6”，然后单击“绘制草图”按钮，进入绘制草图状态，绘制刃

部截面图，图形尺寸如图 4.58 所示。

② 选择凿子头部的正方形侧面作为草图平面，然后单击“绘制草图”按钮，进入绘制草图状态。单击“曲线”工具条中的“曲线投影”按钮，分别单击正方形的 4 条边，得到凿子头部正方形草图，如图 4.59 所示。

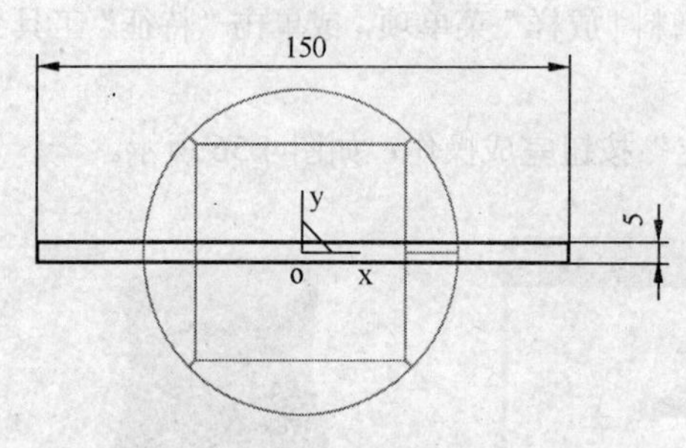

图 4.58　刃部截面草图

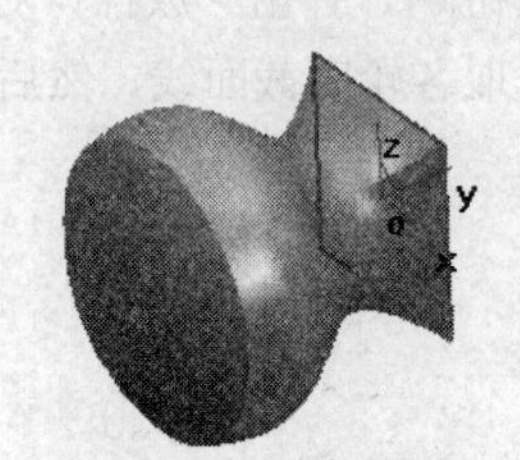

图 4.59　头部正方形草图

（3）创建凿子的体部和刃部。

① 单击“放样增料”按钮，弹出“放样”对话框。

② 分别选取各轮廓截面线，单击“确定”按钮完成操作，如图 4.60 所示。

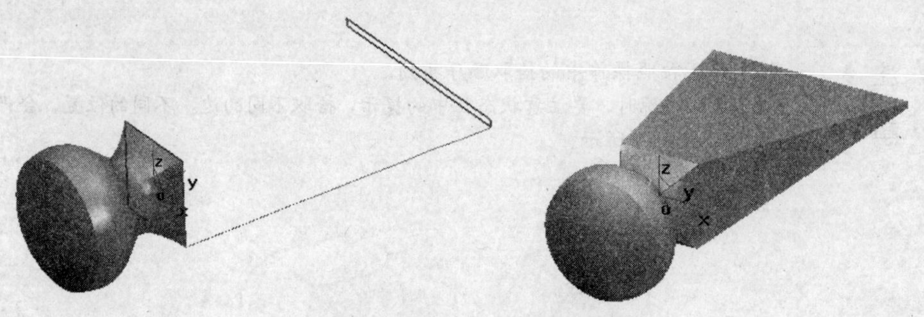

图 4.60　创建凿子的体部和刃部

至此，完成了凿子的全部造型设计。

任务4　压板造型

思路分析

零件压板的形状并不复杂，但是由于在零件上有一个倾斜的凸台，在实体造型中需要创建倾斜的基准面，而零件上的锪平孔和锥形沉孔则需要应用打孔的特征命令。

本任务将通过压板的实体造型设计，学习基准面创建孔等知识的应用与操作。

压板零件图如图 4.61 所示。

创建压板实体造型的基本步骤如图 4.62 所示。

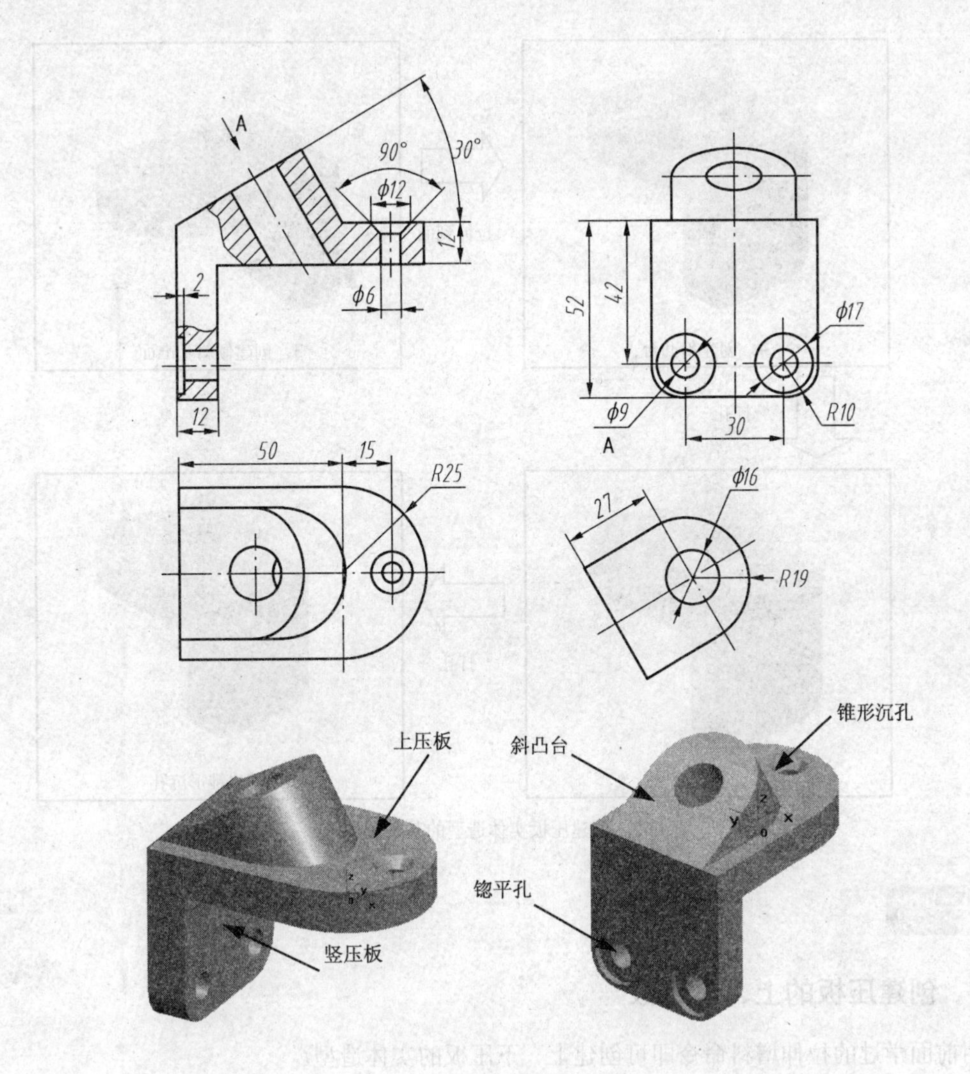
A
90°
30°
ϕ12
12
2
ϕ6
12
52
42
ϕ17
ϕ9
30
R10
A
50
15
R25
ϕ16
27
R19
上压板
斜凸台
锥形沉孔
锪平孔
竖压板

图 4.61 压板零件图

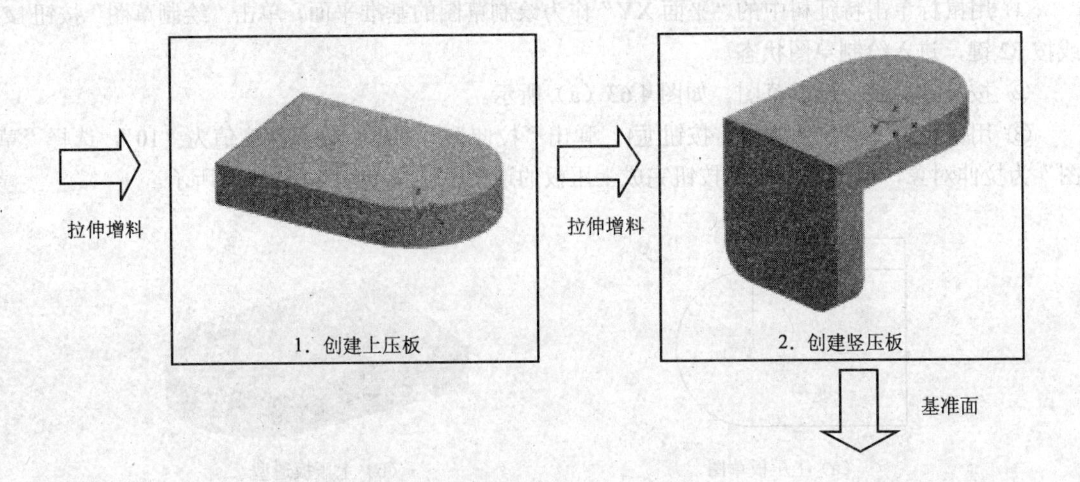
拉伸增料
1．创建上压板
拉伸增料
2．创建竖压板
基准面

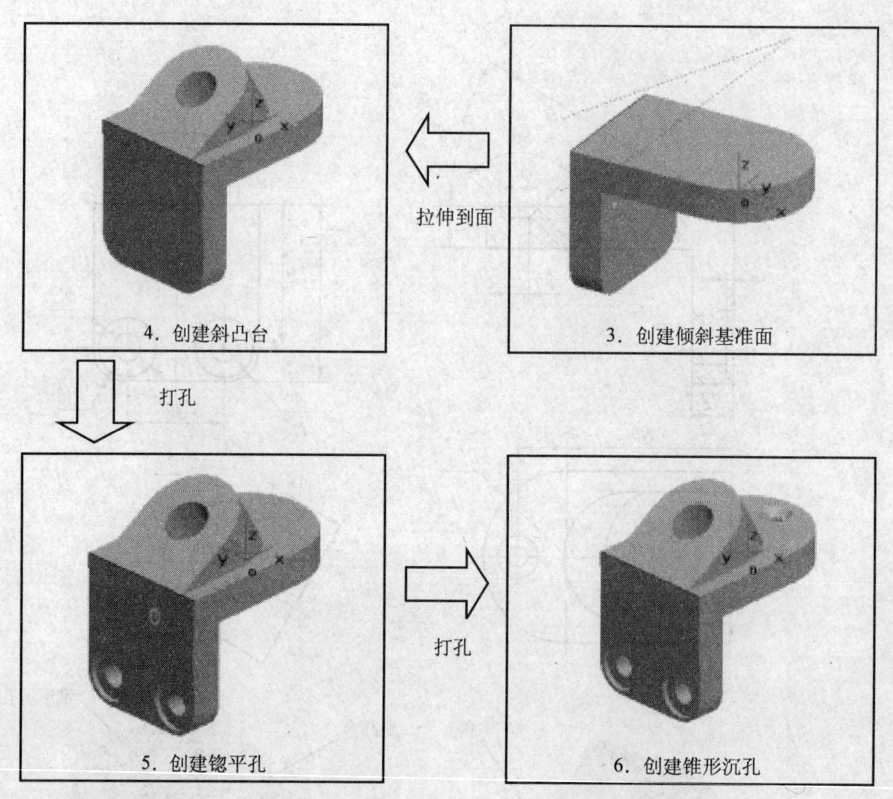

图 4.62　创建压板实体造型的基本步骤

操作步骤

步骤一　创建压板的上、下压板

应用前面学过的拉伸增料命令即可创建上、下压板的实体造型。

（1）创建上压板。

① 用鼠标单击特征树中的“平面 XY”作为绘制草图的基准平面，单击“绘制草图”按钮或按 F2 键，进入绘制草图状态。

② 按尺寸绘制上压板草图，如图 4.63（a）所示。

③ 用鼠标单击“拉伸增料”按钮，弹出“拉伸”对话框，输入深度值为“10”，选择“草图”为拉伸对象，单击“确定”按钮完成上压板的造型，结果如图 4.63（b）所示。

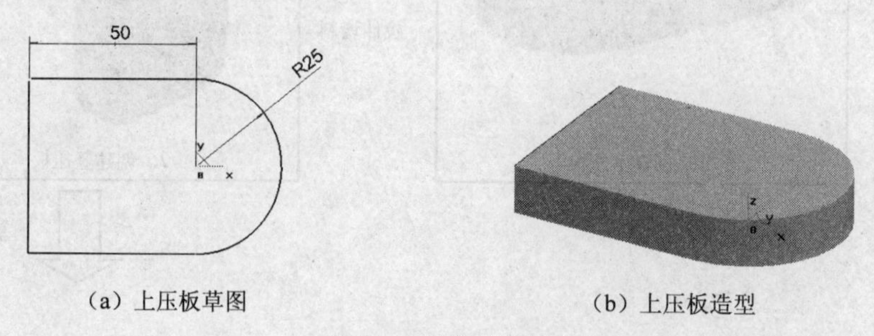

（a）上压板草图　　（b）上压板造型

图 4.63　创建上压板

（2）创建下压板。

① 用鼠标单击上压板的左侧面作为绘制草图的基准平面，单击“绘制草图”按钮，进入绘制草图状态。

② 按尺寸绘制下压板草图，如图 4.64（a）所示。

③ 用鼠标单击“拉伸增料”按钮，弹出“拉伸”对话框，输入深度值为“10”，选择“草图”为拉伸对象，单击“确定”按钮完成下压板的造型，结果如图 4.64（b）所示。

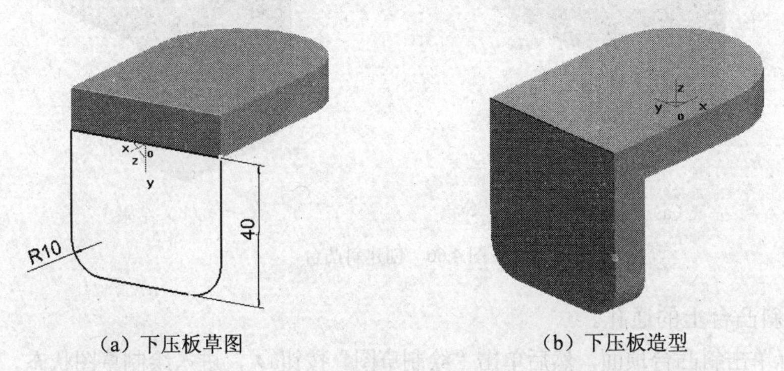

（a）下压板草图　　（b）下压板造型

图 4.64　创建下压板

步骤二　创建压板的斜凸台

（1）创建倾斜的基准面。

① 过顶面和左侧面的交线绘制一条空间直线。

② 单击“构造基准面”按钮，在弹出的“构造基准面”对话框中选择“过直线与平面成夹角确定基准平面”的方法，设置角度为“30”，分别拾取空间直线和上压板的顶面，创建一倾斜基准面，如图 4.65 所示。

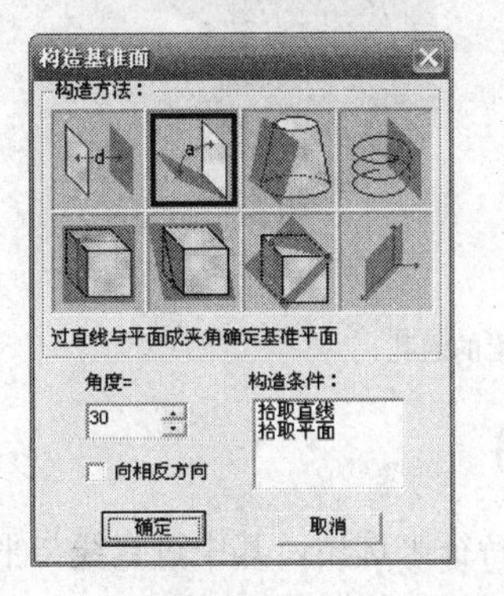

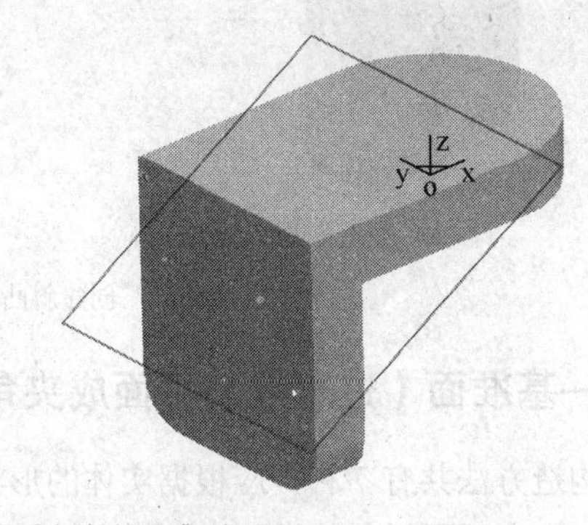

图 4.65　创建倾斜的基准面

（2）绘制斜凸台草图。

① 用鼠标单击新创建的倾斜基准面作为绘制草图的基准平面，单击“绘制草图”按钮，进入绘制草图状态。

② 按尺寸绘制凸台草图，如图 4.66（a）所示。

（3）拉伸斜凸台。

① 用鼠标单击“拉伸增料”按钮，在弹出的“拉伸”对话框中选择“拉伸到面”，选择上

压板的顶面为拉伸结束面。

② 单击“确定”按钮完成斜凸台的造型，结果如图 4.66（b）所示。

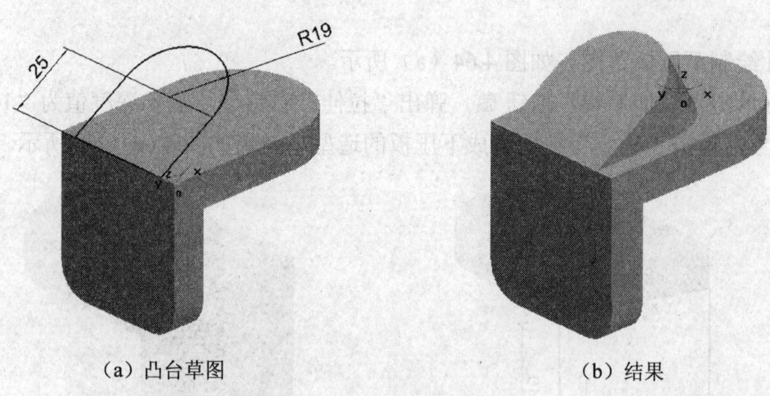

（a）凸台草图　　（b）结果

图 4.66　创建斜凸台

（4）创建斜凸台上的通孔。

① 用鼠标单击斜凸台顶面，然后单击“绘制草图”按钮，进入绘制草图状态。按空格键调出工具点快捷菜单，选择“圆心”，在斜凸台顶面绘制一个直径为“16”的整圆，如图 4.67（a）所示。

② 单击“拉伸除料”按钮，弹出“拉伸除料”对话框，类型选择“拉伸到面”，拉伸对象为通孔草图，单击“确定”按钮完成通孔造型，结果如图 4.67（b）所示。

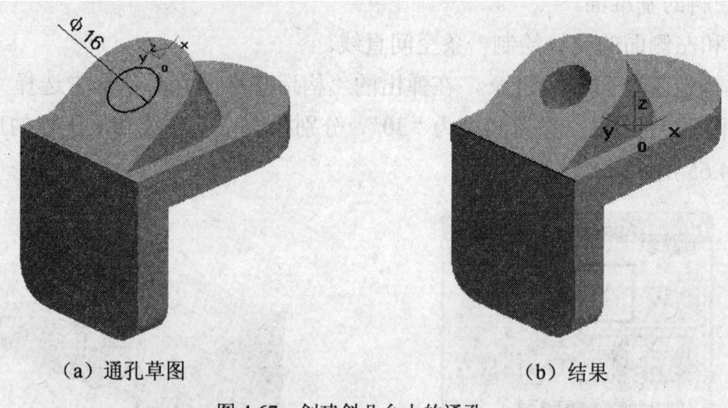

（a）通孔草图　　（b）结果

图 4.67　创建斜凸台上的通孔

知识链接——基准面（过直线与平面成夹角）

基准面的构造方法共有 7 种，应根据实体的形状特征来选用，其中过直线与平面成夹角所确定的基准面是与指定平面倾斜的平面，可用于倾斜结构的实体造型。

1．操作步骤

（1）选择主菜单中的“造型 | 特征生成 | 基准面”菜单项，或单击“特征”工具条中的“构造基准面”按钮，弹出“构造基准面”对话框，如图 4.68 所示。

（2）在对话框中输入角度值，选择构造条件，单击“确定”按钮完成操作。

2．选项

（1）角度：指生成平面与参照平面所夹锐角的尺寸值。

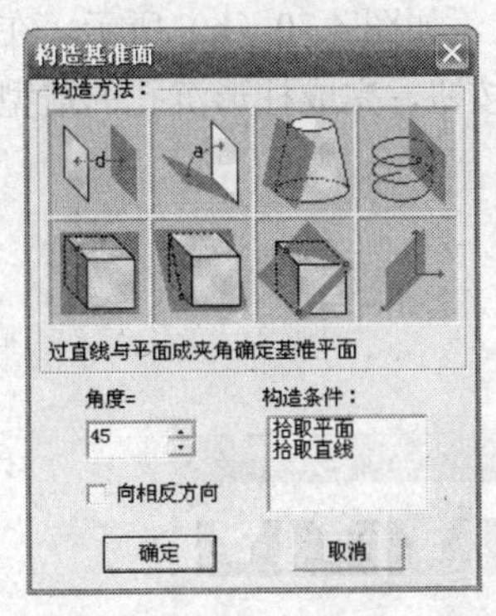

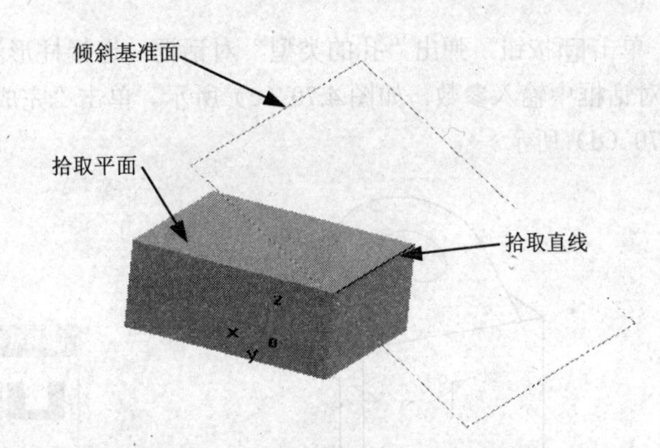

图 4.68　过直线与平面成夹角构造基准面

（2）拾取平面：指需要拾取的参照平面元素，这些平面元素可以是特征树中的“平面 XY”、“平面 YZ”或“平面 XZ”，也可以选择造型实体上的表面。

（3）拾取直线：指需要拾取一条空间直线，该直线是两个平面的交线。

步骤三　创建孔

（1）创建锥形沉孔。

① 单击上压板顶面，进入绘制草图状态，根据尺寸绘制一个点，作为孔的定位点，如图 4.69（a）所示。

② 单击主菜单中的“造型 | 特征生成 | 孔”菜单项，或单击“特征”工具条中的“打孔”按钮 ，弹出“孔的类型”对话框，如图 4.69（b）所示。选择锥形沉孔，然后在“孔的参数”对话框中输入参数，如图 4.69（c）所示。单击“完成”按钮，完成锥形沉孔的造型，结果如图 4.69（d）所示。

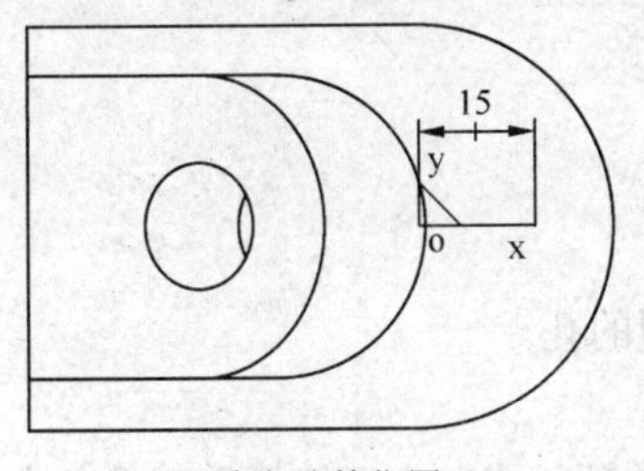

（a）确定孔的位置

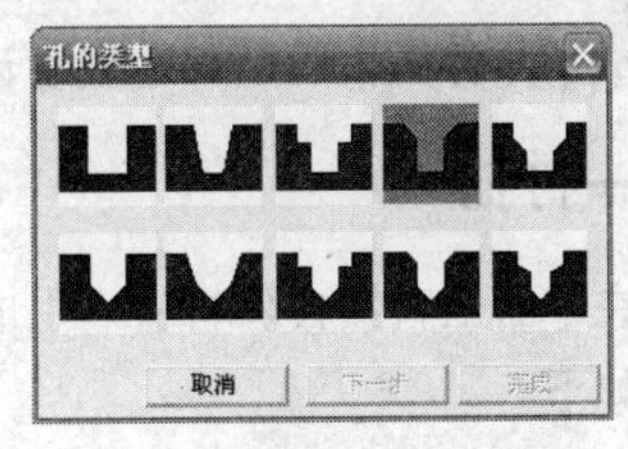

（b）“孔的类型”对话框

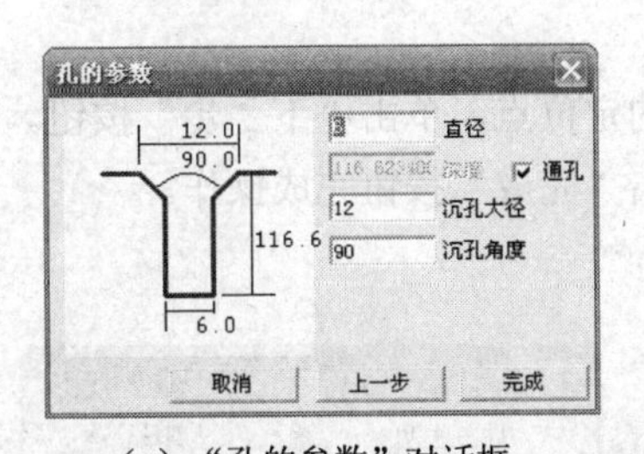

（c）“孔的参数”对话框

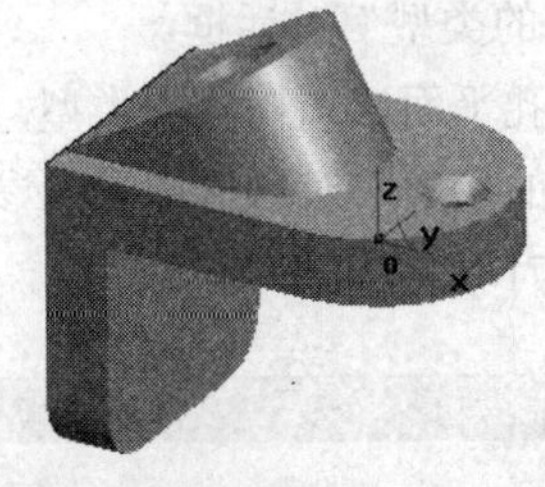

（d）结果

图 4.69　创建锥形沉孔

（2）创建锪平孔。

① 单击竖压板左侧面，进入绘制草图状态，根据尺寸绘制两个点，作为孔的定位点，如图 4.70（a）所示。

② 单击按钮，弹出“孔的类型”对话框，选择柱形沉孔，如图 4.70（b）所示。在“孔的参数”对话框中输入参数，如图 4.70（c）所示。单击“完成”按钮，完成柱形沉孔的造型，结果如图 4.70（d）所示。

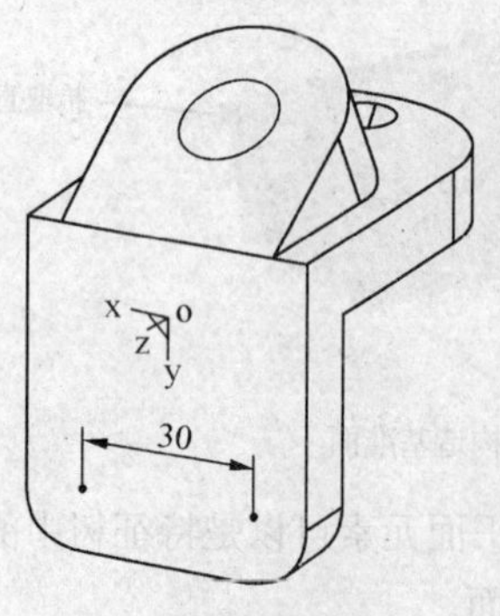

（a）确定孔的位置

（b）选择孔的类型

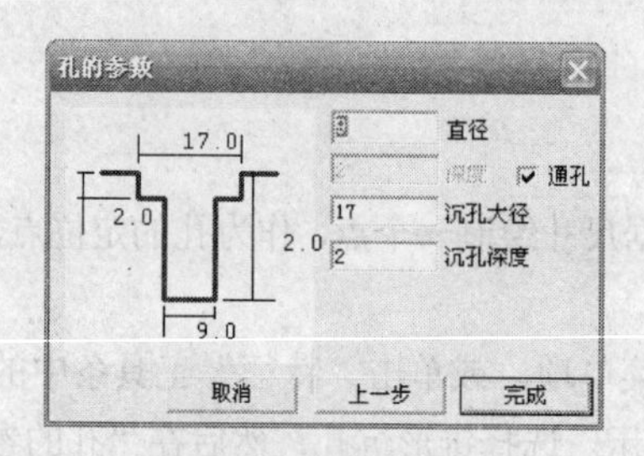

（c）设置孔的参数

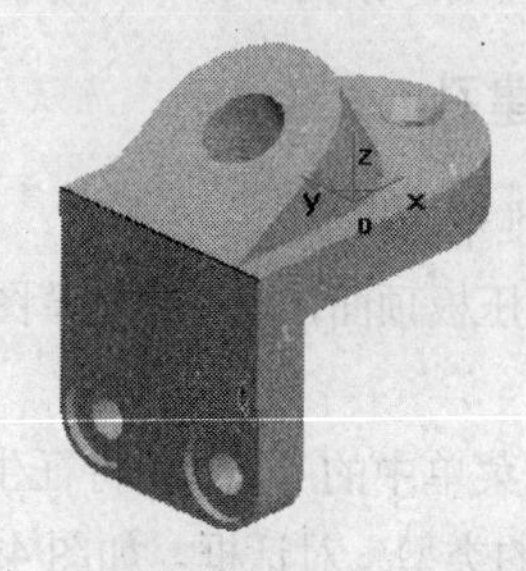

（d）结果

图 4.70　创建柱形沉孔

至此，完成了零件压板的全部造型设计。

知识链接——打孔

打孔是指在平面上直接去除材料，生成各种类型的孔。

操作步骤如下。

（1）单击主菜单中的“造型 | 特征生成 | 孔”菜单项，或单击“特征”工具条中的“打孔”按钮，弹出“孔的类型”对话框。

（2）拾取打孔平面，选择孔的类型，指定孔的定位点，单击“下一步”按钮。

（3）在“孔的参数”对话框中输入参数，单击“完成”按钮完成操作。

结果如图 4.71 所示。

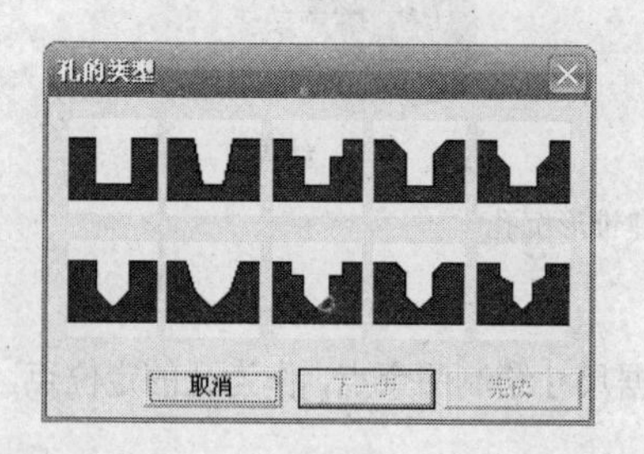

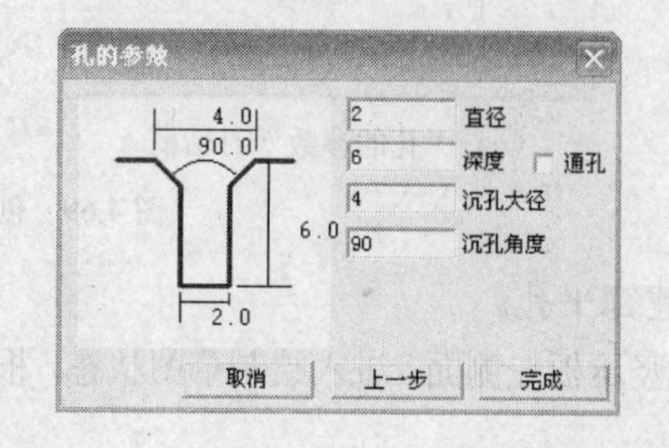

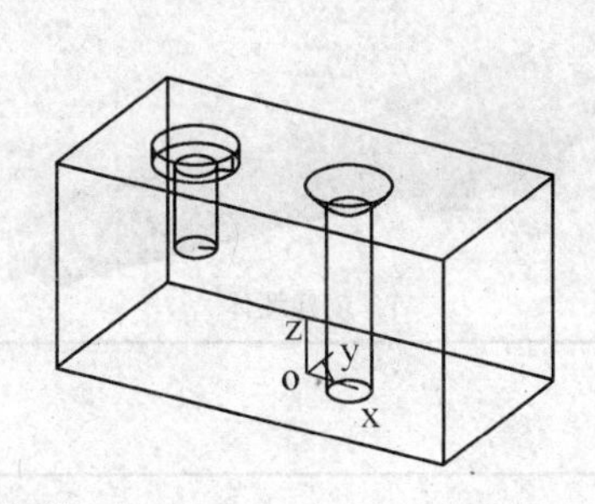

图 4.71 打孔

任务5 螺杆造型

思路分析

螺杆形体的主要特征为回转体，在实体造型中应用旋转增料的造型方法可以方便地创建螺杆的主体形状，此外，在螺杆上还有三角形螺纹。

本任务将通过螺杆的实体造型设计，学习公式曲线、过点且垂直曲线构造基准面和应用导动除料、倒角等特征造型的方法。

螺杆零件图如图 4.72 所示。

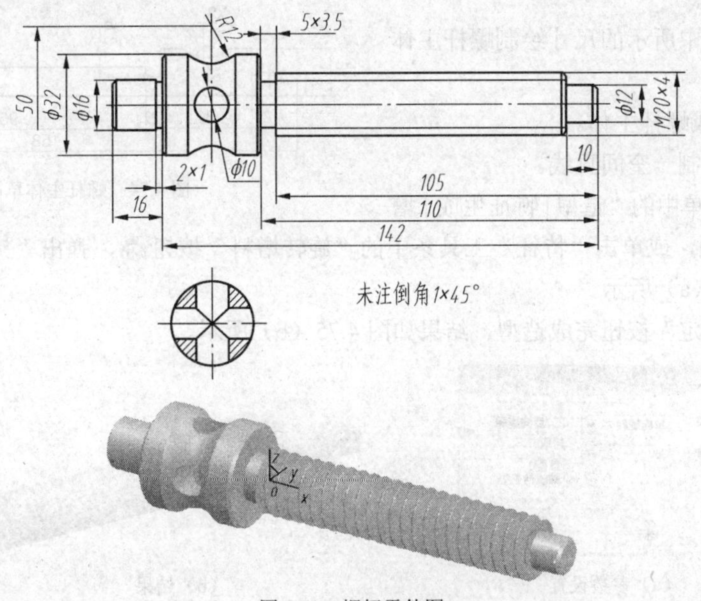

图 4.72 螺杆零件图

创建螺杆实体造型的基本步骤如图 4.73 所示。

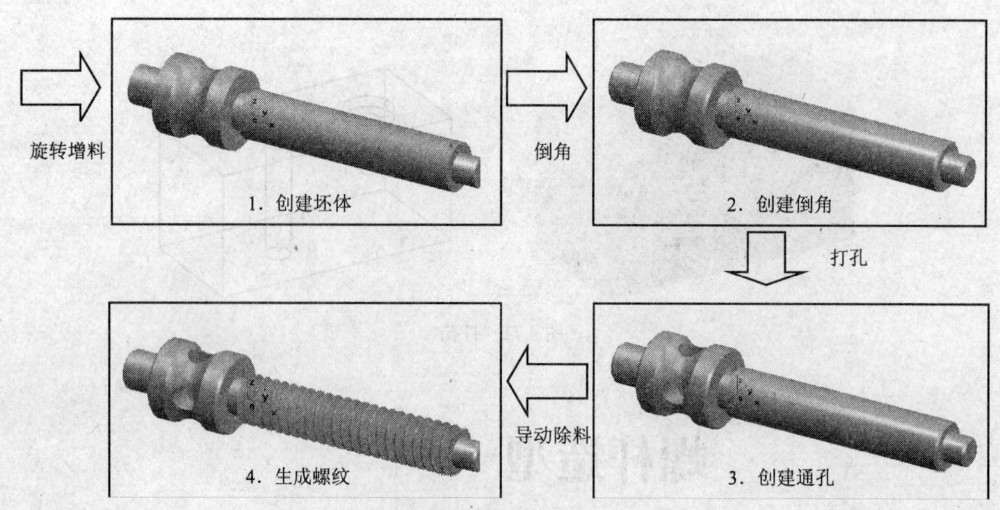

图 4.73　创建螺杆实体造型的基本步骤

操作步骤

步骤一　创建螺杆主体

应用前面学过的旋转增料命令即可创螺杆主体的实体造型。

（1）绘制草图。

① 用鼠标单击特征树中的“平面 XY”作为绘制草图的基准平面，单击“绘制草图”按钮，进入绘制草图状态。

② 按图 4.74 中所示的尺寸绘制螺杆主体草图。

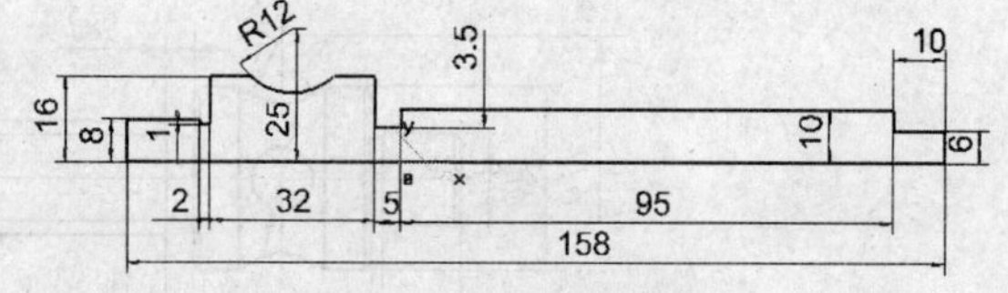

图 4.74　螺杆主体草图

（2）旋转生成螺杆主体。

① 过轴线绘制一空间直线。

② 单击主菜单中的“造型 | 特征生成 | 增料 | 旋转”菜单项，或单击“特征”工具条中的“旋转增料”按钮，弹出“旋转”对话框，设置参数如图 4.75（a）所示。

③ 单击“确定”按钮完成造型，结果如图 4.75（b）所示。

（a）参数设置　　（b）结果

图 4.75　旋转生成螺杆主体

步骤二　创建倒角

（1）单击主菜单中的“造型特征 | 生成 | 倒角”菜单项，或单击“特征”工具条中的“倒角”

按钮，弹出“倒角”对话框。

（2）在对话框中设置倒角距离为“1mm”，角度为“45”，分别选择各圆柱表面的边线，单击“确定”按钮完成倒角的造型，结果如图 4.76 所示。

图 4.76 螺杆倒角

知识链接——倒角

倒角是指对实体的棱边进行等距离裁剪。

1. 操作步骤

（1）单击主菜单中的“造型 | 特征生成 | 倒角”菜单项，或单击“特征”工具条中的“倒角”按钮，弹出“倒角”对话框，如图 4.77（b）所示。

（2）填入距离和角度，拾取需要倒角的元素，单击“确定”按钮完成操作，结果如图 4.77（c）所示。

2. 倒角选项

距离：指倒角的边尺寸值，可以在数值框中直接输入所需数值，也可以单击按钮调整数值。

角度：指所倒角度的尺寸值，可以在数值框中直接输入所需数值，也可以单击按钮调整数值。

需倒角的元素：指对需要过渡的实体上的边的选取。

两个面的棱边才可以倒角，如图 4.77（a）所示。

（a）倒角元素

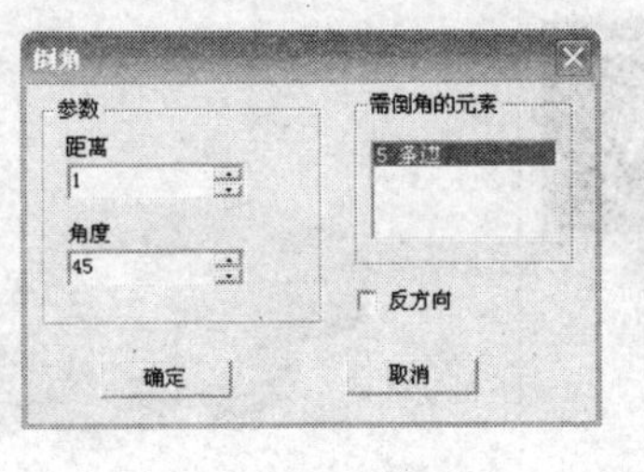

（b）“倒角”对话框

（c）结果

图 4.77 倒角

步骤三 创建通孔

应用前面学过的拉伸除料命令和环形阵列命令，可以创建螺杆主体的两个通孔实体造型。

（1）选择特征树中的“平面 XY”作为草图绘制平面，绘制一个直径为 $\Phi10$ 的圆，如图 4.78（a）所示。

（2）用鼠标单击“拉伸除料”按钮，在弹出的“拉伸”对话框中选择“双向拉伸”，然后单击“确定”按钮。

（3）单击“平面 XY”作为草图绘制平面，用相同的方法创建另一方向的通孔，也可以应用环形阵列命令创建，设置阵列角度为“90”，阵列数目为“2”，旋转轴为螺杆的轴线。完成通孔的造型，如图 4.78（b）所示。

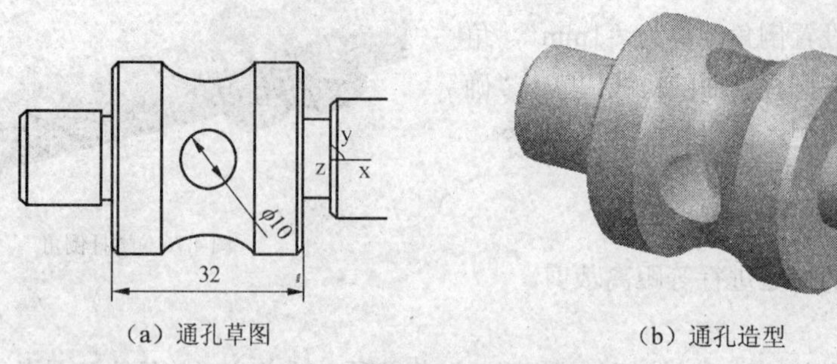

（a）通孔草图　　　　（b）通孔造型

图 4.78　创建通孔

步骤四　创建螺纹

（1）创建螺旋线。

① 单击主菜单中的“造型 | 曲线生成 | 公式曲线”菜单项，或单击“曲线”工具条中的“公式曲线”按钮 f(x)，弹出“公式曲线”对话框，在对话框中输入螺旋线公式：

X(t)=半径*cos(t)=10*cos(t)

Y(t)=半径*sin(t)=10*sin(t)

Z(t)=导程*t/2π=4* t/2π

设置起始值为“0”（即螺旋线的起始角），终止值为“150.72”（螺旋线圈数*2π=24*2π），如图 4.79 所示。

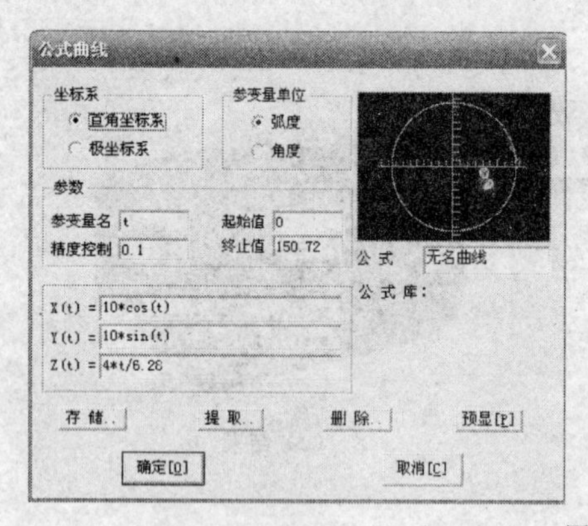

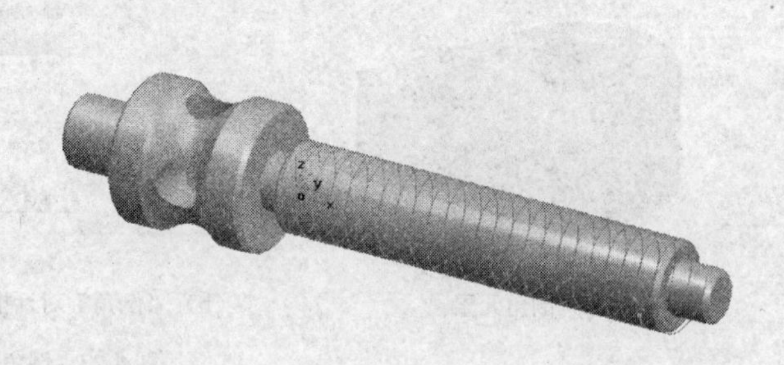

图 4.79　创建螺旋线

② 用键盘输入螺旋线的定位点（-1，0，0），这样做是为了防止螺纹的起始部分出现没有切除螺纹的部分。

（2）创建基准面。

① 单击“构造基准面”按钮，弹出“构造基准面”对话框，在对话框中选择“过点且垂直于曲线确定基准平面”的方法构造基准面。

② 分别拾取螺旋线和螺旋线的端点，单击“确定”按钮，完成基准面的创建，如图 4.80 所示。

（3）绘制螺纹牙型草图。

选择新创建的基准面为草图绘制平面，绘制螺纹牙型草图，如图 4.81 所示。

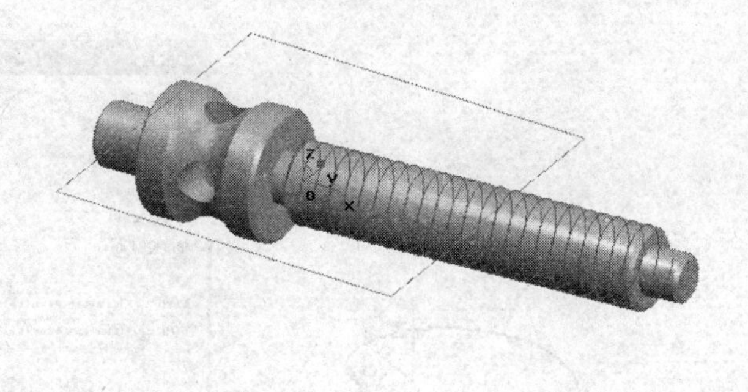

图 4.80 创建基准面

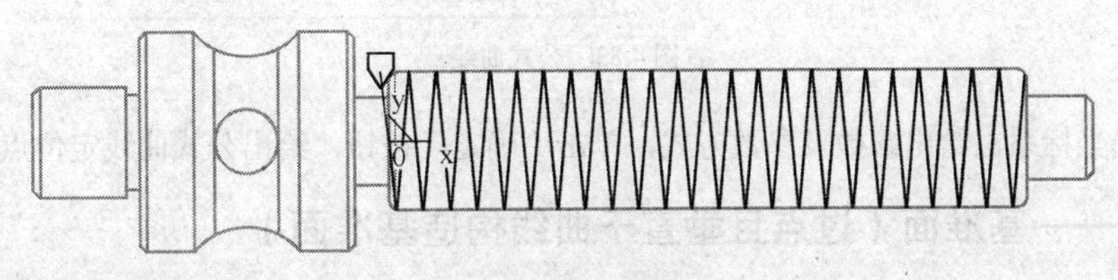

图 4.81 螺纹牙型草图

（4）创建螺纹。

① 选择主菜单中的“造型 | 特征生成 | 除料 | 导动除料”菜单项，或单击“特征”工具条中的“导动除料”按钮，弹出“导动”对话框，如图 4.82（a）所示。

② 选择螺纹牙型槽图为轮廓截面线，选择螺旋线为轨迹线，选项控制为“固接导动”，单击“确定”按钮完成螺纹造型，结果如图 4.82（b）所示。

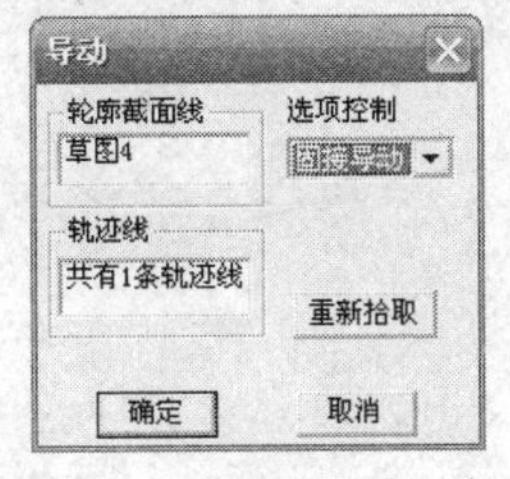

（a）“导动”对话框

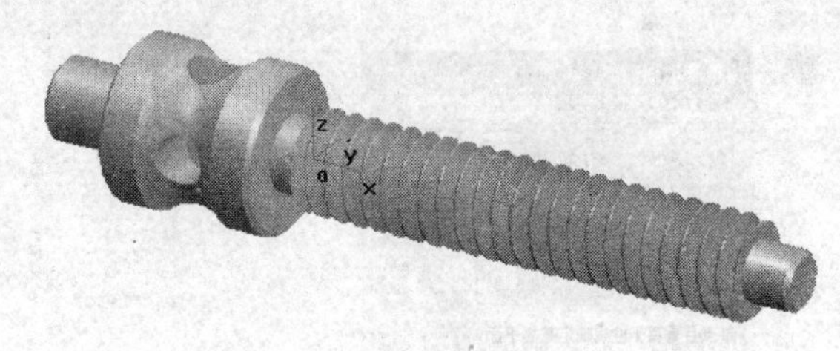

（b）结果

图 4.82 导动除料生成螺纹

至此，完成了零件螺杆的全部造型设计。

知识链接 1——公式曲线

公式曲线即是数学表达式的曲线图形，也就是根据数学公式（或参数表达式）绘制出相应的数学曲线，公式的给出既可以是直角坐标形式，也可以是极坐标形式。公式曲线为用户提供了一种更方便、更精确的作图手段，以适应某些精确型腔、轨迹线形的作图设计。用户只要交互输入数学公式，给定参数，计算机便会自动绘制出该公式描述的曲线。

操作方法如下。

（1）单击主菜单中的“造型 | 曲线生成 | 公式曲线”菜单项，或单击“曲线”工具条中的“公式曲线”按钮 f(x)，弹出“公式曲线”对话框，如图 4.83 所示。

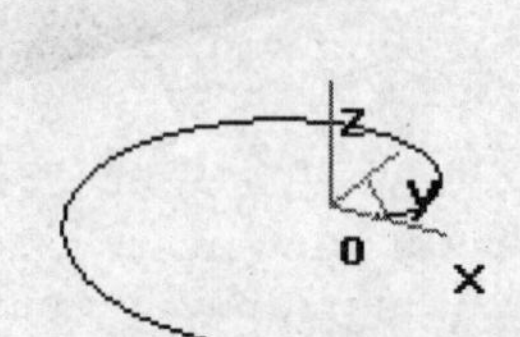

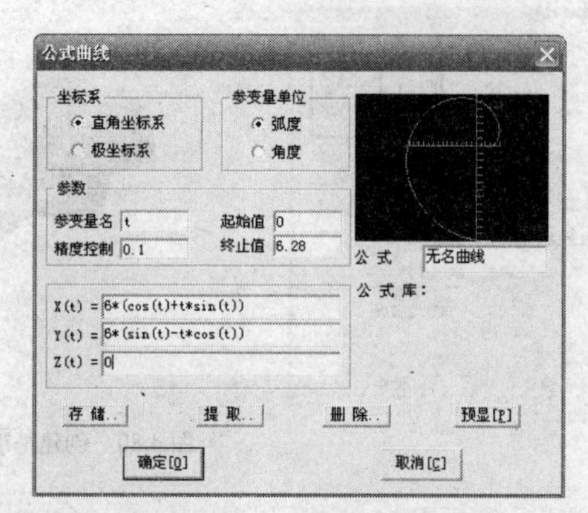

图 4.83　公式曲线

（2）选择坐标系，给出参数及参数方式，单击“确定”按钮，给出公式曲线定位点，完成操作。

知识链接 2——基准面（过点且垂直于曲线构造基准面）

通过一点生成垂直于边线、轴线或曲线的基准面。

操作步骤如下。

（1）选择主菜单中的“造型 | 特征生成 | 基准面”菜单项，或单击“特征”工具条中的“构造基准面”按钮，弹出“构造基准面”对话框，在对话框中选择“过点且垂直于曲线确定基准平面”的方法。

（2）选取一条边线、轴线或草图曲线，以及一个顶点或点。

（3）单击“确定”按钮，完成基准面的创建，如图 4.84 所示。

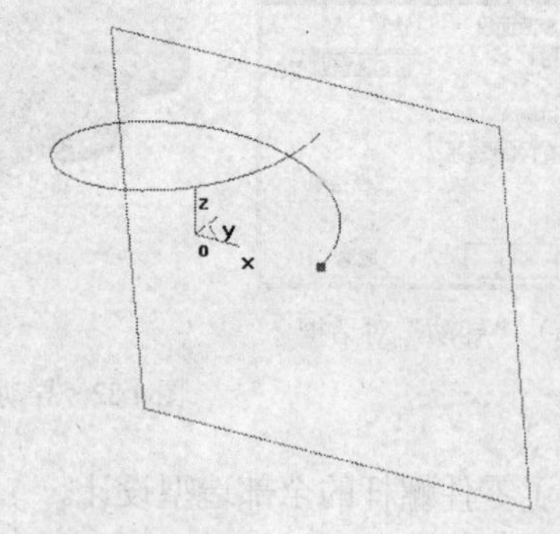

图 4.84　过点且垂直于曲线构造基准面

知识链接 3——导动除料

将某一截面曲线或轮廓线沿着另外一外轨迹线运动移出一个特征实体。截面线应为封闭的草图轮廓，截面线的运动形成了导动曲面。

1．操作步骤

（1）选择主菜单中的“造型 | 特征生成 | 除料 | 导动除料”菜单项，或单击“特征”工具条中的“导动除料”按钮，弹出“导动”对话框，如图 4.85 所示。

（2）选取轮廓截面线和轨迹线，确定导动方式，单击“确定”按钮完成操作。

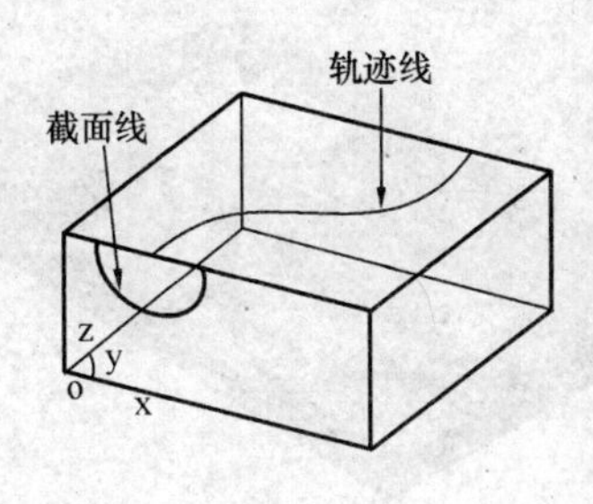

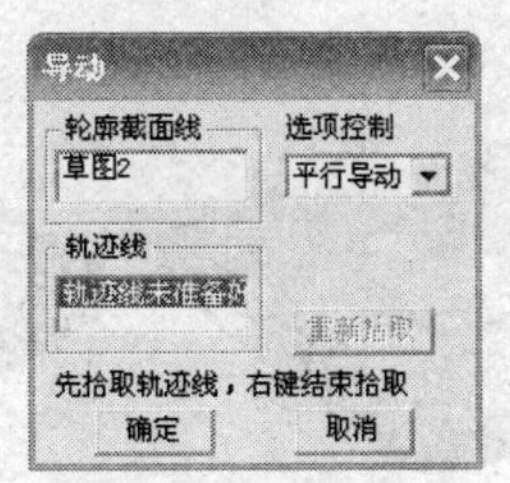

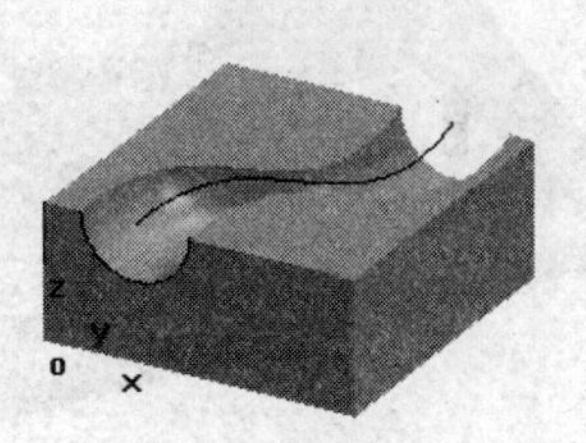

图 4.85　导动除料

2．导动选项

轮廓截面线：指需要导动的草图，截面线应为封闭的草图轮廓。

轨迹线：指草图导动所沿的路径。

“选型控制”下拉列表中包括“平行导动”和“固接到动”两种方式。

平行导动：指截面线沿导动线趋势始终平行它自身的移动而生成的特征实体，如图 4.86（a）所示。

固接导动：指在导动过程中，截面线和导动线保持固接关系，即让截面线平面与导动线的切矢方向保持相对角度不变，而且截面线在自身相对坐标架中的位置关系保持不变，截面线沿导动线变化的趋势导动生成特征实体，如图 4.86（b）所示。

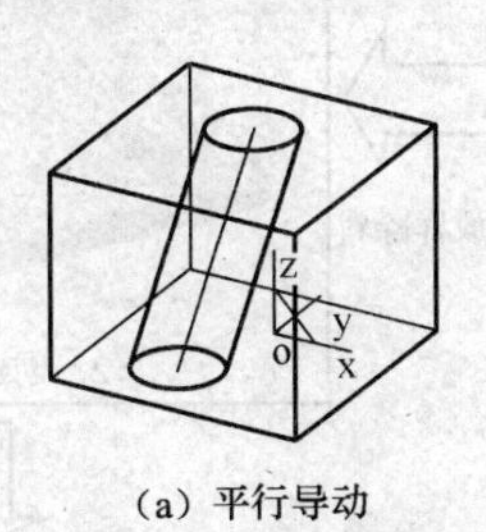

（a）平行导动　　（b）固接导动

图 4.86　导动的选型控制

任务6　电话机机座造型

思路分析

电话机机座的结构特点主要是不规则的薄壳座体，分成机座主体、话筒座、显示屏窗口、按键孔等结构。

本任务将通过电话机机座的实体造型设计，介绍放样除料、抽壳、线性阵列等命令的应用与操作。

电话机机座实体造型如图 4.87 所示。

创建电话机机座实体造型的基本步骤如图 4.88 所示。

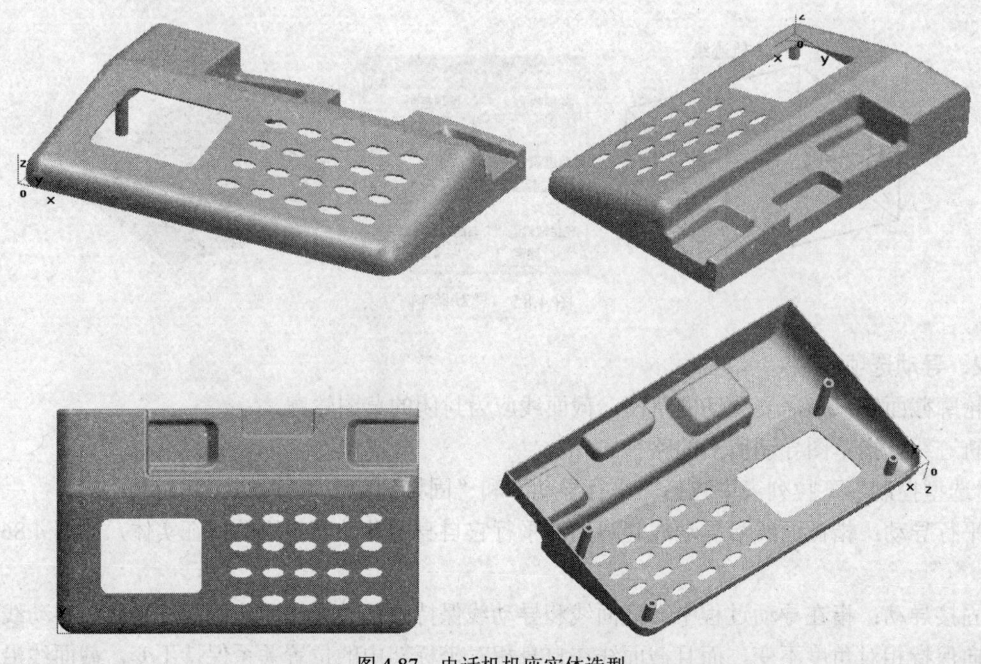

图 4.87　电话机机座实体造型

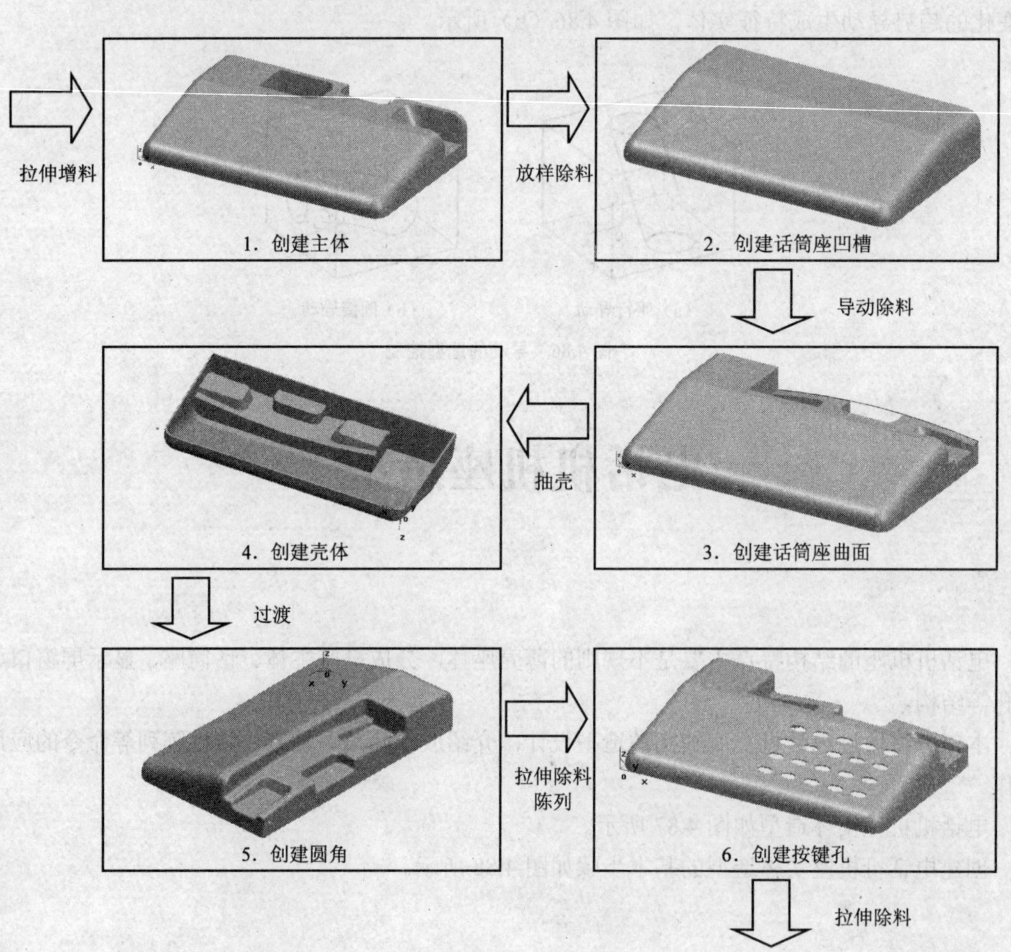

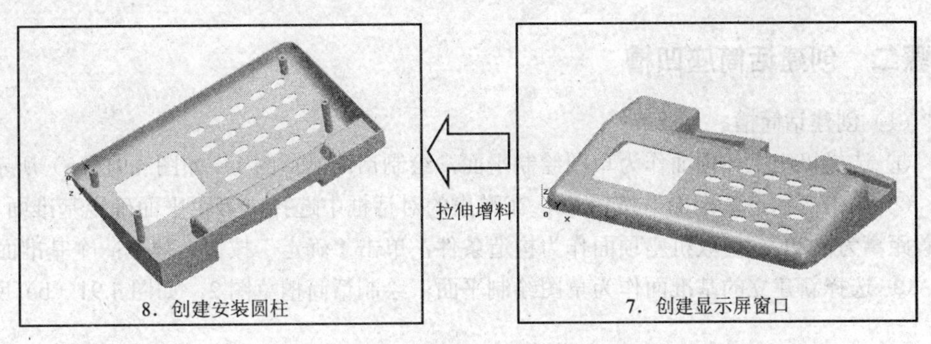

图 4.88 创建电话机机座实体造型的基本步骤

操作步骤

步骤一 创建电话机机座主体

应用前面学过的拉伸增料命令和圆角命令，即可创建机座主体的实体造型。

（1）创建电话机机座主体基本造型。

① 选择特征树中的“平面 YZ”作为草图绘制平面，单击“绘制草图”按钮，进入绘制草图状态，根据图 4.89（a）所示的图形绘制电话机机座主体侧面草图。

② 用鼠标单击“拉伸增料”按钮，在弹出的“拉伸”对话框中选择“固定深度”，输入深度值为“200mm”。单击“确定”按钮，完成主体的基本造型，如图 4.89（b）所示。

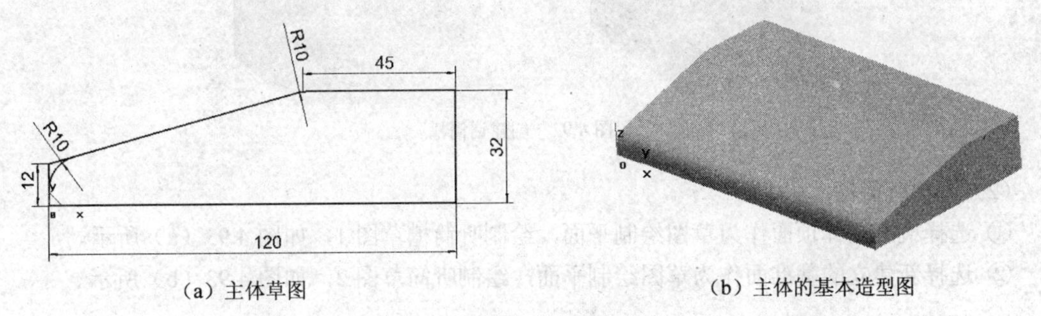

（a）主体草图　　（b）主体的基本造型图

图 4.89 机座主体的基本造型

（2）倒圆角。

单击“特征”工具条中的“过渡”按钮，弹出“过渡”对话框，设置半径为“10”，分别拾取轮廓线，单击“确定”完成圆角造型，如图 4.90 所示。

图 4.90 机座主体倒圆角

步骤二 创建话筒座凹槽

（1）创建话筒槽。

① 选择机座主体顶面作为草图绘制平面，绘制话筒槽草图 1，如图 4.91（a）所示。

② 单击“构造基准面”按钮，在弹出的对话框中选择“等距平面确定基准面”的方法，设置距离为“20”，拾取机座顶面作为构造条件，单击“确定”按钮，建立一个基准面。

③ 选择新建立的基准面作为草图绘制平面，绘制话筒槽草图 2，如图 4.91（b）所示。

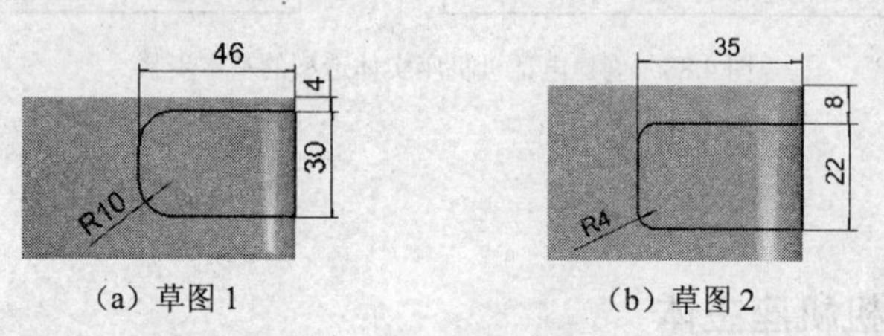

（a）草图 1　　（b）草图 2

图 4.91　话筒槽草图

④ 单击“放样除料”按钮，弹出“放样”对话框，分别选择“草图 1”和“草图 2”作为上、下轮廓，单击“确定”按钮，完成话筒槽的造型， 如图 4.92 所示。

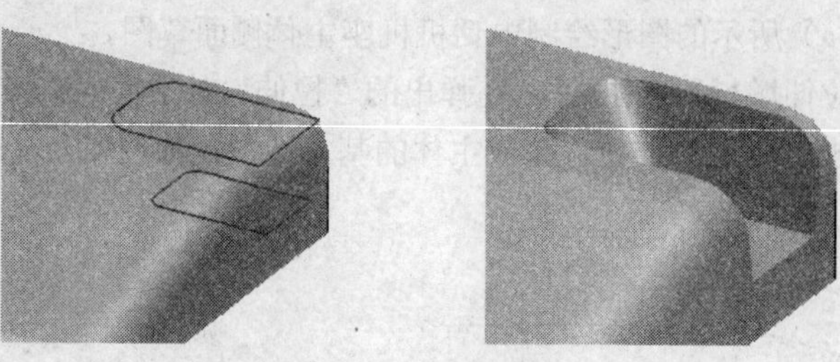

图 4.92　创建话筒槽

（2）创建听筒槽。

① 选择机座主体顶面作为草图绘制平面，绘制听筒槽草图 1，如图 4.93（a）所示。

② 选择新建立的基准面作为草图绘制平面，绘制听筒草图 2，如图 4.93（b）所示。

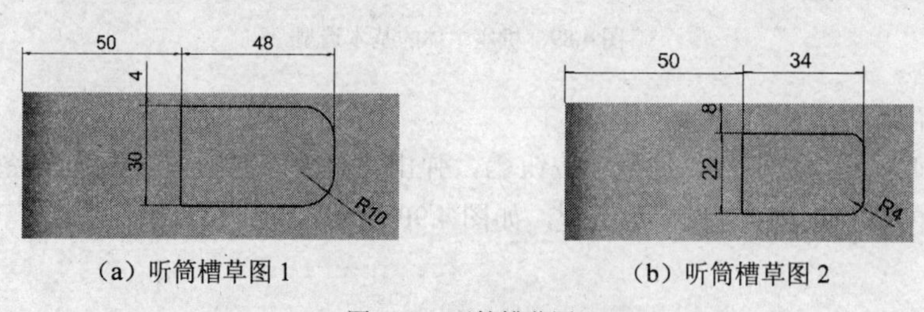

（a）听筒槽草图 1　　（b）听筒槽草图 2

图 4.93　听筒槽草图

③ 单击“放样除料”按钮，弹出“放样”对话框，分别选择“听筒槽草图 1”和“听筒槽草图 2”作为上、下轮廓，单击“确定”按钮，完成听筒槽的造型。

（3）创建长形凹槽。

① 选择机座主体顶面作为草图绘制平面，绘制长形凹槽草图，如图 4.94 所示。

② 单击“拉伸除料”按钮，在弹出的对话框中设置拉伸深度为“20”，单击“确定”按钮。

至此，创建了几个凹槽，如图 4.95 所示。

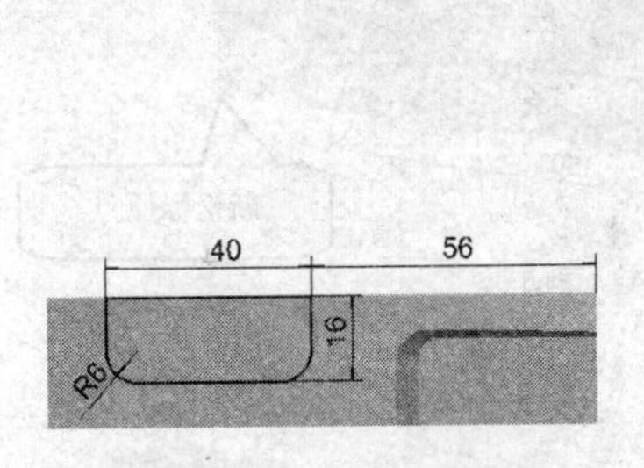

图 4.94　长形凹槽草图

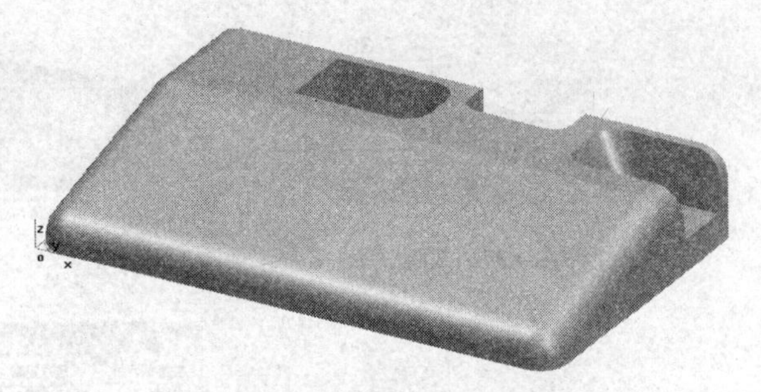

图 4.95　各凹槽造型

知识链接——放样除料

根据多个截面线轮廓移出一个实体，截面线应为草图轮廓。

操作步骤如下。

（1）选择主菜单中的“造型 | 特征生成 | 除料 | 放样除料”菜单项，或单击“特征”工具条中的“放样除料”按钮，弹出“放样”对话框，如图 4.95（b）所示。

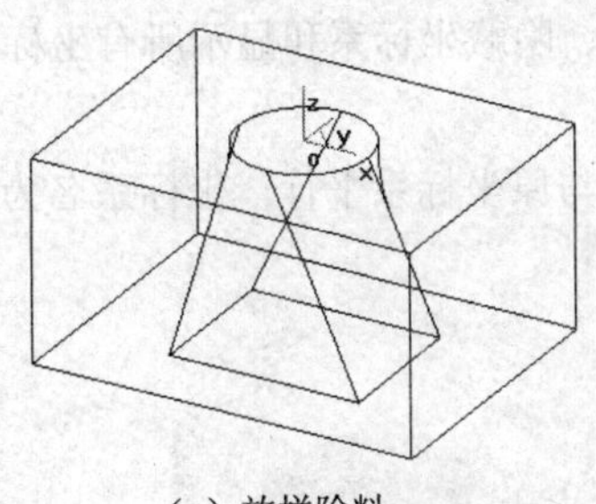

（a）放样除料

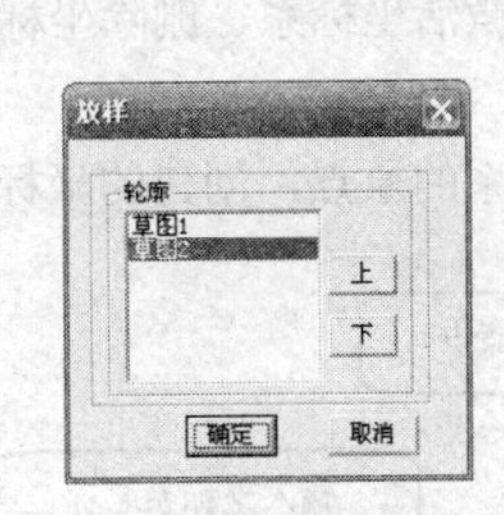

（b）“放样”对话框

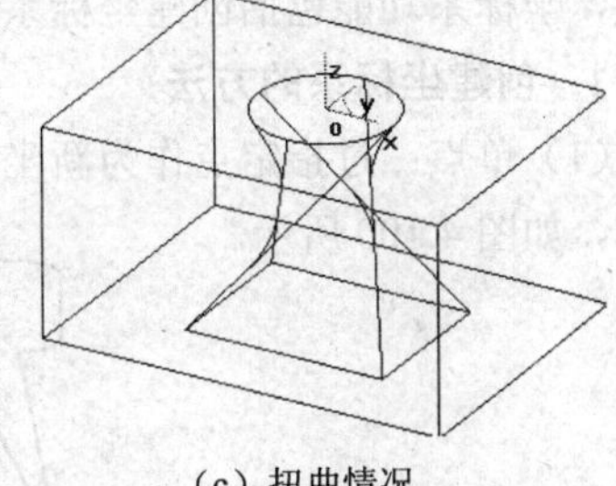

（c）扭曲情况

图 4.96　放样除料

（2）选取上轮廓线和下轮廓线，单击“确定”按钮完成操作，如图 4.96（a）所示。

上、下轮廓线的拾取位置要一致，否则实体的轮廓将会产生扭曲，如图 4.96（c）所示。

步骤三　创建话筒座曲面

应用前面学过的导动除料命令和圆角命令，即可创建话筒座曲面的实体造型。

（1）选择机座主体右侧面作为草图绘制平面，绘制截面草图，如图 4.97 所示。

（2）选择主菜单中的“工具 | 坐标系 | 创建坐标系”菜单项，在立即菜单中选择“单点”创建方法，拾取后侧面的角点，输入坐标系的名称为“A”，创建一坐标系以方便作图，如图 4.98 所示。

（3）选择机座主体后侧面作为草图绘制平面，绘制空间导动线，其尺寸如图 4.98 所示。

（4）单击“导动除料”按钮，弹出“导动”对话框，选择选项控制为“平行导动”方式，分别拾取轮廓截面线和轨迹线，单击“确定”按钮，完成话筒座的造型，如图 4.99 所示。

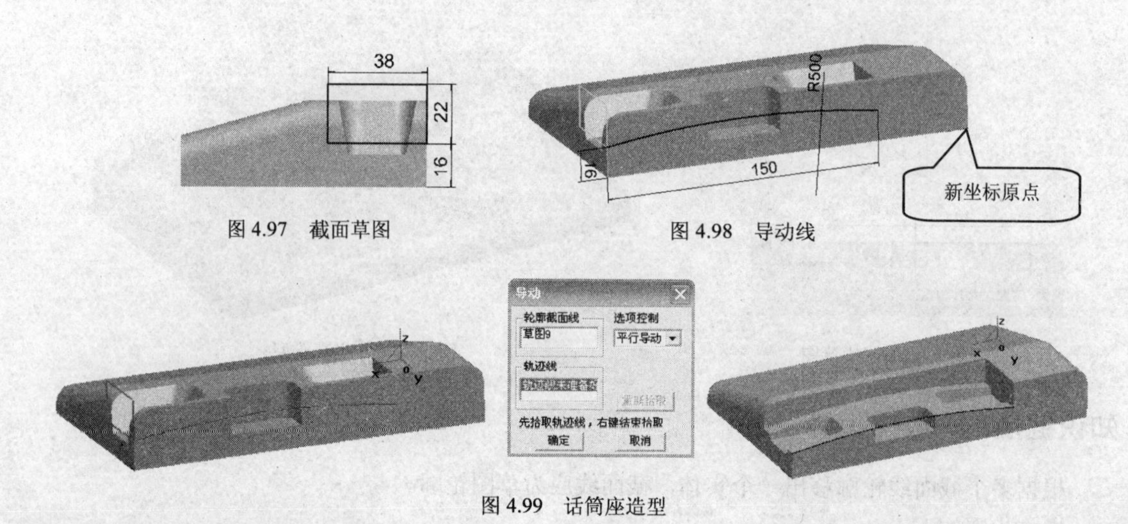

图 4.97　截面草图

图 4.98　导动线

图 4.99　话筒座造型

知识链接——创建坐标系

在实体造型过程中，可以应用坐标系功能根据实体造型的需要创建坐标系，使作图更方便、快捷，坐标系功能包括创建坐标系、激活坐标系、删除坐标系、隐藏坐标系和显示所有坐标系。

1．创建坐标系的方法

（1）单点：过指定点作为新坐标系的原点，创建的坐标系与原坐标系平行，坐标系名为给定名称，如图 4.100 所示。

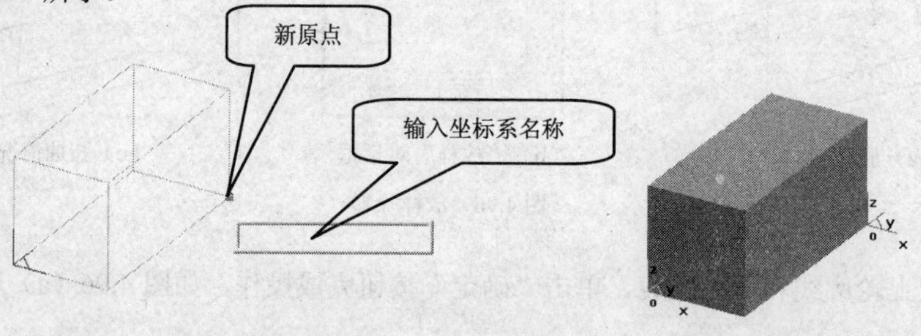

图 4.100　单点创建坐标系

（2）三点：给出坐标原点、x 轴正方向上一点和 y 轴正方向上一点生成新坐标系，坐标系名为给定名称。

（3）两相交直线：拾取直线作为 x 轴，给出正方向，再拾取直线作为 y 轴，给出正方向，生成新坐标系，坐标系名为指定名称，如图 4.101 所示。

（4）圆或圆弧：以指定圆或圆弧的圆心为坐标原点，以圆的端点方向或指定圆弧端点方向为 x 轴正方向，生成新坐标系，坐标系名为给定名称，如图 4.102 所示。

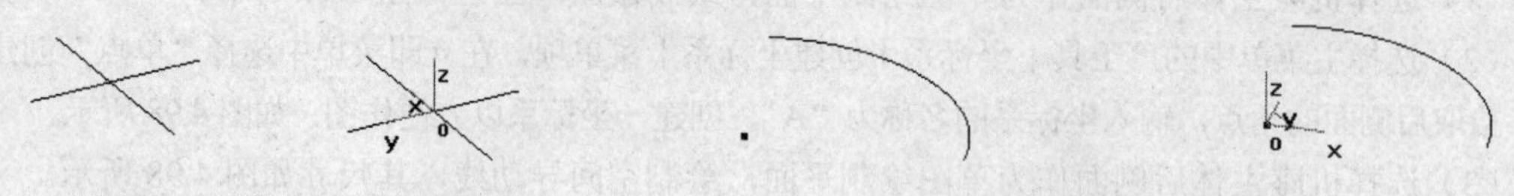

图 4.101　两相交直线创建坐标系

图 4.102　圆或圆弧创建坐标系

操作步骤如下。

① 选择主菜单中的“工具 | 坐标系 | 创建坐标系”菜单项，在立即菜单中选择创建方法，如图 4.103 所示。

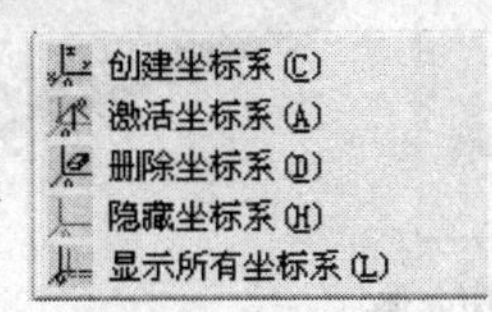

图 4.103　创建坐标系

② 拾取系统提示的几何要素，选择 x 轴、y 轴的位置。

③ 在弹出的输入条中输入坐标系名称，按回车键确定。

2．激活坐标系

新坐标系创建后原坐标系呈灰色不可用，需要激活坐标系后才可使用，操作方法如下。

（1）选择主菜单中的“工具 | 坐标系 | 激活坐标系”菜单项，弹出“激活坐标系”对话框，如图 4.104 所示。

（2）拾取坐标系列表中的某一坐标系，单击“激活”按钮，该坐标系被激活变为红色。单击“激活结束”按钮，对话框关闭。

（3）单击“手动激活”按钮，对话框关闭，拾取要激活的坐标系，该坐标系变为红色，表明已激活。

3．删除坐标系

（1）选择主菜单中的“工具 | 坐标系 | 删除坐标系”菜单项，弹出“坐标系编辑”对话框，如图 4.105 所示。

（2）拾取要删除的坐标系，单击坐标系，删除坐标系完成。

（3）拾取坐标系列表中的某一坐标系，单击“删除”按钮，该坐标系消失。单击“删除完成”按钮，对话框关闭。

（4）单击“手动拾取”按钮，对话框关闭，拾取要删除的坐标系，该坐标系消失。

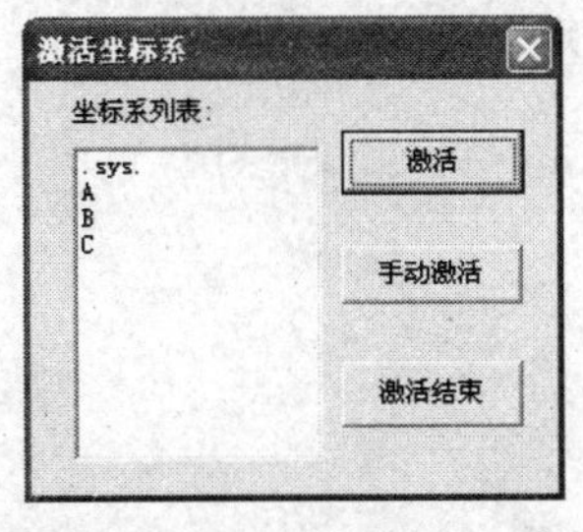

图 4.104 “激活坐标系”对话框

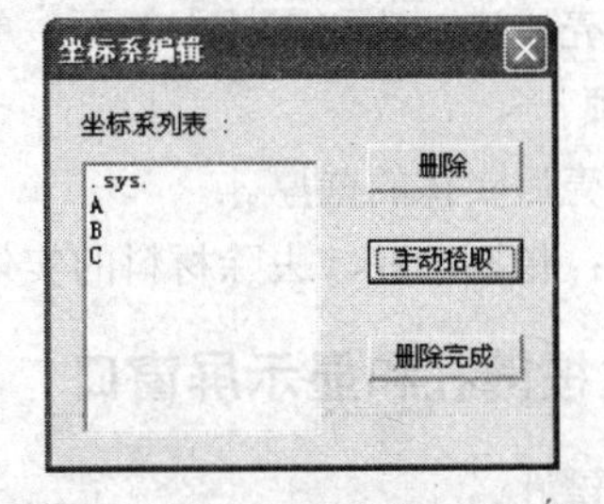

图 4.105 “坐标系编辑”对话框

步骤四　创建机座壳体

（1）抽壳。单击“抽壳”按钮，弹出“抽壳”对话框，设置抽壳的厚度为“1.5”，单击“确定”按钮，完成机座壳体的造型，如图 4.106 所示。

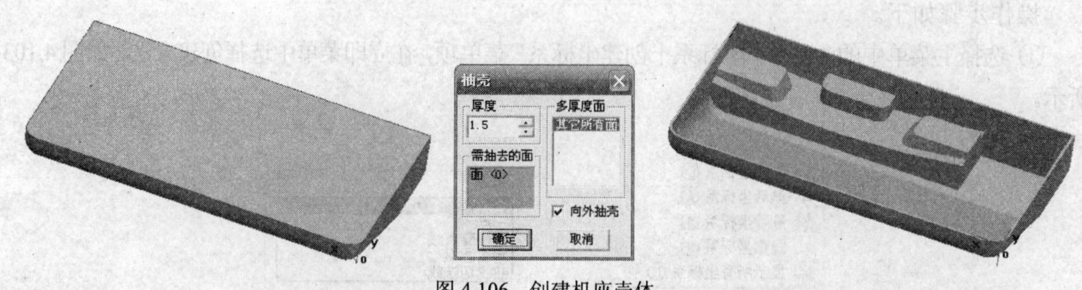

图 4.106　创建机座壳体

（2）创建圆角。单击“过渡”按钮，弹出“过渡”对话框，设置半径，选择过渡方式为“等半径”，结束方式选择默认方式，分别选择实体上需要倒圆角的边或面，单击“确定”按钮完成操作。

知识链接——抽壳

根据指定壳体的厚度将实心物体抽成内空的薄壳体。

1．操作步骤

（1）选择主菜单中的“造型 | 特征生成 | 抽壳”菜单项，或单击“特征”工具条中的“抽壳”按钮，弹出“抽壳”对话框，如图 4.107（b）所示。

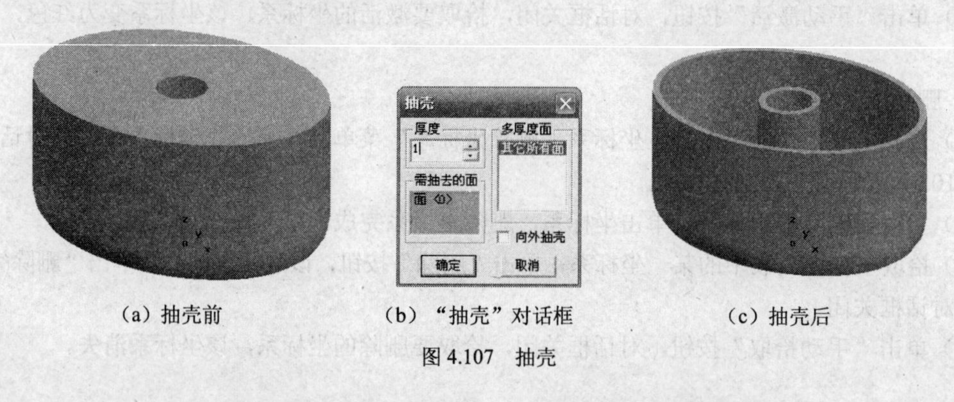

（a）抽壳前　（b）“抽壳”对话框　（c）抽壳后

图 4.107　抽壳

（2）填入抽壳厚度，选取需抽去的面，单击“确定”按钮完成操作。

2．抽壳选项

厚度：指抽壳后实体的壁厚。

需抽去的面：指要拾取、去除材料的实体表面。

步骤五　创建按键孔和显示屏窗口

（1）创建按键孔。

① 选择机座上的倾斜面作为绘制草图的基准面，绘制按键孔的轮廓草图，草图尺寸如图 4.108 所示。

② 单击“拉伸除料”按钮，拾取按键孔轮廓草图，选择“贯穿”方式，单击“确定”按钮，效果如图 4.109 所示。

③ 单击“线性阵列”按钮，弹出“线性阵列”对话框，拾取机座长边为第一阵列方向，

阵列对象为按键孔，设置距离为“18”，数目为“5”。拾取机座短边为第二阵列方向，设置距离为“15”，数目为“4”。单击“确定”按钮完成操作，如图 4.110 所示。

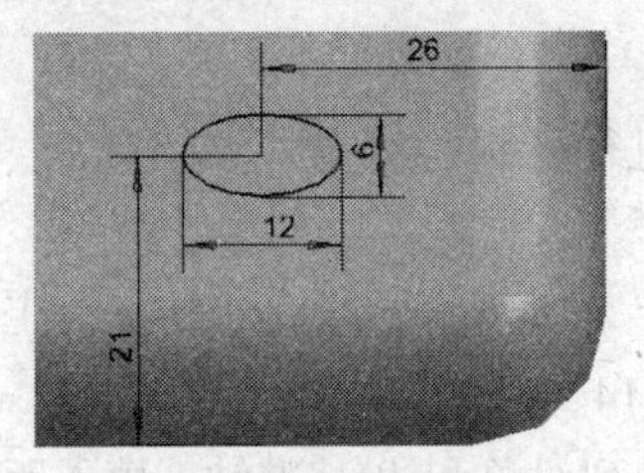

图 108　按键孔草图

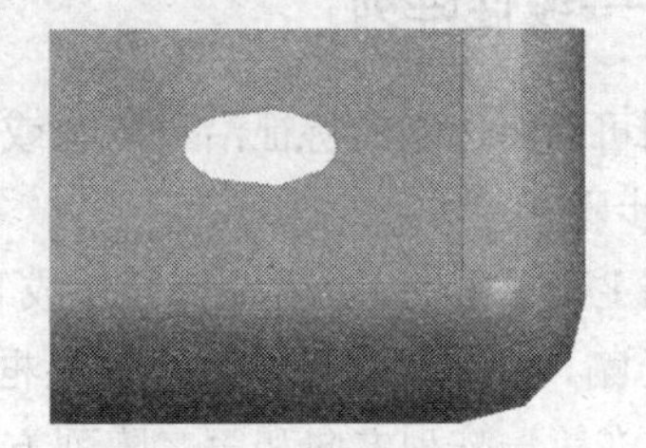
图 109　按键孔

（2）创建显示屏窗口。

① 选择机座上的倾斜面作为绘制草图的基准面，绘制显示屏窗口的轮廓草图，草图尺寸如图 4.111 所示。

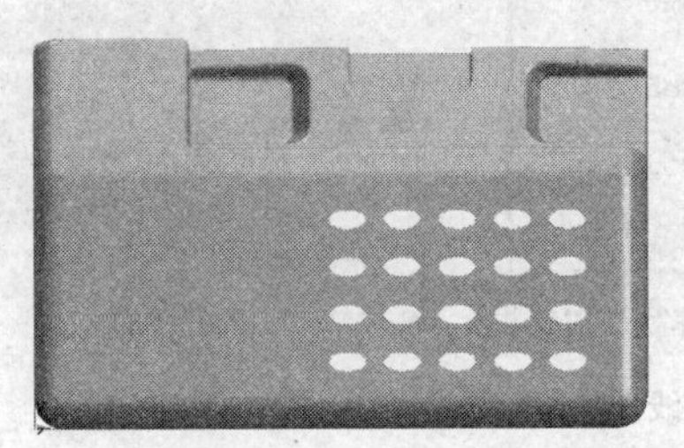
图 4.110　阵列按键孔

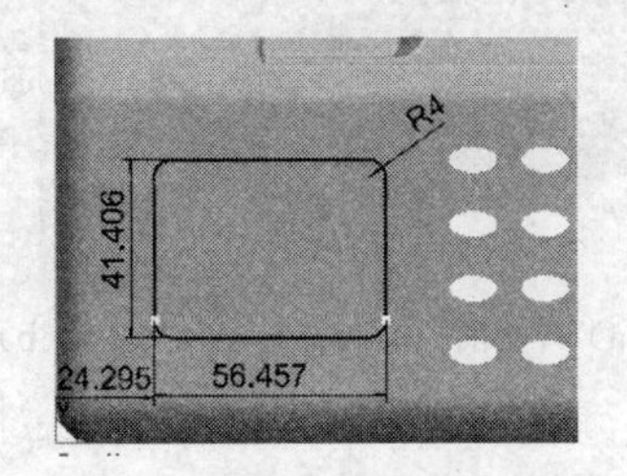

图 4.111　显示屏窗口的轮廓草图

② 单击“拉伸除料”按钮，拾取显示屏窗口的轮廓草图，选择“贯穿”方式，单击“确定”按钮，完成后的效果如图 4.112 所示。

（3）创建安装圆柱。

① 选择特征树中的“平面 XY”作为草图绘制平面，绘制安装圆柱草图，4 个圆柱的直径均为 $\Phi 6$，图形的位置自定。

② 单击“拉伸增料”按钮，在弹出的“拉伸”对话框中选择“拉伸到面”，选择圆柱草图，拾取壳体的内倾斜面作为终止面，然后单击“确定”按钮，完成圆柱造型。

③ 拾取圆柱顶面作为草图绘制平面，绘制安装孔草图直径为 $\Phi 3$ 的圆，应用拉伸除料命令构造安装孔，如图 4.113 所示。

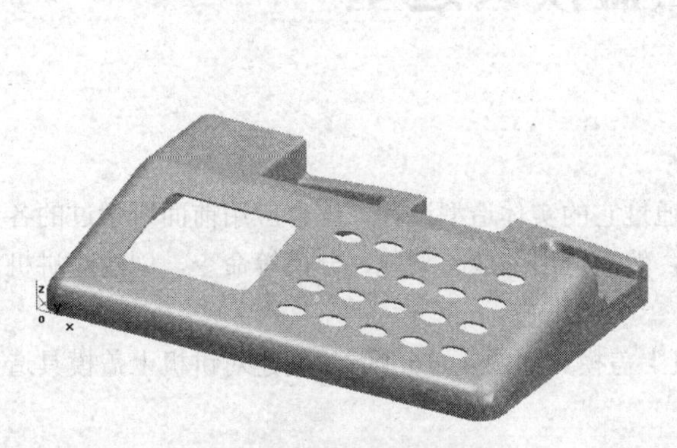
图 4.112　按键孔和显示屏窗口

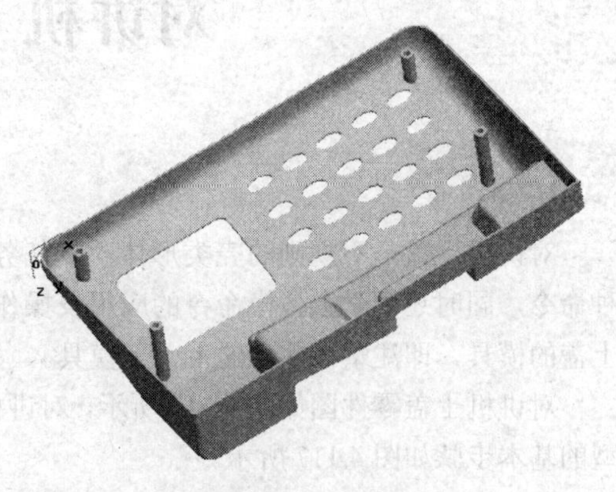
图 4.113　安装圆柱

至此，完成了电话机机座的全部造型设计。

知识链接——线性阵列

线性阵列可以将选定的特征沿着一个或多个方向进行复制。

1. 操作步骤

（1）选择主菜单中的“造型 | 特征生成 | 线性阵列”菜单项，或单击“特征”工具条中的“线性阵列”按钮，弹出“线性阵列”对话框，如图 4.114（b）所示。

（2）分别在第一阵列方向和第二阵列方向，拾取阵列对象和边/基准轴，填入距离和数目，单击“确定”按钮完成操作，阵列结果如图 4.114（c）所示。

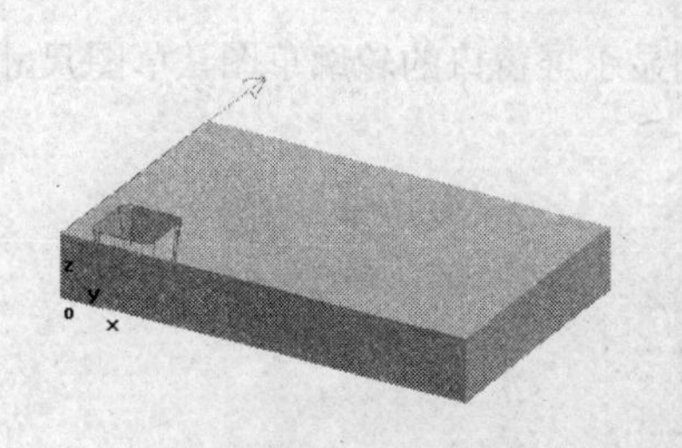
（a）阵列的对象和方向

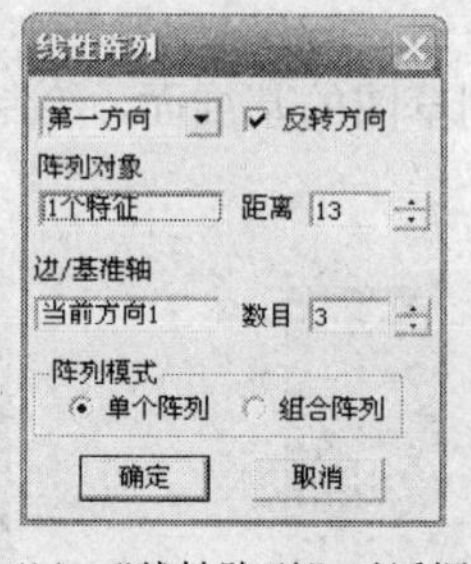

（b）“线性阵列”对话框

（c）阵列结果

图 4.114　线性阵列

2. 线性阵列选项

（1）方向：指阵列的第一方向和第二方向。

（2）阵列对象：指要进行阵列的特征。

（3）边/基准轴：指阵列所沿的指示方向的边或者基准轴。

（4）距离：指阵列对象相距的尺寸值，可以直接在数字框中输入所需数值，也可以单击按钮调整数值。

（5）数目：指阵列对象的个数，可以在数字框中直接输入所需数值，也可以单击按钮调整数值。

（6）反转方向：指与默认方向相反的方向进行阵列。

任务7　对讲机上盖模具造型

思路分析

对讲机上盖是不规则的壳类形体，本任务通过它的实体造型过程，综合应用前面所学过的各种命令，同时还要学会拔模命令的应用及操作，然后运用缩放、型腔、分摸等命令，创建对讲机上盖的模具，即注塑该零件的上、下模具。

对讲机上盖零件图如图 4.115 所示，对讲机上盖模具如图 4.116 所示，创建对讲机上盖模具造型的基本步骤如图 4.117 所示。

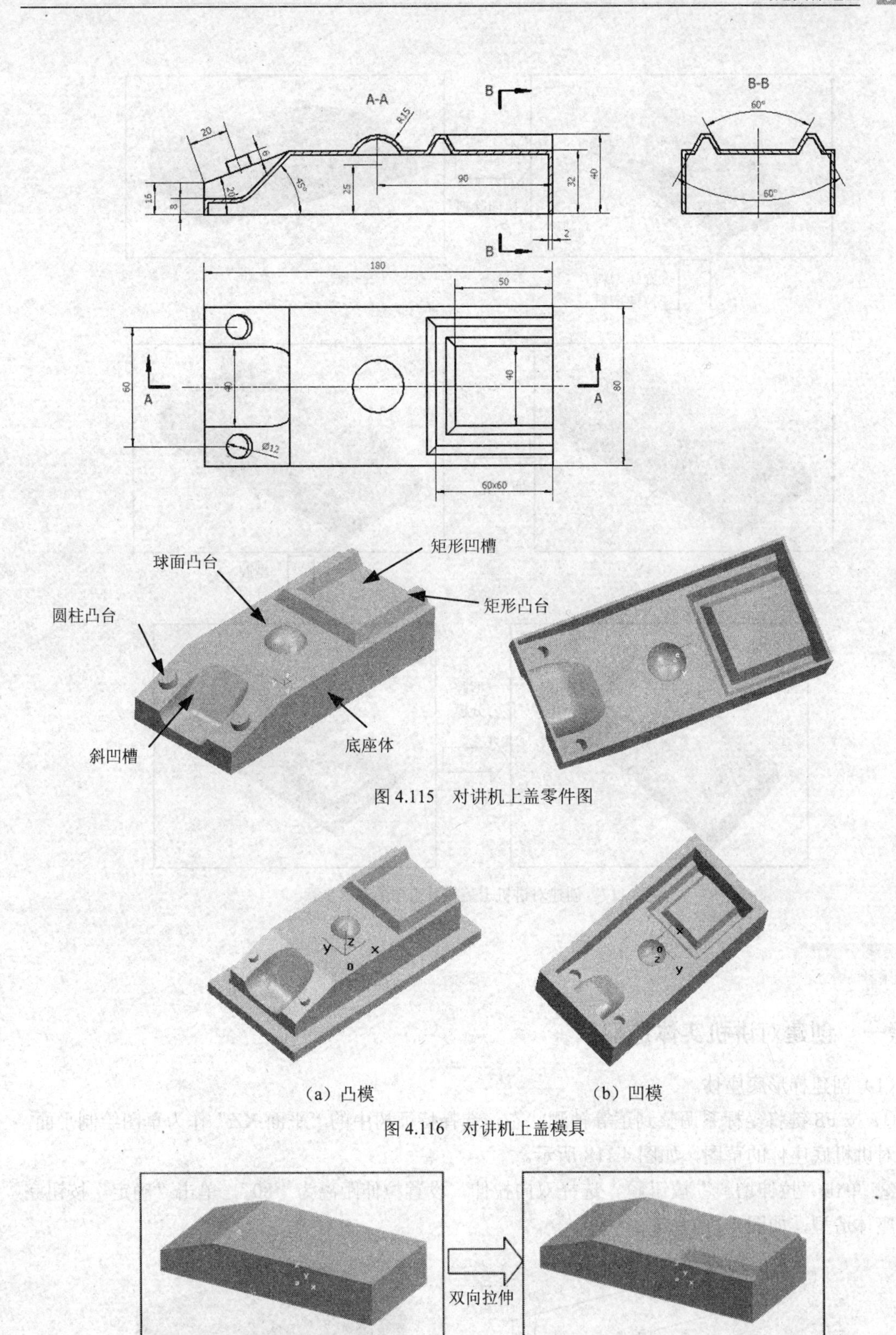

图 4.115 对讲机上盖零件图

（a）凸模 （b）凹模

图 4.116 对讲机上盖模具

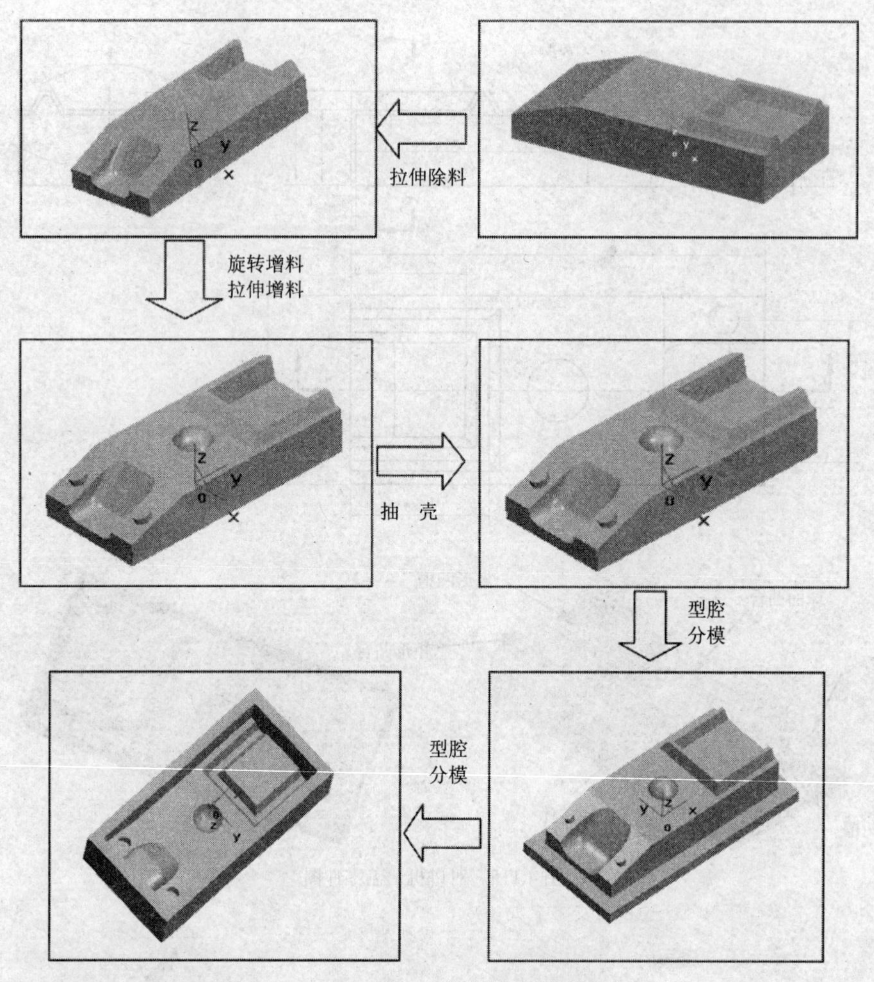

图 4.117 创建对讲机上盖模具造型的基本步骤

操作步骤

步骤一 创建对讲机实体造型

（1）创建梯形底座体。

① 按 F8 键将坐标系调整到正等轴测状态，选择特征树中的“平面 XZ”作为草图绘制平面，绘制对讲机底座体的草图，如图 4.118 所示。

② 单击“拉伸增料”按钮，选择双向拉伸，设置拉伸距离为“80”，单击“确定”按钮完成底座体造型，如图 4.119 所示。

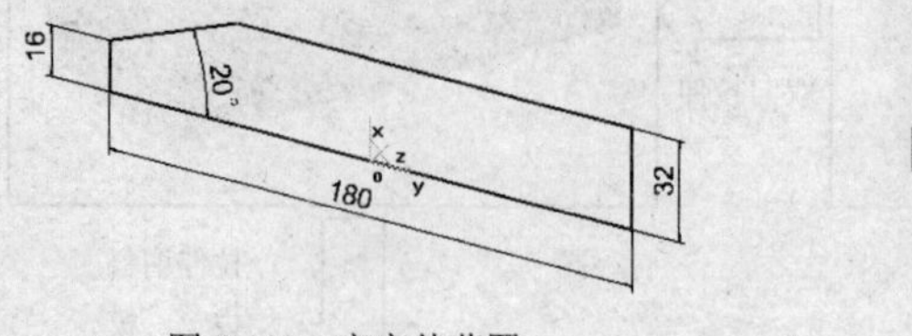

图 4.118 底座体草图

图 4.119 底座体造型

（2）创建矩形凸台。

① 单击底座体上面进入草图，绘制凸台草图，如图 4.120（a）所示。

② 单击“拉伸”按钮，选择凸台草图，设置拉伸距离为“8”，单击“确定”按钮，创建出一个矩形凸台，如图 4.120（b）所示。

（a）凸台草图

（b）拉伸凸台

图 4.120　拉伸凸台

（3）创建拔模凸台。

① 单击主菜单中的“造型 | 特征生成 | 拔模”菜单项，或单击“特征”工具条中的“拔模”按钮，系统弹出“拔模”对话框，如图 4.121（a）所示。

② 设置拔模类型为“中立面”，单击矩形凸台的顶面作为中性面，此时在“中性面”显示框内显示“面<0>”，设置拔模角度为“30”，单击“拔模面”的显示框，此时显示框呈粉红色，然后分别选择凸台的 3 个表面，如图 4.121（b）所示。最后单击“确定”按钮结束操作，拔模结果如图 4.121（c）所示。

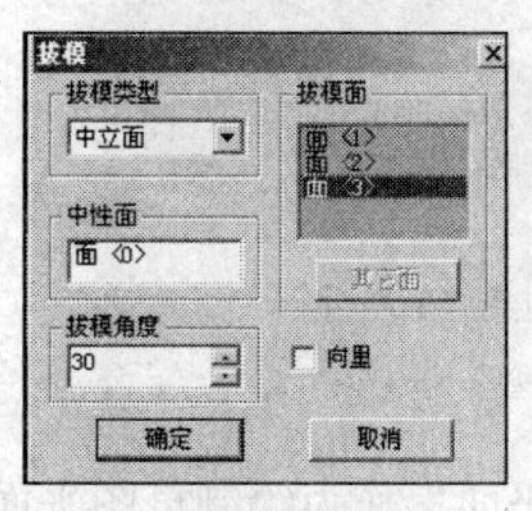

（a）“拔模”对话框

（b）选择拔模面

（c）拔模结果

图 4.121　拔模

（4）创建矩形凹槽。

① 单击凸台体上面进入草图，绘制凹槽草图，如图 4.122（a）所示。

② 单击“拉伸除料”按钮，选择凹槽草图，设置拉伸距离为“8”，单击“确定”按钮，创建出一个矩形凸台，如图 4.122（b）所示。

（a）凹槽草图

（b）拉伸除料

（c）“拔模”对话框

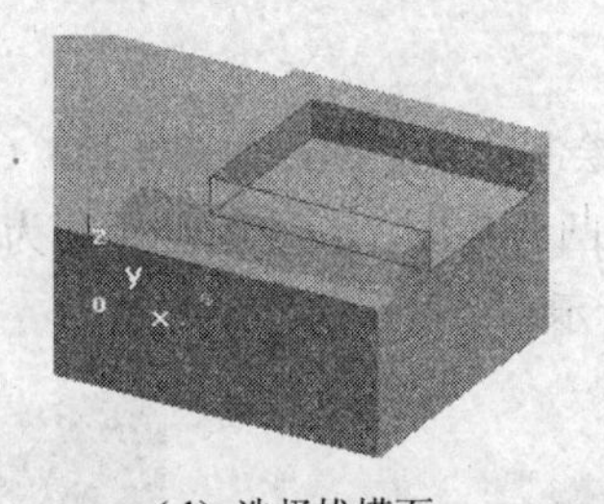

（d）选择拔模面

（e）凹槽拔模结果

图 4.122　凹槽拔模

③ 单击“拔模”按钮，系统弹出“拔模”对话框，如图 4.122（c）所示。设置拔模类型为“中立面”，单击矩形凹槽的底面作为中性面，此时在“中性面”显示框内显示“面<0>”，设置拔模角度为“30”，单击“拔模面”的显示框，此时显示框呈粉红色，然后分别选择凸台的 3 个表面，如图 4.122（d）所示，最后单击“确定”按钮结束操作，凹槽拔模结果如图 4.122（e）所示。

（5）创建球形凸台。

① 按 F6 键将坐标系切换到“YOZ”坐标平面，选择特征树中的“YZ 平面”进入绘制草图状态，绘制球形凸台草图。退出草图状态后过原点画一条非草图线作为回转轴，如图 4.123 所示。

② 单击“旋转增料”按钮，拾取回转轴，选择球形凸台草图，单击“确定”按钮即可完成球形凸台的创建，如图 4.124 所示。

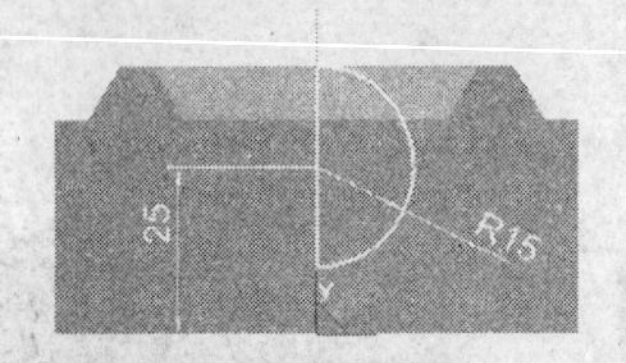

图 4.123　球形凸台草图

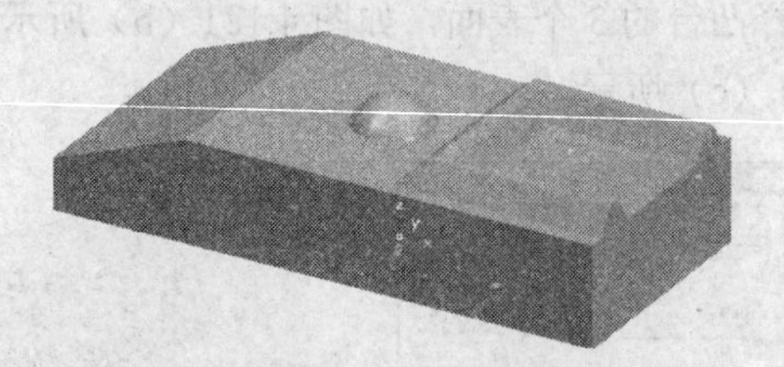

图 4.124　创建球形凸台

（6）创建斜槽。

① 按 F7 键将坐标平面切换到 *XOZ*，在特征树下选择“XZ 平面”作为绘制草图平面，绘制斜槽草图，如图 4.125 所示。

② 单击“拉伸除料”按钮，在弹出的对话框中选择“双向拉伸”，设置拉伸距离为“40”，拾取斜槽草图作为拉伸对象，单击“确定”按钮，创建的斜槽如图 4.126 所示。

③ 单击“过渡”按钮，在弹出的对话框中设置圆角半径为“10mm”，分别选择斜槽两侧的轮廓线，单击“确定”按钮完成圆角过渡，如图 4.127 所示。

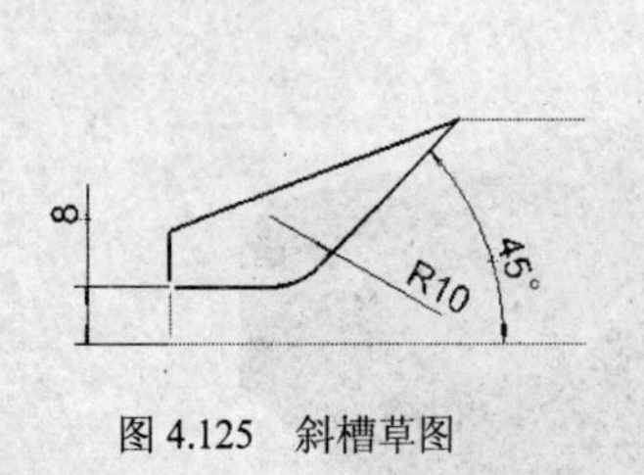

图 4.125　斜槽草图

图 4.126　拉伸除料

图 4.127　圆角过渡

（7）创建底座圆柱凸台。

① 过三点构造基准面：单击“构造基准面”按钮，在对话框中选择“三点确定基准平面”

的方法，在实体上拾取 3 个点，单击“确定”按钮基准面构造完成，如图 4.128 所示。

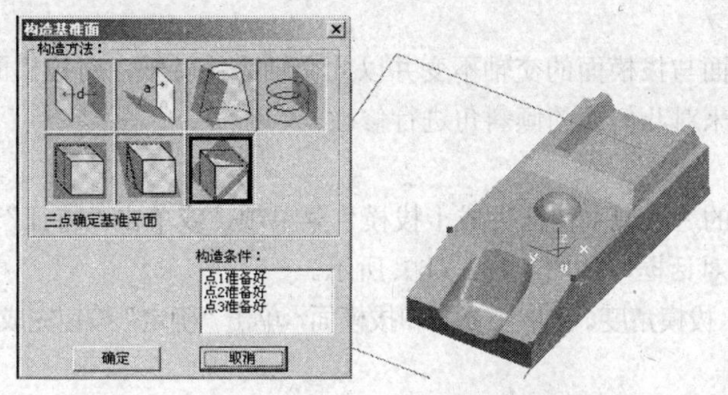

图 4.128　三点确定基准平面

② 选择刚构建的基准面为草图平面，进入草图绘制状态，绘制圆柱凸台草图，如图 4.129 所示。

③ 单击“拉伸增料”按钮，选择拉伸类型为“固定深度”，深度值为“6mm”，拉伸对象为圆柱凸台草图。单击“确定”按钮，完成圆柱凸台的创建，如图 4.130 所示。

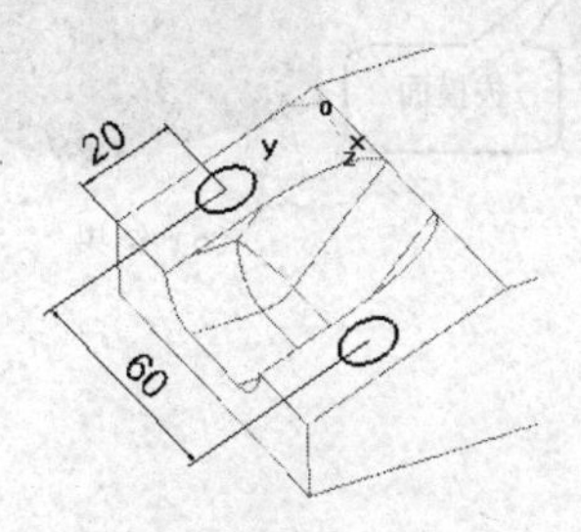

图 4.129　圆柱凸台草图

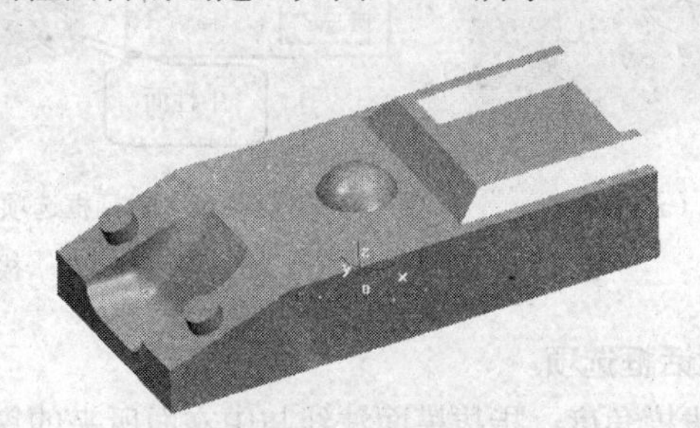

图 4.130　创建圆柱凸台

（8）抽壳。抽壳命令是根据指定壳体的厚度将实心物体抽成内空的薄壳体。下面介绍抽壳命令的应用。

① 单击主菜单中的“应用 | 特征生成 | 抽壳”菜单项，或单击“特征”工具条中的“抽壳”按钮，弹出“抽壳”对话框，如图 4.131（a）所示。

② 在“抽壳”对话框中设置壳体厚度为“2mm”，在“需抽去的面”选项中，选择形体底面，此时显示框中显示“面<0>”。单击“确定”按钮完成抽壳操作，结果如图 4.131（b）所示。

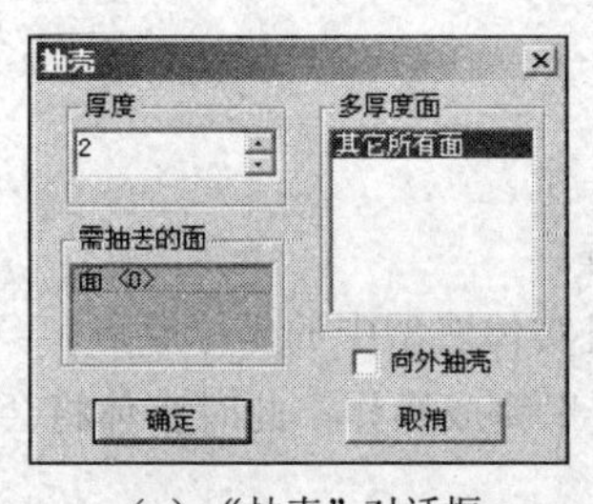

（a）“抽壳”对话框

（b）抽壳结果

图 4.131　对讲机抽壳

至此，完成了对讲机上盖的全部造型。

知识链接——拔模

拔模是指保持中性面与拔模面的交轴不变并以此交轴为旋转轴，对拔模面进行相应拔模角度的旋转操作。此功能用来对几何面的倾斜角进行修改。

1. 操作步骤

（1）选择主菜单中的“造型｜特征生成｜拔模”菜单项，或单击“特征”工具条中的“拔模”按钮，弹出“拔模”对话框，如图 4.132（b）所示。

（2）在对话框中填入拔模角度，选取中立面和拔模面，单击“确定”按钮完成操作，如图 4.132（c）所示。

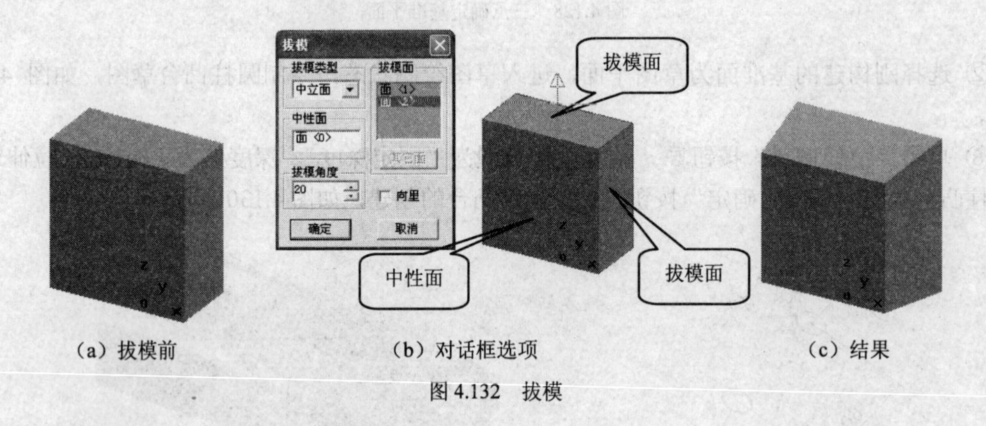

（a）拔模前　（b）对话框选项　（c）结果

图 4.132　拔模

2. 对话框选项

（1）拔模角度：指拔模面法线与中立面所夹的锐角。

（2）中立面：指拔模起始的位置。

（3）拔模面：需要进行拔模的实体表面。

（4）向里：指与默认方向相反，分别按照两个方向生成实体。

拔模角度不要超过合理值。

步骤二　创建对讲机模具

（1）设置收缩率。

① 单击“缩放”按钮，系统弹出“缩放”对话框。

② 打开基点列表，选择“拾取基准点”，拾取对讲机实体造型中的坐标原点。

③ 在“收缩率”数值框中输入“10%”，单击“确定”完成操作，此时实体将会增大 10%。

（2）创建型腔。

① 单击“型腔”按钮，系统弹出“型腔”对话框。

② 设置毛坯放大尺寸，如图 4.133（a）所示，单击“确定”按钮完成操作，此时生成一个长方形将零件完全包容，如图 4.133（b）所示。

（3）分模。

① 选择型腔左端面，进入绘制草图状态，绘制一条距离底面“10mm”的直线，如图 4.134 所示。

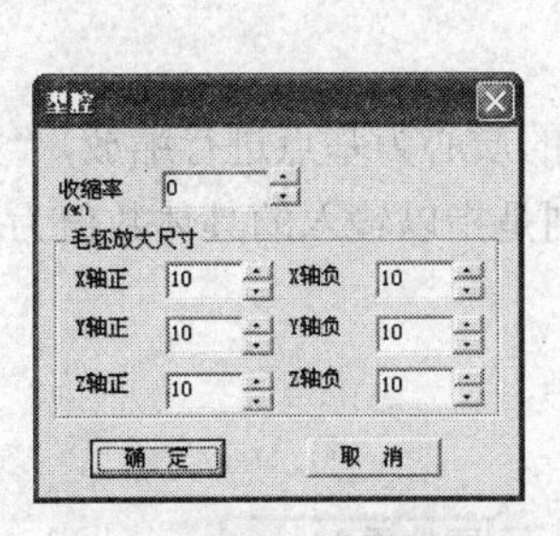

（a）“型腔”对话框

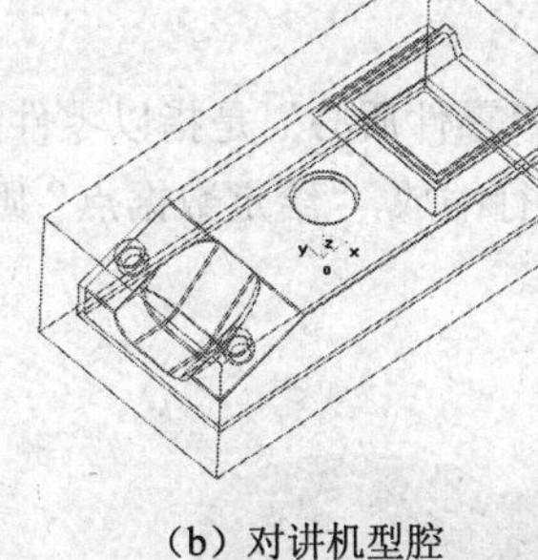

（b）对讲机型腔

图 4.133 创建对讲机型腔

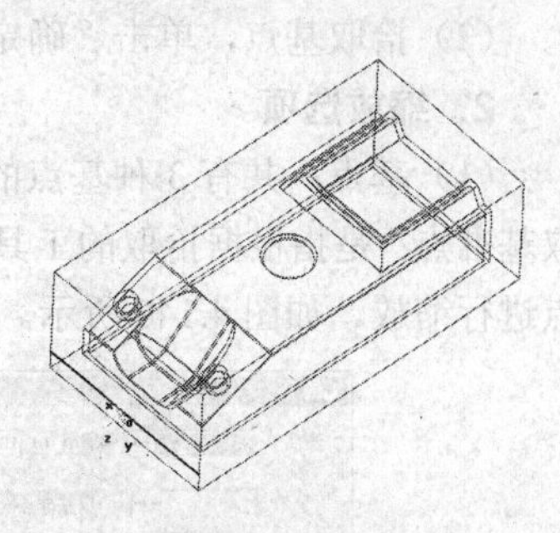

图 4.134 分模草图

② 单击“分模”按钮，系统弹出“分模”对话框，如图 4.135 所示。拾取草图并设置除料方向，单击“确定”按钮，创建出对讲机的凸模，如图 4.136 所示。

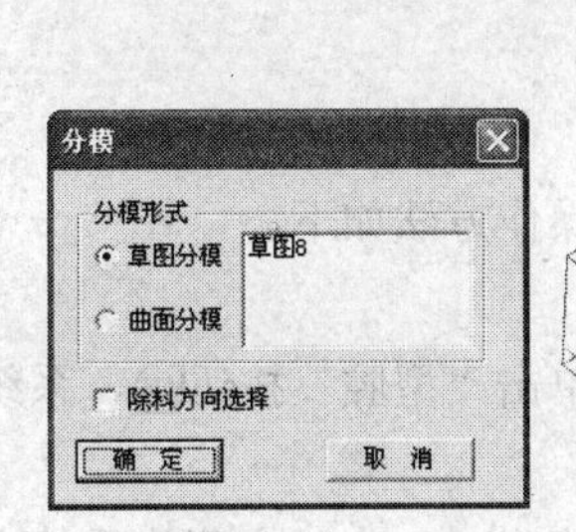

图 4.135 分模

图 4.136 对讲机凸模

③ 若按相反的除料方向，将会出现提示对话框，如图 4.137 所示。单击“上一个”按钮，将会得到对讲机凹模的实体造型，如图 4.138 所示。

至此，完成了对讲机模具的全部造型设计。

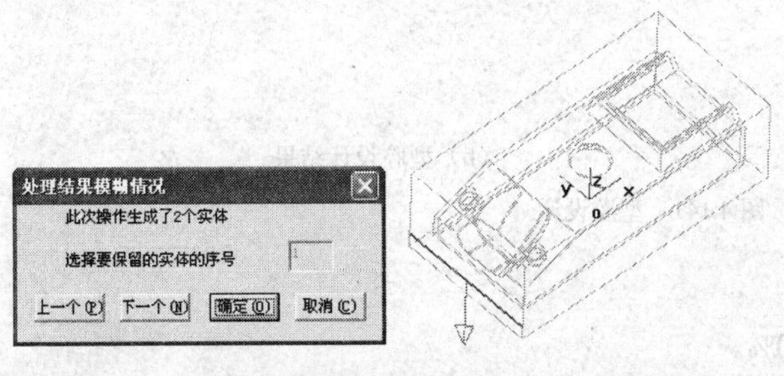

图 4.137 反向除料

图 4.138 对讲机凹模

知识链接 1——缩放

设计模具时，要考虑到收缩率的问题，缩放命令的功能是给定基准点对零件进行放大或缩小，以保证模具对收缩率的要求。下面介绍缩放命令的应用及操作方法。

1．操作步骤

（1）选择主菜单中的“造型 | 特征生成 | 缩放”菜单项，或单击“缩放”按钮，系统弹出“缩放”对话框，如图 4.139 所示。

（2）拾取基点，单击“确定”按钮完成操作。

2．缩放选项

（1）基点：共有 3 种基点的选择方式，“零件质心”是指以零件的质心为基点进行缩放，“拾取基准点”是指根据拾取的工具点为基点进行缩放，“给定数据点”则是指以输入的具体数值为基点进行缩放，如图 4.140 所示。

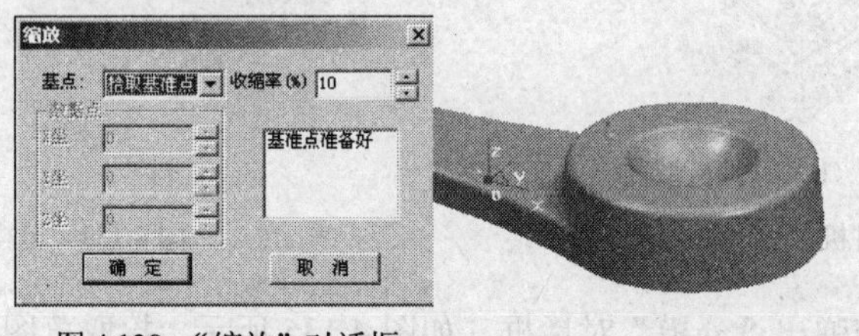

图 4.139 “缩放”对话框

图 4.140 基点列表

（2）收缩率：指放大或缩小的比率。

知识链接 2——型腔（分模预处理）

型腔命令的功能是以零件为型腔生成包围此零件的模具，其操作方法如下。

1．操作步骤

（1）单击主菜单中的“造型 | 特征生成 | 型腔”菜单项，或单击“型腔”按钮，系统弹出“型腔”对话框，如图 4.141（a）所示。

（2）设置毛坯放大尺寸，单击“确定”按钮完成操作，此时将生成一个长方形将零件完全包容，如图 4.141（b）所示。

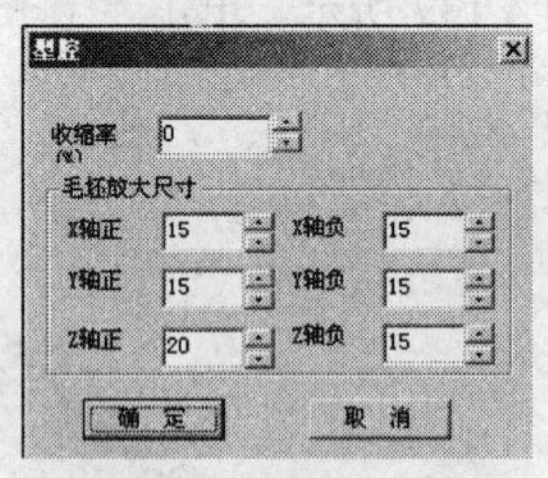

（a）“型腔”对话框

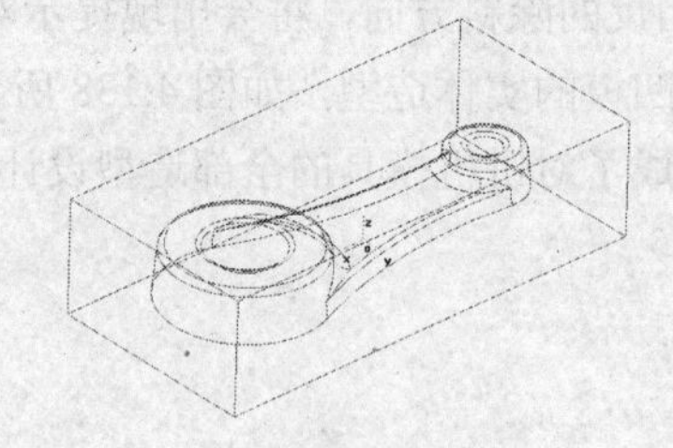

（b）型腔设计结果

图 4.141 型腔设计

2．型腔选项

（1）收缩率：收缩率介于−20%～20%。

（2）毛坯放大尺寸：根据需要设置。在图 4.141（a）中，设置的 X 轴正“15”、X 轴负“15”，是指毛坯左右两侧面到零件的左右轮廓的距离是 15mm；设置的 Y 轴正“15mm”、Y 轴负“15mm”，是指毛坯前后两侧面到零件的前后轮廓的距离是 15mm；设置的 Z 轴正“20mm”、Z 轴负“15mm”，是指毛坯上下两侧面到零件的上下轮廓的距离分别是 20mm 和 15mm。型腔设计结果如图 4.141（b）所示。

知识链接 3——分模

型腔生成后，应用分模命令使模具按照给定的方式分成几个部分。

1．操作步骤

（1）选择基准面创建草图，如图 4.142（a）所示，绘制如图 4.142（b）所示草图。

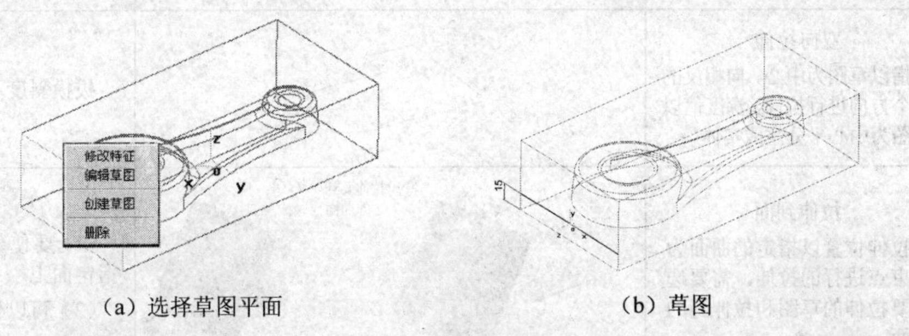

（a）选择草图平面　　（b）草图

图 4.142　创建草图

（2）选择主菜单中的“造型｜特征生成｜分模”菜单项，或单击“分模”按钮，系统弹出“分模”对话框，如图 4.143（a）所示。

（3）拾取草图，选择分模形式和除料方向，单击“确定”按钮，分模操作完成，分模结果如图 4.143（b）所示。

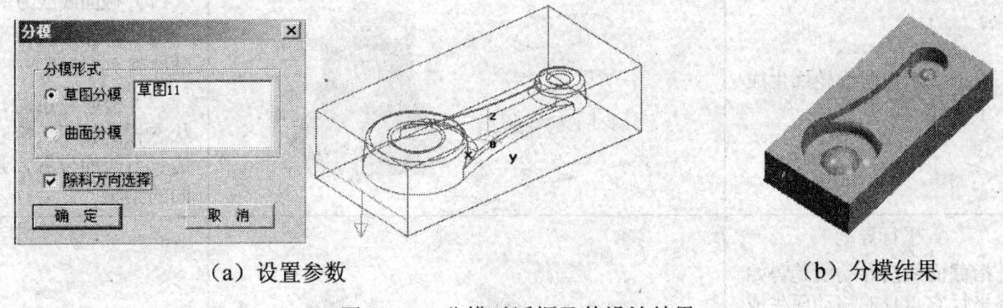

（a）设置参数　　（b）分模结果

图 4.143　分模对话框及其设计结果

2．分模选项

（1）分模形式：分模形式包括草图分模和曲面分模两种。

草图分模：指通过所绘制的草图进行分模。

曲面分模：指通过曲面进行分模，参与分模的曲面可以是多张边界相连的曲面。

（2）除料方向选择：指除去哪一部分实体的选择，分别按照不同方向生成实体。

项目小结

本项目通过完成轴座、电源插头、凿子、压板造型、螺杆、电话机机座和对讲机上盖 7 个任务的实体造型设计，学习了常用实体造型命令和编辑命令的应用及操作方法，建立了实体造型的基本思想，掌握了实体造型的常用方法和技巧，为今后学习 CAM 打下了良好的基础。

实体造型的能力需要在反复实践中逐步建立，在实际操作中，不仅需要了解零件形体的组成，还要熟悉各实体造型命令的特性、作用、构造条件及注意事项，能够灵活应用造型命令。

表 4.1 中汇集了常用的实体造型命令，便于读者更深层地了解其内涵。

表 4.1　　　　常用实体造型命令

命令	功　能	图　例	注 意 事 项
拉伸增料	固定深度 将指定草图根据指定距离拉伸，生成一个增加材料的特征		勾选“增加拔模斜度”复选框，可以创建具有斜度的实体
	双向拉伸 指以草图为中心，向相反的两个方向进行拉伸，深度值以草图为中心平分生成实体		拔模斜度不可用
	拉伸到面 拉伸位置以指定的曲面为结束点进行的拉伸，需要选择要拉伸的草图和拉伸到的曲面	拉伸要到达的曲面 草图	（1）要使草图完整投影到指定面上 （2）可以使用拔模斜度
旋转增料	通过围绕一条空间直线旋转一个或多个封闭轮廓，增加生成一个特征		旋转轴是空间曲线
放样增料	根据多个截面线轮廓生成一个实体		（1）截面线应为草图轮廓 （2）轮廓按操作中的拾取顺序排列 （3）拾取轮廓时，要注意状态栏的提示，拾取不同的边、不同的位置，会产生不同的结果
导动增料	平行导动 指截面线沿导动线趋势始终平行它自身的移动而生成的特征实体	平行导动　固接导动	（1）截面线应为草图轮廓 （2）轨迹线为空间曲线 （3）注意导动方向 （4）导动路径也就是轨迹线的起点必须在草图平面内
	固接导动 截面线平面与导动线的切矢方向保持相对角度不变，而且截面线在自身相对坐标架中的位置关系保持不变，截面线沿导动线变化的趋势导动生成特征实体		
拉伸除料	将一个草图轮廓曲线根据指定的距离或方式做拉伸操作，生成一个减去材料的特征		（1）拉伸除料的类型固定深度、双向拉伸、拉伸到面与拉伸增料大致相同，只不过是去除材料 （2）贯穿即将整个零件穿透，操作时要注意方向
旋转除料	通过围绕一条空间直线旋转一个或多个封闭轮廓，移除生成一个特征		轴线是空间曲线，需要退出草图后绘制

续表

命令	功　能	图　例	注意事项
放样除料	根据多个截面线轮廓移出一个实体		(1) 截面线应为草图轮廓 (2) 轮廓按操作中的拾取顺序排列 (3) 拾取轮廓时，要注意状态栏的提示，拾取不同的边、不同的位置，会产生不同的结果
导动除料	将某一截面曲线或轮廓线沿着另外一外轨迹线运动移出一个特征实体	(a) 平行导动　(b) 固接导动	(1) 截面线应为草图轮廓 (2) 轨迹线为空间曲线 (3) 注意导动方向 (4) 导动路径也就是轨迹线的起点必须在草图平面内
过渡	过渡是指以给定半径或半径规律对实体的边作光滑过渡		(1) 合理选择结束方式，以保证获得光滑过渡 (2) 变半径过渡时，只能拾取边不能拾取面 (3) 变半径操作时注意控制点的顺序
倒角	倒角是指对实体的棱边进行等距离裁剪		两个面的棱边才可以倒角
孔	指在平面上直接去除材料生成各种类型的孔		(1) 通孔时，深度不可用 (2) 指定空的定位点时，单击平面后按回车键可以输入打孔位置
拔模	指保持中性面与拔模面的交轴不变并以此交轴为旋转轴，对拔模面进行相应拔模角度的旋转操作		拔模角度不能超过合理值
抽壳	根据指定壳体的厚度将实心物体抽成内空的薄壳体		抽壳厚度要合理，否则操作将会失败
筋板	筋板的主要作用是加强两个实体间的连接，它必须附在其他特征之上		(1) 加固方向应指向实体 (2) 草图形状不封闭

续表

命令	功　能	图　例	注 意 事 项
线性阵列	将选定的特征沿着一个或多个方向进行复制		要正确选取阵列方向
环形阵列	绕指定基准轴旋转将特征阵列为多个特征		基准轴为空间曲线
基准面	基准面是草图和实体赖以生存的平面，应用“构造基准面”命令构造基准面有多种方法		要根据构造不同的基准面，合理选择构造方法，并正确拾取构造条件
型腔	以零件为型腔生成包围此零件的模具		收缩率介于-20%～20%
分模	型腔生成后，通过分模，使模具按照给定的方式分成几个部分		（1）正确绘制分模面草图 （2）注意分模方向的选择

综合练习

1．按图 4.144～图 4.146 所示零件的形状及尺寸，创建零件的实体造型。

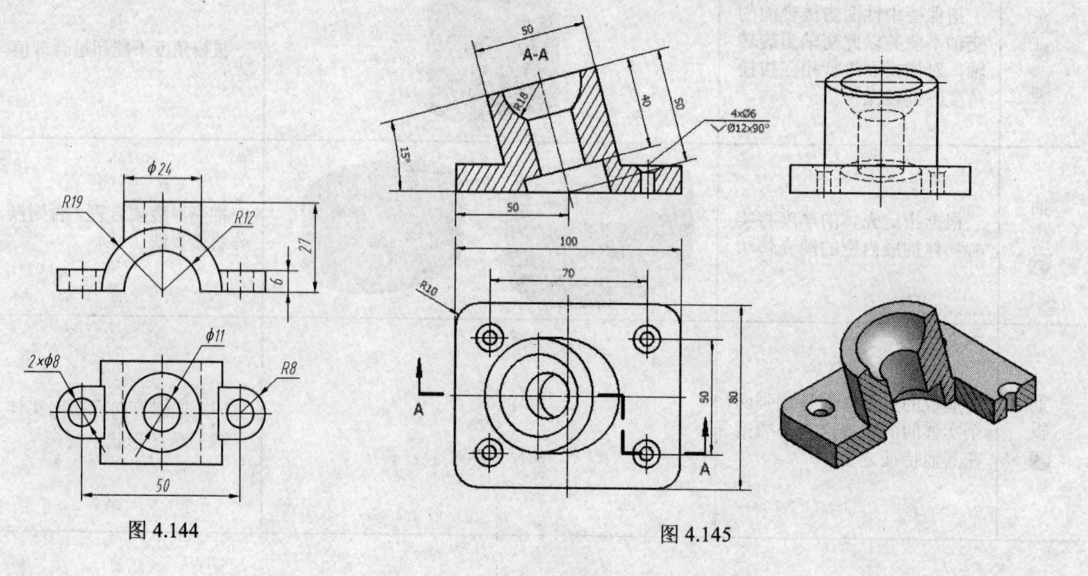

图 4.144

图 4.145

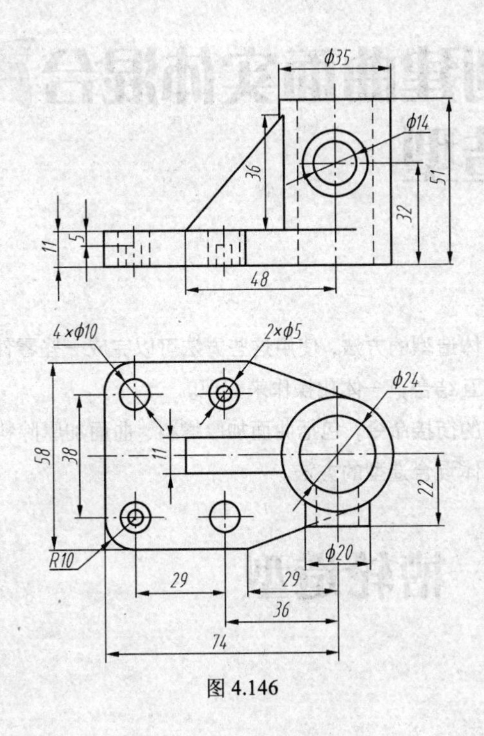

图 4.146

2．按图 4.147 所示皮带轮的尺寸创建该零件的实体造型。

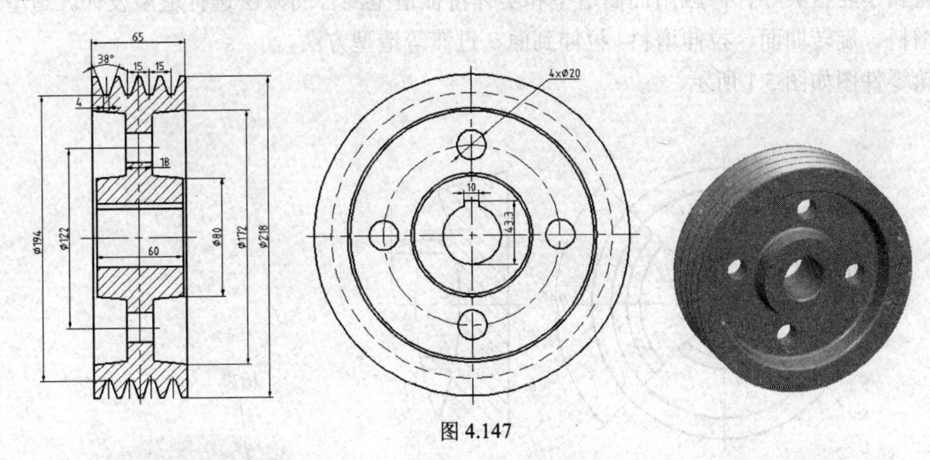

图 4.147

3．按图 4.148 所示连杆的尺寸创建该零件的实体造型，并创建该零件的凹模造型。

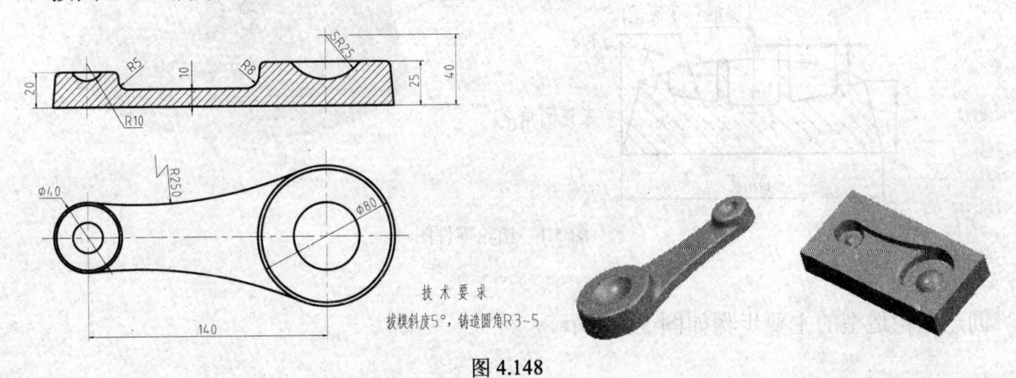

图 4.148

项目五 创建曲面实体混合造型

前面学习了曲面造型和实体造型的方法，使用这些方法可以完成一些零件的设计造型要求。但有些零件的设计造型需要曲面和实体相互结合，一体化操作来实现。

本项目将介绍实体与曲面的衔接命令，包括曲面加厚增料、曲面加厚除料和曲面裁减除料。通过本项目的学习，读者将学会曲面和实体混合造型的方法。

任务1 槽轮造型

思路分析

槽轮属于轮盘类零件，应用曲面造型和实体特征造型混合的方法进行造型设计。造型中应用到旋转增料、旋转曲面、拉伸增料 | 拉伸到面、过渡等造型方法。

槽轮零件图如图 5.1 所示。

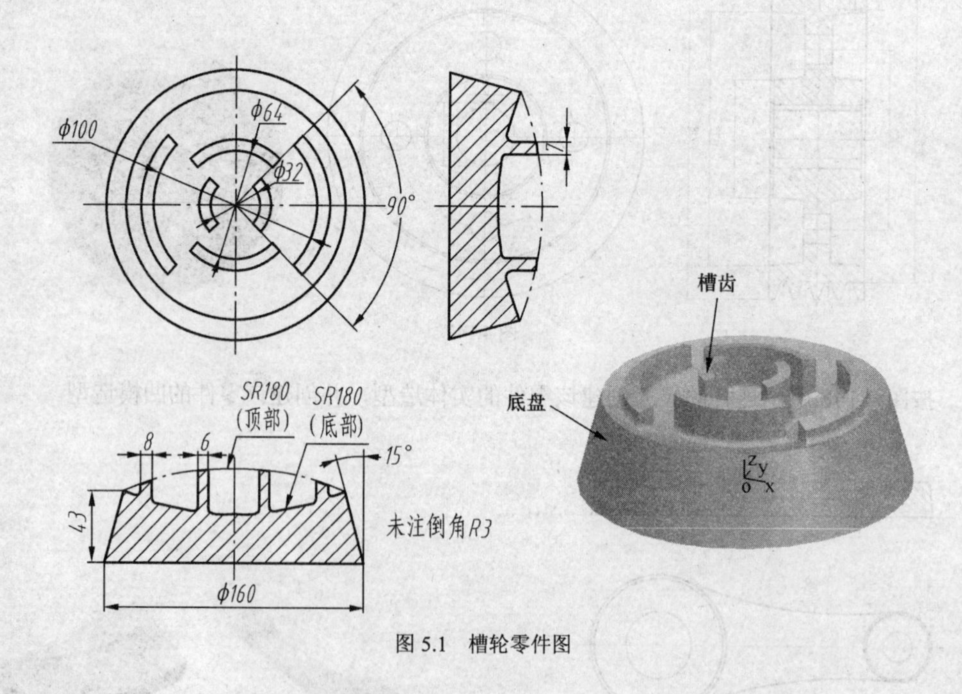

图 5.1 槽轮零件图

创建槽轮造型的主要步骤如图 5.2 所示。

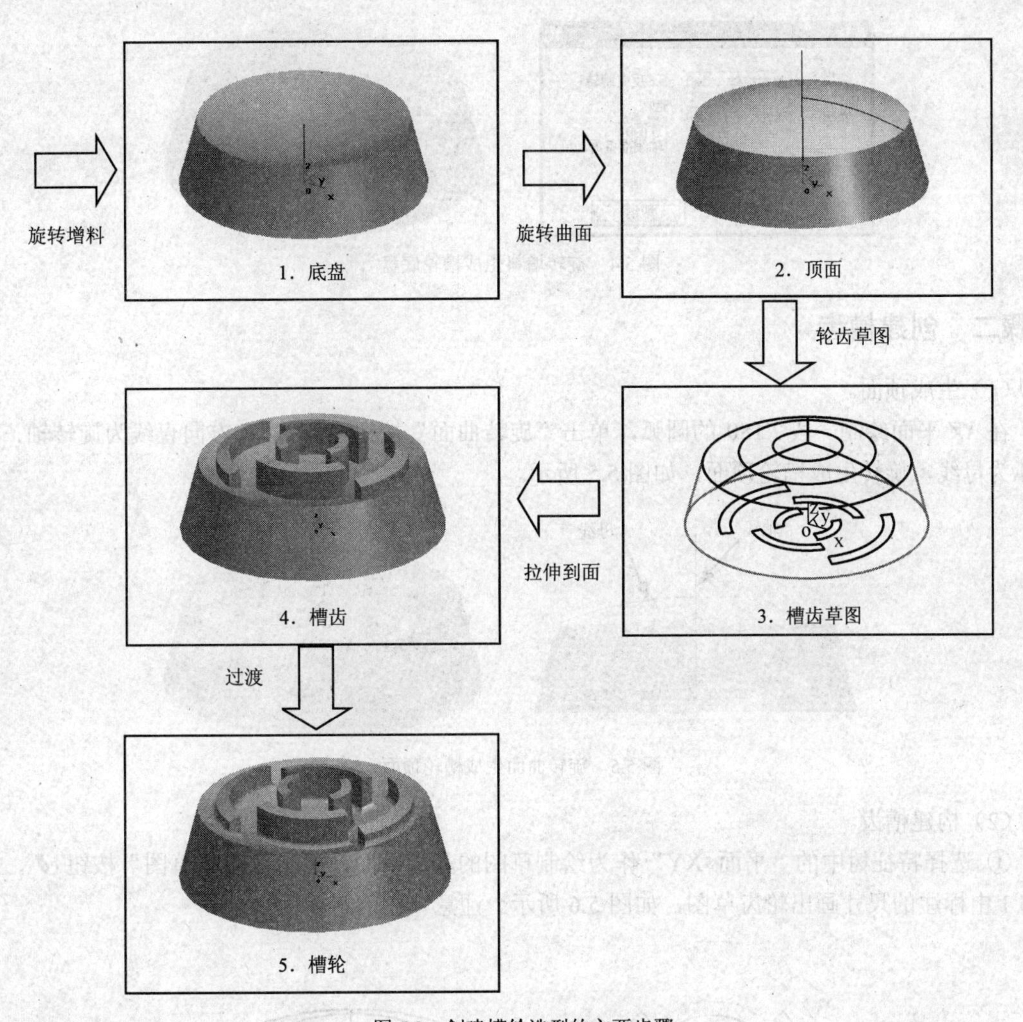

图 5.2 创建槽轮造型的主要步骤

操作步骤

步骤一 创建槽轮底盘

用旋转增料的方法生成槽轮底盘。

（1）作草图。

选择特征树中的“平面 XZ”作为绘制草图的基准平面，用鼠标单击“绘制草图”按钮，画出半个槽轮草图，如图 5.3 所示。

（2）生成实体。

在非草图状态下绘制一条 Z 方向的直线，作为旋转轴。单击“特征”工具条中的“旋转增料”按钮，在打开的“旋转”对话框中，选择类型为“单向旋转”，角度为“360”，拾取轴线，单击“确定”按钮，旋转生成槽轮底盘，如图 5.4 所示。

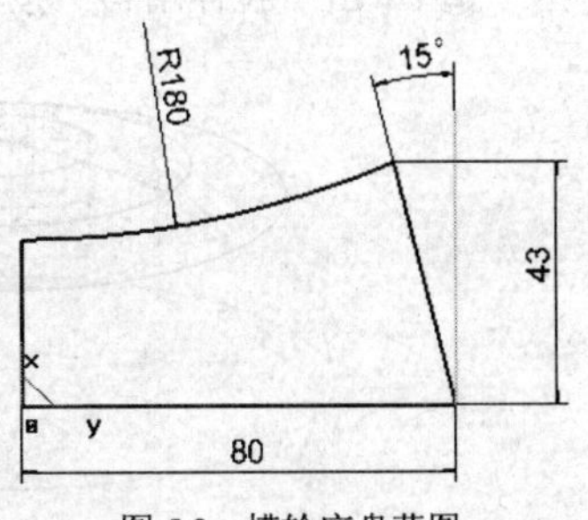

图 5.3 槽轮底盘草图

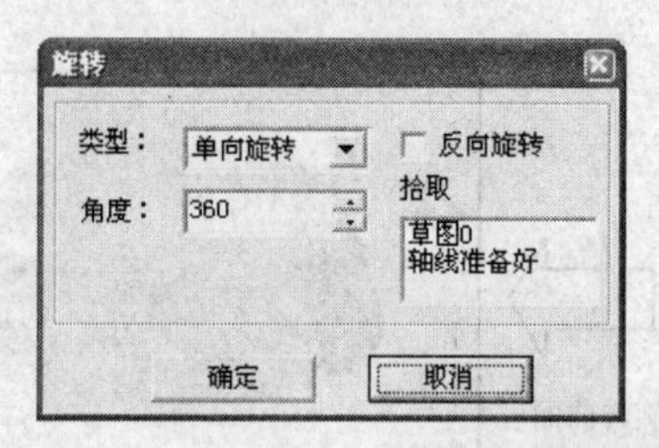

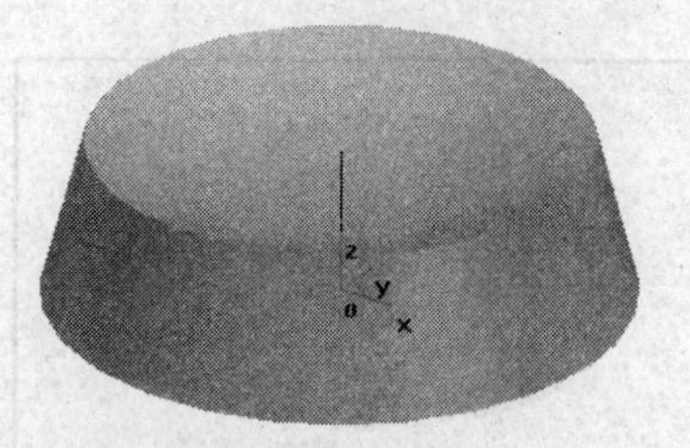

图 5.4　旋转增料生成槽轮底盘

步骤二　创建槽齿

（1）生成顶面。

在 *XZ* 平面绘制一段 *R*180 的圆弧，单击“旋转曲面”按钮，以 *Z* 方向直线为旋转轴，以圆弧为母线，旋转生成槽轮顶面，如图 5.5 所示。

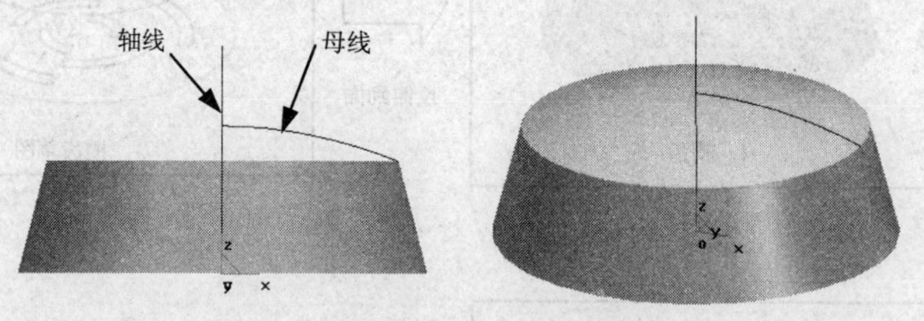

图 5.5　旋转曲面生成槽轮顶面

（2）构建槽齿。

① 选择特征树中的“平面 XY”作为绘制草图的基准平面，单击“绘制草图”按钮，按图 5.1 中标注的尺寸画出轮齿草图，如图 5.6 所示。注意草图的封闭性。

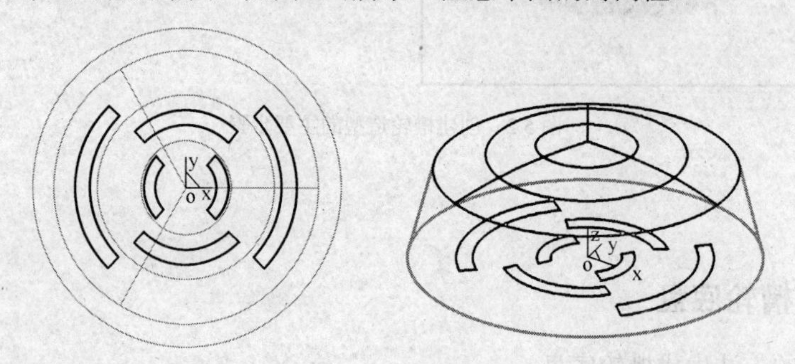

图 5.6　轮齿草图

② 单击“拉伸增料”按钮，选择拉伸到面，生成轮齿。隐藏上曲面，如图 5.7 所示。

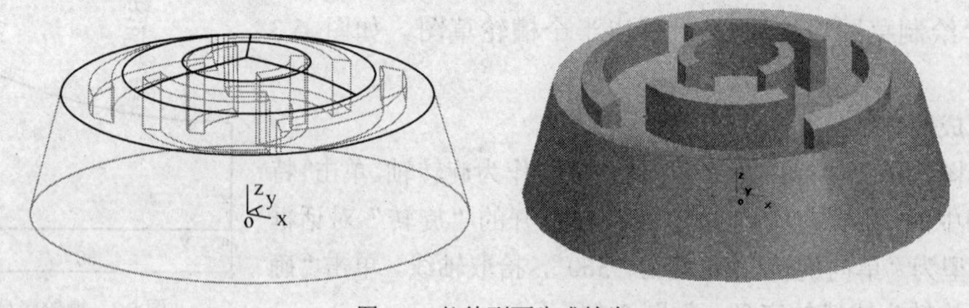

图 5.7　拉伸到面生成轮齿

③ 单击“过渡”按钮，选择槽轮上面的曲面，过渡半径为“3”，完成槽轮造型，如图 5.8 所示。

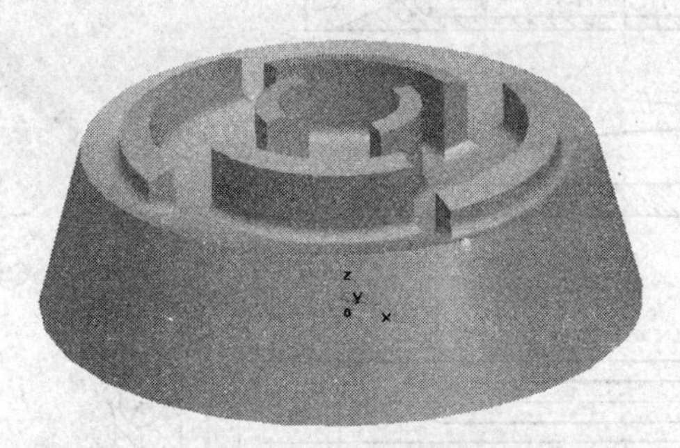

图 5.8 完成槽轮造型

知识链接——拉伸到面

“拉伸到面”是指拉伸位置以曲面为结束点进行拉伸，需要选择要拉伸的草图和拉伸到的曲面，如图 5.9 所示。

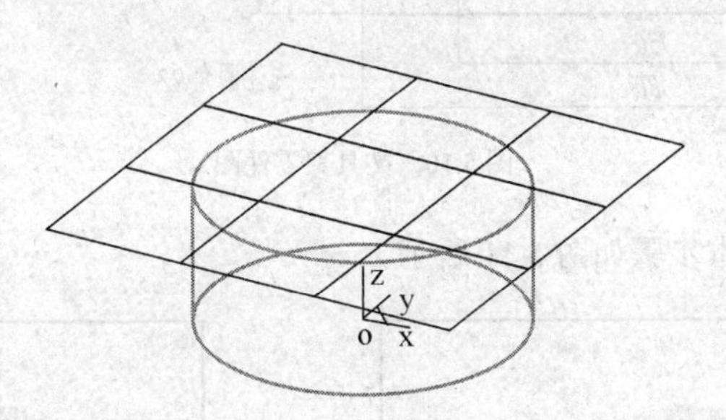

图 5.9 拉伸到面

注意

（1）在进行“拉伸到面”时，要使草图能够完全投影到这个面上，如果面的范围比草图小，会产生操作失败。

（2）在进行“拉伸到面”时，深度和反向拉伸不可用。

（3）在进行“拉伸到面”时，可以给定拔模斜度。

（4）草图中隐藏的线不能参与特征拉伸。

任务2 文具架造型

思路分析

文具架属于壳体类零件，应用曲面造型和实体特征造型混合的方法进行造型设计。造型中应用到拉伸增料、拉伸除料、旋转除料、过渡、扫描面、曲面裁剪除料等造型方法。

文具架零件图如图 5.10 所示。

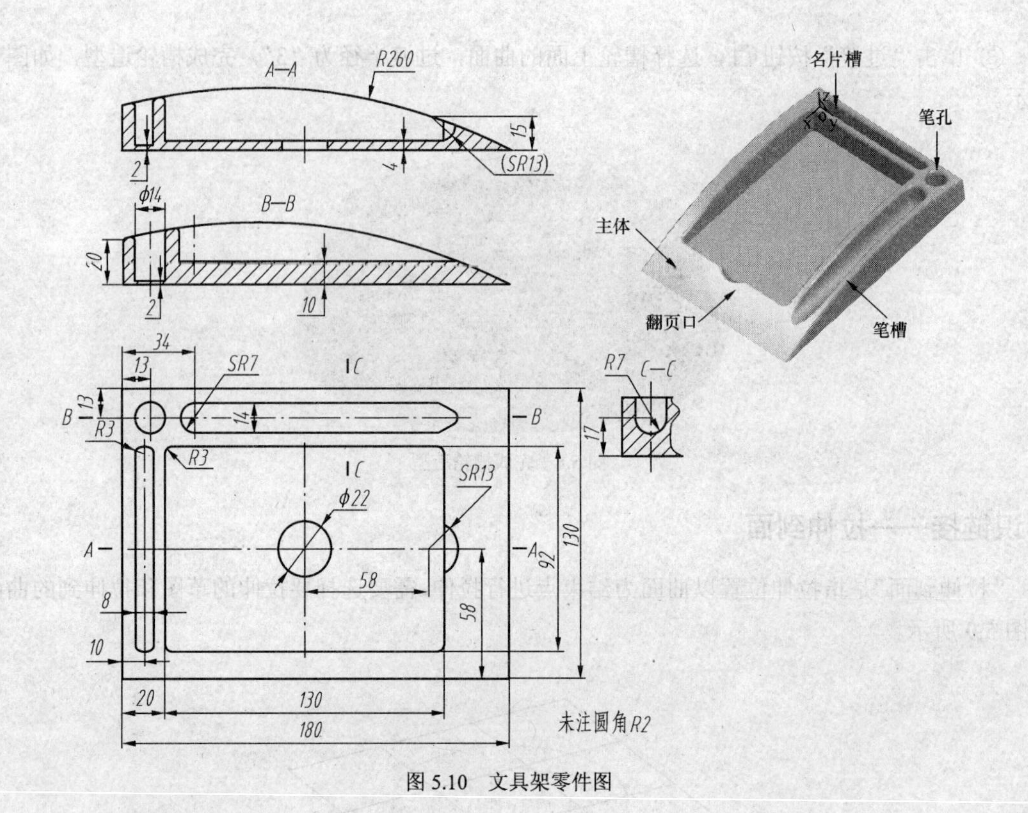

图 5.10 文具架零件图

创建文具架造型的基本步骤如图 5.11 所示。

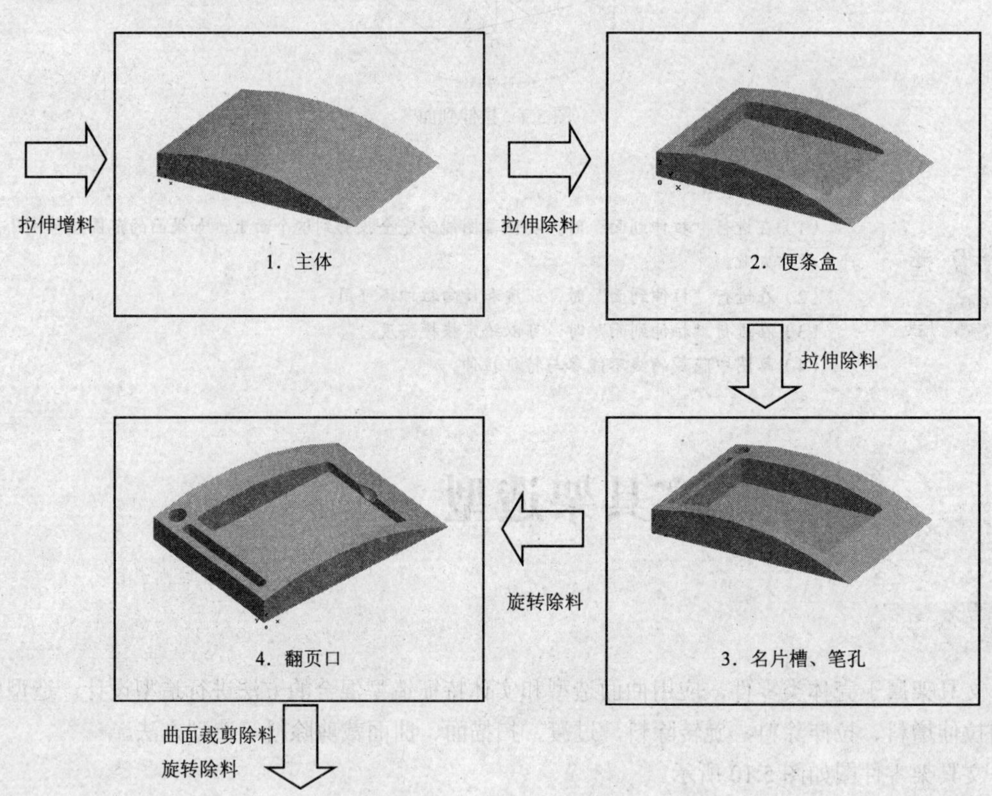

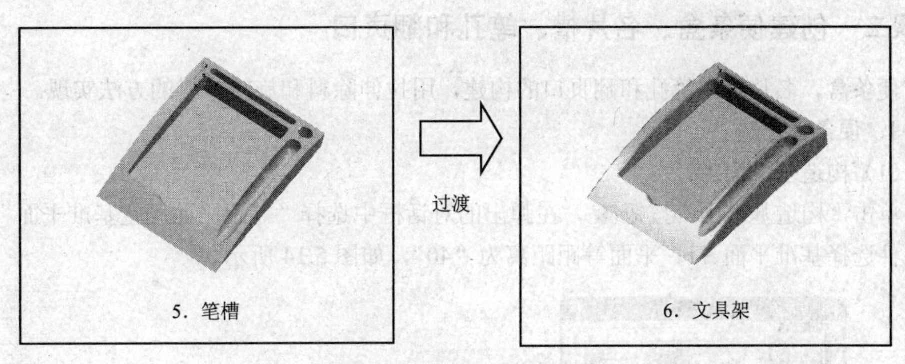

图 5.11 创建文具架造型的基本步骤

操作步骤

步骤一 创建文具架主体

（1）作草图。

选择特征树中的“平面 XZ”作为绘制草图的基准平面，用鼠标单击“绘制草图”按钮，画出文具架主体的草图，如图 5.12 所示。

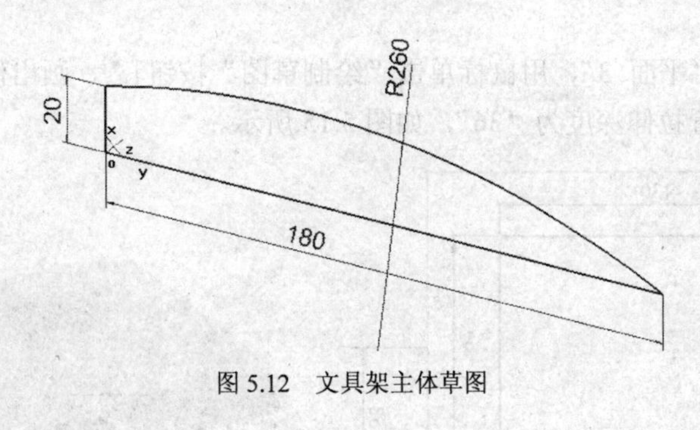

图 5.12 文具架主体草图

（2）生成实体。

单击“拉伸增料”按钮，在弹出的对话框中选择“固定深度”类型，设置拉伸深度为“130”，单击“确定”按钮生成文具架主体，如图 5.13 所示。

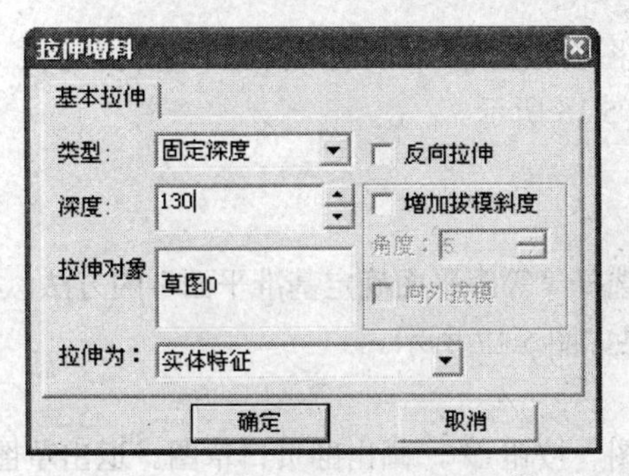

图 5.13 拉伸增料生成文具架主体

步骤二　创建便条盒、名片槽、笔孔和翻页口

便条盒、名片槽、笔孔和翻页口的构建，用拉伸除料和旋转除料的方法实现。

1. 便条盒

（1）构造基准面。

单击“构造基准面”按钮，在弹出的对话框中选择“等距平面确定基准平面”的方法，构造条件选择基准平面 *XY*，平面等距距离为“40”，如图 5.14 所示。

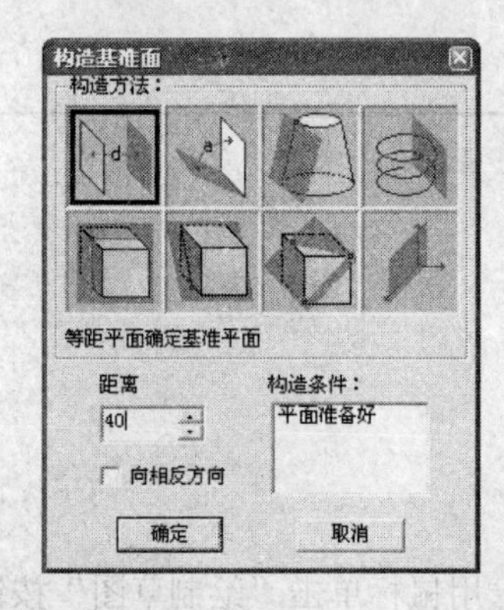

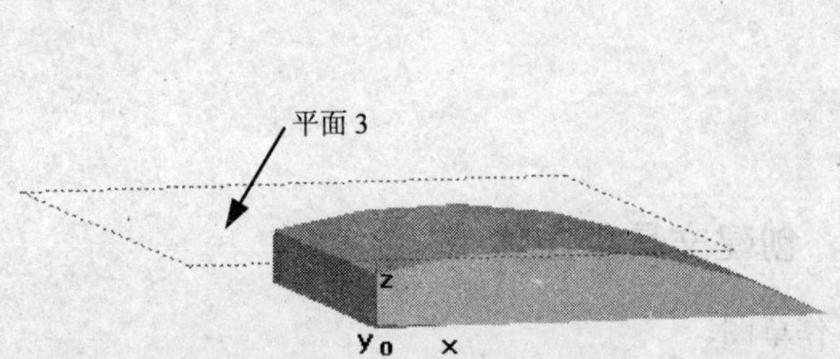

图 5.14　构造等距基准平面

（2）构造便条盒。

选择特征树中的“平面 3”，用鼠标单击“绘制草图”按钮，画出便条盒草图。单击“拉伸除料”按钮，设置拉伸深度为“36”，如图 5.15 所示。

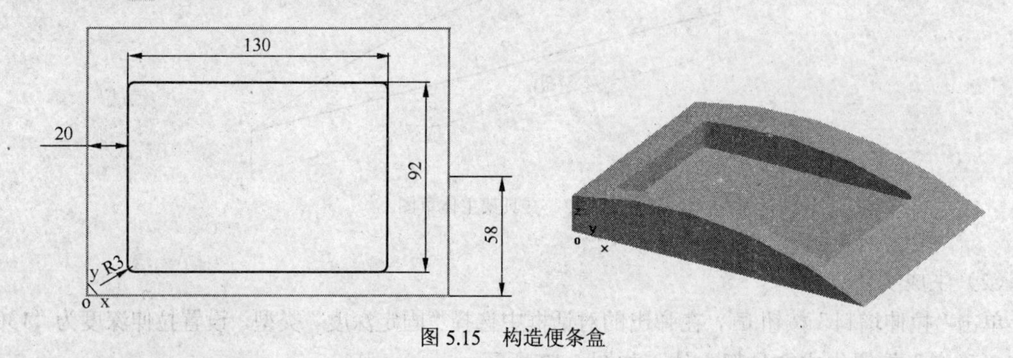

图 5.15　构造便条盒

2. 名片槽和笔孔

选择特征树中的“平面 3”，用鼠标单击“绘制草图”按钮，画出名片槽和笔孔草图。单击“拉伸除料”按钮，设置固定深度为“38”，如图 5.16 所示。

3. 翻页口

（1）构造基准面。

单击“构造基准面”按钮，在弹出的对话框中选择“等距平面确定基准平面”的方法，构造条件选择基准平面 *XY*，平面等距距离为“15”，结果如图 5.17 所示。

（2）构造翻页口。

选择特征树中的“平面 4”，用鼠标单击“绘制草图”按钮，画出翻页口草图。退出草图，在非草图状态下画出与半圆直径重合的直线，作为旋转除料的轴线。单击“旋转除料”按钮，

在弹出的“旋转”对话框中选择“单向旋转”类型，旋转角度为“58”，注意方向。拾取草图与轴线，单击“确定”按钮，如图 5.18 所示。

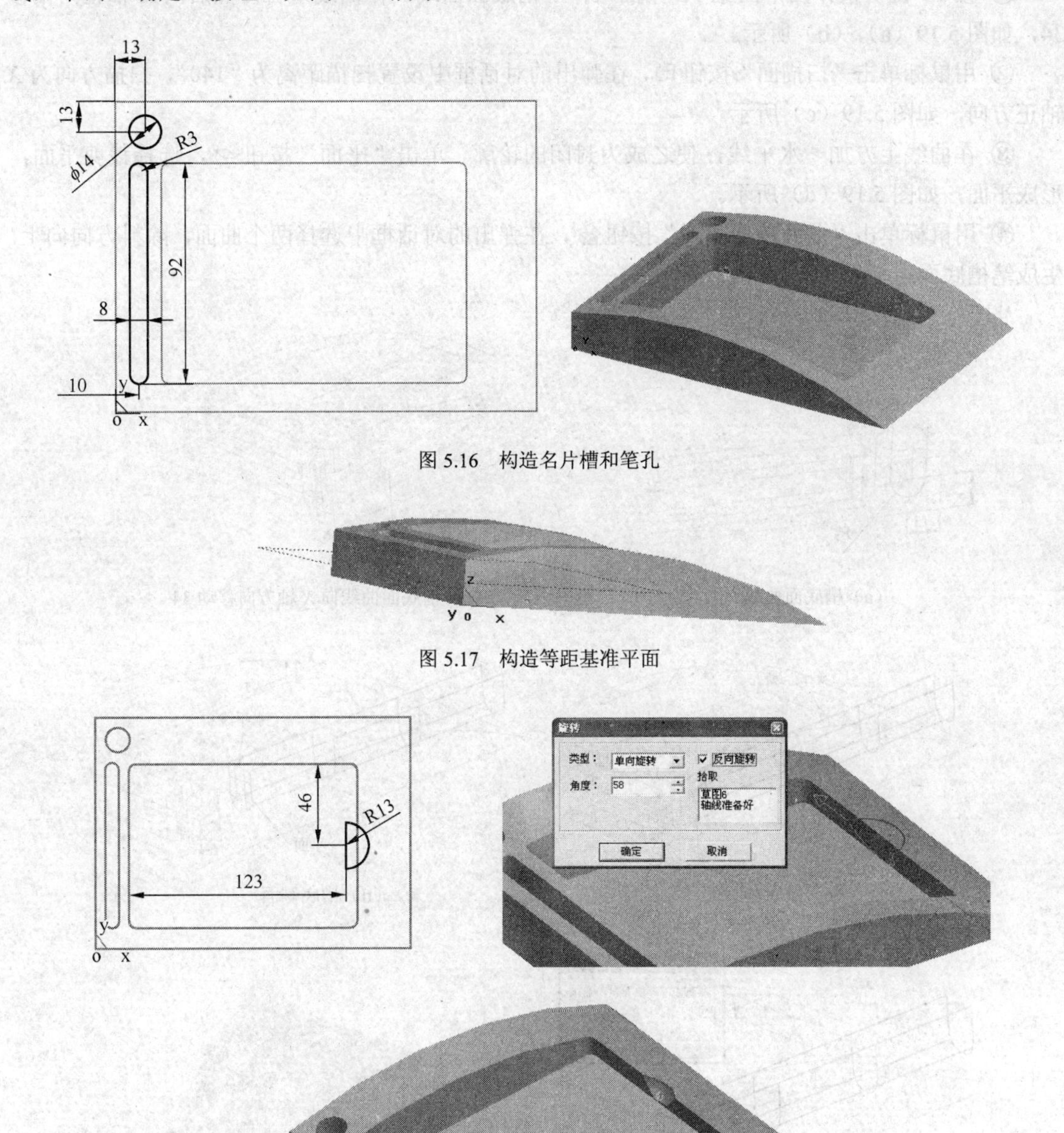

图 5.16 构造名片槽和笔孔

图 5.17 构造等距基准平面

图 5.18 构造翻页口

步骤三 创建笔槽

创建笔槽要应用扫描面、曲面裁剪除料等命令。

（1）构造笔槽底面。

① 按 F9 键切换作图平面到 *YZ* 平面，作出槽底面曲线，作曲线组合，然后向 *X* 轴正向偏移 34，如图 5.19（a）、（b）所示。

② 用鼠标单击“扫描面”按钮，在弹出的对话框中设置扫描距离为“140”，扫描方向为 *X* 轴正方向，如图 5.19（c）所示。

③ 在曲线上方加一水平线，使之成为封闭的轮廓。单击“平面”按钮，选择裁剪平面，形成平面，如图 5.19（d）所示。

④ 用鼠标单击“曲面裁剪除料”按钮，在弹出的对话框中选择两个曲面，除料方向向上。生成笔槽底面造型如图 5.19（e）所示。

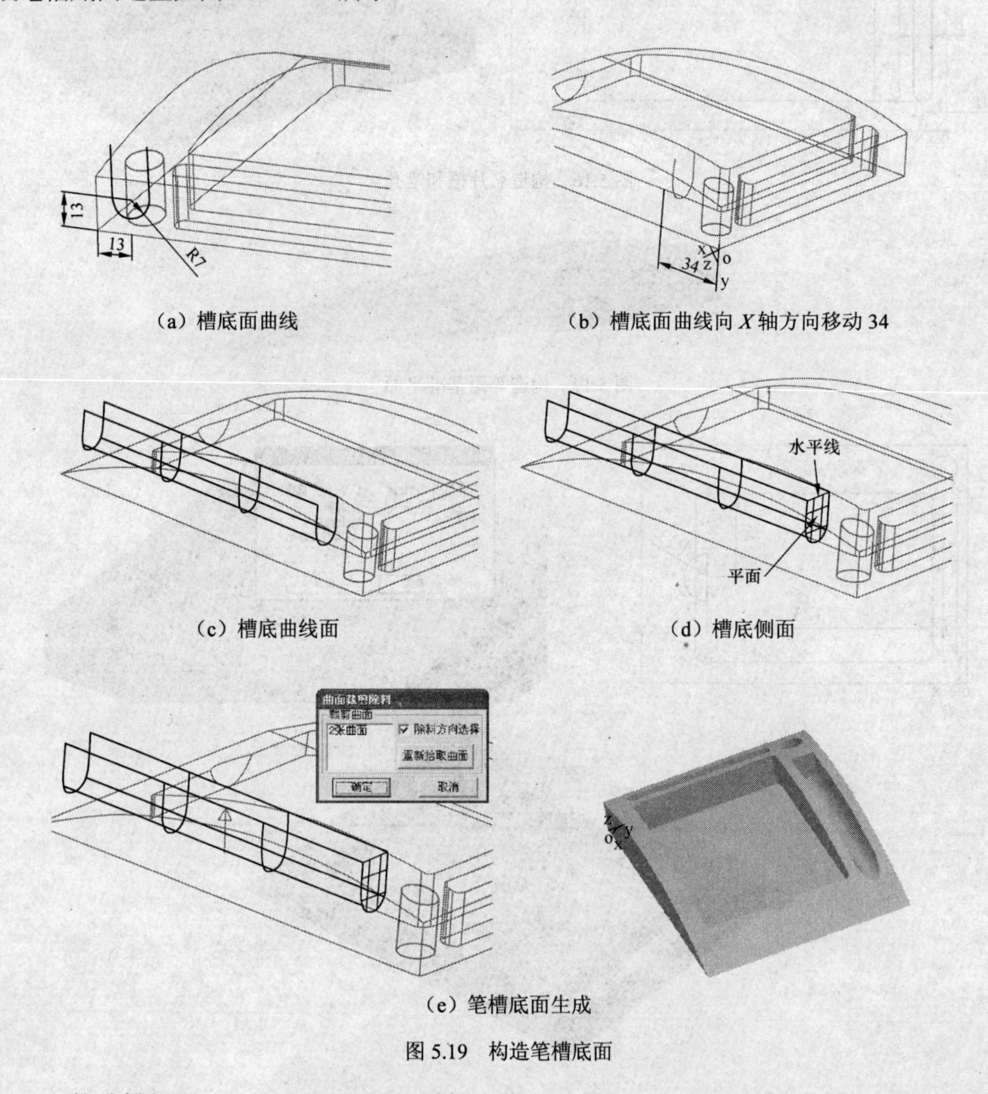

（a）槽底面曲线

（b）槽底面曲线向 *X* 轴方向移动 34

（c）槽底曲线面

（d）槽底侧面

（e）笔槽底面生成

图 5.19　构造笔槽底面

（2）构造槽侧面。

选择笔槽侧面作为草图平面，单击“绘制草图”按钮，用草图中曲线投影的方法画出草图，如图 5.20（a）所示。

用鼠标单击“旋转除料”按钮，在弹出的对话框中选择“单向旋转”类型，旋转角度为“180”，如图 5.20（b）所示。

笔槽构造完成，如图 5.20（c）所示。

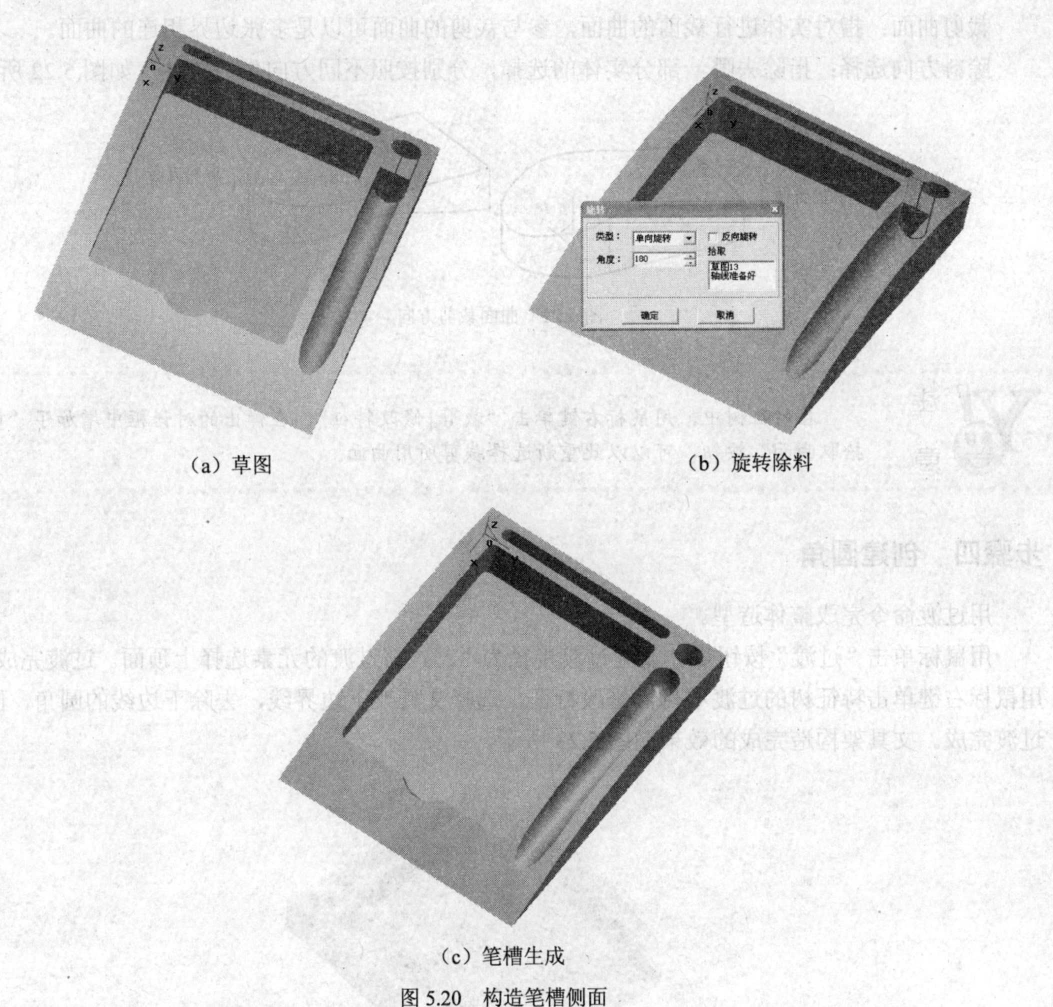

（a）草图

（b）旋转除料

（c）笔槽生成

图 5.20　构造笔槽侧面

知识链接——曲面裁剪除料

“曲面裁剪除料”是指用生成的曲面对实体进行修剪，去掉不需要的部分。具体操作步骤如下。

（1）单击主菜单中的“造型 | 特征生成 | 除料 | 曲面裁剪”菜单项或单击按钮，弹出“曲面裁剪除料”对话框，如图 5.21 所示。

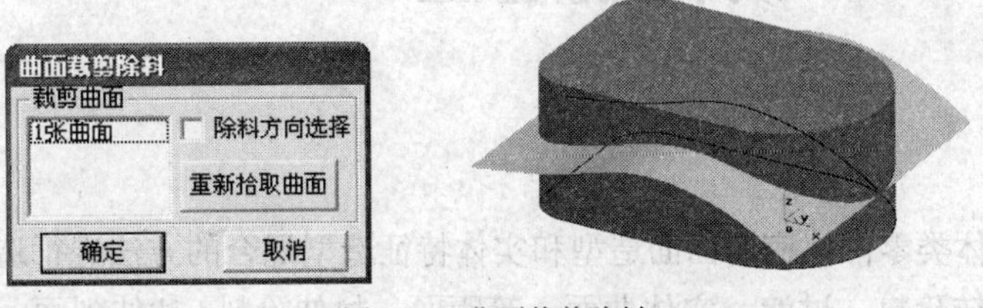

图 5.21　曲面裁剪除料

（2）拾取曲面，确定是否进行除料方向选择，然后单击“确定”按钮完成操作。

“曲面裁剪除料”中的参数含义如下。

裁剪曲面：指对实体进行裁剪的曲面，参与裁剪的曲面可以是多张边界相连的曲面。

除料方向选择：指除去哪一部分实体的选择，分别按照不同方向生成实体，如图 5.22 所示。

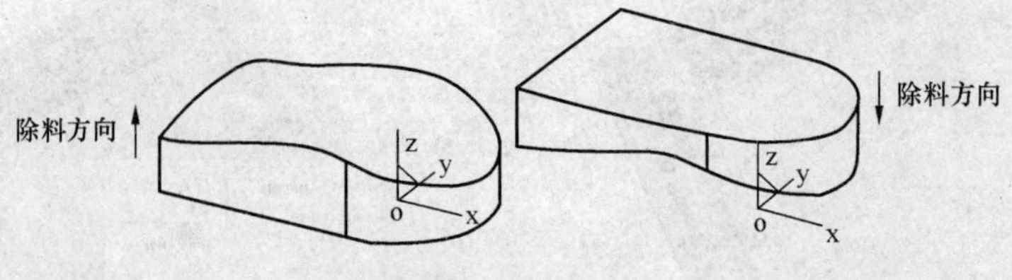

图 5.22　曲面裁剪方向

在特征树中，用鼠标右键单击“裁剪|修改特征”，在弹出的对话框中增加了“重新拾取曲面”按钮，可以以此重新选择裁剪所用曲面。

步骤四　创建圆角

用过渡命令完成整体造型。

用鼠标单击“过渡”按钮，设置过渡半径为“2”，需过渡的元素选择上顶面。过渡完成后，用鼠标右键单击特征树的过渡项目，修改特征，选择文具架下边界线，去除下边线的圆角，圆角过渡完成。文具架构造完成的效果如图 5.23 所示。

图 5.23　构造笔槽圆角

任务3　饮料瓶造型

思路分析

饮料瓶属于壳体类零件，应用曲面造型和实体特征造型混合的方法进行造型设计。造型中应用到旋转增料、旋转除料、过渡、实体曲面、等距面、拉伸除料|拉伸到面、曲面加厚增料、抽

壳、环行阵列等造型方法。

饮料瓶造型如图 5.24 所示。

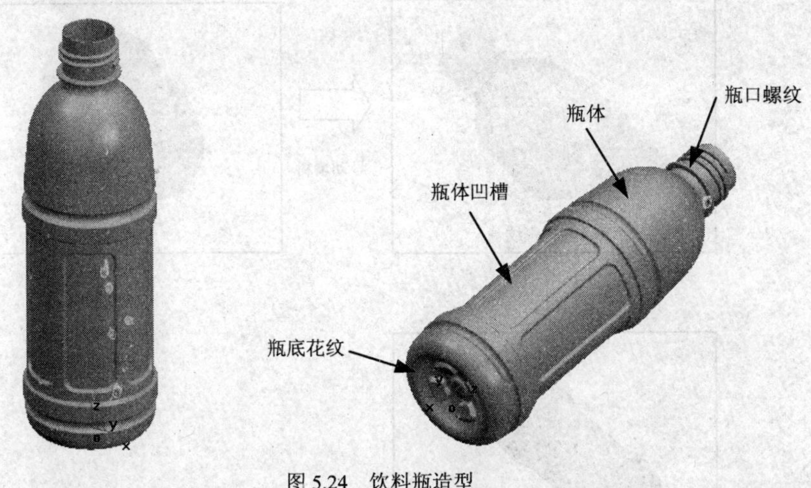

图 5.24 饮料瓶造型

创建饮料瓶造型的基本步骤如图 5.25 所示。

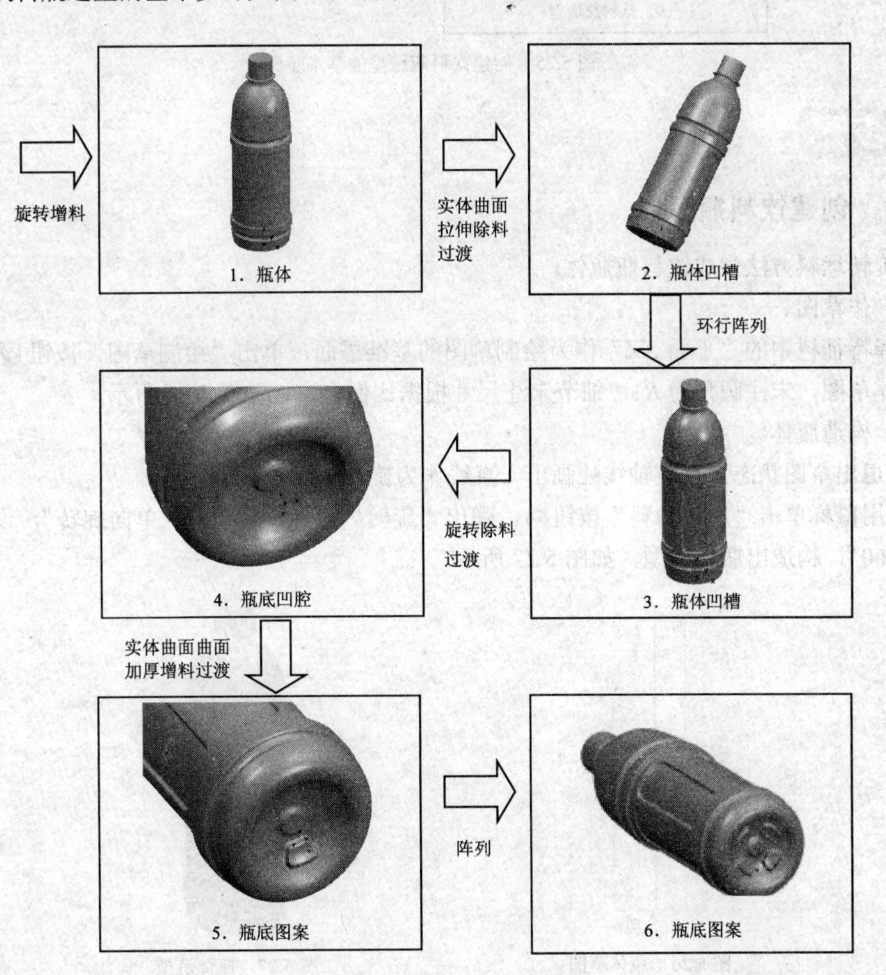

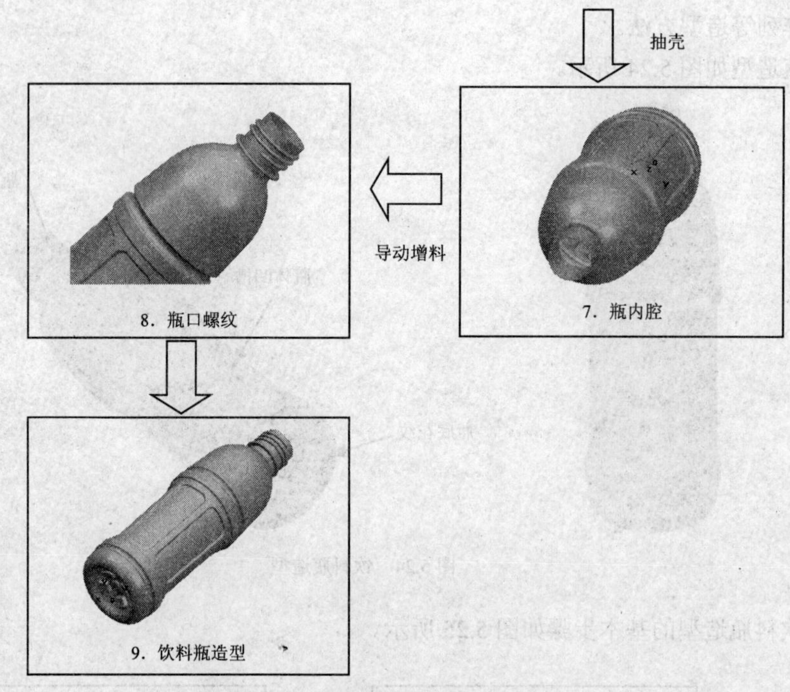

图 5.25　创建饮料瓶造型的基本步骤

操作步骤

步骤一　创建饮料瓶瓶体

用旋转增料方法生成饮料瓶瓶体。

（1）作草图。

选择特征树中的"平面 XZ"作为绘制草图的基准平面，单击"绘制草图"按钮，画出饮料瓶瓶体草图，未注圆角为 *R*1，细节未注尺寸根据比例自定，如图 5.26 所示。

（2）构造瓶体。

① 退出草图状态，在瓶轴线处画出一直线作为旋转轴线。

② 用鼠标单击"旋转增料"按钮，弹出"旋转"对话框，选择"单向旋转"，设置旋转角度为"360"，构造出瓶体造型，如图 5.27 所示。

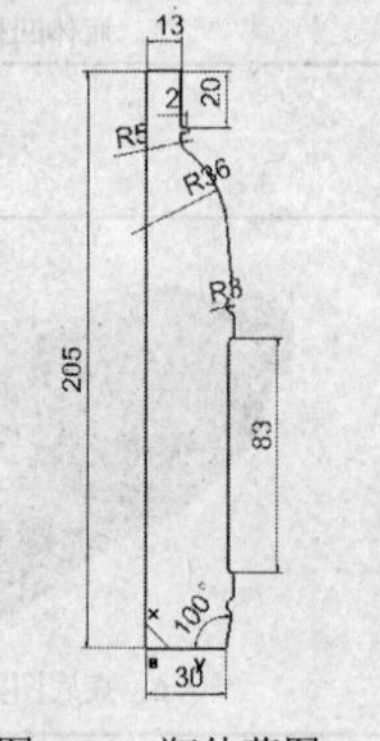

图 5.26　瓶体草图

图 5.27　瓶体造型

步骤二　创建瓶体凹槽

用拉伸除料、环行阵列和过渡命令生成瓶体凹槽。

（1）构造瓶体凹槽曲面。

① 用鼠标单击“曲面”工具条中的“实体曲面”按钮，在弹出的对话框中选择“拾取表面”选项，用鼠标单击瓶体中部，瓶体中部生成曲面，如图 5.28 所示。

② 用鼠标单击“曲面”工具条中的“等距面”按钮，设置等距距离为“2”，选择瓶体中部曲面，等距方向向瓶里，生成瓶体凹槽曲面，如图 5.29 所示。

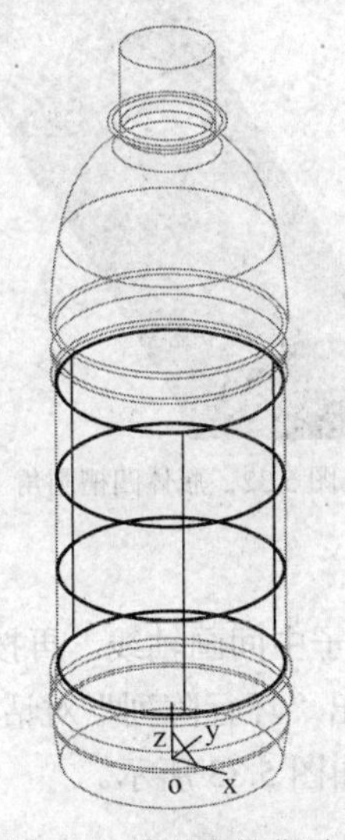

图 5.28　瓶体中部曲面

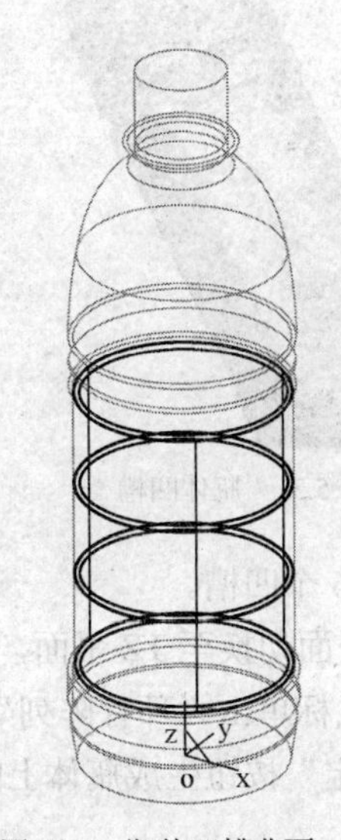

图 5.29　瓶体凹槽曲面

（2）构造瓶体凹槽草图。

用鼠标单击“构造基准面”按钮，选择平行等距面的构造方法，构造条件选择基准平面 *YZ*，平面等距距离为“50”。在该平面上作草图，草图尺寸如图 5.30 所示。

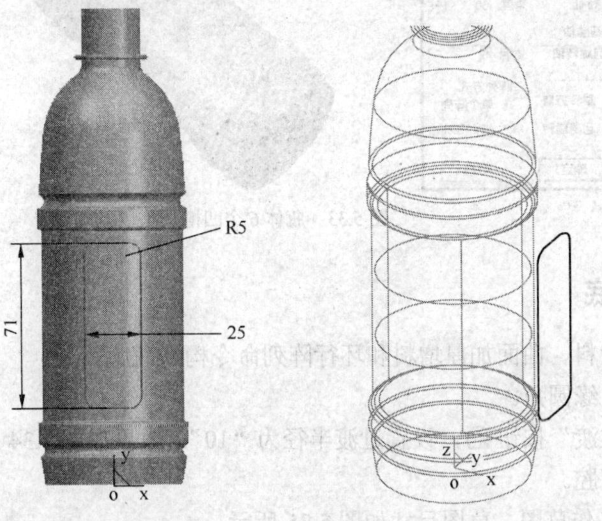

图 5.30　瓶体凹槽草图

（3）构造瓶体一个凹槽。

① 用鼠标单击“拉伸除料”按钮，拉伸到面，选择瓶体中部内曲面，生成瓶体的一个凹槽，如图 5.31 所示。

② 用鼠标单击“过渡”按钮，设置过渡半径为“1”，效果如图 5.32 所示。

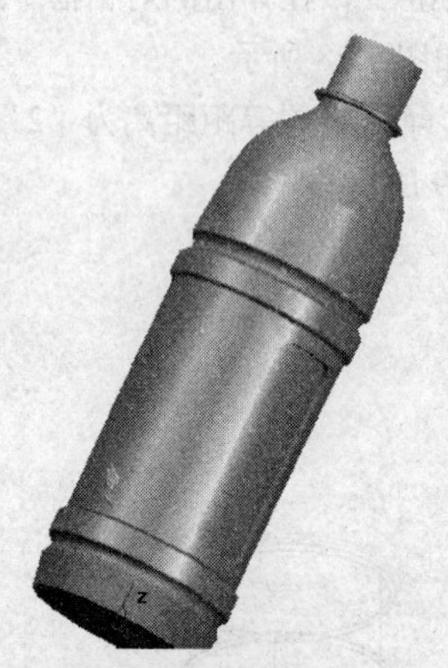

图 5.31　瓶体凹槽

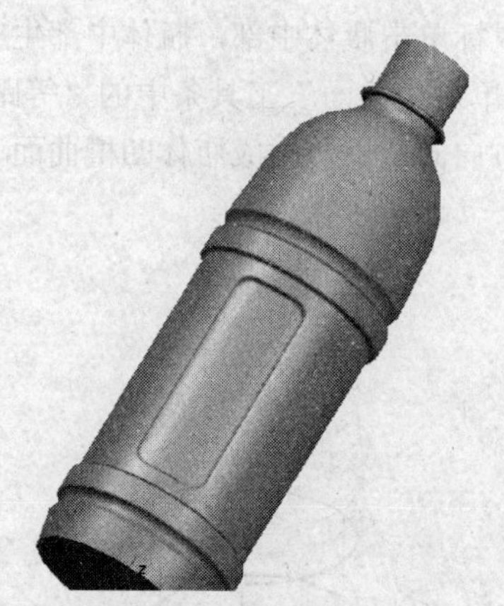

图 5.32　瓶体凹槽圆角

（4）构造瓶体的 6 个凹槽。

按 F9 键将作图平面切换至 *YZ* 平面，沿 *Z* 方向在瓶子中间画轴线。再按 F9 键将作图平面切回到 *XY* 坐标面，用鼠标单击“环行阵列”按钮，弹出“环行阵列”对话框，按对话框中所示进行设置，单击“确定”按钮生成瓶体上的 6 个凹槽，如图 5.33 所示。

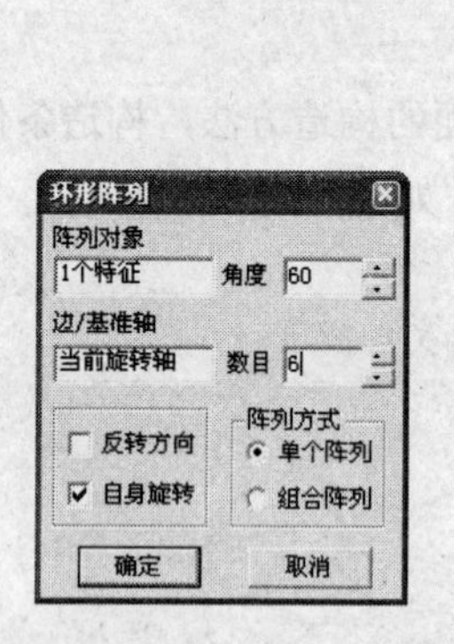

图 5.33　瓶体 6 个凹槽

步骤三　创建瓶底

用过渡、旋转除料、曲面加厚增料和环行阵列命令构造瓶底。

（1）构造瓶底边缘圆角。

用鼠标单击“过渡”按钮，设置过渡半径为“10”，效果如图 5.34 所示。

（2）构造瓶底凹腔。

① 选择平面 *YZ* 作草图，草图尺寸如图 5.35 所示。

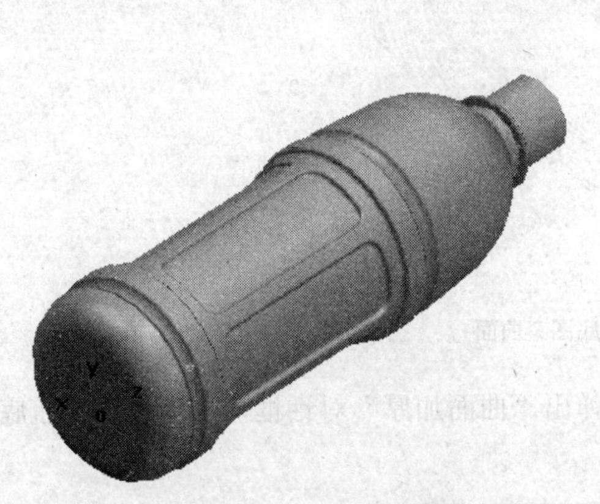

图 5.34 瓶底边缘圆角

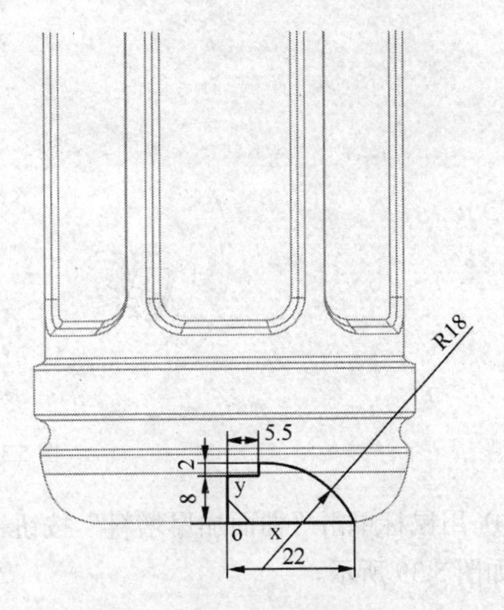

图 5.35 瓶底凹腔草图

② 用鼠标单击“旋转除料”按钮，选择类型为“单向旋转”，设置角度为“360”。

③ 用鼠标单击“过渡”按钮，设置过渡半径为“2”，瓶底凹腔如图 5.36 所示。注意，过渡时瓶底的凹面与瓶底中心的凸起要分开来进行方可成功。

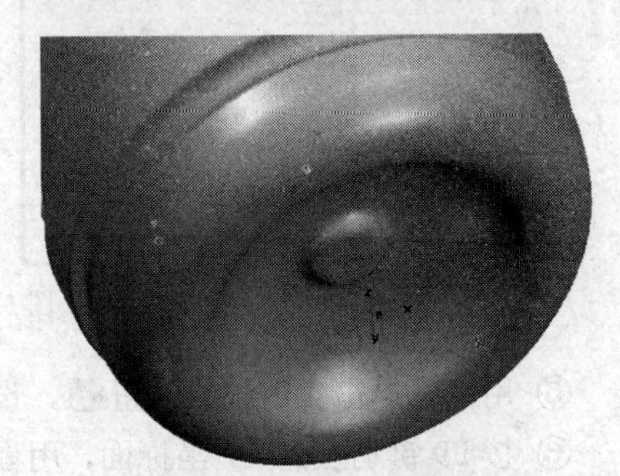

图 5.36 瓶底凹腔

（3）构造瓶底图案。

① 用鼠标单击“实体曲面”按钮，选择“拾取表面”选项，用鼠标单击瓶底凹腔，生成曲面。

② 按 F9 键切换到 *XY* 坐标面，画出瓶底图案轮廓，如图 5.37 所示。注意轮廓位置的选取，如果位置不当会影响后面的操作。

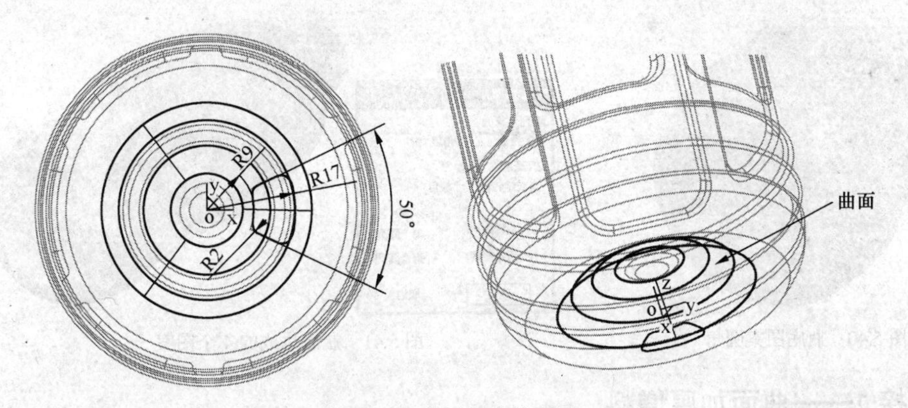

图 5.37 瓶底图案轮廓图

③ 用鼠标单击“曲面裁剪”按钮，选择“投影线裁剪”选项，投影方向为 *Z* 轴正方向。保留瓶底图案部分曲面，如图 5.38 所示。

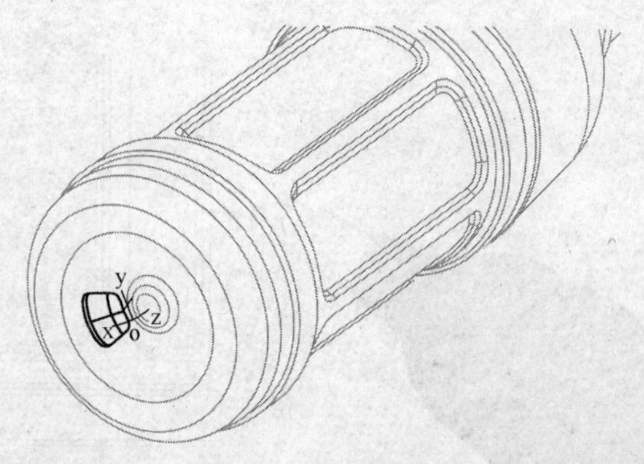

图 5.38　瓶底图案曲面

④ 用鼠标单击“曲面加厚增料”按钮，弹出“曲面加厚”对话框，选项设置及瓶底图案结果如图 5.39 所示。

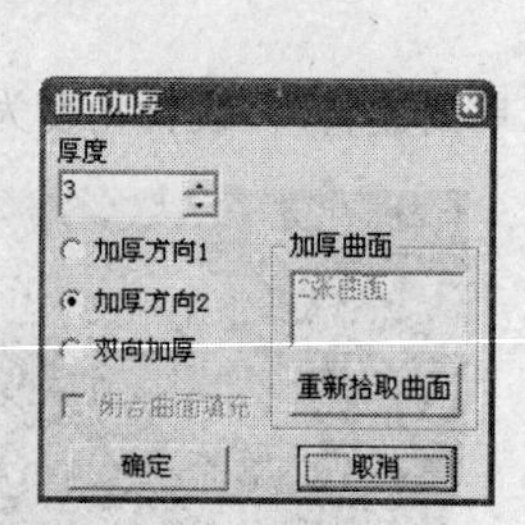

图 5.39　选项设置及瓶底图案

⑤ 用鼠标单击“过渡”按钮，设置过渡半径为“0.6”，瓶底图案圆角效果如图 5.40 所示。

⑥ 按 F9 键切换到 *XY* 坐标面，用鼠标单击“环行阵列”按钮，弹出“环行阵列”对话框，按对话框中所示进行设置，在瓶底上生成 4 个图案，瓶底构造完成，如图 5.41 所示。

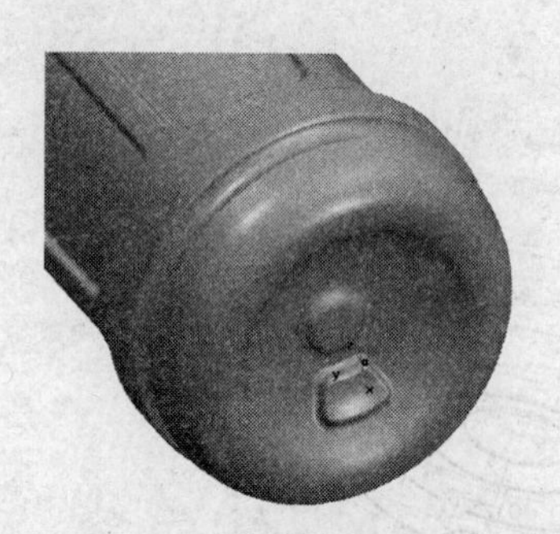

图 5.40　瓶底图案圆角

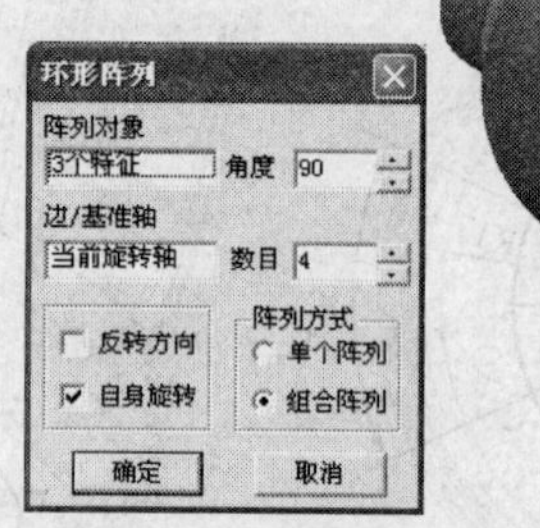

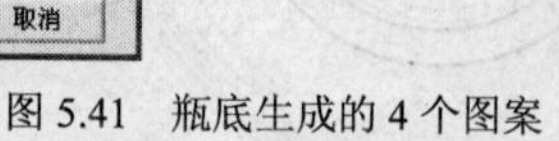

图 5.41　瓶底生成的 4 个图案

知识链接 1——曲面加厚增料

“曲面加厚增料”是指对指定的曲面按照给定的厚度和方向进行生成实体。具体操作步骤如下。

（1）单击主菜单中的“造型 | 特征生成 | 增料 | 曲面加厚”菜单项，或单击按钮，弹出“曲面加厚”对话框，如图 5.32 所示。

（2）填入厚度，确定加厚方向，拾取曲面，单击“确定”按钮完成操作。

“曲面加厚”增料对话框中的参数含义如下。

厚度：指对曲面加厚的尺寸，可以直接在数值框中输入所需数值，也可以单击按钮调整数值。

加厚曲面：指需要加厚的曲面。

加厚方向 1：指曲面的法线方向，生成实体如图 5.43 所示。

加厚方向 2：指与曲面法线相反的方向，生成实体如图 5.44 所示。

双向加厚：指从两个方向对曲面进行加厚，生成实体如图 5.45 所示。

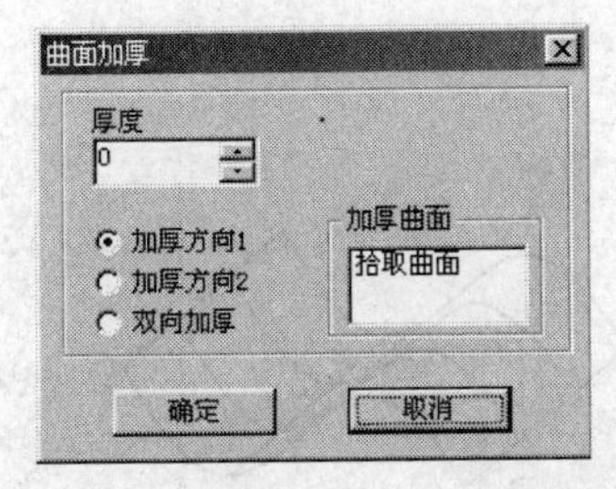

图 5.42 “曲面加厚”增料对话框

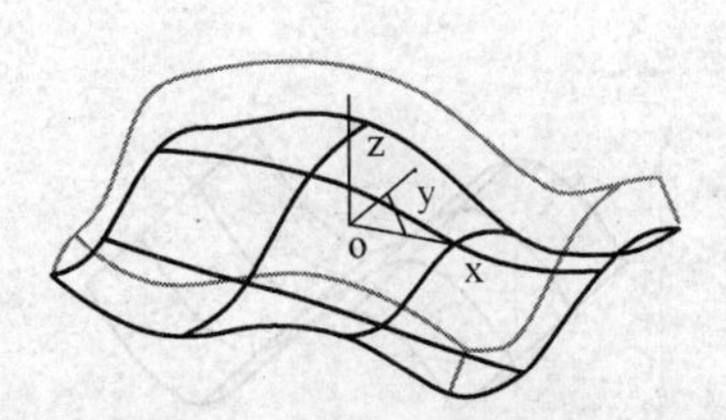

图 5.43 曲面加厚方向 1

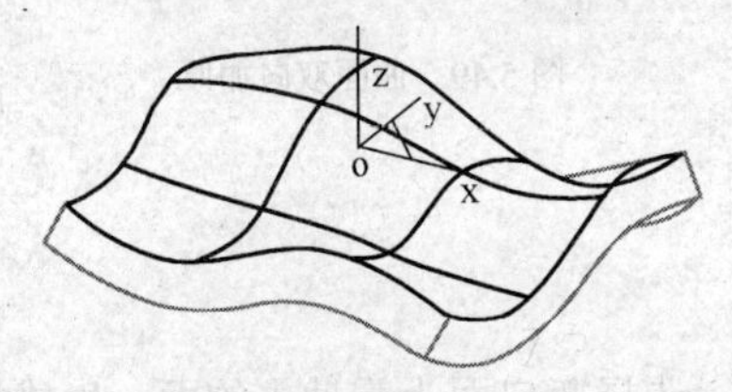

图 5.44 曲面加厚方向 2

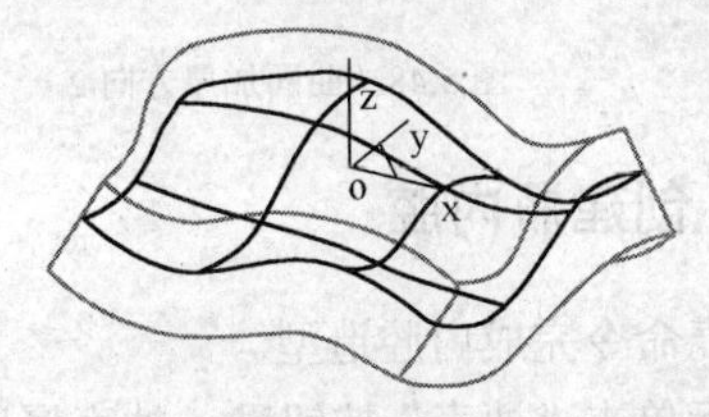

图 5.45 曲面双向加厚

知识链接 2——曲面加厚除料

“曲面加厚除料”是指对指定的曲面按照给定的厚度和方向进行移出的特征修改。具体操作步骤如下。

（1）单击主菜单中的“造型 | 特征生成 | 除料 | 曲面加厚”菜单项或单击按钮，弹出“曲面加厚”对话框，如图 5.46 所示。

（2）填入厚度，确定加厚方向，拾取曲面，单击“确定”按钮完成操作。

“曲面加厚”除料对话框中的参数含义如下。

厚度：指对曲面加厚除料的尺寸，可以直接在数值框中输入所需数值，也可以单击按钮调整数值。

加厚曲面：指需要加厚除料的曲面。

加厚方向 1：指曲面的法线方向，生成除料特征如图 5.47 所示。

加厚方向 2：指与曲面法线相反的方向，生成除料特征如图 5.48 所示。

双向加厚：指从两个方向对曲面进行加厚，生成除料特征如图 5.49 所示。

应用曲面加厚除料时，要注意方向，另外，实体应至少有一部分大于曲面。若曲面完全大于实体，系统会提示特征操作失败。

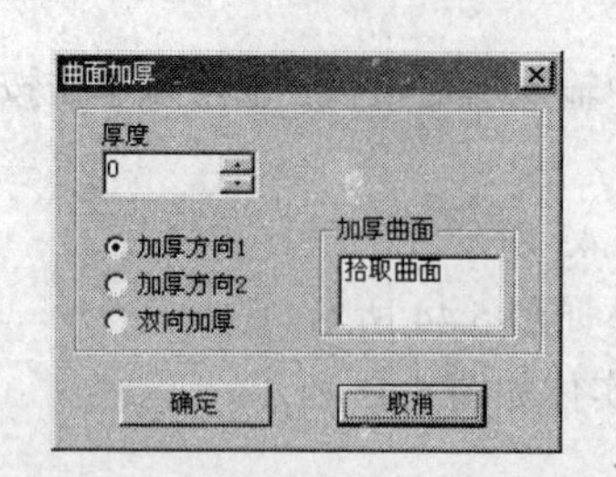

图 5.46 “曲面加厚”除料对话框

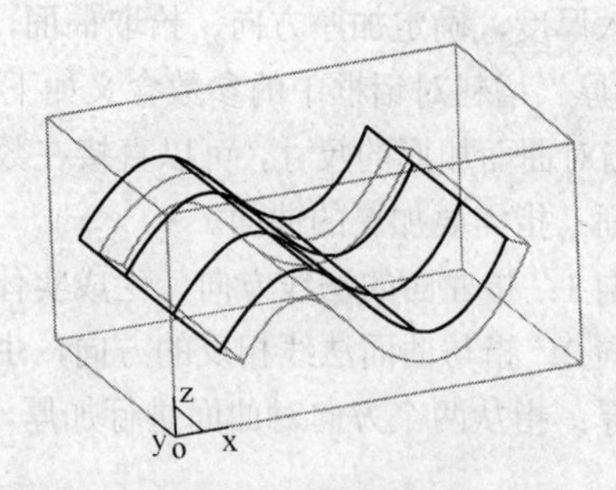

图 5.47 曲面加厚方向 1

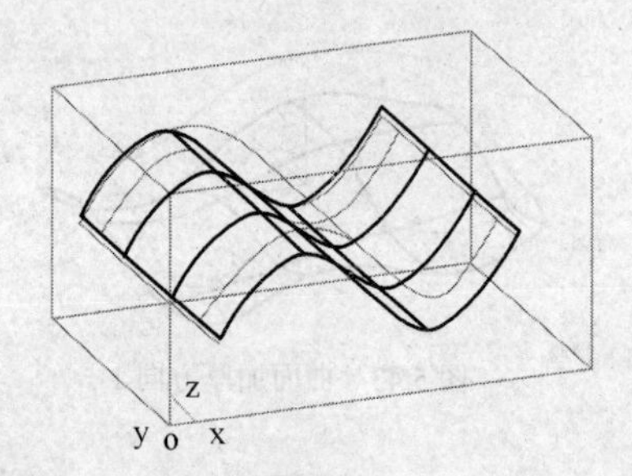

图 5.48 曲面加厚方向 2

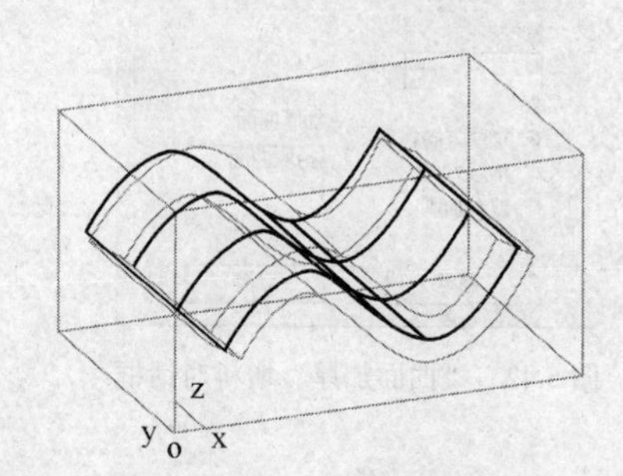

图 5.49 曲面双向加厚

步骤四 创建瓶内腔

用抽壳命令完成内腔造型。

用鼠标单击“抽壳”按钮，抽壳厚度为“0.5”，选择瓶口面为需抽去的面，生成瓶子壳体，如图 5.50 所示。

图 5.50 瓶子壳体

步骤五 创建瓶口螺纹

用导动增料命令完成瓶口螺纹造型。

（1）构造瓶口螺旋线。

① 用鼠标单击“公式曲线”按钮，弹出“公式曲线”对话框如图 5.51 所示，设置圆柱螺

旋线参数如下。

已知：圆柱螺旋线半径为 13，圆柱螺旋线螺距为 4，圆柱螺旋线圈数为 2.5（根据瓶口长度自定）。所以：

X（t）=半径*cos（t）=13*cos（t）

Y（t）=半径*sin（t）=13*sin（t）

Z（t）=导程*t/2π

终止值：螺旋圈数*2π=2.5*2π=5π≈15.7

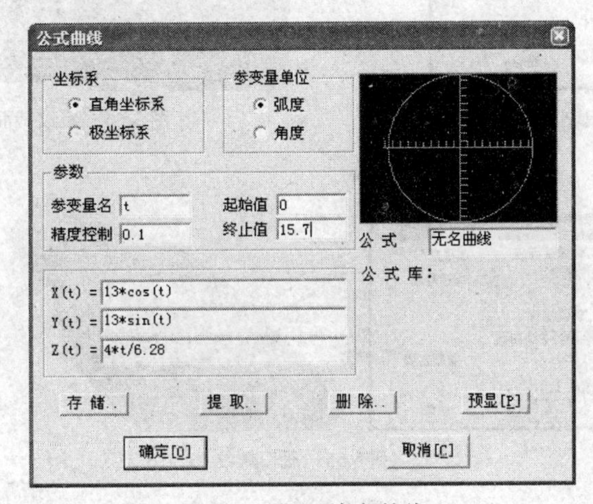

图 5.51 设置圆柱螺旋线

② 作一直线长度为 190mm，螺旋线圆心放在直线端点处，如图 5.52 所示。

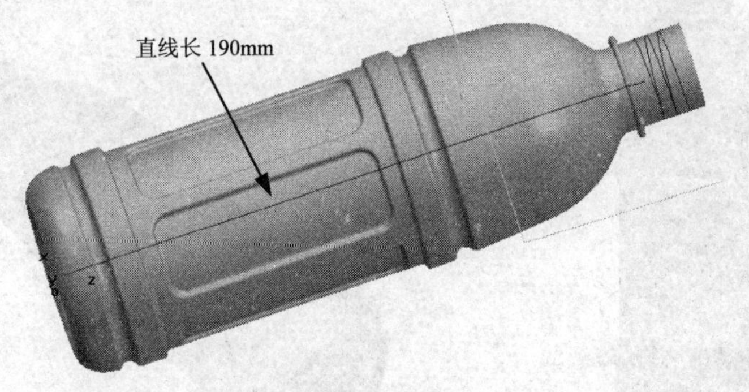

图 5.52 圆柱螺旋线

（2）构造瓶口螺纹。

① 用鼠标单击“构造基准面”按钮，弹出“构造基准面”对话框，选择“过点且垂直于曲线确定基准平面”构造方法，构造条件选择螺旋线的端点和螺旋线，如图 5.53 所示。单击“确定”按钮，平面 5 构造完成。

② 选择平面 5 作螺纹截面草图，草图尺寸如图 5.54 所示。

③ 用鼠标单击“导动增料”按钮，弹出“导动”对话框，轮廓截面线选择螺纹截面草图，轨迹线选择螺旋线，选项控制选择“固接导动”。单击“确定”按钮，瓶口螺纹构造完成，如图 5.55 所示。

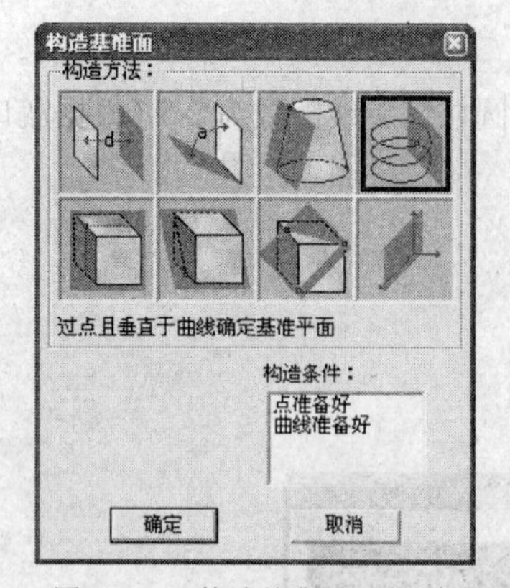

图 5.53 “构造基准面”对话框

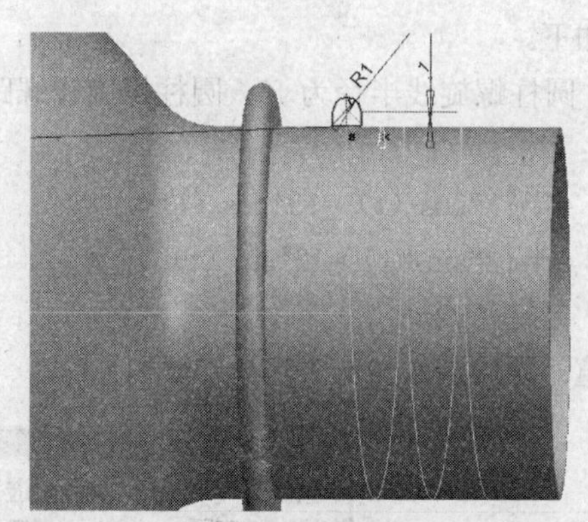

图 5.54 螺纹截面草图

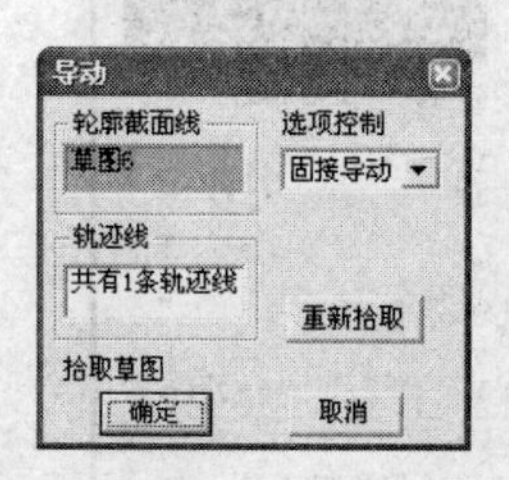

图 5.55 瓶口螺纹

至此，饮料瓶构造完成，如图 5.56 所示。

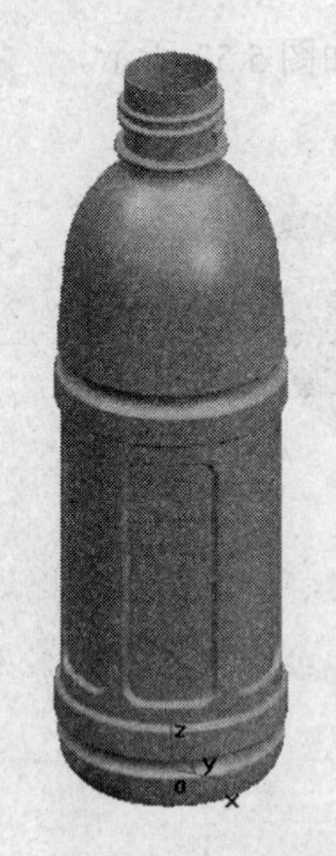

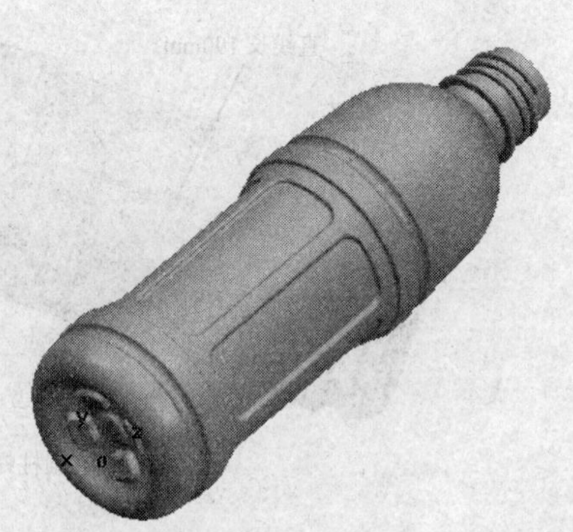

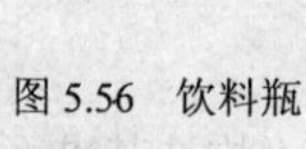

图 5.56 饮料瓶

项目小结

本项目为创建曲面实体混合造型，其目的在于练习、掌握并灵活使用实体与曲面之间的衔接命令。在创建一些较为复杂的实体造型时，单一使用实体造型命令达不到预想的效果，这时候就需要运用一些实体与曲面之间的衔接命令，如拉伸到面、曲面裁剪除料、曲面加厚增料和曲面加厚除料。灵活运用这些命令往往可以事半功倍。在使用这些命令时，需要注意它们的使用条件，有些命令已经在上面的实例中进行了说明，还有一些命令需要读者自己多练习，总结经验。

综合练习

1．用拉伸增料、扫描面、曲面裁剪除料等实体和曲面综合应用命令，完成如图 5.57 所示零件的造型。

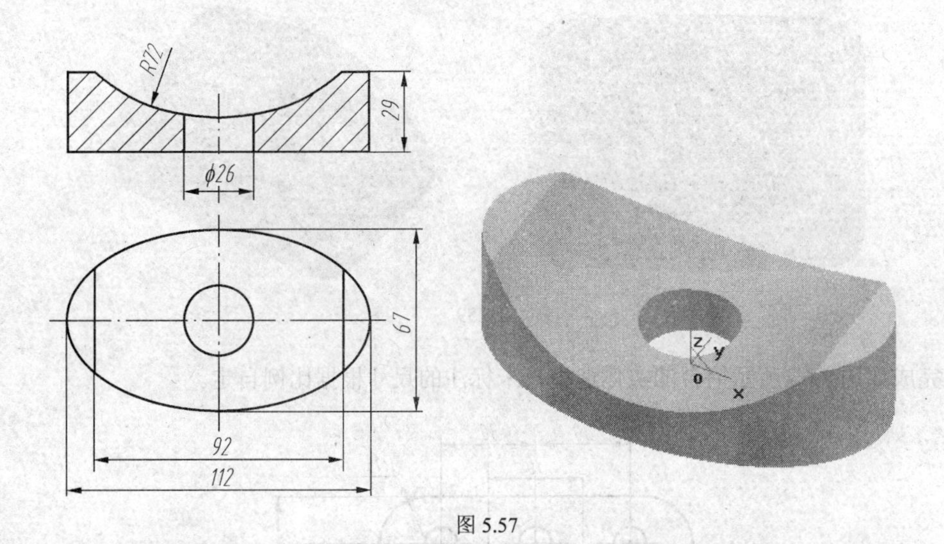

图 5.57

2．用实体和曲面综合应用命令完成如图 5.58 所示叶轮的实体造型。

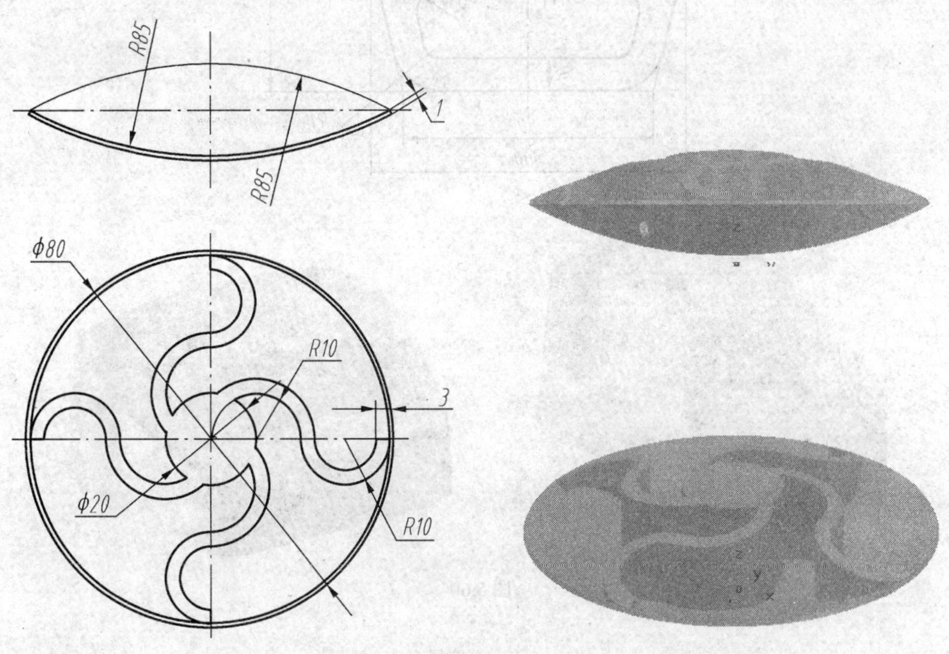

图 5.58

3．完成如图 5.59 所示充电器的实体造型，尺寸自定。

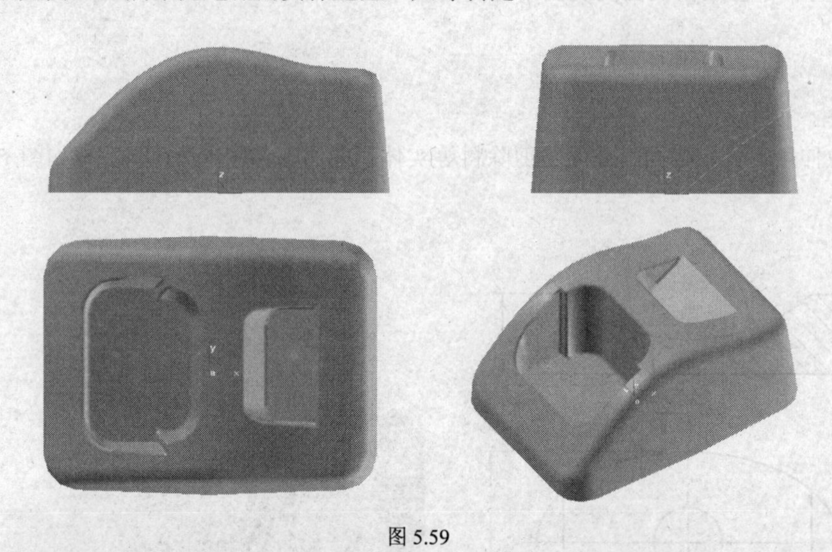

图 5.59

4．完成如图 5.60 所示笔台的实体造型，未标注的尺寸根据比例自定。

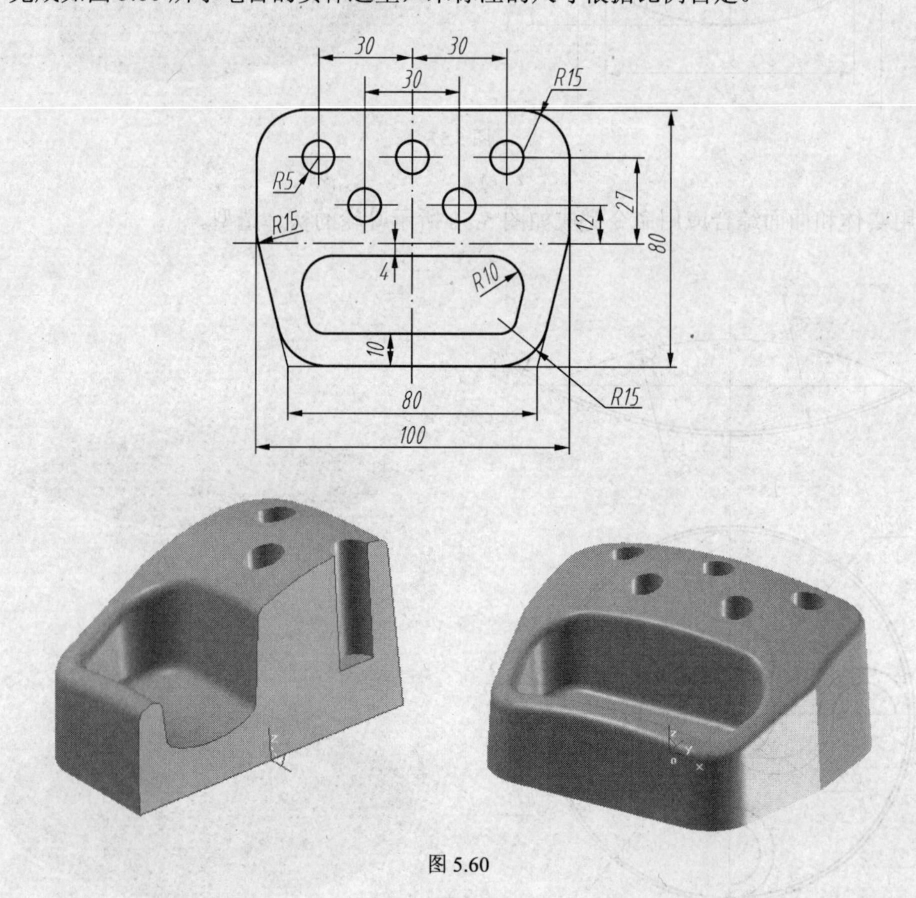

图 5.60

零件加工

本项目将介绍应用 CAXA 制造工程师 2008 软件进行零件加工的一些常用加工方法。一般应用 CAM 软件进行辅助加工的基本步骤如下。

（1）根据零件图绘制所需要的加工造型——线框、曲面或实体。

（2）定义零件毛坯。

（3）综合考虑机床性能、零件形状特征等，选择加工方式，生成刀具轨迹。

（4）刀具轨迹仿真加工。

（5）根据使用机床的实际情况，设置好机床及参数。

（6）生成数控程序代码。

（7）生成加工工艺清单。

任务1 区分加工造型与设计造型

零件设计造型是要构造零件的完整结构形状，零件的所有几何要素都要通过造型表达出来。零件的加工造型则是以加工需要为目的，零件上与加工相关的几何要素要通过造型表达出来。

设计造型的基本类型为曲面造型和实体造型。加工造型的基本类型为线框造型、曲面造型和实体造型。

一、加工造型按工序要求造型

加工造型构建的几何模型不一定与零件的形状和尺寸完全一致，有时加工需要按照工序来逐渐改变毛坯的形状，加工造型仅针对本工序造型，为本工序服务。因此，有时的加工造型为零件加工过程中的中间形状，如曲面沟槽零件，加工工序先加工曲面，再加工凹槽，所以在加工曲面时，只对曲面部分造型，如图 6.1 和图 6.2 所示。

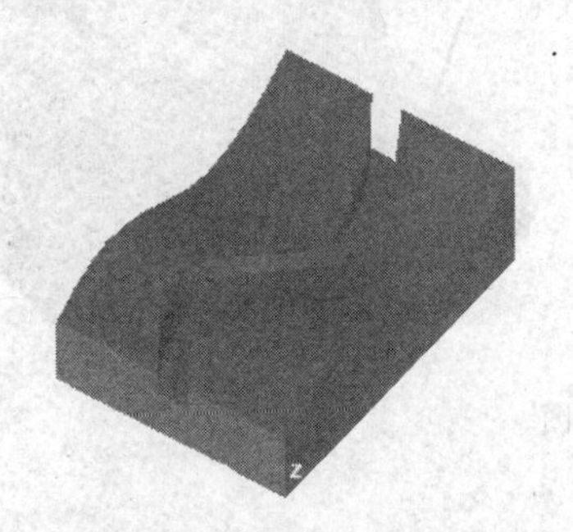

图 6.1　设计造型

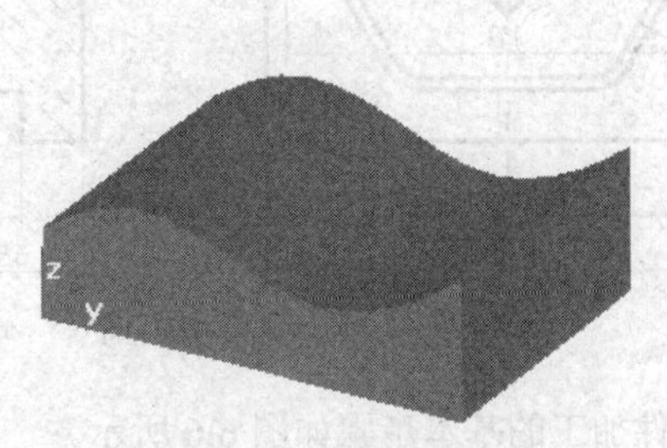

图 6.2　加工造型

二、加工造型按加工方法的要求造型

本软件所提供的加工方法有多种，有些加工方法对造型要求简单，加工造型并不需要实体造型和曲面造型，而只要做出线框造型即可。例如，凸台零件可以采用导动线精加工的加工方法进行加工，其加工造型只要用线框构建零件顶面形状轮廓，给定倾斜角度和其他相应参数，便可完成其零件侧面的加工，如图 6.3 和图 6.4 所示。

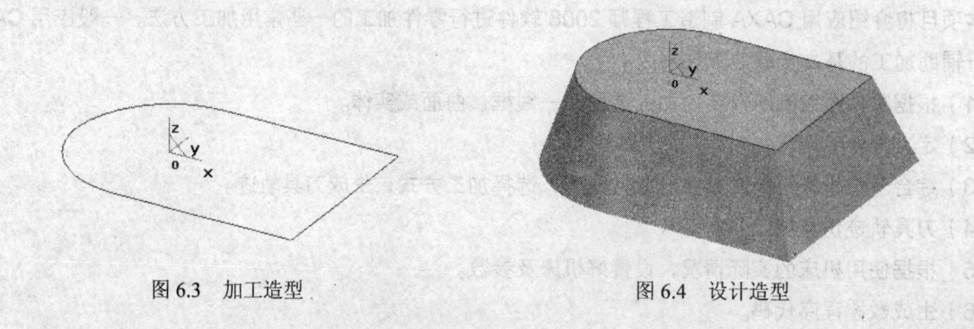

图 6.3　加工造型　　图 6.4　设计造型

任务2　凸台零件加工

思路分析

凸台零件图如图 6.5 所示，凸台属于箱体类零件，其零件的加工底面均为平面，可以应用平面区域粗加工和平面轮廓精加工的加工方法进行加工，4 个通孔应用孔加工的加工方法加工。

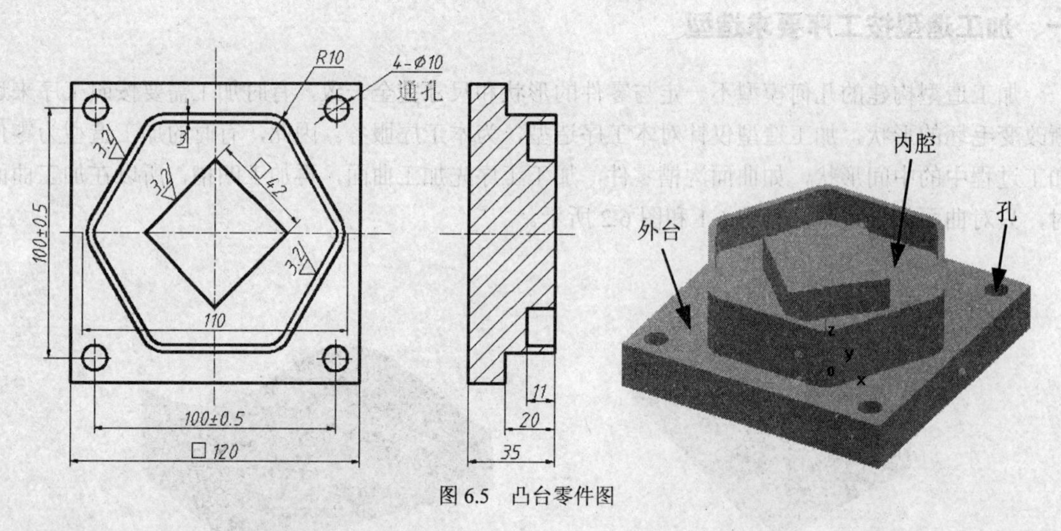

图 6.5　凸台零件图

凸台零件加工的基本步骤如图 6.6 所示。

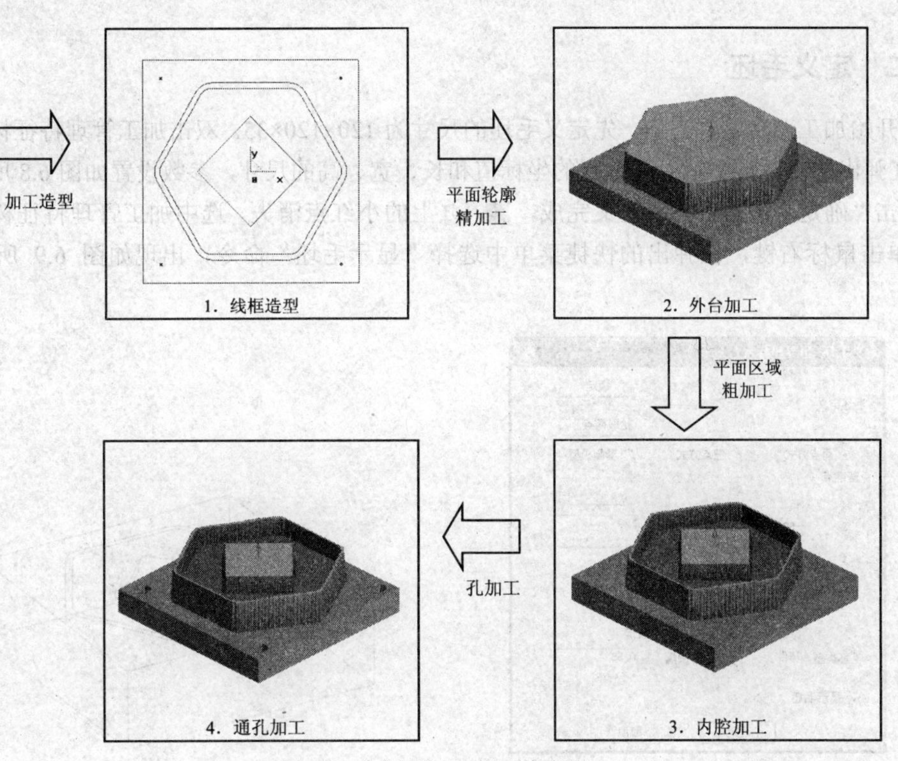

图 6.6 凸台零件加工的基本步骤

操作步骤

步骤一 绘制加工造型

根据凸台零件的图纸（见图 6.5）绘制零件的加工造型，加工造型为图 6.7 中所示的线框造型（非草图状态下）。

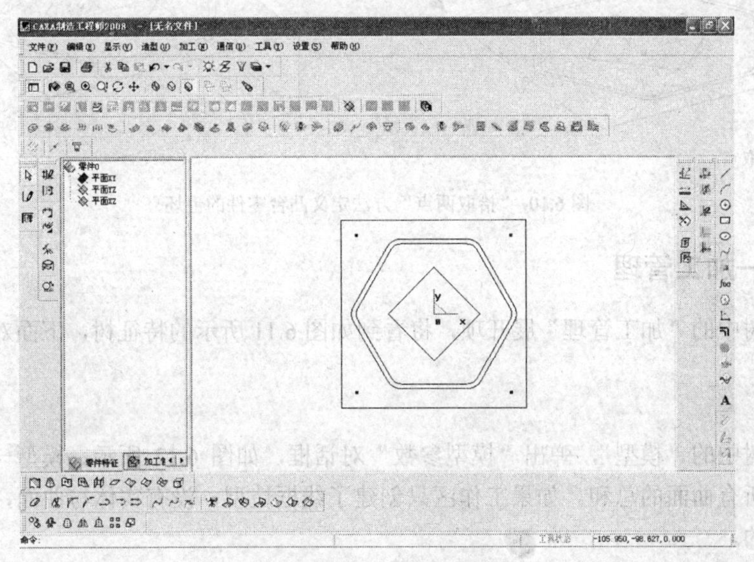

图 6.7 凸台零件的加工造型

步骤二　定义毛坯

在开始加工凸台零件之前，先定义毛坯的尺寸为 120×120×35。双击加工管理特征树中的“毛坯”，在弹出的对话框中输入基准点的坐标值和长、宽、高的尺寸，参数设置如图 6.8 所示。

单击“确定”按钮，毛坯定义完成，毛坯上的小红点消失。选中加工管理特征树中的“毛坯”，单击鼠标右键，在弹出的快捷菜单中选择“显示毛坯”命令，出现如图 6.9 所示的毛坯线框。

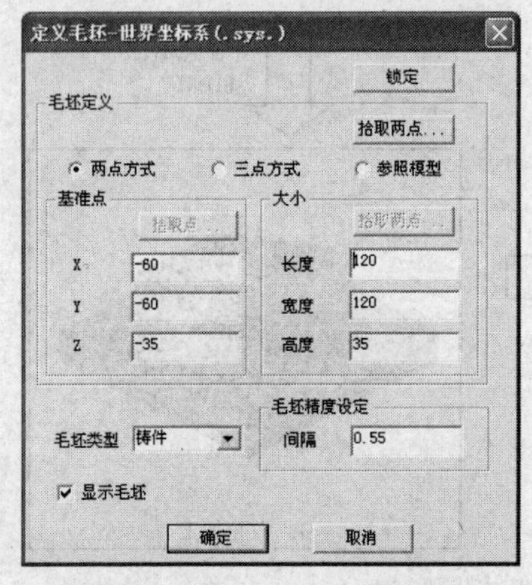

图 6.8　凸台零件毛坯参数设置

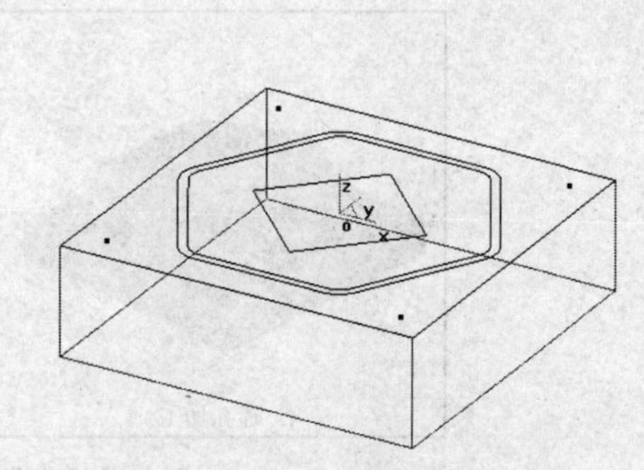
图 6.9　凸台零件的毛坯线框

毛坯还可以通过“拾取两点”的方法来定义。先在图形当中过矩形的一个角点，绘制一条向下长为 35 的直线，如图 6.10 所示。单击“定义毛坯”对话框中的“拾取两点”按钮，拾取直线的端点与相对的矩形角点，也可以完成毛坯的定义。

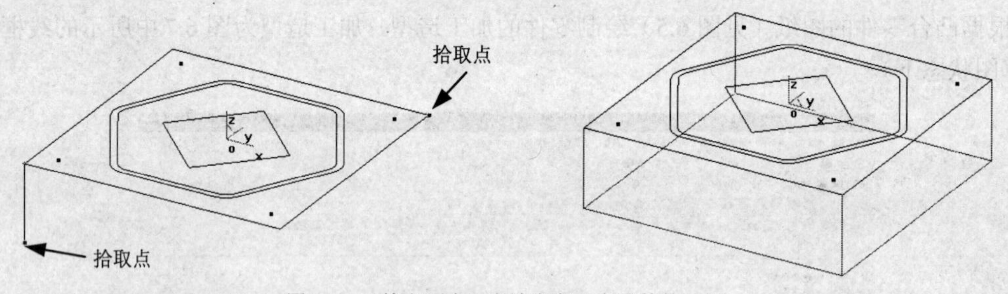

图 6.10　“拾取两点”方法定义凸台零件的毛坯

知识链接——加工管理

打开特征树中的“加工管理”展开项，将看到如图 6.11 所示的特征树，下面对其中的设置做以下说明。

1．模型

双击特征树中的“模型”，弹出“模型参数”对话框，如图 6.12 所示。模型一般表达为系统存在的实体和所有曲面的总和。如果工作区只创建了线框造型，没有实体与曲面，那么“模型”显示将是空白的。

“几何精度”是指理想的几何模型与离散处理后的加工模型之间的误差。

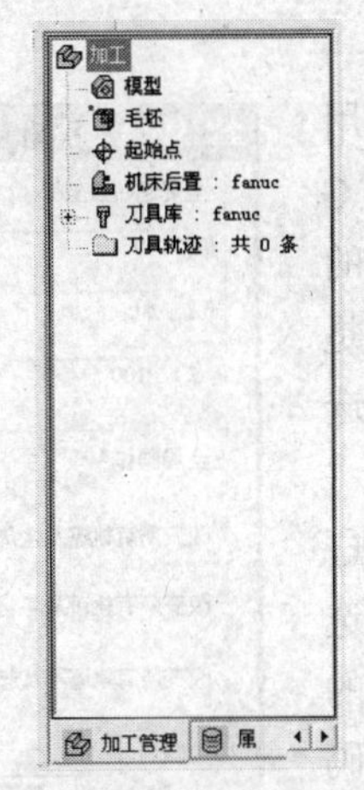

图 6.11 特征树中“加工管理”展开项

图 6.12 “模型参数”对话框

2．毛坯

双击特征树中的“毛坯”，弹出“定义毛坯—世界坐标系”对话框，如图 6.13 所示。在选择加工方法生成加工轨迹之前，通常需要先定义一个毛坯。

系统提供的毛坯为长方体形状，具体定义方式有 3 种，常用的方式是两点方式和参照模型。“定义毛坯”对话框中各参数的含义如下。

（1）“锁定”按钮：单击该按钮，用户则不能设定毛坯的基准点、大小、毛坯类型等。为了防止设定好的毛坯数据被改变可选择此项。

（2）两点方式：通过拾取毛坯长方体的两个对角点（与顺序、位置无关）来定义毛坯。

（3）三点方式：通过拾取基准点和拾取定义毛坯大小长方体的两个对角点（与顺序、位置无关）来定义毛坯。

（4）参照模型：系统自动计算模型的包围盒（能包含模型的最小长方体），以此作为毛坯。

（5）基准点：毛坯在世界坐标系中长方体的左下角点。

（6）大小：指长度、宽度、高度分别是毛坯在 X 方向、Y 方向和 Z 方向的尺寸。

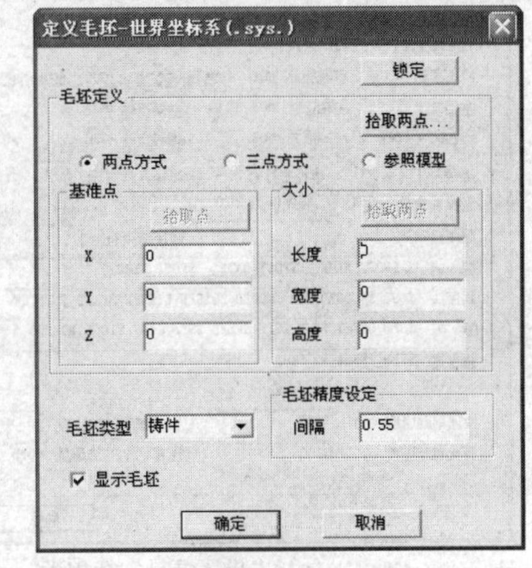

图 6.13 “定义毛坯—世界坐标系”对话框

（7）毛坯类型：系统提供了铸件、精铸件、锻件、精锻件、棒料、冷作件、冲压件、标准件、外购件、外协件和其他毛坯的类型，主要是在生成工艺清单时需要。

（8）毛坯精度设定：设定毛坯的网格间距，主要是仿真时需要。间隔越小，仿真模型显示得越光滑，仿真加工过程呈现的跳跃性越明显。

（9）显示毛坯：设定是否在工作区中显示毛坯。

当毛坯被定义好之后，毛坯上的小红点就自动消失了。

3．起始点

双击特征树中的“起始点”，弹出“全局轨迹起始点”对话框，如图 6.14 所示。刀具起始点是指刀具进刀和退刀的初始高度，读者可以根据加工对象直接输入或者单击“拾取点”按钮来设定刀具的起始点。这里设置的起始点是全局起始点，各刀具轨迹还可以在具体加工时设置自己的起始点。

4．机床后置

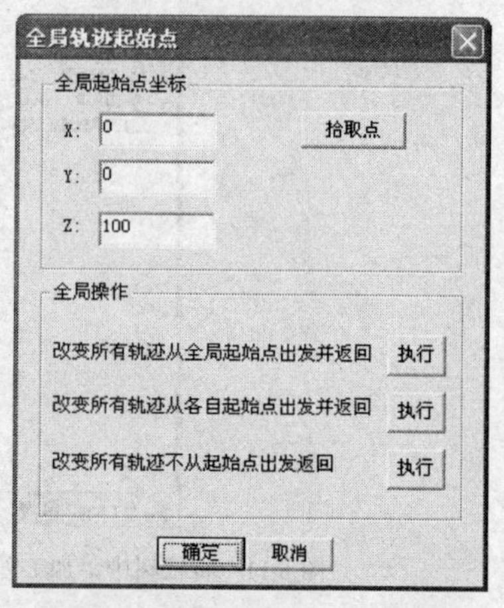

图 6.14 “全局轨迹起始点”对话框

CAXA 制造工程师最终的目的是为数控机床提供可用的加工代码，即 G 代码，而机床是如何识别软件给出的 G 代码呢？机床后置解决了这样一个“交流”问题。机床的后置信息如同一个装入了多种语言的数据库，它的形式是开放的、可选择的，使用者可以根据不同的操作系统来选择不同的配置。

双击特征树中的“机床后置”，弹出“机床后置”对话框，如图 6.15 所示，其中有“机床信息”和“后置设置”两个选项卡。前者可以选择不同的数控操作系统，可以修改程序的头、尾、换刀等输出代码格式；后者可以控制输出的 G 代码的格式，包括输出文件的长度、行号、坐标输出格式、圆弧控制、文件扩展名等。

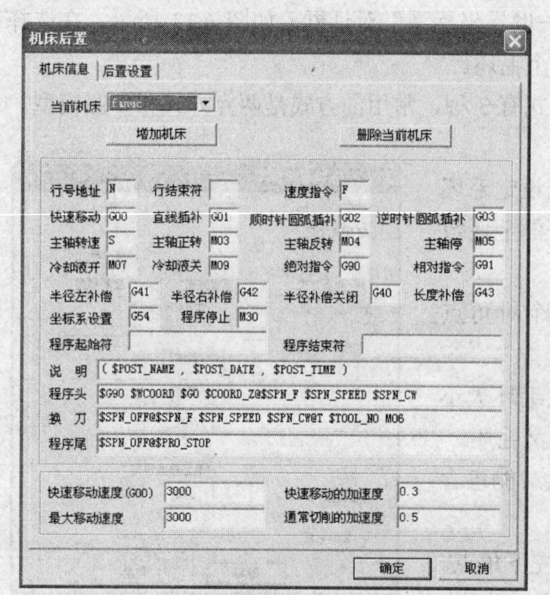

（a）“机床信息”选项卡

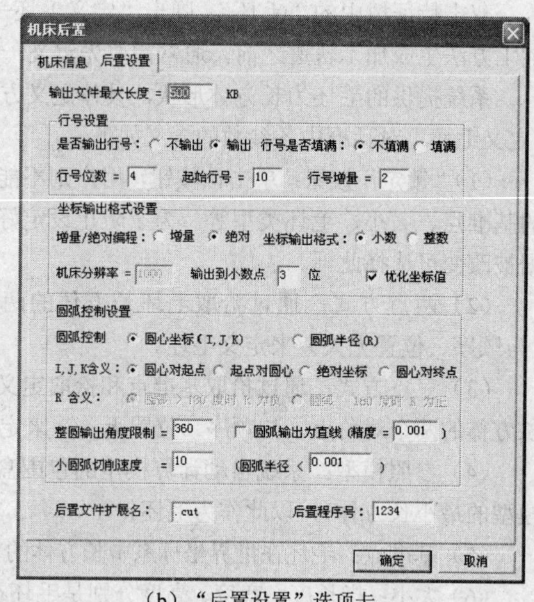

（b）“后置设置”选项卡

图 6.15 “机床后置”对话框

5．刀具库

双击特征树中的“刀具库”，弹出“刀具库管理”对话框，如图 6.16 所示。刀具库用来定义、确定刀具的有关数据，以便于读者从刀具库中调用信息和对刀具库进行维护。

CAXA 制造工程师 2008 主要针对铣削加工，提供的刀具类型有铣刀和钻头，其中铣刀又有 3 大类，即球头刀（$R=r$）、立铣刀（$r=0$）和圆角刀（$r<R$），如图 6.17 所示。其中 R 为刀具半径，r 为刀角半径。刀具参数中还有刀刃长度、刀具全长、刀柄长度等，如图 6.18 所示。

在三轴加工中，球头刀和立铣刀的加工效果有很明显的区别，当曲面形状复杂有起伏时，建议使用球头刀，适当调整加工参数可以达到很好的加工效果。在两轴加工（铣削平面图形）中，为提高效率建议使用立铣刀，因为相同的参数，球头刀会留下较大的残留高度，立铣刀的加工效率比球头刀高很多，切削力也较大。在选择刀刃长度和刀具长度时，要考虑机床的情况及零件的尺寸是否会干涉。

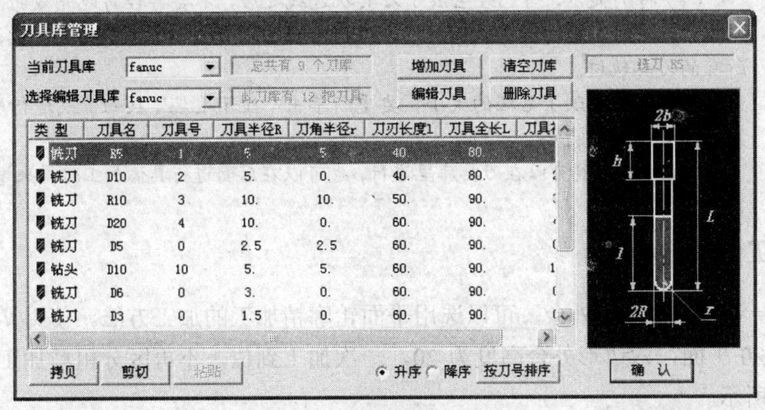

图 6.16 “刀具库管理”对话框

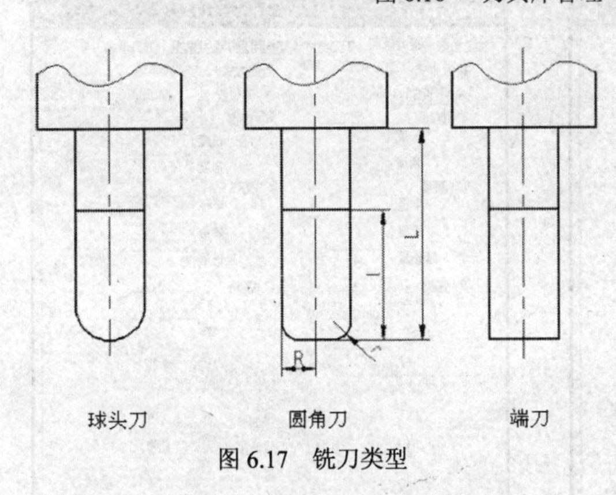

图 6.17 铣刀类型

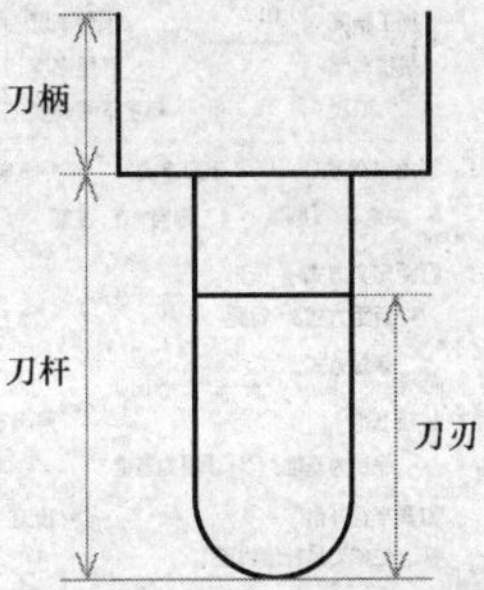

刀柄
刀杆
刀刃

图 6.18 刀具参数

“刀具库管理”对话框中刀具参数的说明如下。

（1）类型：可设置铣刀或钻头。

（2）刀具名：当前刀具的名称，用于刀具识别和列表，刀具名是唯一的。

（3）刀具号：刀具的编号，用于后置处理的自动换刀指令。刀具号也是唯一的，对应机床的刀库。

（4）刀具半径 R：刀具的半径。

（5）刀角半径 r：刀具的刀角半径，应不大于刀具半径。

（6）刀刃长度 l：刀具的刀杆可用于切削部分的长度。

（7）刀具全长 L：刀尖到刀柄之间的距离，刀具长度要大于刀刃长度。

（8）刀具补偿号：刀具补偿值的编号，其值可与刀具号不一致。

“刀具库管理”对话框具有如下功能。

（1）增加刀具：用于增加刀具到刀具库中。此功能可以将常用刀具预先定义好。

（2）清空刀具：删除刀具库中所有的刀具。

（3）编辑刀具：修改当前选中刀具的参数。

（4）删除刀具：删除刀具库中不需要的刀具。先选中不需要的刀具，再单击此按钮。

（5）拷贝、剪切、粘贴：对参数相仿的刀具的快捷操作。

（6）按刀号排列：可按刀具号对刀具进行升序或降序排列。

（7）预显刀具：可以显示选中刀具的参数及形状。

（1）特别提示，当已经生成了刀具轨迹线之后，不要再轻易地删减曲面，或是更改实体元素，否则生成的轨迹线可能不再适用于新的模型。如果一定要这么做，需要重新计算所有的刀具轨迹。

（2）如果更改了毛坯的大小，要重新单击“显示毛坯”按钮，或进行刷新，毛坯才会显示为更改后的大小。

（3）增加刀具可以在刀具库里进行，也可以在后面进行具体加工时再来增加需要的刀具。

步骤三　加工六边形外台

要加工凸台零件的六边形外台，可以选用平面轮廓精加工的加工方法。使用 Φ20 的立铣刀，工件上表面为 Z0 平面，六边形外台高度为 20，一次加工到位，不再区分粗精加工。具体的参数设置如图 6.19 所示。

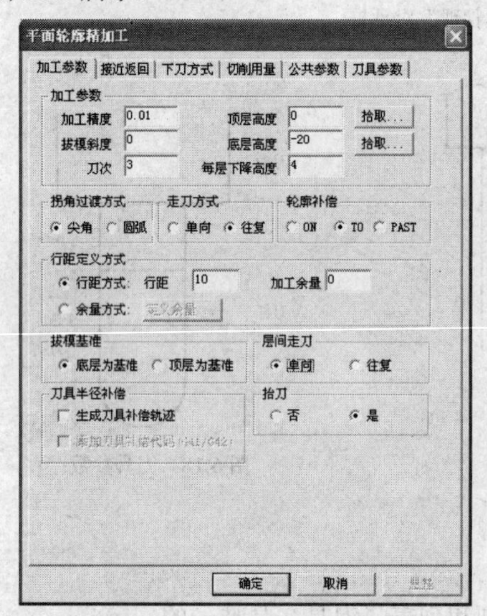

（a）“加工参数”选项卡

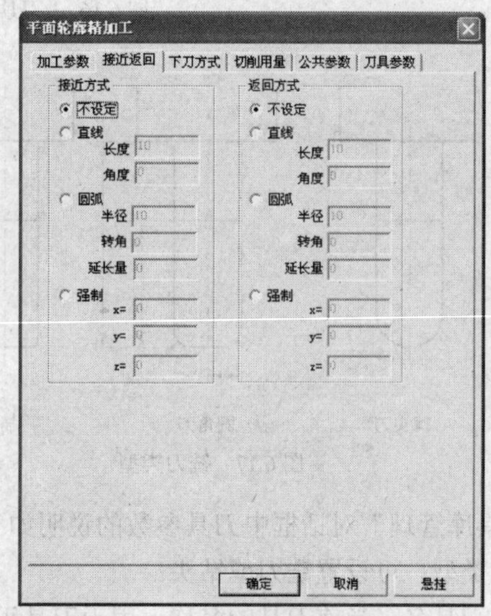

（b）“接近返回”选项卡

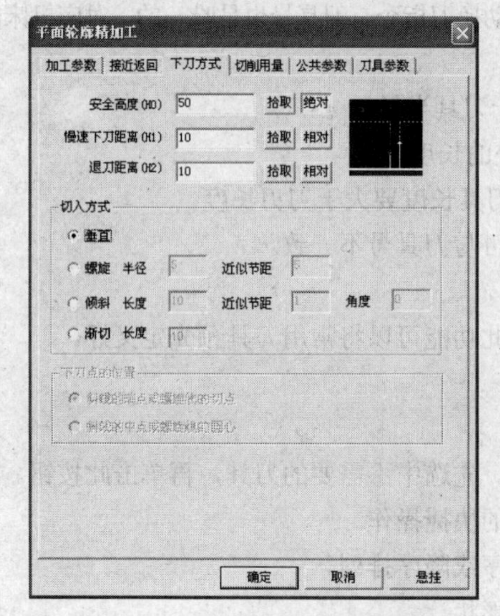

（c）“下刀方式”选项卡

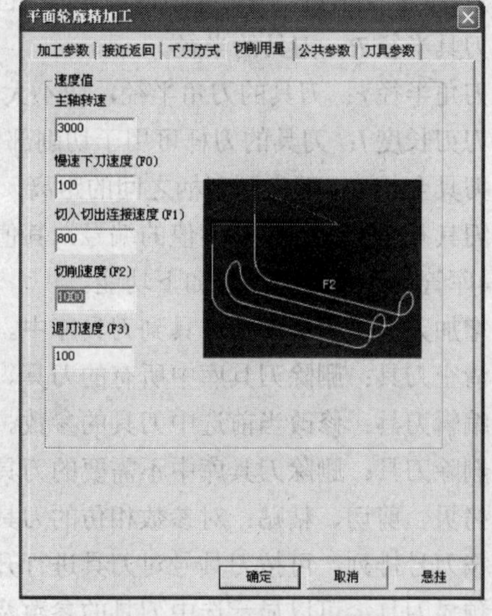

（d）“切削用量”选项卡

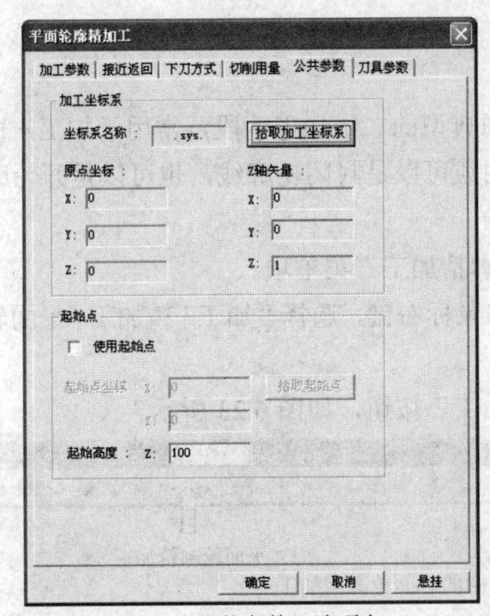

（e）“公共参数”选项卡

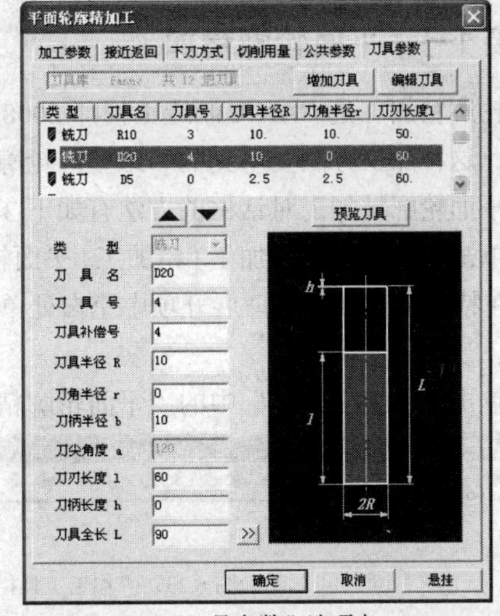

（f）“刀具参数”选项卡

图 6.19 平面轮廓精加工的参数设置

单击“确定”按钮后，命令行提示“拾取轮廓和加工方向”，用鼠标选择六边形外圈为加工轮廓，加工方向为顺时针方向，如图 6.20 所示。

命令行提示“拾取箭头方向”，用鼠标选择指向外侧的箭头方向，如图 6.21 所示。

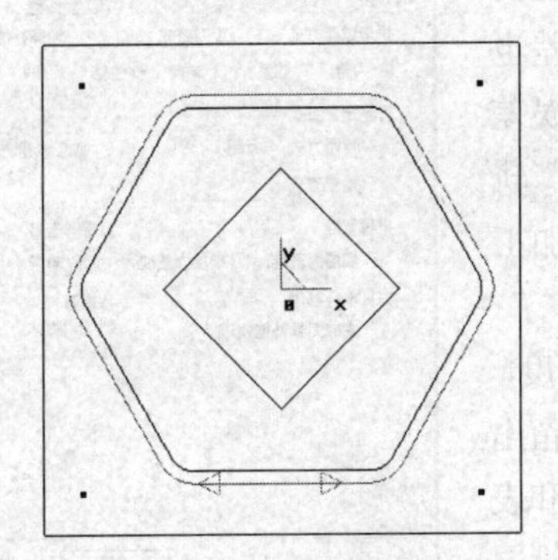

图 6.20 拾取轮廓和加工方向

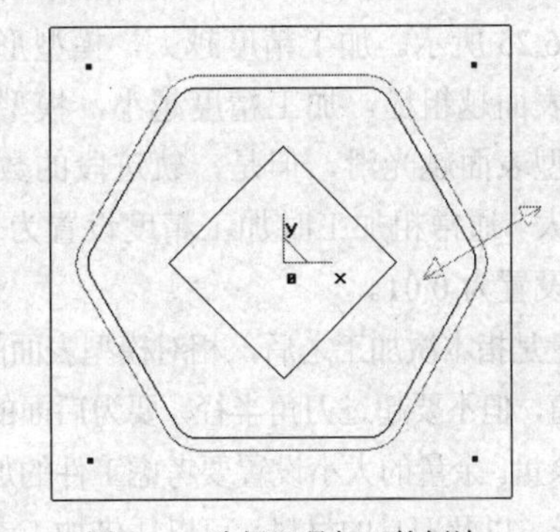

图 6.21 选择刀具加工的侧边

命令行提示“进刀点”时，单击鼠标右键，让系统自动选择一个默认进刀点。命令行提示“退刀点”时，单击鼠标右键，让系统自动选择一个默认退刀点。生成刀具轨迹如图 6.22 所示。

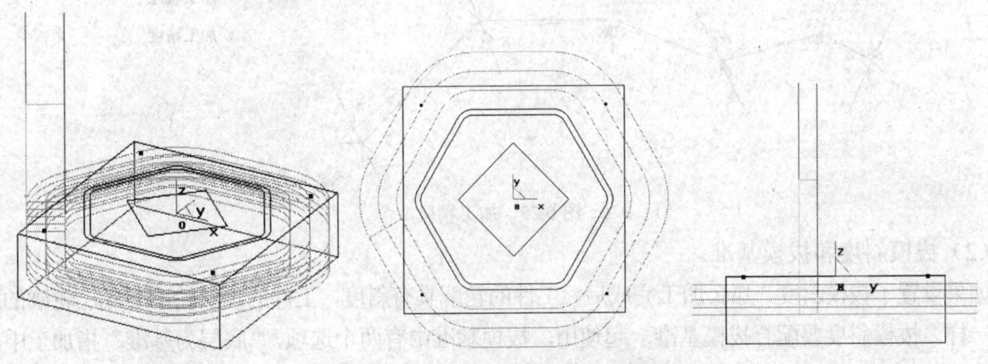

图 6.22 平面轮廓精加工生成的刀具轨迹

知识链接 1——平面轮廓精加工

平面轮廓精加工是 CAXA 制造工程师 2008 中典型的二维加工手段，常用于加工平面类零件的外轮廓。这种加工方法要用到的二维空间轮廓曲线可以是封闭轮廓线，也可以是开轮廓线。

打开平面轮廓精加工对话框的方法有如下 3 种。

（1）单击主菜单中的“加工 | 精加工 | 平面轮廓精加工”菜单项。

（2）在特征树的加工管理展开项中空白处单击鼠标右键，选择“加工 | 精加工 | 平面轮廓精加工”命令。

（3）单击“加工工具栏”中的“平面轮廓精加工”按钮，如图 6.23 所示。

图 6.23 “加工工具栏”中的平面轮廓精加工

“平面轮廓精加工”对话框如图 6.24 所示，其中有 6 个选项卡。下面对 6 个选项卡中的一些参数进行说明。

1.“加工参数”选项卡

（1）加工精度和加工余量。

加工精度是指加工模型与实际加工出来的零件存在的误差，如图 6.25 所示。加工精度越大，模型形状的误差也增大，模型表面越粗糙。加工精度越小，模型形状的误差也减小，模型表面越光滑，但是，轨迹段的数目增多，轨迹数据量变大。通常粗加工时加工精度设置为 0.1，精加工时加工精度设置为 0.01。

加工余量是指本次加工之后，相对模型表面的残留高度，它可以是负值，但不要超过刀角半径，要为后面的精加工留出一定的切削余量。余量的大小设置要考虑工件的加工精度和表面粗糙度要求，以及刀具的材料，可以凭借加工者的经验设定或查表确定。如果是一次加工到位，加工余量可以设置为 0。

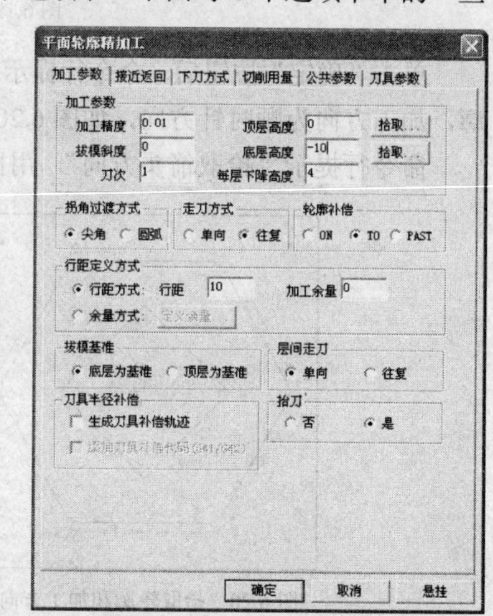

图 6.24 “平面轮廓精加工”对话框

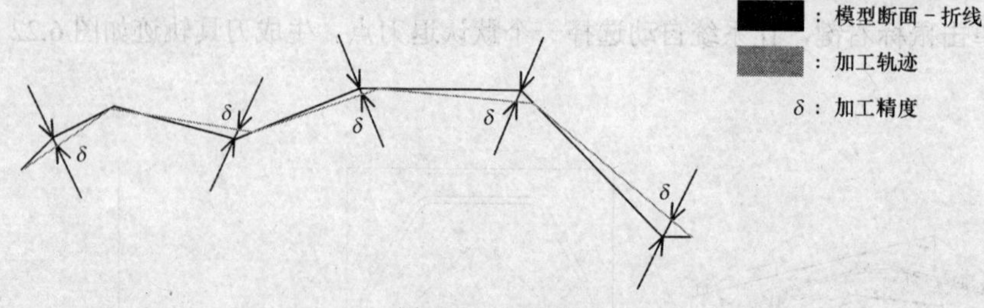

图 6.25 加工精度

（2）拔模斜度和拔模基准。

如果设置了拔模斜度，那么加工完成后，工件的轮廓具有斜度，工件的顶层轮廓与底层轮廓的大小会不一样。拔模斜度要配合拔模基准一起使用。拔模基准中有两个选项，“底层为基准”指加工中所选的轮廓是工件底层的轮廓，“顶层为基准”指加工中所选的轮廓是工件顶层的轮廓，如图 6.26 所示。

（3）刀次。

刀次是指 *XY* 方向上生成的刀位的行数，也就是刀具在 *XY* 平面上走几行（圈）来接近轮廓，如图 6.27 所示。

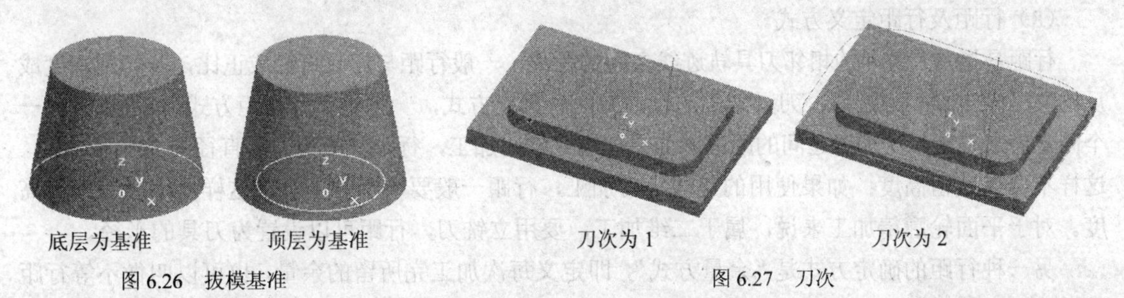

图 6.26 拔模基准　　图 6.27 刀次

（4）顶层高度、底层高度和每层下降高度。

顶层高度是指加工的第一层所在高度，也就是零件的最高点，*Z* 的最大值。底层高度是指加工的最后一层所在高度，也就是最终加工的深度，*Z* 的最小值。每层下降高度是指刀具轨迹层与层之间的高度值，即层高。每层的高度从输入的顶层高度开始计算，实际加工时，每层下降高度值要考虑工件的材料、刀具材料、机床性能等实际因素。

（5）拐角过渡方式。

拐角过渡就是在切削过程遇到拐角时的处理方式，这里提供了尖角和圆弧两种过渡方法，如图 6.28 所示。

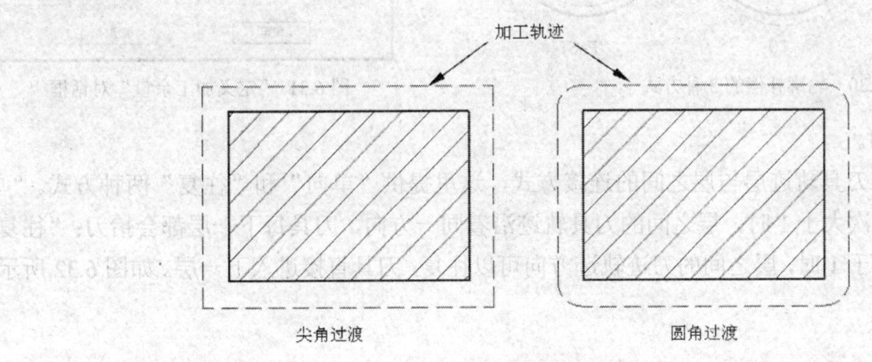

图 6.28 拐角过渡方式

（6）走刀方式与抬刀。

走刀方式是指 *XY* 平面上刀具轨迹行与行之间的连接方式，这里提供了“单向”和“往复”两种方式，如图 6.29 所示。抬刀有两种方式，即“否”与“是”。当走刀方式选择“单向”，刀次大于 1 时，同一层的刀迹轨迹沿着同一方向，这时要注意，在“抬刀”的选项中选择“是”，以防过切。选择“往复”，刀次大于 1 时，同一层的刀具轨迹方向可以往复，这样比较节省时间。

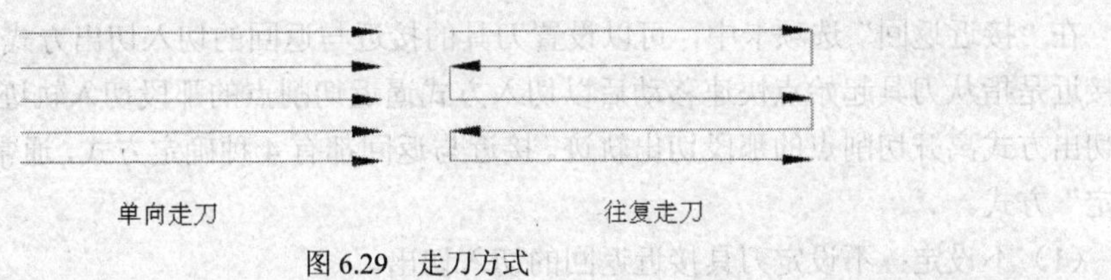

图 6.29 走刀方式

（7）轮廓补偿。

轮廓补偿方式有 3 种，“ON”表示刀心线与轮廓重合，“TO”表示刀心线未到轮廓一个刀具半径，“PAST”表示刀心线超过轮廓一个刀具半径，如图 6.30 所示。

（8）行距及行距定义方式。

行距是指 *XY* 方向的相邻刀具轨迹线之间的距离。一般行距与刀具直径成正比，与切削深度成反比。当确定加工刀次后，刀具加工的行距有两种确定方式，一种是“等行距方式”，可以输入一个固定值来确定每次加工之间的距离。如果使用立铣刀加工，行距一般为刀具直径的 30%～70%，这样不会有残留高度；如果使用的是球头刀加工，行距一般要小于等于 1，这样才不会有残留高度。对于平面轮廓精加工来说，属于二维加工，要用立铣刀，行距可以设置为刀具的半径。

另一种行距的确定方式是“余量方式”，即定义每次加工完所留的余量，也可以叫做不等行距加工。余量的次数与刀次相同，最多可定义 10 次加工的余量。如果刀次已经定义为 5，行距的确定方式选择“余量方式”，单击后面的“定义余量”按钮，就会弹出“定义加工余量”对话框，其中有 5 次加工余量可以设置，如图 6.31 所示。

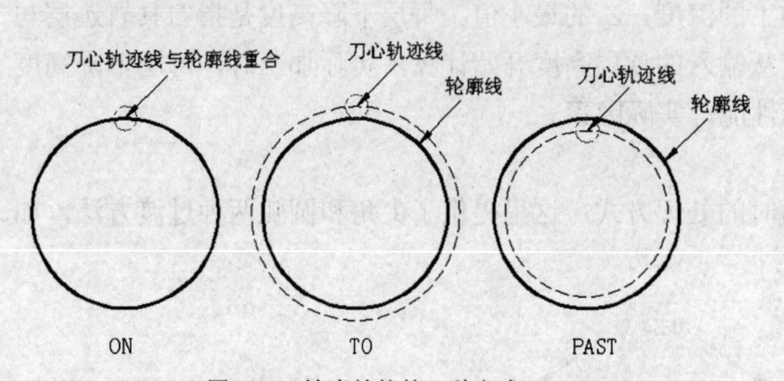

图 6.30　轮廓补偿的 3 种方式

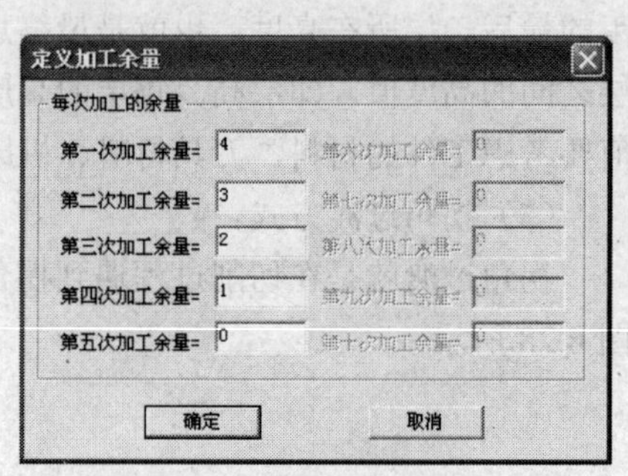

图 6.31　“定义加工余量”对话框

（9）层间走刀。

层间走刀是指刀具轨迹层与层之间的连接方式，这里提供“单向”和“往复”两种方式。“单向”在刀具轨迹层次大于 1 时，层之间的刀具轨迹沿着同一方向，刀具每下一层都会抬刀；“往复”在刀具轨迹层次大于 1 时，层之间的刀迹轨迹方向可以往复，刀具直接进入下一层。如图 6.32 所示。

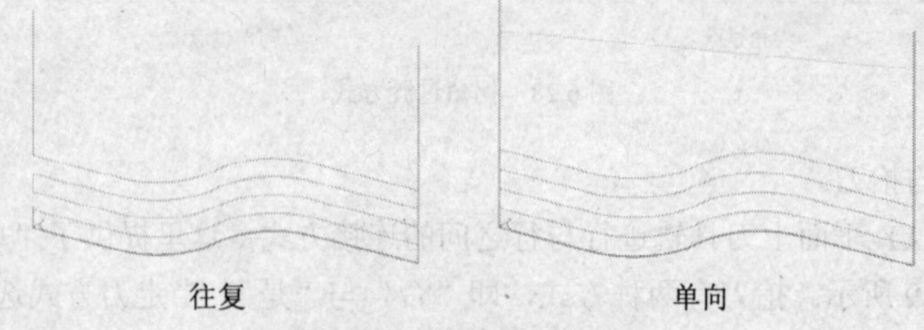

图 6.32　层间走刀两种方式

2．“接近返回”选项卡

在“接近返回”选项卡中，可以设置刀具的接近与返回的切入切出方式，如图 6.33 所示。一般接近是指从刀具起始点快速移动后以切入方式逼近切削点的那段切入轨迹，返回是指从切削点以切出方式离开切削点的那段切出轨迹。接近与返回都有 4 种确定方式，通常情况下可以选择“不设定”方式。

（1）不设定：不设定刀具接近返回的切入切出。

（2）直线：刀具按给定长度，以直线方式向切削点平滑切入或从切削点平滑切出。“长度”指直线切入切出的长度，“角度”不使用。

（3）圆弧：刀具以π/4 圆弧向切削点平滑切入或从切削点平滑切出。“半径”指圆弧切入切出的半径，“转角”指圆弧的圆心角，“延长量”不使用。

（4）强制：强制刀具从指定点直线切入到切削点，或强制从切削点直线切出到指定点。x、y、z 是指定点的空间坐标。

3．“下刀方式”选项卡

在“下刀方式”选项卡中，可以设置安全高度、慢速下刀距离、退刀距离和切入方式，如图 6.34 所示。

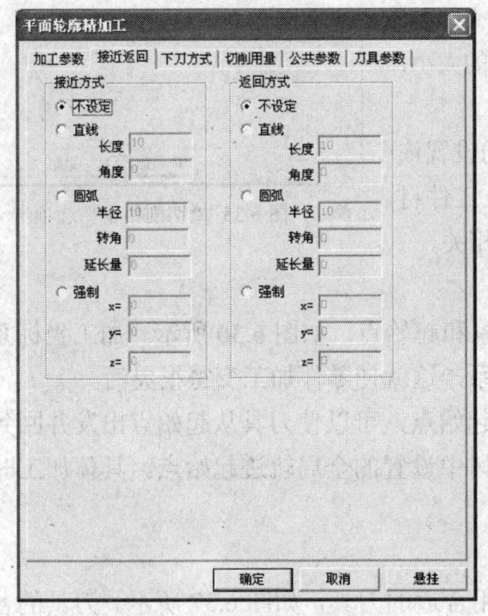

图 6.33 “接近返回”选项卡

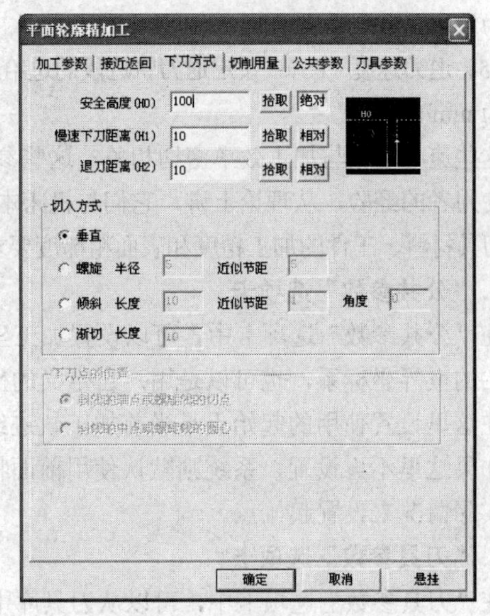

图 6.34 “下刀方式”选项卡

（1）安全高度：指刀具快速移动而不会与毛坯或模型发生干涉的高度。

（2）慢速下刀距离：指在切入或切削开始前的一段刀具轨迹的位置长度，这段轨迹以慢速下刀速度垂直向下进给。

（3）退刀距离：指在切出或切削结束后的一段刀具轨迹的位置长度，这段轨迹以退刀速度垂直向上进给。

这 3 个距离的设置都有 3 种模式，即拾取、绝对（按钮按下）和相对（按钮抬起）。“拾取”可以从工作区域选择一个高度点，“绝对”是以当前加工坐标系的 XOY 平面为参考平面，“相对”是以一个特殊刀位点为参考点。

通常情况下，安全高度采用“绝对”模式来设置，要考虑工件的大小；慢速下刀距离采用“相对”模式设置，以切入或切削开始位置的刀位点为参考点；退刀距离也采用“相对”模式设置，是以切出或切削结束位置的刀位点为参考点。

此处系统还提供了 4 种通用的切入方式，即垂直、螺旋、倾斜和渐切，几乎适用于所有的铣削加工策略。切入方式的选择要考虑刀具的类型及加工质量要求等实际因素。

4．“切削用量”选项卡

在“切削用量”选项卡中，可以设置主轴转速、慢速下刀速度、切入切出连接速度、切削速度和退刀速度，如图 6.35 所示。

速度值是指设定轨迹各位置的相关进给速度及主轴转速。

（1）主轴转速：设定主轴转速的大小，单位为 r/min。

（2）慢速下刀速度（F0）：设定慢速下刀轨迹段的进给速度的大小，单位为 mm/min。

（3）切入切出连接速度（F1）：设定切入轨迹段、切出轨迹段、连接轨迹段、接近轨迹段和返回轨迹段的进给速度的大小，单位为 mm/min。

（4）切削速度（F2）：设定切削轨迹段的进给速度的大小，单位为 mm/min。

（5）退刀速度（F3）：设定退刀轨迹段的进给速度的大小，单位为 mm/min。

这些速度参数与加工效率密切相关，这些参数的设置依赖于使用者的经验，从理论上讲，它们与机床本身、工件材料、刀具材料、工件的加工精度和表面粗糙度要求等相关。

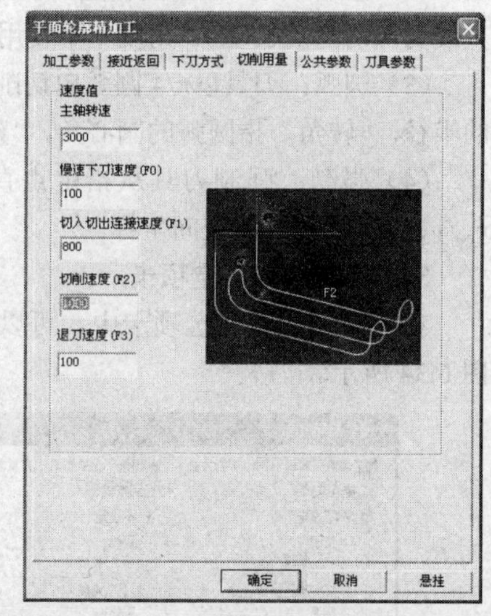

图 6.35 “切削用量”选项卡

5．“公共参数”选项卡

在“公共参数”选项卡中，可以设置加工坐标系和起始点，如图 6.36 所示。加工坐标系可以是原始的世界坐标系，也可以是用户自定义的坐标系，这就使零件加工变得很灵活。

在这里设置使用的起始点是当前加工轨迹线的起始点，可以使刀具从起始点出发并回到起始点。如果这里不再设置，系统则默认使用前面特征树中设置的全局轨迹起始点。具体加工时，要根据实际情况来设置起始点。

6．“刀具参数”选项卡

在“刀具参数”选项卡中，可以从刀具库中选用合适的刀具，如图 6.37 所示。刀具的各个参数已在前面学习过了，在右边的预显刀具图中也有相应的标记。如果刀库中没有合适的刀具，用

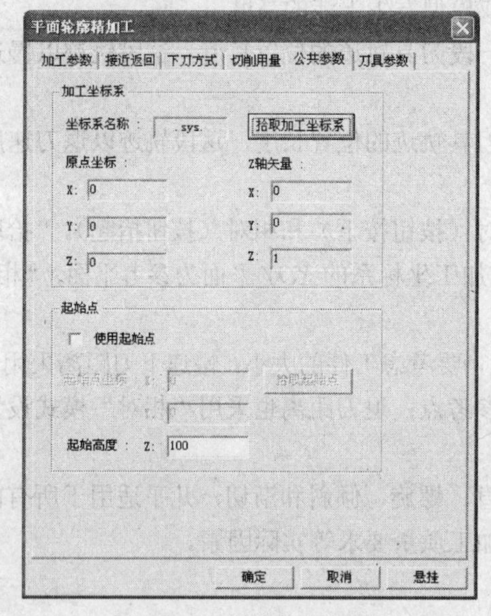

图 6.36 “公共参数”选项卡

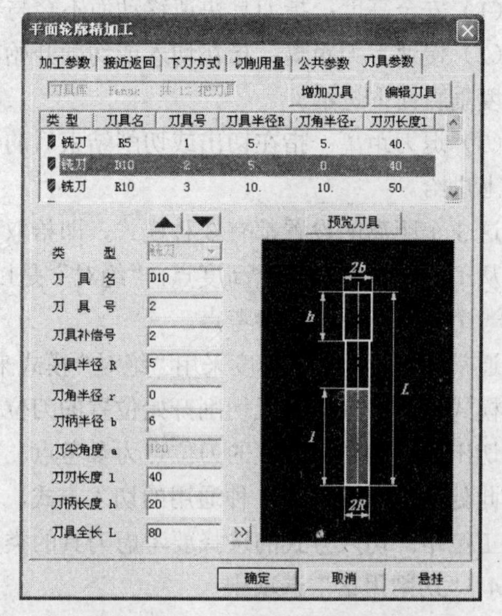

图 6.37 “刀具参数”选项卡

户还可以增加刀具，或编辑已有的刀具。选择刀具可以双击刀库中的某把刀，或选中之后单击▼按钮。更改刀具名和参数后，单击▲按钮可以直接往刀具库中增加刀具。

(1) 平面轮廓精加工不一定只能用于精加工，加工精度和加工余量的设置决定是否是精加工。

(2) 平面轮廓精加工一般选用立铣刀。

(3) 当毛坯没有完全切削掉的时候，可以通过增加刀次或选用半径值较大的刀具的方法来解决。

在特征树中选择前面生成的凸台零件的平面轮廓精加工刀具轨迹，然后单击鼠标右键，选择“实体仿真”命令，进入到CAXA轨迹仿真界面。单击“仿真加工”按钮，弹出仿真加工播放器，单击“播放”按钮▶，即开始实体仿真，仿真结果如图6.38所示。

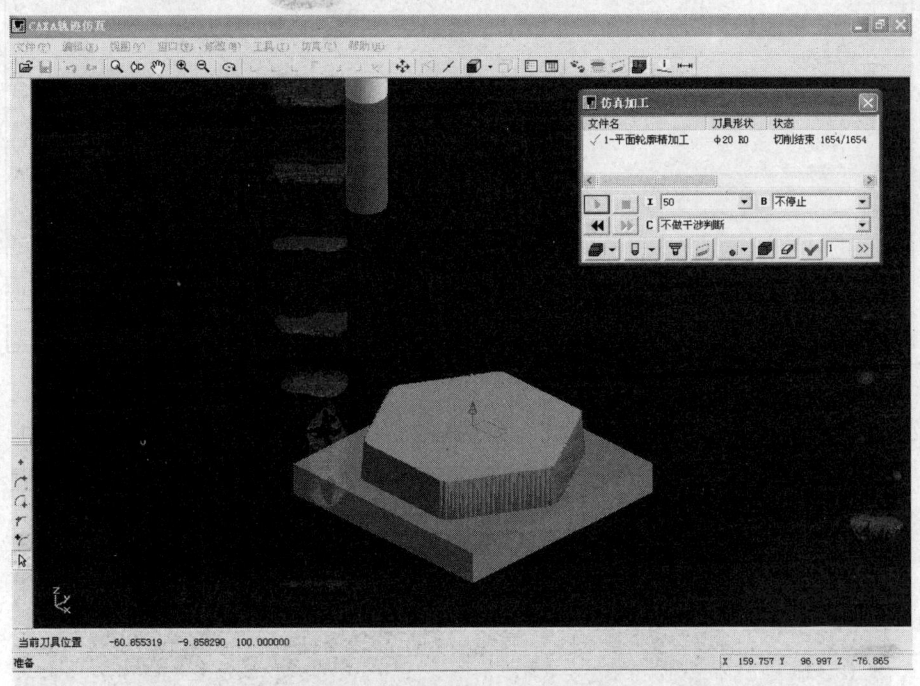

图6.38 平面轮廓精加工实体仿真结果

知识链接2——轨迹仿真

CAXA制造工程师2008提供了两种轨迹仿真方式，即线框仿真和实体仿真。线框仿真只模拟刀具的走刀路径，而不显示毛坯的切削状态。实体仿真既可以模拟刀具的走刀路径，还可以实现毛坯切削的动态图像显示。

打开轨迹仿真可以通过以下两种方式。

(1) 选择主菜单中的“加工 | 线框仿真（实体仿真）”菜单项，然后在特征树中选择要仿真的若干刀具轨迹，或在工作区拾取要仿真的若干刀具轨迹。

(2) 先在特征树中选择要仿真的若干刀具轨迹，或在工作区拾取要仿真的若干刀具轨迹，然后单击鼠标右键，在弹出的快捷菜单中选择“线框仿真”或“实体仿真”命令。

当选择“线框仿真”命令时，会在特征树下方弹出一个对话栏，通过选择不同的选项来模拟刀具的走刀路径。单击鼠标左键，工作区就会出现刀具，按照已经生成的刀具路径进行移动，如图 6.39 所示。刀具移动的速度可以通过改变一次走步数来调整，步数越多，速度越快。

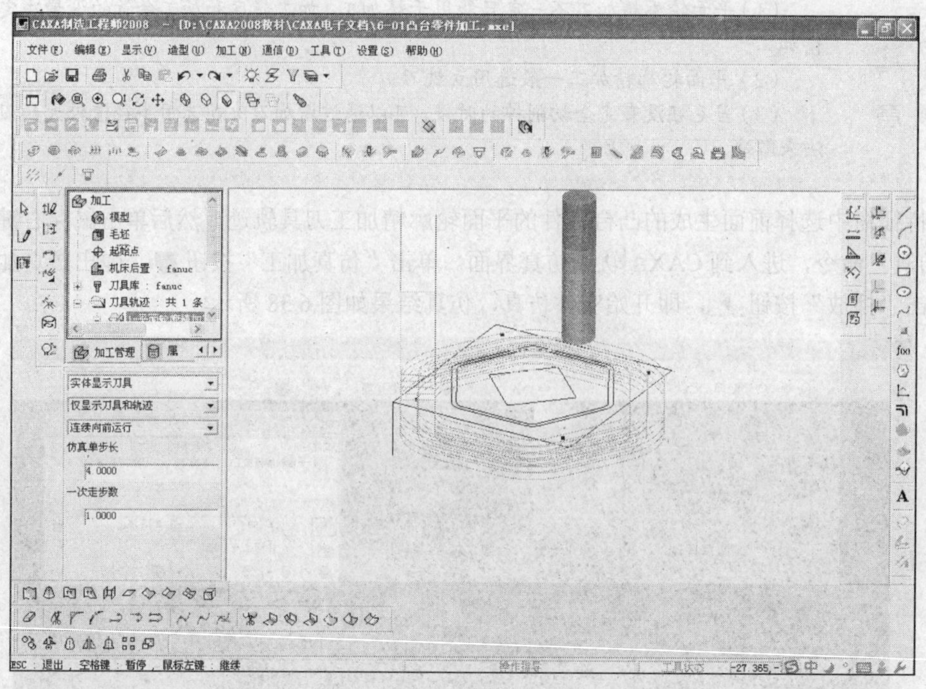

图 6.39　线框仿真

当选择“实体仿真”命令时，会弹出轨迹仿真器，如图 6.40 所示。在仿真的过程中，可以随

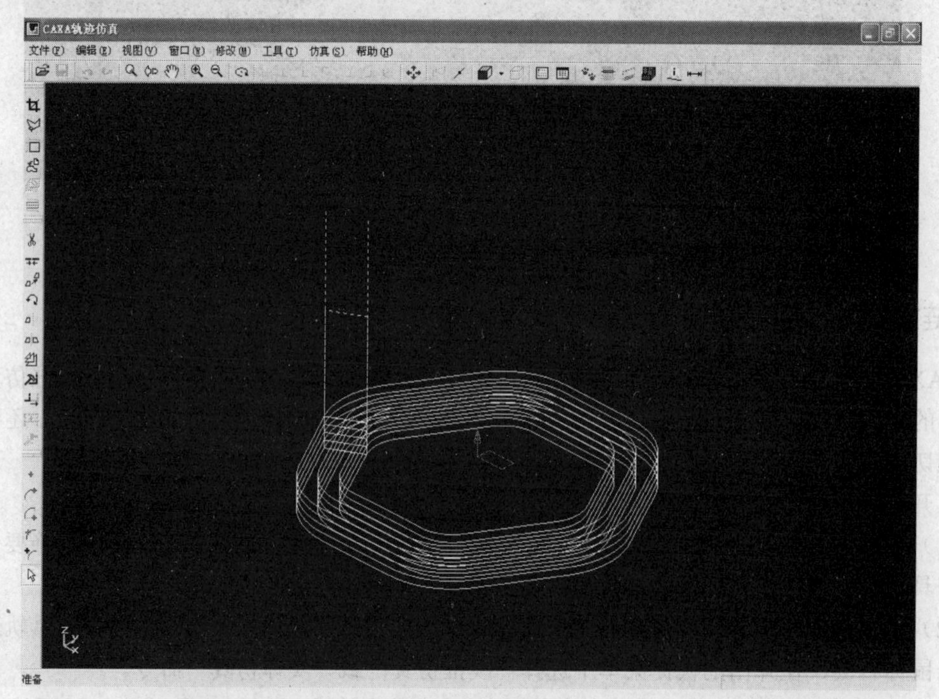

图 6.40　轨迹仿真器

意放大、缩小、旋转，便于观察细节；能显示多道加工轨迹的加工结果；可以调节仿真速度；可以检查刀柄干涉、快速移动中的干涉、刀具无切削刃部分的干涉情况；可以把切削仿真结果与零件理论形状进行比较，切削残余量用不同的颜色区分表示。

单击“仿真加工”按钮，弹出“仿真加工”播放器，如图 6.41 所示。单击“播放”按钮，即开始实体仿真。在仿真过程中可以通过视图工具从不同角度观察工件，或通过控制鼠标中键来旋转、放大或缩小。同时，还可以控制仿真加工的速度、状态，对轨迹加以干涉检查，如图 6.42 所示。

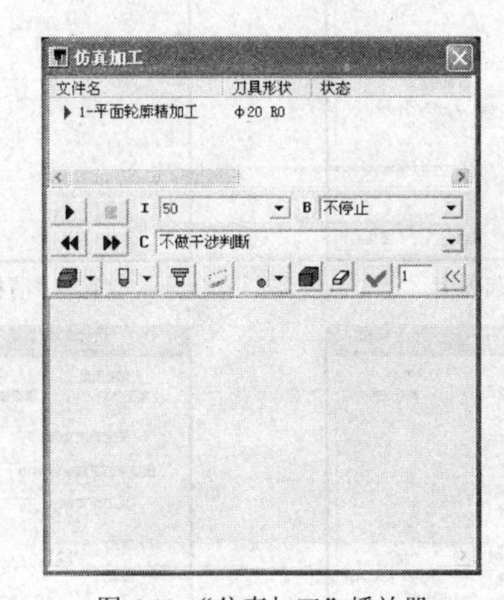

图 6.41 “仿真加工”播放器

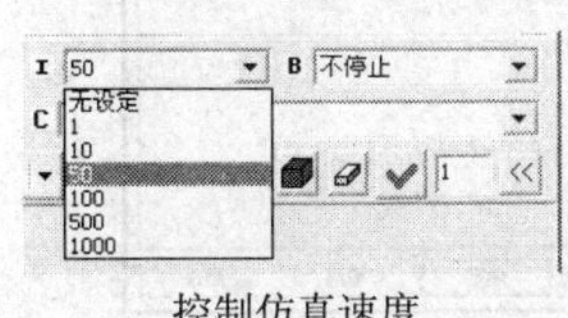

控制仿真速度

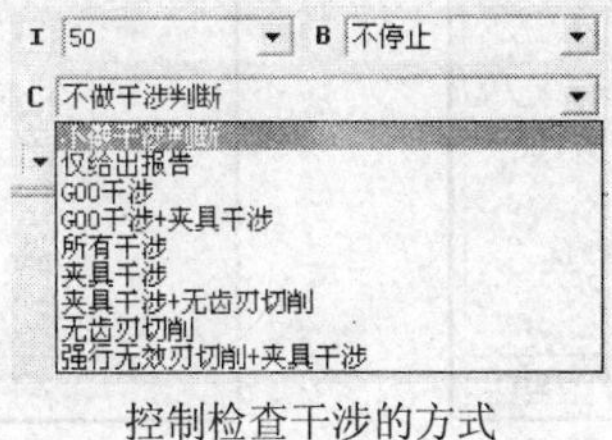

控制检查干涉的方式

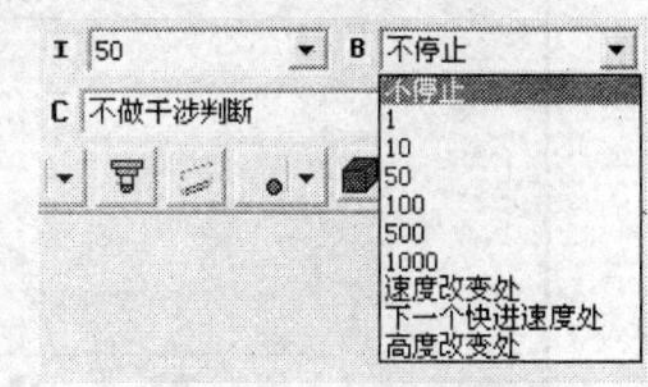

控制停止位置

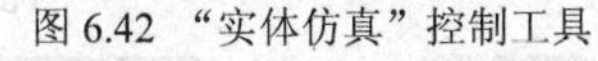

图 6.42 “实体仿真”控制工具

（1）进行实体仿真时，将打开轨迹仿真器，若要返回到原先的界面，需要把仿真器关闭。

（2）进行实体仿真时，F3、F8 等快捷键无法使用，可以按下鼠标中键来进行旋转，使用按钮放大、缩小或移动，但要按下鼠标中键来配合操作。

（3）进行实体加工仿真时，放大图形时仿真速度变慢，缩小图形时仿真速度变快。

步骤四 加工型腔

要加工凸台零件的型腔，中间有不加工的部分，可以选用平面区域粗加工的加工方法。使用 Φ10 的键槽刀，工件上表面为 $Z0$ 平面，型腔深度为 11，一次加工到位，不再区分粗精加工。具体的参数设置如图 6.43 所示。

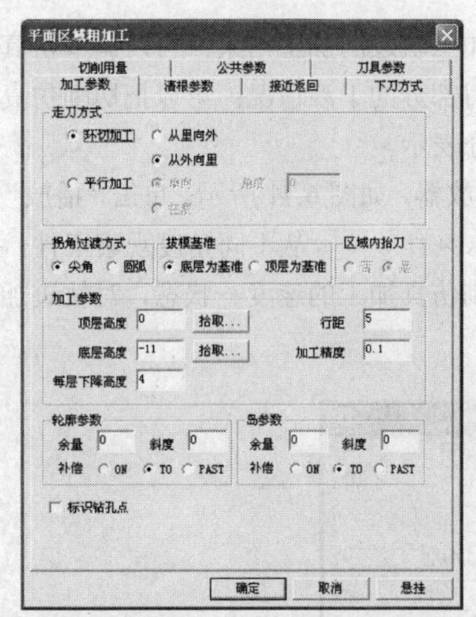

（a）“加工参数”选项卡

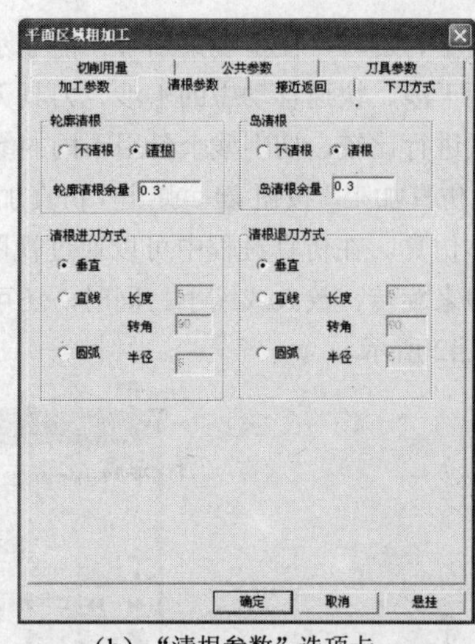

（b）“清根参数”选项卡

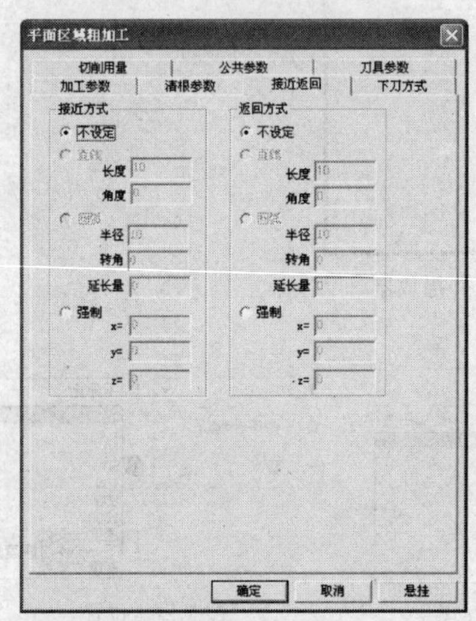

（c）“接近返回”选项卡

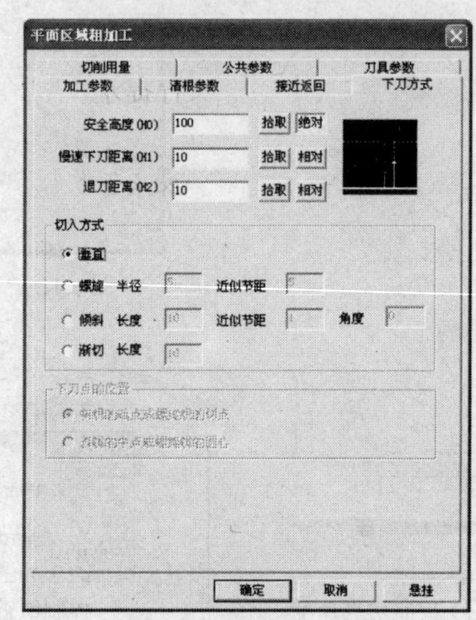

（d）“下刀方式”选项卡

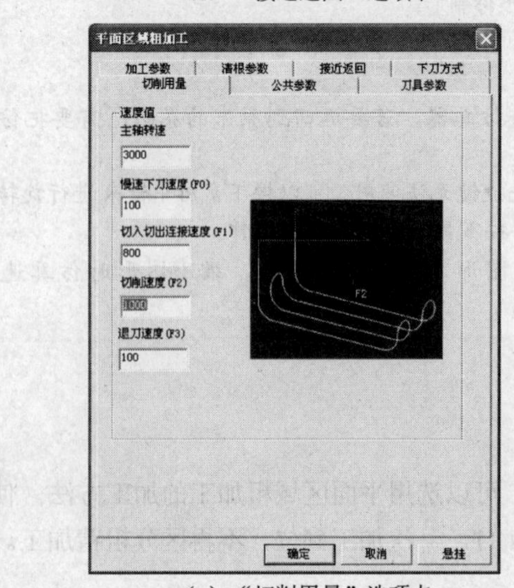

（e）“切削用量”选项卡

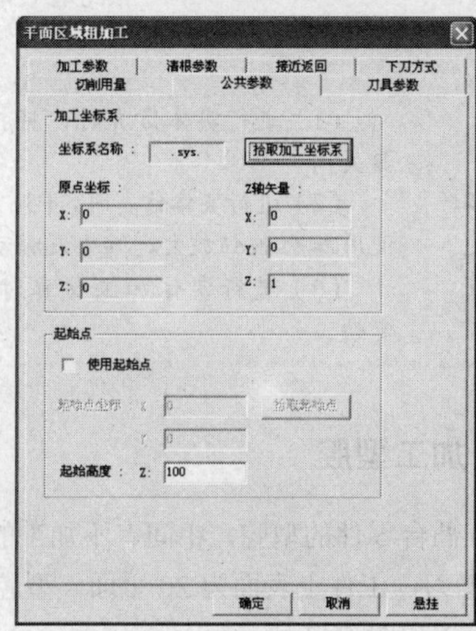

（f）“公共参数”选项卡

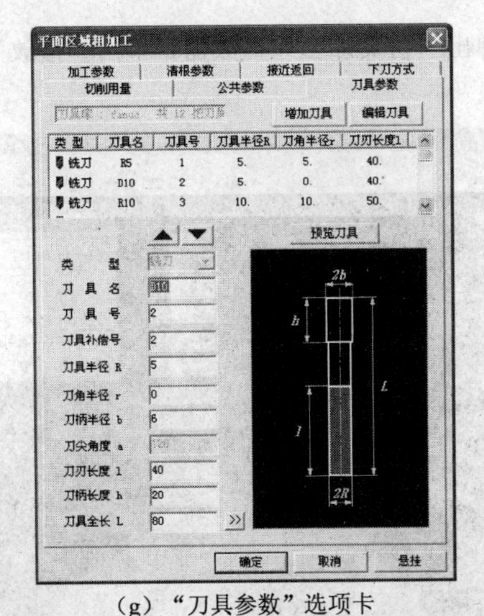

（g）“刀具参数”选项卡

图 6.43　平面区域粗加工的参数设置

单击“确定”按钮后，命令行提示“拾取轮廓”，用鼠标选择六边形内圈为加工轮廓，拾取逆时针方向为链搜索方向，如图 6.44 所示。命令行提示“拾取岛屿”，用鼠标选择四方形为岛，拾取顺时针方向为链搜索方向，如图 6.45 所示。单击鼠标右键，生成刀具轨迹如图 6.46 所示，图中隐藏了前面生成的六边形外台的刀具轨迹。

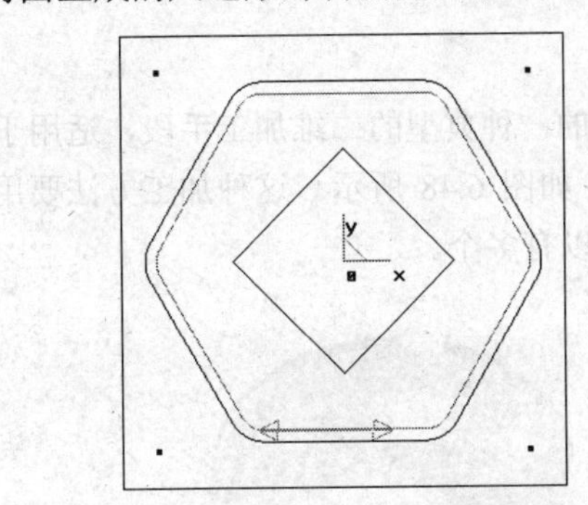

图 6.44　拾取轮廓和方向

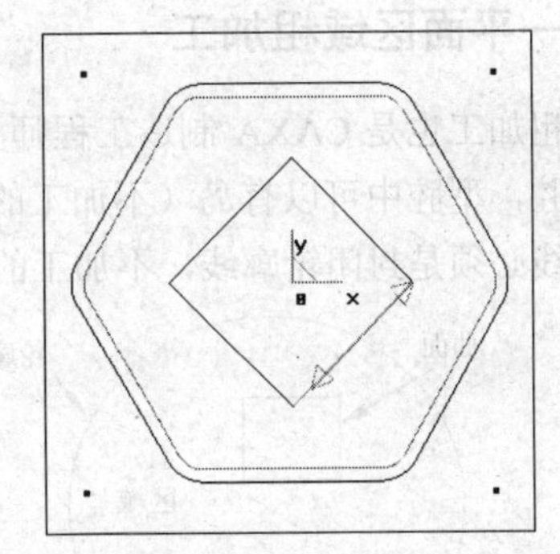

图 6.45　拾取岛屿和方向

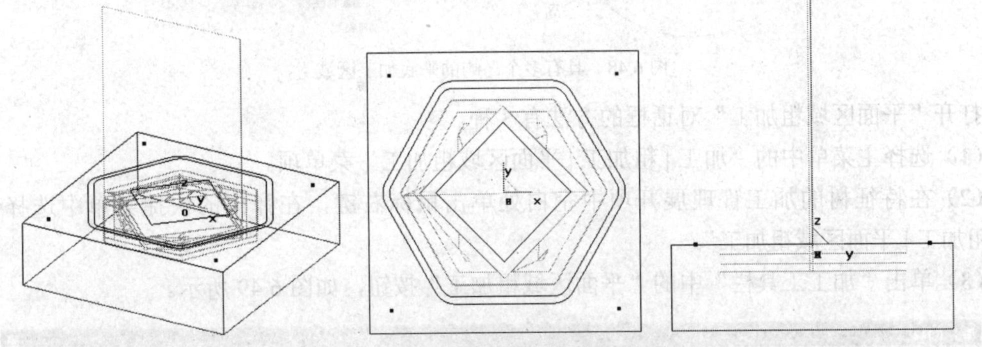

图 6.46　平面区域粗加工生成的刀具轨迹

在特征树中选择“刀具轨迹：共两条”，单击鼠标右键，选择“全部显示”命令。然后选择已经生成的两条刀具轨迹线，单击鼠标右键，选择“实体仿真”命令，进入到 CAXA 轨迹仿真界面。

单击“仿真加工”按钮，弹出“仿真加工”播放器，单击“播放”按钮，即开始实体仿真，结果如图 6.47 所示。

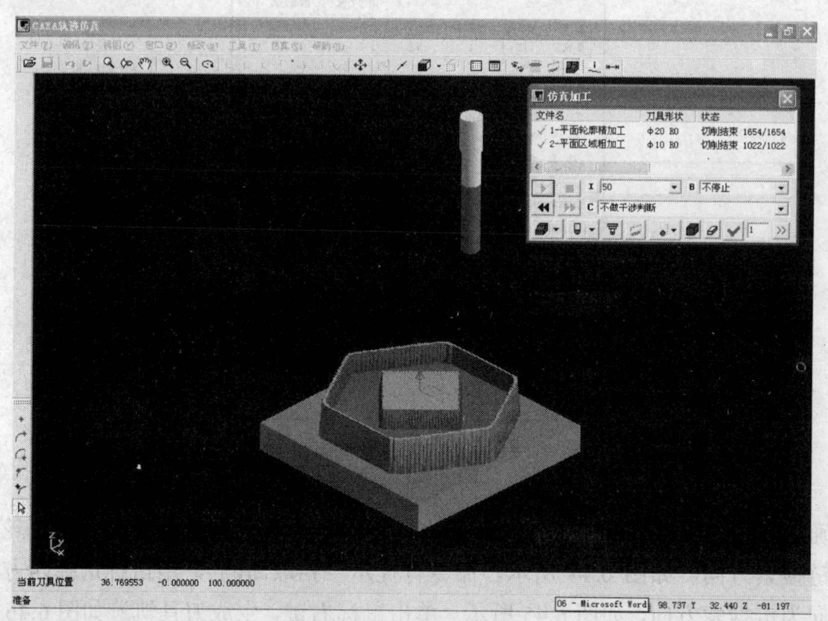

图 6.47　实体仿真结果

知识链接——平面区域粗加工

平面区域粗加工也是 CAXA 制造工程师 2008 中的一种典型的二维加工手段，适用于加工平面类零件的型腔，型腔中可以有岛（不加工的部分），如图 6.48 所示。这种加工方法要用到的二维空间轮廓曲线必须是封闭轮廓线，不加工的岛屿可以有多个。

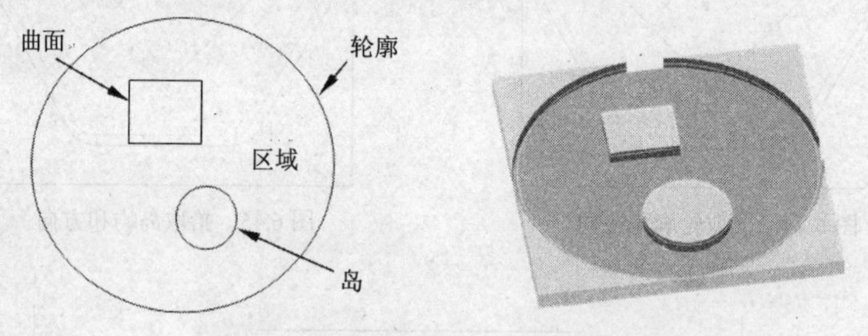

图 6.48　具有多个岛屿的平底加工区域

打开“平面区域粗加工”对话框的方法有 3 种。

（1）选择主菜单中的“加工 | 粗加工 | 平面区域粗加工”菜单项。

（2）在特征树的加工管理展开项中空白处单击鼠标右键，在弹出的快捷菜单中选择“加工 | 粗加工 | 平面区域粗加工”。

（3）单击“加工工具栏”中的“平面区域粗加工”按钮，如图 6.49 所示。

图 6.49　“加工工具栏”中的平面区域粗加工

“平面区域粗加工”对话框如图 6.50 所示，其中有 7 个选项卡。下面对选项卡中的一些参数进行说明，前面介绍过的参数这里不再赘述。

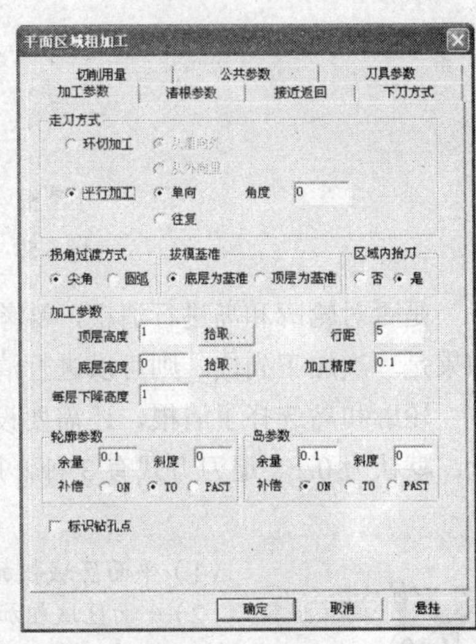

图 6.50 “平面区域粗加工”对话框

1. “加工参数”选项卡

（1）走刀方式。

平面区域粗加工中的走刀方式分为两大类，即环切加工与平行加工。环切加工指刀具以环状走刀方式切削工件，可选择从里向外还是从外向里的方式。平行加工指刀具以平行走刀方式切削工件，可选择单向还是往复方式，还可以改变生成的刀位行与 X 轴的夹角，如图 6.51 所示。选择“单向”，刀具以单一的顺铣或逆铣方式加工工件；选择“往复”，刀具以顺逆混合方式加工工件。

（2）区域内抬刀。

在加工有岛屿的区域时，设置轨迹过岛屿时是否抬刀，选择“是”就抬刀，选择“否”就不抬刀。此选项只对平行加工的单向有用。

（3）轮廓参数。

在使用平面区域粗加工时，加工区域的边界线称之为轮廓，这里的轮廓必须是封闭的，否则不成功。轮廓也有加工余量和斜度的设置，补偿方式有 3 种，默认方式为“TO”。

（4）岛参数。

在使用平面区域粗加工时，加工区域中间的不加工部分称之为岛，岛可以是多个。岛也有加工余量和斜度的设置，补偿方式也有 3 种，默认方式为“ON”。

2. “清根参数”选项卡

与平面轮廓精加工相比，平面区域粗加工有“清根参数”选项卡，如图 6.52 所示。清根是指在一层的区域加工结束后，刀具在该层再沿轮廓或岛进行一次加工，去除毛刺，用以提高轮廓和岛的加工精度。不清根与清根的刀具轨迹对比如图 6.53 所示。

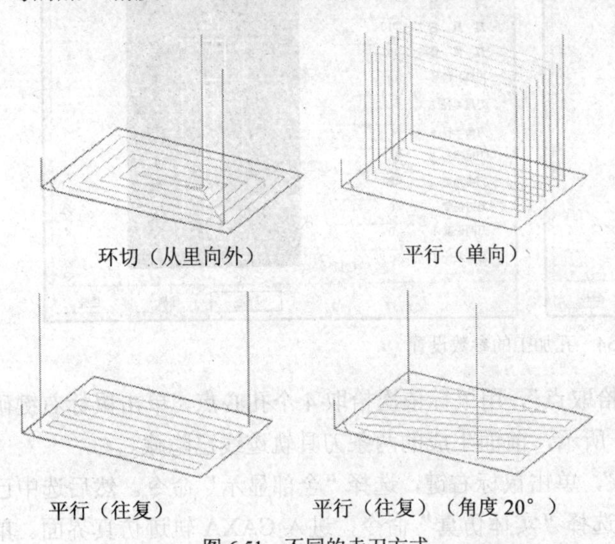

图 6.51 不同的走刀方式

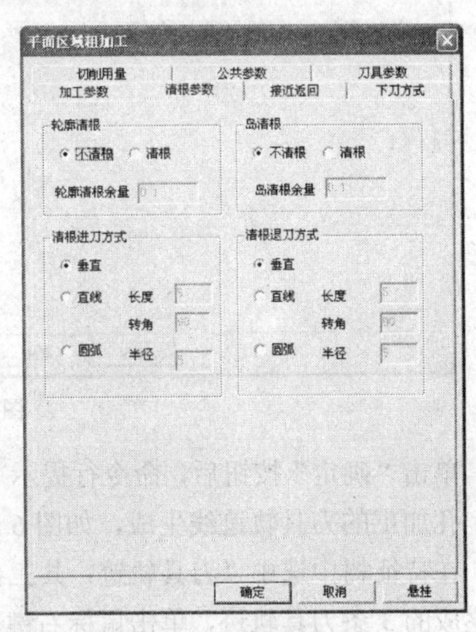

图 6.52 “清根参数”选项卡

图 6.53 “不清根”与“清根”刀具轨迹的对比

是否对轮廓和岛进行清根，要考虑实际情况，如果后面还安排有精加工，就没有清根的必要，如果是一次加工到位，则可以进行清根，相当于对轮廓和岛进行了精加工。

轮廓和岛选择了清根，还需要设置清根余量和退刀方式。清根余量也就是为清根留的加工余量，默认为 0.1。退刀方式有 3 种，用户可以自行设置。

（1）平面区域粗加工时，轮廓线一定是封闭的，不能有开口，也不能有重叠的线。

（2）平面区域粗加工时，刀具半径大小除了要考虑加工区域中的最窄部分之外，还要考虑加工区域的内圆角大小，刀具半径不能大于内圆角半径。

（3）岛的补偿方式默认是“ON”，一般要改为“TO”，否则加工后岛的尺寸就会变小。

步骤五 加工通孔

采用孔加工的方法加工凸台零件上的 4 个通孔。用鼠标单击“加工”工具条中的“孔加工”按钮，应用 $\Phi 10$ 的钻头加工。为保证通孔，钻孔深度应大于零件厚度，其参数设置如图 6.54 所示。

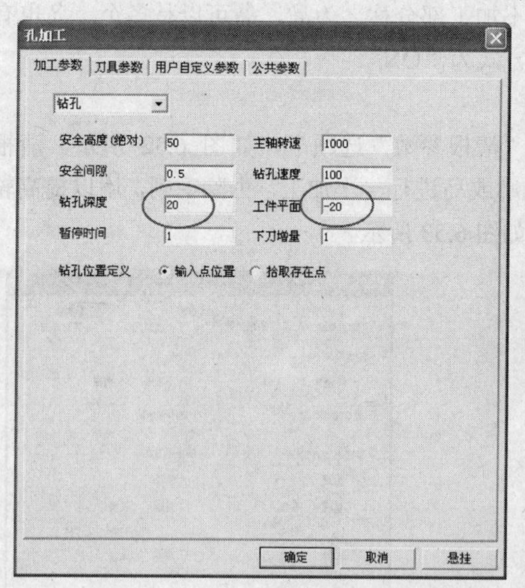

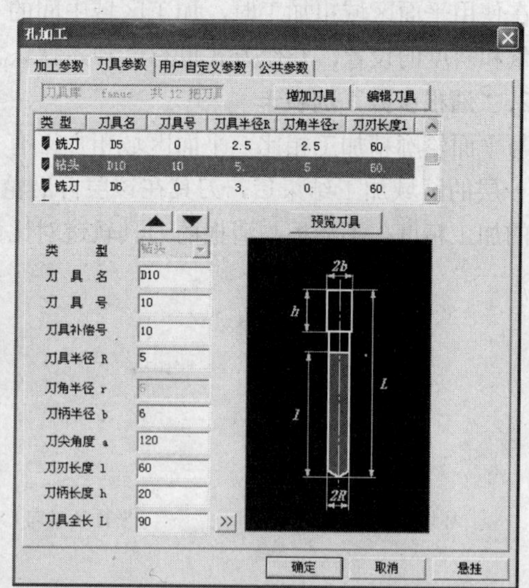

图 6.54 孔加工的参数设置

单击“确定”按钮后，命令行提示“拾取点”，用鼠标依次拾取 4 个孔心点，单击鼠标右键确定，孔加工的刀具轨迹线生成，如图 6.55 所示，前面生成的两条刀具轨迹线已隐藏。

在特征树中选中“刀具轨迹：共三条”，单击鼠标右键，选择“全部显示”命令。然后选中已经生成的 3 条刀具轨迹，单击鼠标右键，选择“实体仿真”命令，进入 CAXA 轨迹仿真界面。单击“仿真加工”按钮，弹出“仿真加工”播放器，单击“播放”按钮，即开始实体仿真，结果如图 6.56 所示。

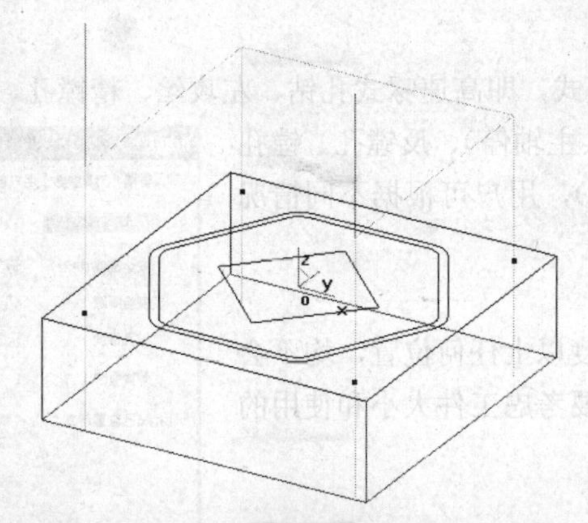

图 6.55　孔加工刀具轨迹线

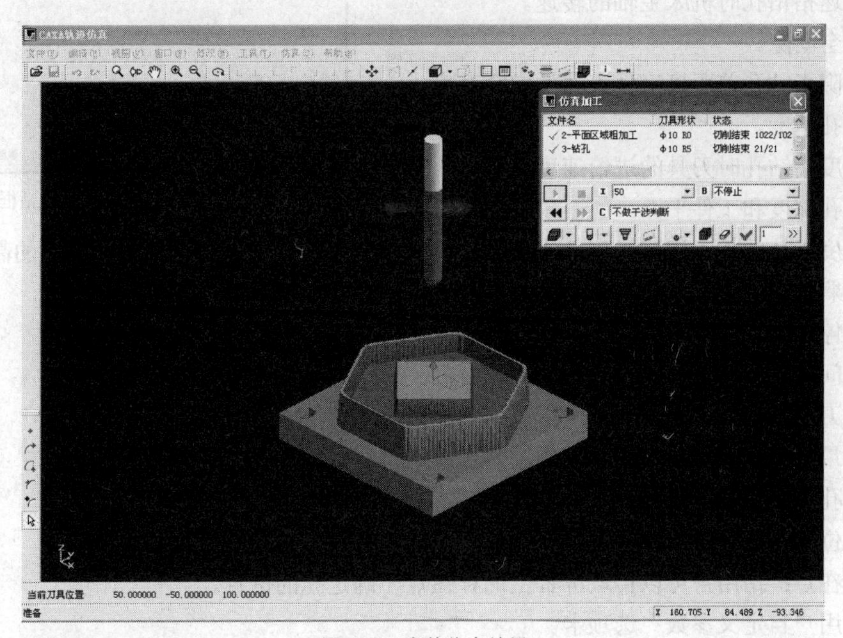

图 6.56　实体仿真结果

知识链接——孔加工

孔加工的功能是生成钻孔的刀具轨迹。打开孔加工对话框的方法有以下 3 种。

（1）选择主菜单中的“加工 | 其它加工 | 孔加工”菜单项。

（2）在特征树的加工管理展开项中空白处单击鼠标右键，选择“加工 | 其它加工 | 孔加工”命令。

（3）单击“加工工具栏”中的“孔加工”按钮，如图 6.57 所示。

图 6.57　“加工工具栏”中的孔加工

“孔加工”对话框如图 6.58 所示，其中有加工参数、刀具参数、用户自定义参数和公共参数 4

个选项卡。下面对选项卡中的一些参数进行说明。

（1）孔加工模式。

系统提供了 12 种钻孔模式，即高速啄式孔钻、左攻丝、精镗孔、钻孔、钻孔+反镗孔、啄式钻孔、逆攻丝、镗孔、镗孔（主轴停）、反镗孔、镗孔（暂停+手动）和镗孔（暂停），用户可根据不同情况进行选择。

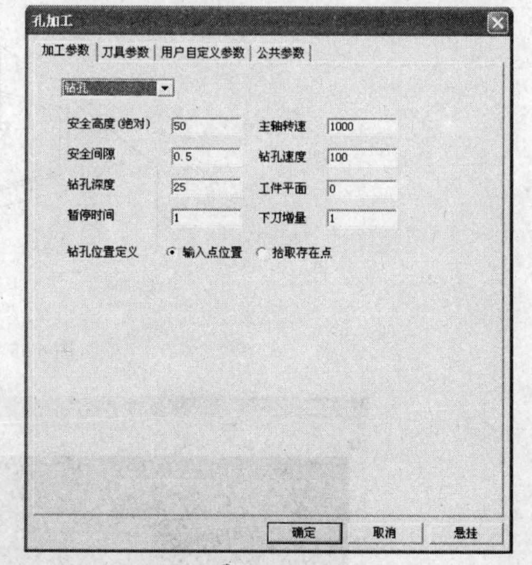

图 6.58 “孔加工”对话框

（2）安全高度。

安全高度指刀具在此高度以上任何位置，均不会碰伤工件和夹具。在设定时要考虑工件大小和使用的夹具大小。

（3）主轴转速。

主轴转速指钻孔时机床主轴的转速。

（4）安全间隙。

安全间隙指钻孔前距离工件表面的安全高度。

（5）钻孔速度。

钻孔速度指钻孔时刀具的进给速度。

（6）钻孔深度和工件平面。

钻孔深度指孔的加工深度。工件平面指工件表面高度，也就是钻孔切削开始点的高度，默认为 0。钻孔深度是从设置的工件平面高度开始向下计算的，要设为正值。

（7）暂停时间。

暂停时间指攻丝时刀在工件底部的停留时间。

（8）下刀增量。

下刀增量指打孔时每次钻孔深度的增量值。

（9）钻孔位置定义。

输入点位置：指用户可以根据需要，输入点的坐标，确定孔的位置。

拾取存在点：指用户可以拾取屏幕上的存在点，确定孔的位置。

（10）“用户自定义参数”选项卡。

通过“用户自定义参数”选项卡，用户可以对孔加工自定义参数，这些参数会记录在刀路中。通过后置处理 2 模块，能够将这些自定义参数输入到加工代码中，实现用户配置钻孔的加工代码。

（1）孔加工时“加工参数”中的工件平面一定要根据实际情况来设置，系统默认的开始钻孔的高度是 Z0 平面。

（2）孔加工时“加工参数”中的钻孔深度要设置为正值。

（3）孔加工时“刀具参数”中只能选择钻头。

（4）孔加工时，拾取点的顺序就是打孔顺序，要考虑到如何安排打孔节省时间。

步骤六　生成 G 代码

选择主菜单中的“加工 | 后置处理 | 生成 G 代码”菜单项，或在特征树的加工管理展开

项中空白处单击鼠标右键，选择“加工 | 后置处理 | 生成 G 代码”命令，然后确定程序保存路径及文件名。依次在特征树中选取刀具轨迹，或在工作区拾取刀具轨迹，注意拾取的顺序即加工的顺序，系统将自动生成程序代码。用户可根据所使用的数控机床的要求，适当修改程序内容。

凸台零件的部分加工程序如下：

```
(1,2010.2.5,16:22:13.480)
N10G90G54G00Z100.000
N12S3000M03
N14X-78.339Y-19.575Z100.000
N16Z6.000
N18G01Z-4.000F100
N20X-79.342Y-17.699F1000
N22X-80.423Y-15.313
N24X-81.345Y-12.863
N26X-82.106Y-10.357
N28X-82.700Y-7.807
N30X-83.127Y-5.223
N32X-83.383Y-2.617
N34X-83.469Y-0.000
N36X-83.383Y2.617
N38X-83.127Y5.223
N40X-82.700Y7.807
N42X-82.106Y10.357
N44X-81.345Y12.863
```

步骤七　生成工艺清单

选择主菜单中的“加工 | 工艺清单”菜单项，或在特征树的加工管理展开项中空白处单击鼠标右键，选择“工艺清单”命令，弹出“工艺清单”对话框，如图 6.59 所示。

“工艺清单”对话框中的“指定目标文件的文件夹”是指设定生成工艺清单文件的位置，可以对工艺清单中的零件名称、设计、零件图图号、工艺、零件编号和校核选项进行设置。

系统提供了 8 种模板供用户使用：sample01（关键字一览表）提供了几乎所有生成加工轨迹相关的参数的关键字，包括明细表参数、模型、机床、刀具起始点、毛坯、加工策略参数、刀具、加工轨迹、NC 数据等；sample02（NC 数据检查表）几乎与 sample01 完全相同，只是少了关键字说明；sample03～sample08 为系统默认的用户模板区，用户可以自行制定自己的模板。

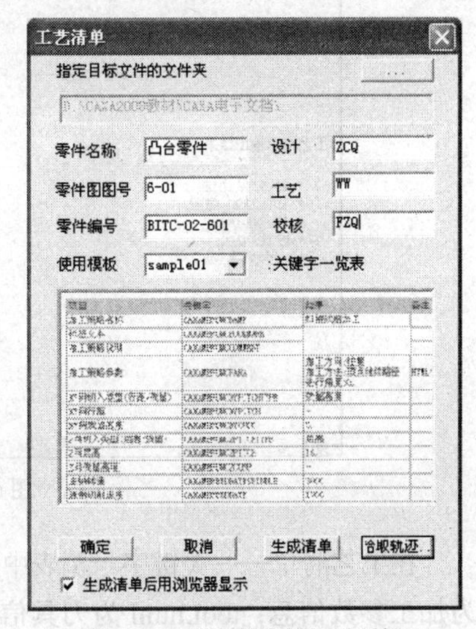

图 6.59　“工艺清单”对话框

模板选好后，单击“拾取轨迹”按钮，可以从工作区或特征树栏中选取凸台零件加工的 3 条刀具轨迹，如图 6.60 所示。拾取后单击鼠标右键确认，会重新弹出“工艺清单”对话框，然后再单击“生成清单”按钮，系统会自动计算，生成工艺清单，自动打开“工艺清单——关键字一览表”，如图 6.61 所示。

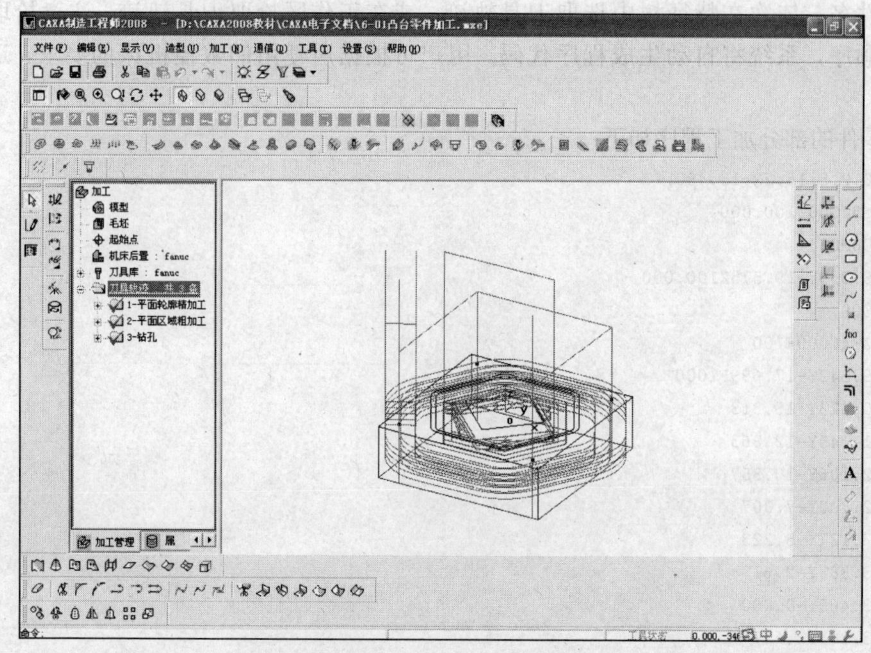

图 6.60 选中 3 条刀具轨迹

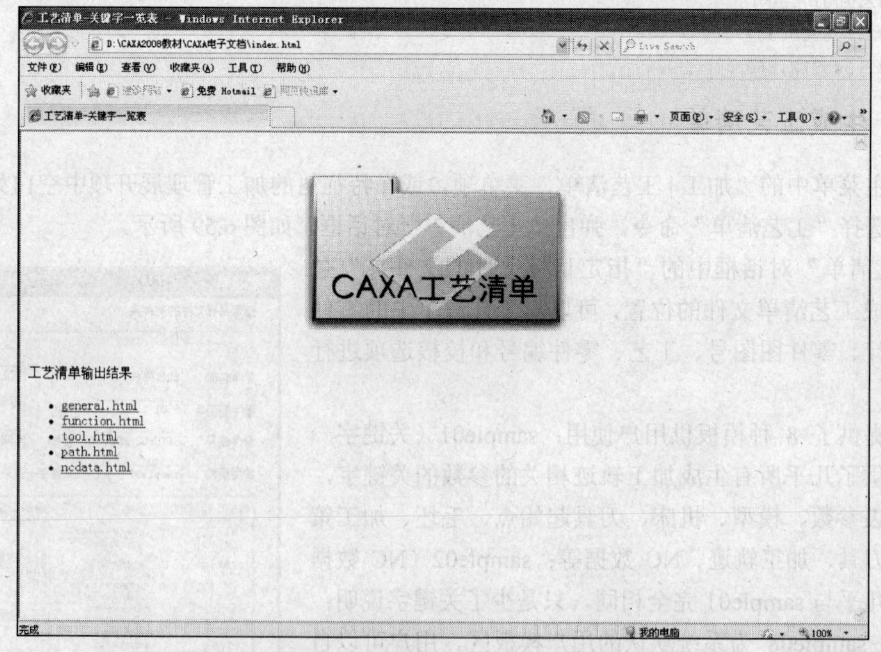

图 6.61 工艺清单——关键字一览表

在工艺清单——关键字一览表中有工艺清单输出结果：general.html 为常规信息；function.html 为加工参数信息；tool.html 为刀具信息；path.html 为刀具轨迹信息；ncdata.html 为数控加工信息。单击不同的项目，会弹出不同的信息栏，如单击 tool.html，将弹出关于刀具的所有信息，如图 6.62 所示。

tool.html

关键字-刀具
窗体底端

项目	关键字	结果	备注
刀具顺序号	CAXAMETOOLNO	1	
刀具名	CAXAMETOOLNAME	D20	
刀具类型	CAXAMETOOLTYPE	铣刀	
刀具号	CAXAMETOOLID	4	
刀具补偿号	CAXAMETOOLSUPPLEID	4	
刀具直径	CAXAMETOOLDIA	20.	
刀角半径	CAXAMETOOLCORNERRAD	0.	
刀尖角度	CAXAMETOOLENDANGLE	120.	
刀刃长度	CAXAMETOOLCUTLEN	60.	
刀柄长度	CAXAMETOOLSHANKLEN	0.	
刀柄直径	CAXAMETOOLSHANKDIA	10.	
刀具全长	CAXAMETOOLTOTALLEN	90.	
刀具示意图	CAXAMETOOLIMAGE	Flat .000 D20.0 90.0 60.0 D20.0	HTML 代码

图 6.62　工艺清单中的部分刀具信息

任务3　壳体零件加工

思路分析

本任务将完成壳体零件的内腔加工。壳体零件图如图 6.63 所示，它属于箱体类零件，零件内腔中有 6 个不同高度的突起。此类零件可以应用区域式粗加工和轮廓线精加工的加工方法来完成加工。区域式粗加工用于铣一定深度的平面，轮廓线精加工用于铣侧面，各有不同。先用区域式粗加工来加工壳体的内腔，再用轮廓线精加工来加工内腔的所有侧面。

壳体零件内腔加工的基本步骤如图 6.64 所示。

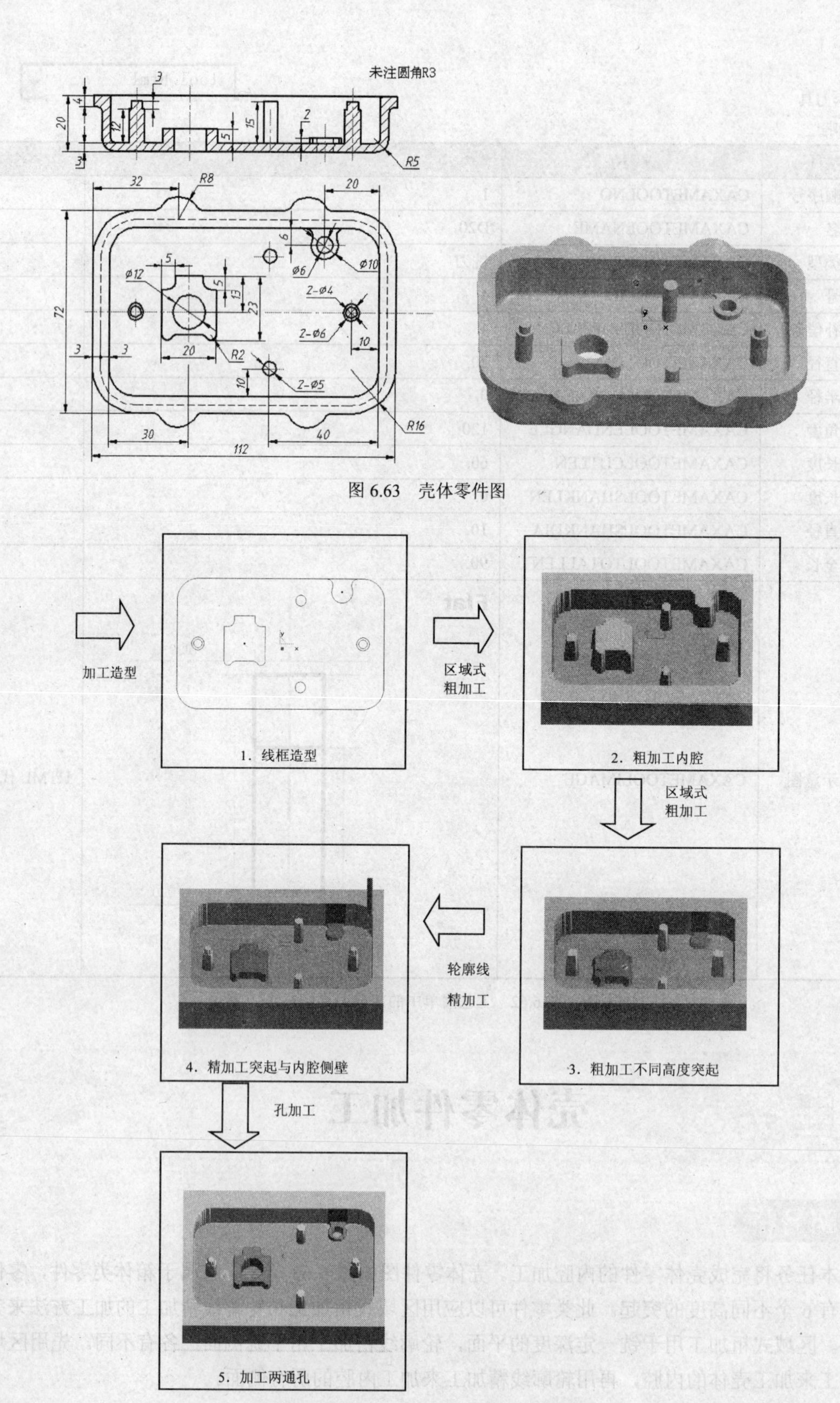

图 6.63　壳体零件图

图 6.64　壳体零件内腔加工的基本步骤

操作步骤

步骤一 绘制加工造型

根据壳体零件的图纸（见图 6.63）绘制零件的加工造型，因为区域式粗加工和轮廓线精加工都不需要三维造型，所以加工造型为图 6.65 中所示的线框造型（非草图状态下）。

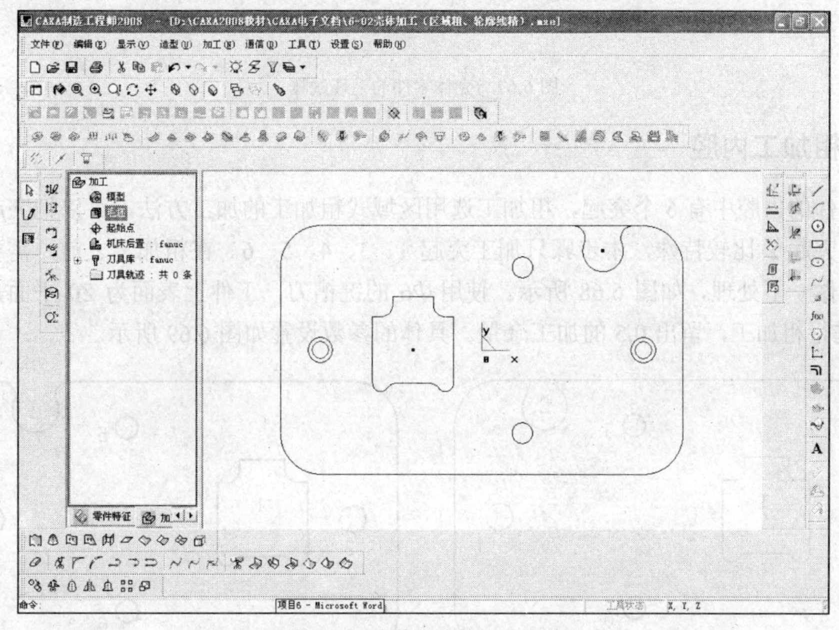

图 6.65 壳体内腔的加工造型

步骤二 定义毛坯

定义毛坯的尺寸为 112×82×20。双击加工管理特征树中的“毛坯”，在弹出的对话框中输入基准点的坐标值和长、宽、高的尺寸，参数设置如图 6.66 所示。

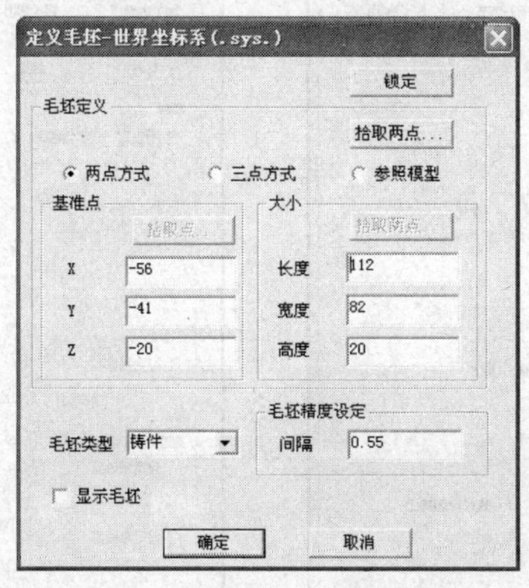

图 6.66 壳体零件毛坯参数设置

单击“确定”按钮，毛坯定义完成，毛坯上的小红点消失。选中加工管理特征树中的“毛坯”，单击鼠标右键，在弹出的快捷菜单中选择“显示毛坯”命令，则出现如图 6.67 所示的毛坯线框。

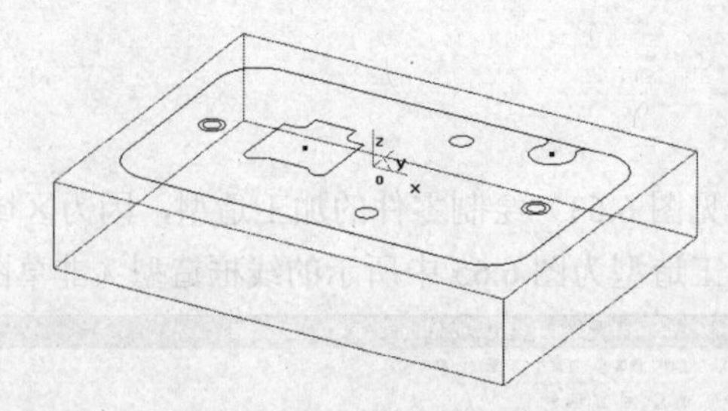

图 6.67　壳体零件的毛坯线框

步骤三　粗加工内腔

壳体零件的内腔中有 6 个突起，粗加工选用区域式粗加工的加工方法，可以把突起看做是岛屿。这里的突起 2 比较特殊，本步骤只加工突起 1、3、4、5、6。在粗加工之前，需要先将加工区域的边界做一下处理，如图 6.68 所示。使用 $\Phi 6$ 的键槽刀，工件上表面为 $Z0$ 平面，型腔深度为 17，先进行粗加工，留出 0.5 的加工余量。具体的参数设置如图 6.69 所示。

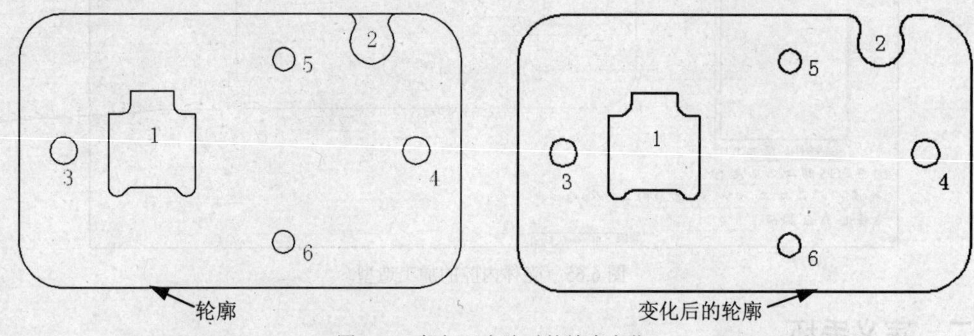

图 6.68　粗加工内腔时的轮廓变化

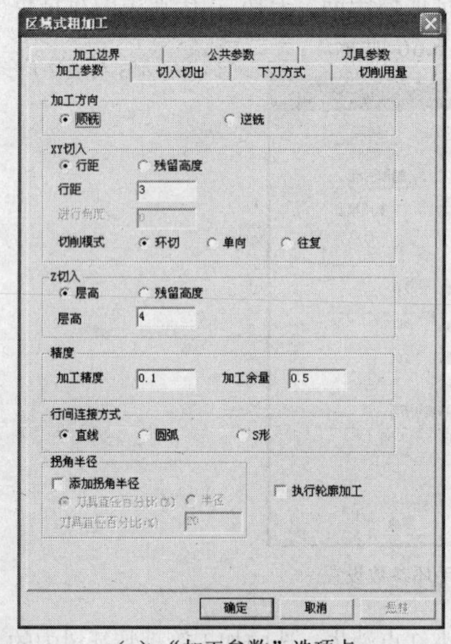

（a）“加工参数”选项卡

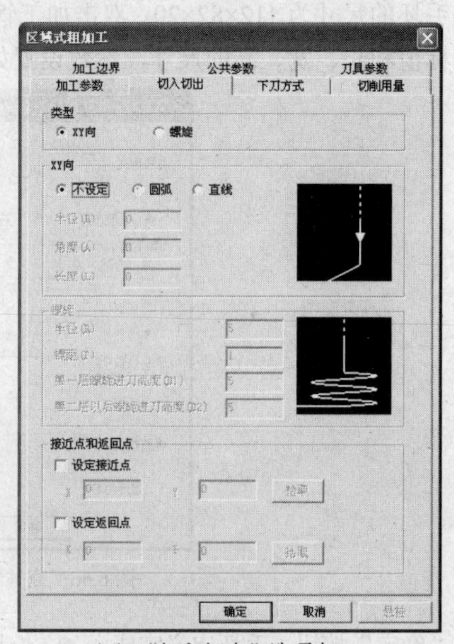

（b）“切入切出”选项卡

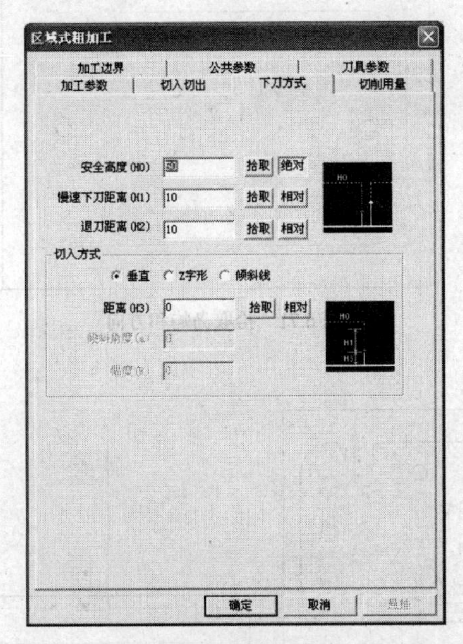

（c）“下刀方式”选项卡

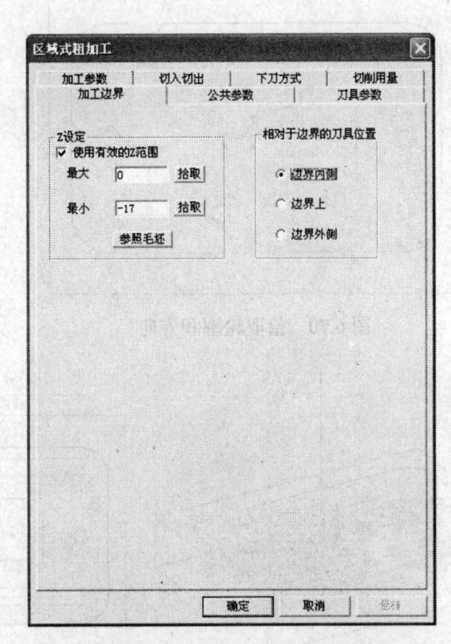

（d）“加工边界”选项卡

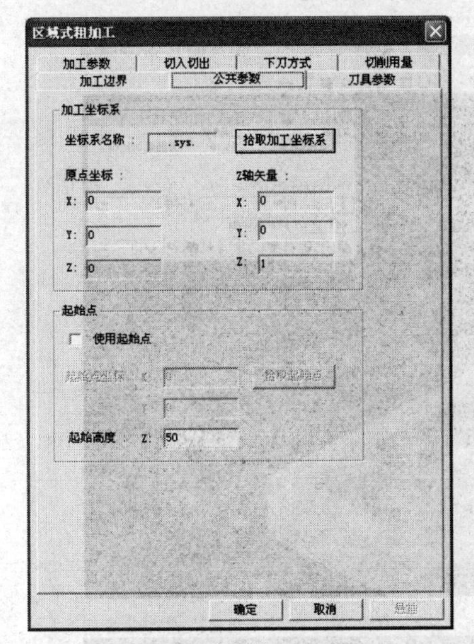

（e）“公共参数”选项卡

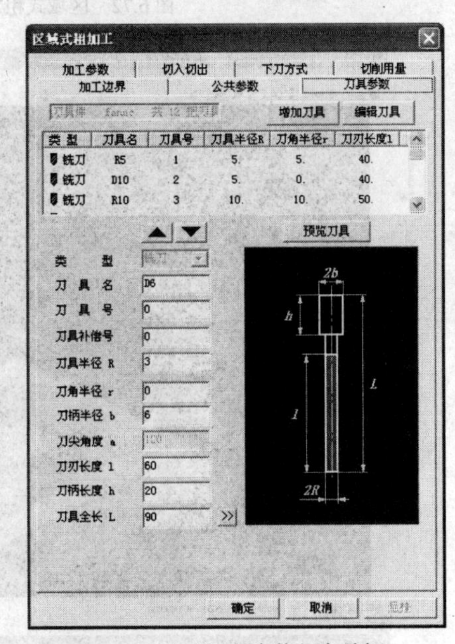

（f）“刀具参数”选项卡

图 6.69　区域式粗加工的参数设置

单击“确定”按钮后，命令行提示“拾取轮廓”，用鼠标选择变化后的区域轮廓，拾取逆时针方向为链搜索方向，单击鼠标右键确定，如图 6.70 所示。命令行提示“拾取岛屿”，用鼠标依次选择突起 3、1、5、6、4，并分别拾取顺时针方向为链搜索方向，如图 6.71 所示。单击鼠标右键，生成刀具轨迹如图 6.72 所示。

对区域式粗加工生成的刀具轨迹进行实体仿真，结果如图 6.73 所示。

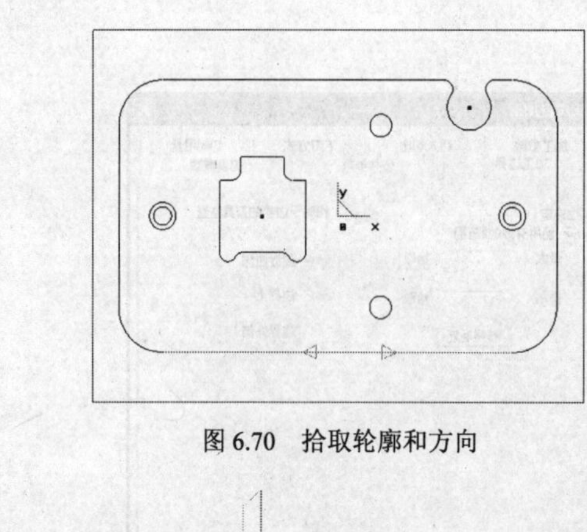

图 6.70　拾取轮廓和方向

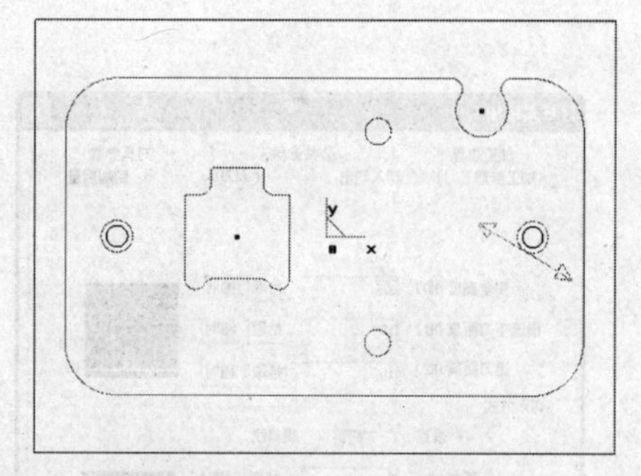

图 6.71　拾取岛屿和方向

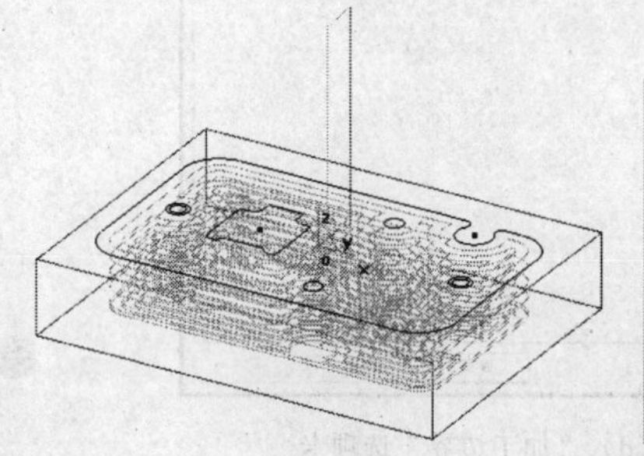

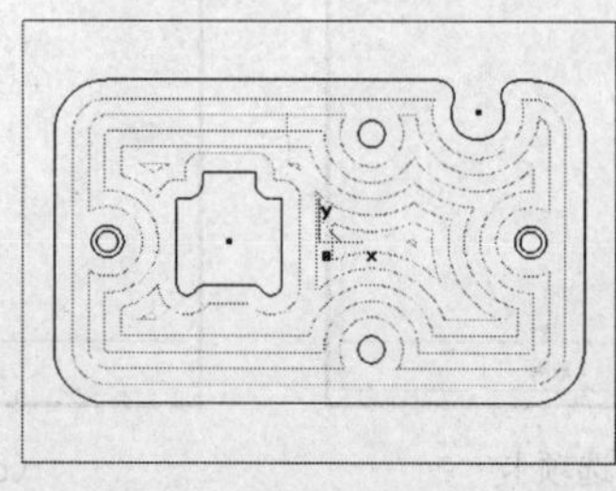

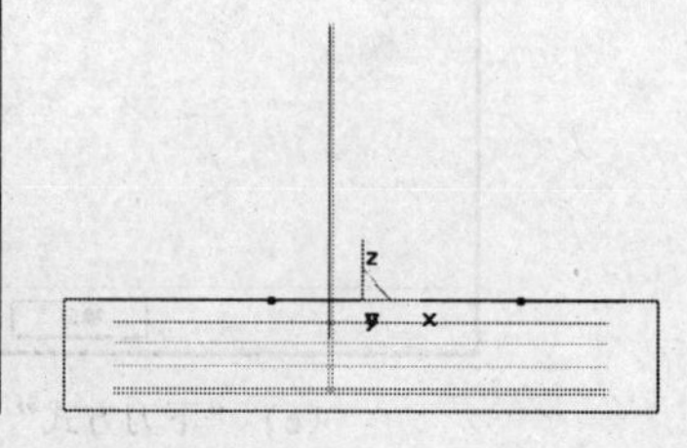

图 6.72　区域式粗加工生成的刀具轨迹

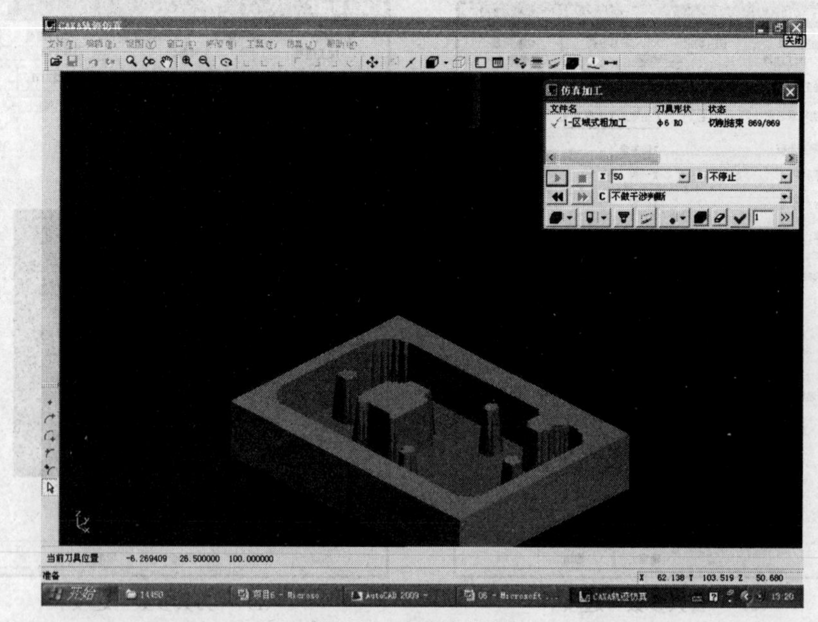

图 6.73　实体仿真结果

知识链接——区域式粗加工

区域式粗加工用于铣一定深度的平面，可以拾取多个轮廓，多个岛屿，一次参数可实现多部位的加工。区域式粗加工不必有三维模型，只要给出零件的轮廓和岛屿，就可以生成加工轨迹，并且可以在轨迹尖角处自动增加圆弧，保证轨迹光滑，符合高速加工的要求。

打开“区域式粗加工”对话框的方法有以下 3 种。

（1）选择主菜单中的“加工 | 粗加工 | 区域式粗加工”菜单项。

（2）在特征树的加工管理展开项中空白处单击鼠标右键，选择“加工 | 粗加工 | 区域式粗加工”命令。

（3）单击“加工工具栏”中的“区域式粗加工”按钮，如图 6.74 所示。

图 6.74 “加工工具栏”中的区域式粗加工

“区域式粗加工”对话框如图 6.75 所示，其中有 7 个选项卡。下面对选项卡中的一些参数进行说明，前面介绍过的参数这里不再赘述。

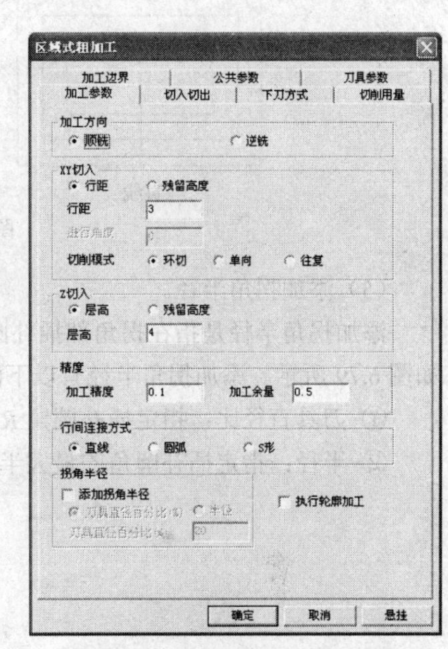

图 6.75 “区域式粗加工”对话框

1.“加工参数”选项卡

（1）加工方向。

加工方向是指刀具加工时的走刀路线。加工方向又分顺铣和逆铣。顺铣的切削面表面光洁度的程度较高，但切削力不大，常用于精加工。逆铣的切削面表面光洁度的程度较底，但切削力大，常用于大量去除毛坯的粗加工。顺铣、逆铣的加工方法如图 6.76 所示。

（2）进行角度。

当“XY 切削模式”为“环切”以外的模式时进行设定。在文本框中输入不同的角度值，刀具轨迹线会不同。输入 0°时，生成与 X 轴平行的加工轨迹；输入 90°时，生成与 Y 轴平行的扫描线轨迹。输入值范围是 0°～360°，如图 6.77 所示。

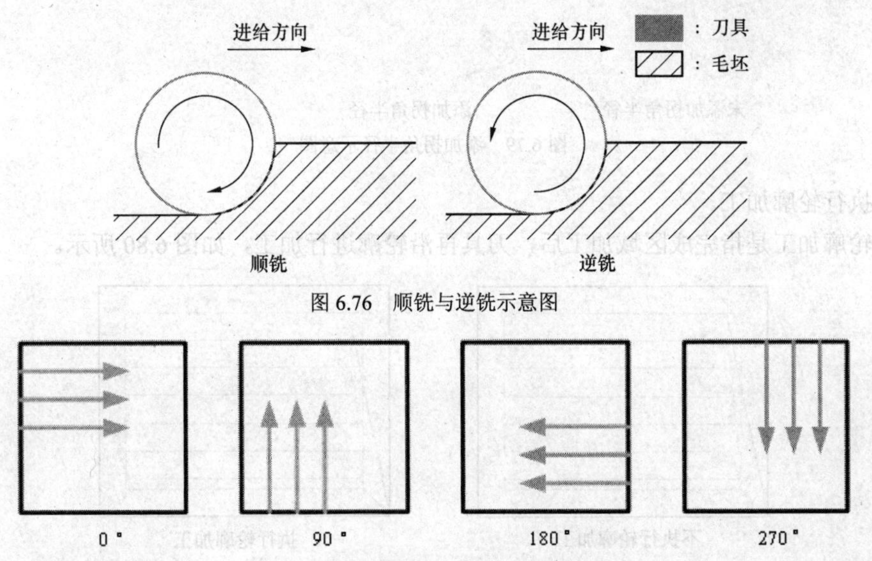

图 6.76 顺铣与逆铣示意图

图 6.77 不同进行角度的刀具轨迹

（3）切削模式。

系统提供了 3 种 *XY* 平面内的切削模式。

① 环切：生成环状切削的粗加工刀具轨迹。

② 平行（单向）：只生成单方向加工的刀具轨迹。

③ 平行（往复）：到达加工边界不抬刀，继续往复进行加工。

（4）行间连接方式。

系统提供了 3 种行间连接方式，即直线、圆弧和 S 形，如图 6.78 所示。它们的作用是让每两个行距之间的轨迹连接更加符合实际加工的需要。

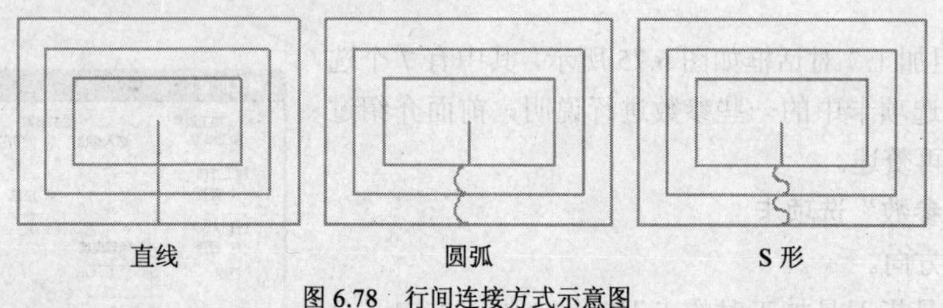

图 6.78　行间连接方式示意图

（5）添加拐角半径。

添加拐角半径是指在拐角部插补圆角 *R*，这样在高速切削时，减速转向，防止拐角处过切，如图 6.79 所示。添加拐角半径有以下两种方式。

① 刀具直径比：指定插补圆角 *R* 的圆弧半径相对于刀具直径的比率（%）。

② 半径：指定插补圆角的最大半径。

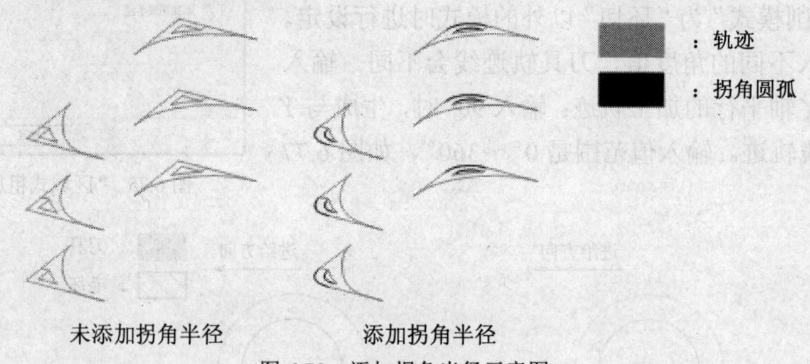

图 6.79　添加拐角半径示意图

（6）执行轮廓加工。

执行轮廓加工是指完成区域加工后，刀具再沿轮廓进行加工，如图 6.80 所示。

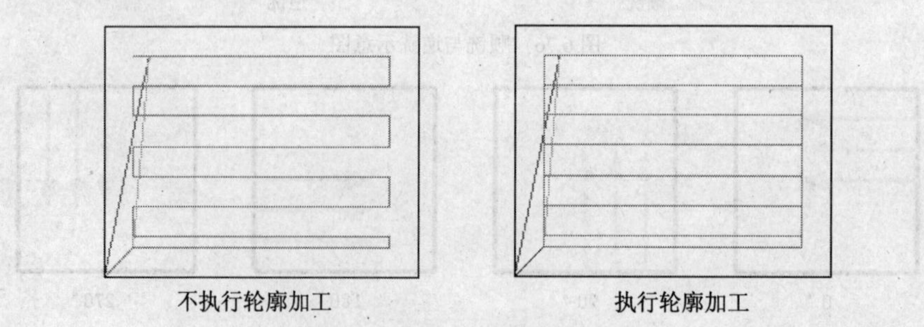

图 6.80　是否执行轮廓加工示意图

2．“切入切出”选项卡

在“切入切出”选项卡中，系统设定了两种切入切出方式，即 *XY* 向和螺旋，如图 6.81 所示。选择“XY 向”是指刀具在 *Z* 方向上是垂直切入切出的；选择“螺旋”是指刀具在 *Z* 方向上是以螺旋状切入切出的。

3．“加工边界”选项卡

在“加工边界”选项卡中，有“Z 设定”和“相对于边界的刀具位置”两个选项区域，如图 6.82 所示。

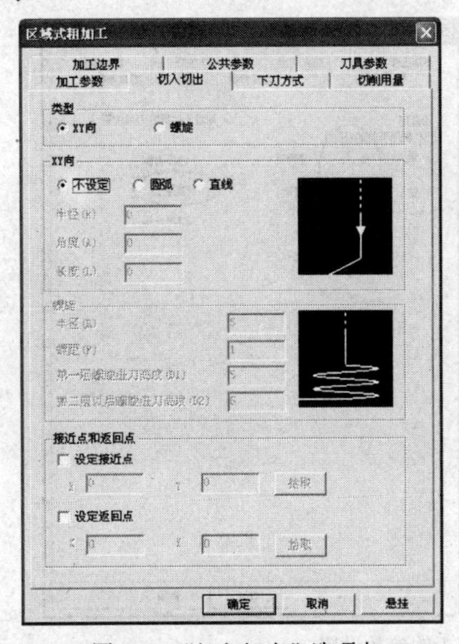

图 6.81 “切入切出”选项卡

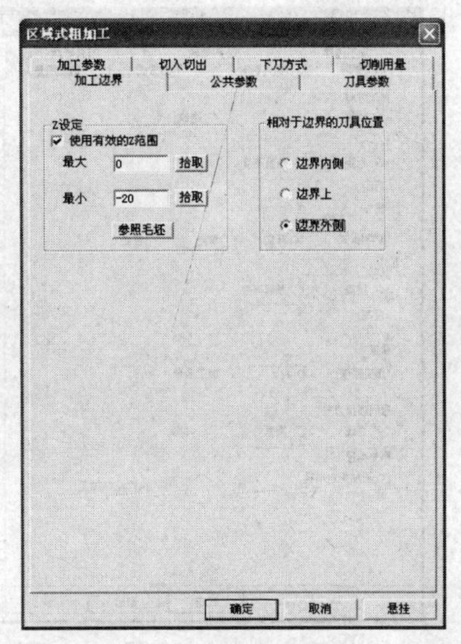

图 6.82 “加工边界”选项卡

如果勾选“使用有效的 Z 范围”复选框，那么系统就按照指定的最大、最小 *Z* 值所限定的毛坯范围进行计算。如果不勾选该复选框，系统则按照定义的毛坯高度范围来进行计算。“参照毛坯”是指通过毛坯的高度范围来定义最大的 *Z* 值和最小的 *Z* 值。

设定刀具相对于边界的位置，如图 6.83 所示。

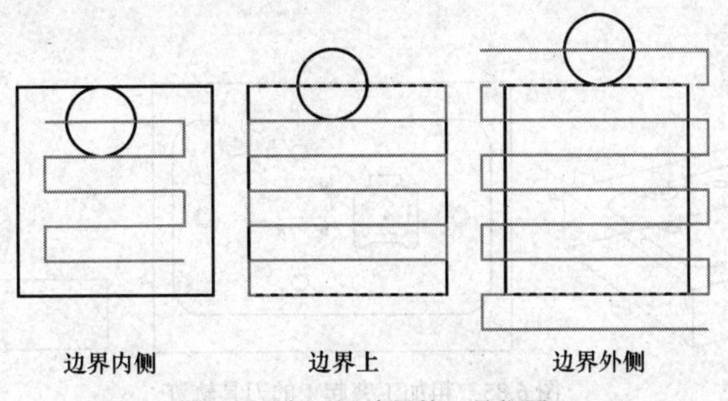

图 6.83 相对于边界的刀具位置

注意

（1）区域式粗加工时，轮廓线一定是封闭的，不能有开口，也不能有重叠的线。

（2）区域式粗加工可以同时拾取多个轮廓、多个岛屿，一次参数可实现多部位的加工。

（3）区域式粗加工时，切入切出的类型选择是 *XY* 向时，需要根据模型或者加工条件，设置一个合适的接近点与返回点，避免发生干涉或过且现象。

步骤四　粗加工不同高度的突起

在加工壳体零件内腔中不同高度的 6 个突起的时候，也可以用区域式粗加工，将突起本身看做是轮廓，无岛屿，在“加工边界”选项卡中将 *Z* 的有效范围设置为 *Z*0 平面到突起的高度，相对于边界的刀具位置设置为“边界上”。

1．加工突起 1

使用 *Φ*6 的立铣刀，留 0.5 的加工余量，加工参数设置如图 6.84 所示。

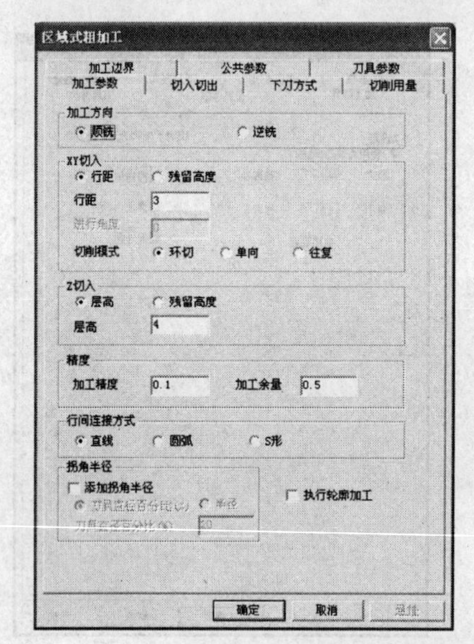

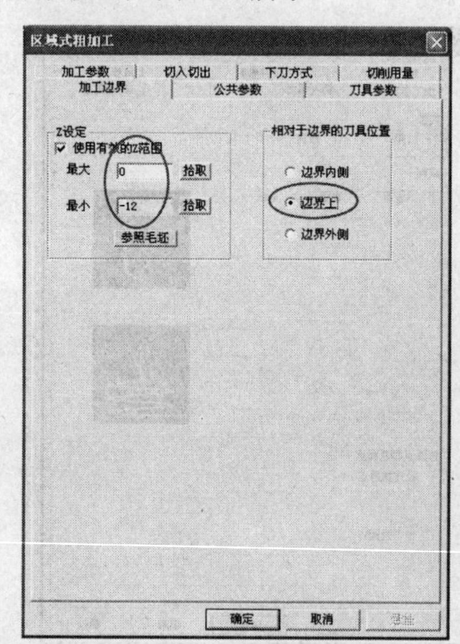

图 6.84　粗加工突起 1 的参数设置

单击“确定”按钮后，命令行提示“拾取轮廓”，用鼠标拾取突起 1 的轮廓，拾取逆时针方向为链搜索方向，单击鼠标右键确定。命令行提示“拾取岛屿”时，直接单击鼠标右键，生成刀具轨迹如图 6.85 所示。

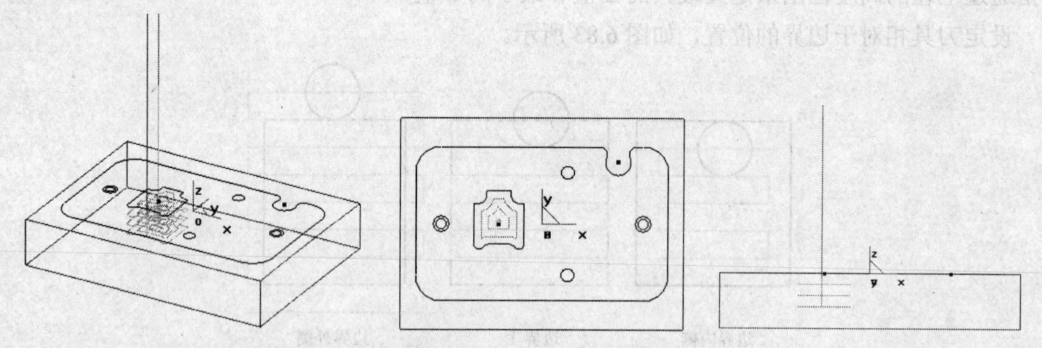

图 6.85　粗加工突起 1 的刀具轨迹

2．加工突起 3、4、5、6

使用 *Φ*6 的立铣刀，留 0.5 的加工余量，加工参数设置如图 6.86 所示。

单击“确定”按钮后，命令行提示“拾取轮廓”，用鼠标依次拾取突起 3、4、5、6 的轮廓，拾取逆时针方向为链搜索方向，单击鼠标右键确定。命令行提示“拾取岛屿”时，直接单击鼠标右键，生成刀具轨迹如图 6.87 所示。

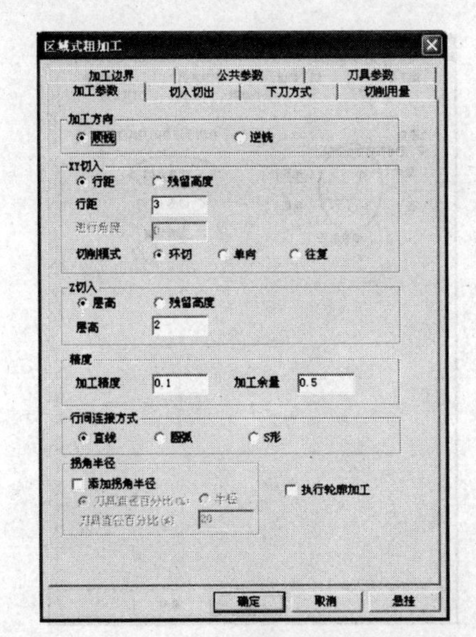

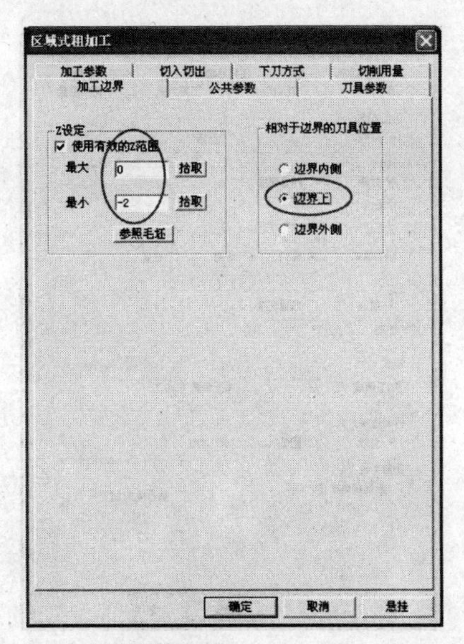

图 6.86 粗加工突起 3、4、5、6 的参数设置

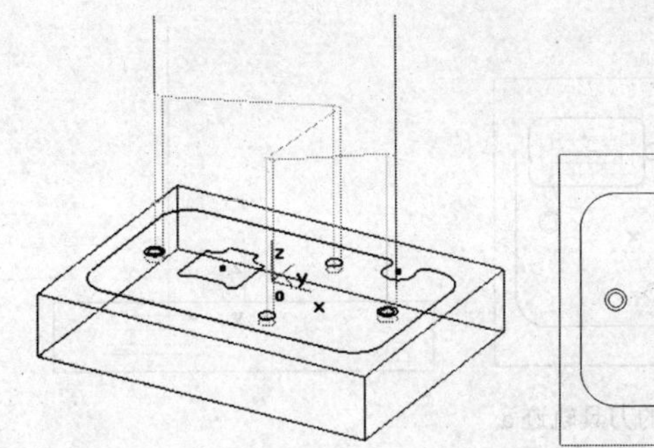

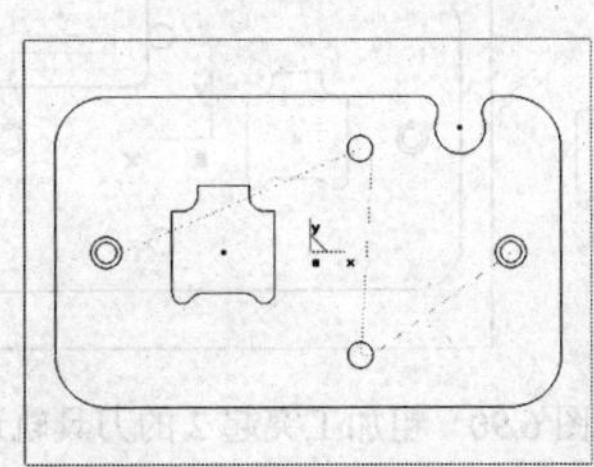

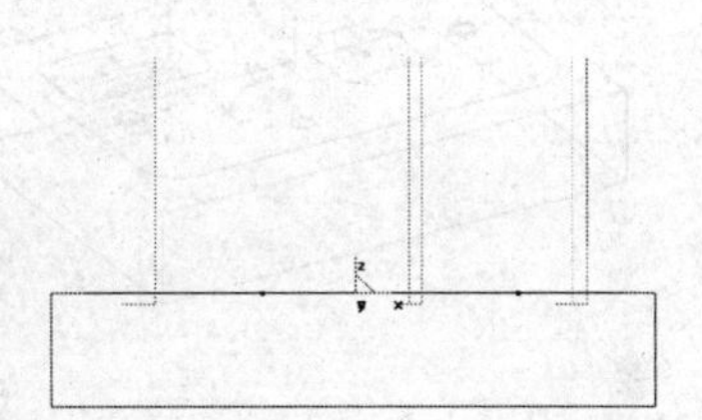

图 6.87 粗加工突起 3、4、5、6 的刀具轨迹

在加工突起 2 时，需要对轮廓线做一个处理，在突起 2 附近增加辅助轮廓线，尺寸自定，但要考虑能否容下铣刀，如图 6.88 所示。在加工 Z（0）平面到 Z（−15）平面时，以 a 为轮廓，无岛；在加工 Z（−15）平面到 Z（−17）平面时，以 b 为轮廓，无岛。

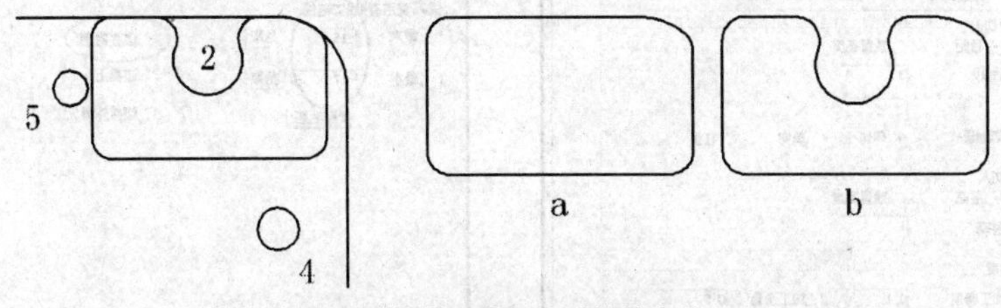

图 6.88 粗加工突起 2 时的轮廓处理

在加工 Z（0）平面到 Z（−15）时，以 a 为轮廓，将不需要的线暂时隐藏，加工参数设置如图 6.89 所示。

单击“确定”按钮后，命令行提示“拾取轮廓”，用鼠标拾取 a 轮廓，拾取逆时针方向为链搜索方向，单击鼠标右键确定。命令行提示“拾取岛屿”时，直接单击鼠标右键，生成刀具轨迹如图 6.90 所示。

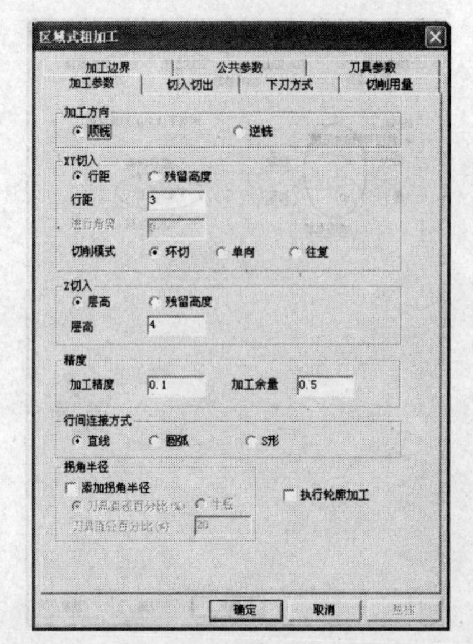

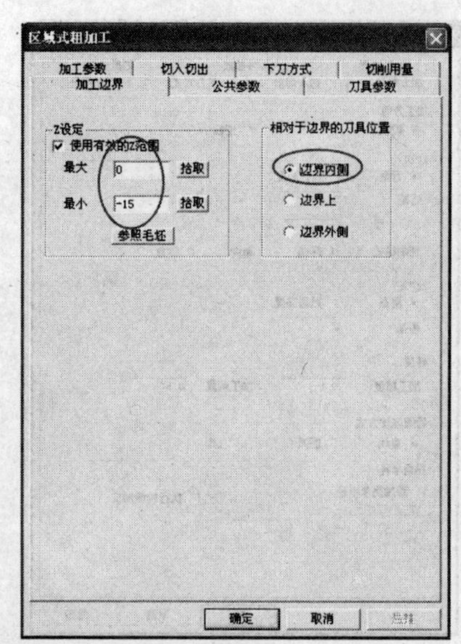

图 6.89　粗加工突起 2 的加工参数设置（以 a 为轮廓）

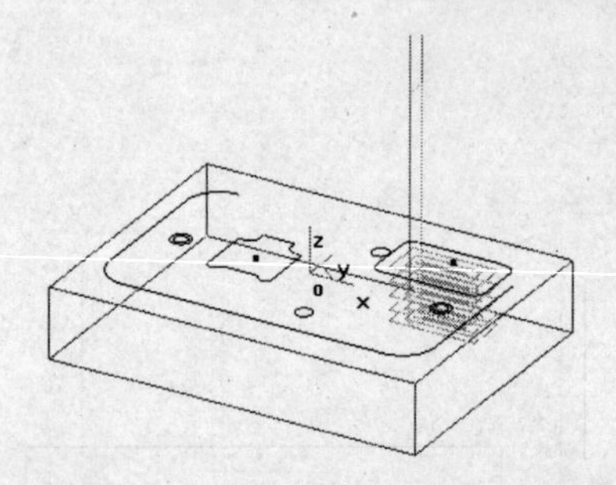
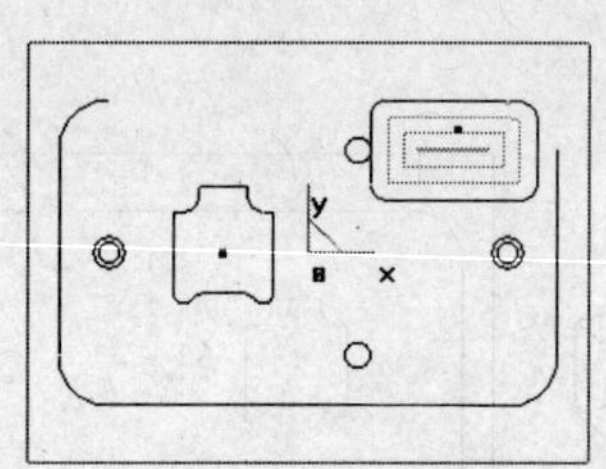
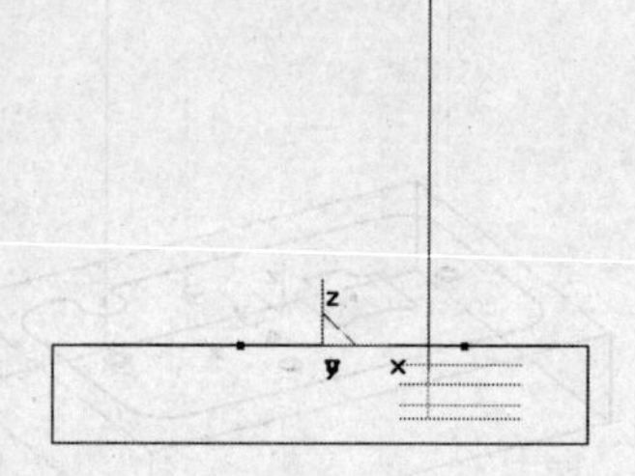

图 6.90　粗加工突起 2 的刀具轨迹 a

在加工 Z（−15）平面到 Z（−17）平面时，以 b 为轮廓，将不需要的线暂时隐藏，加工参数设置如图 6.91 所示。

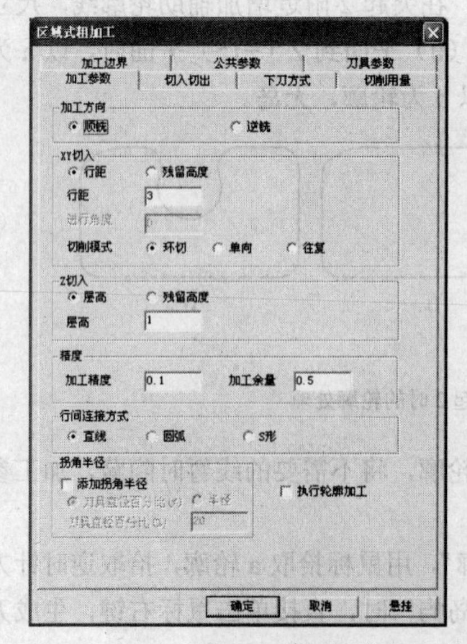

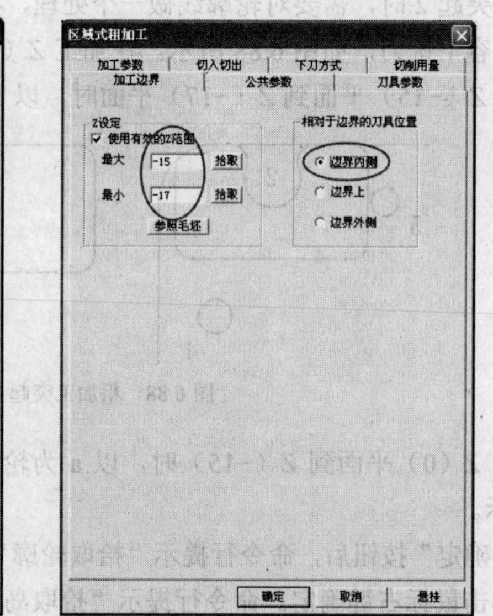

图 6.91　粗加工突起 2 的加工参数设置（以 b 为轮廓）

单击“确定”按钮后，命令行提示“拾取轮廓”，用鼠标拾取 b 轮廓，拾取逆时针方向为链搜索方向，单击鼠标右键确定。命令行提示“拾取岛屿”时，直接单击鼠标右键，生成刀具轨迹如图 6.92 所示。

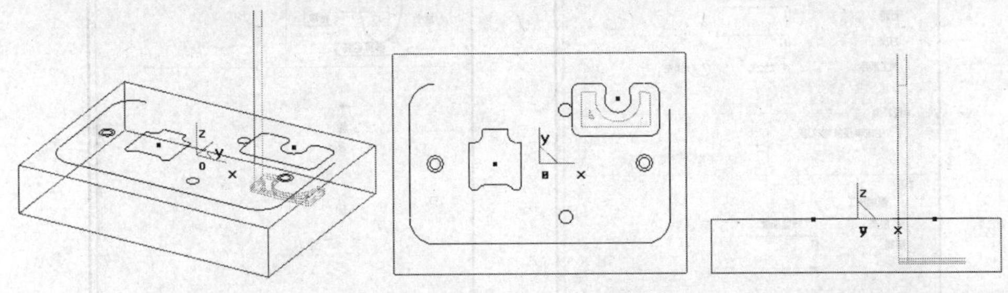

图 6.92 粗加工突起 2 的刀具轨迹 b

现在将已经生成的粗加工内腔与 6 个突起的 5 条刀具轨迹一起进行实体仿真，结果如图 6.93 所示。

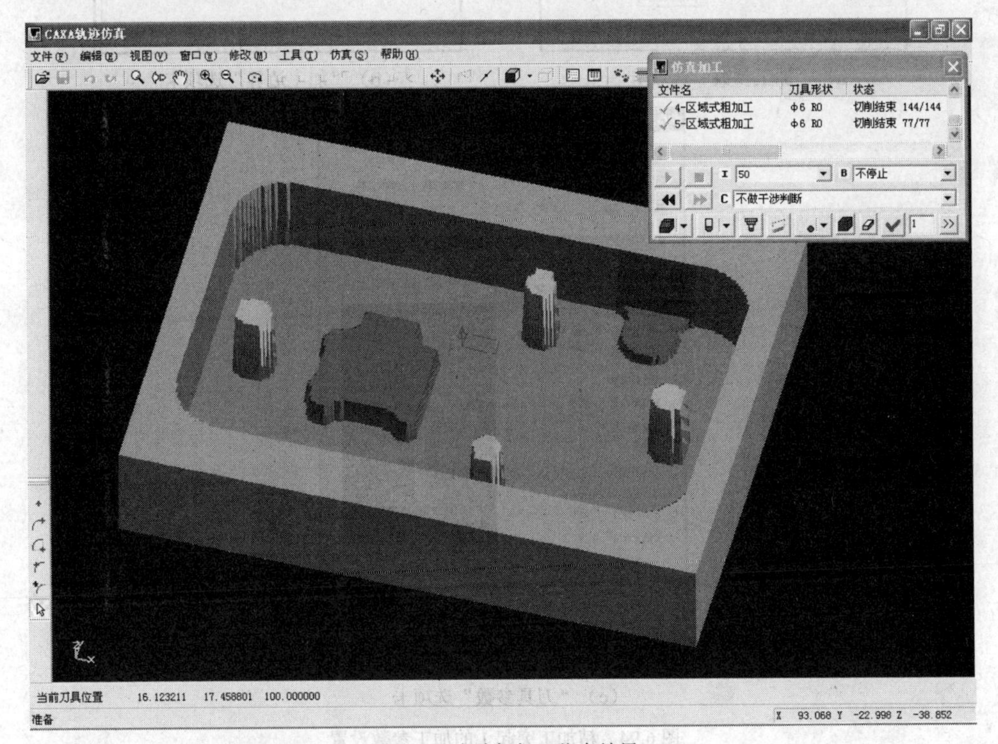

图 6.93 内腔粗加工仿真结果

步骤五 精加工突起与内腔侧壁

在前面的粗加工中，壳体零件的内腔侧壁及 6 个突起还有 0.5 的加工余量，可以利用轮廓线精加工做进一步加工。

1. 加工突起 1

使用 $\Phi5$ 的立铣刀，加工余量为 0，加工参数设置如图 6.94 所示。

单击“确定”按钮后，命令行提示“拾取轮廓”，用鼠标拾取突起 1 的轮廓，拾取顺时针方向为链搜索方向，单击鼠标右键确定，生成刀具轨迹如图 6.95 所示。

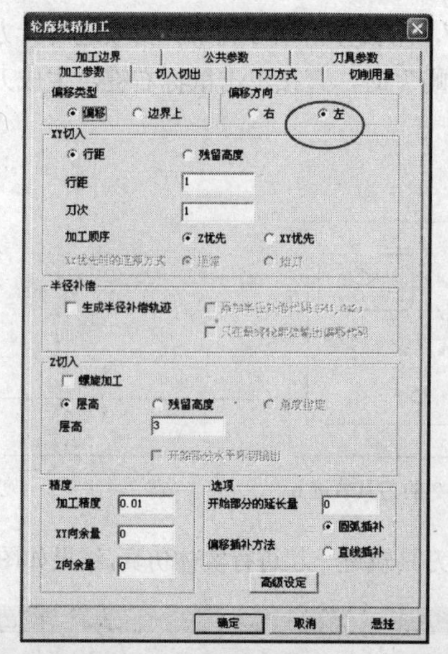

（a）“加工参数”选项卡

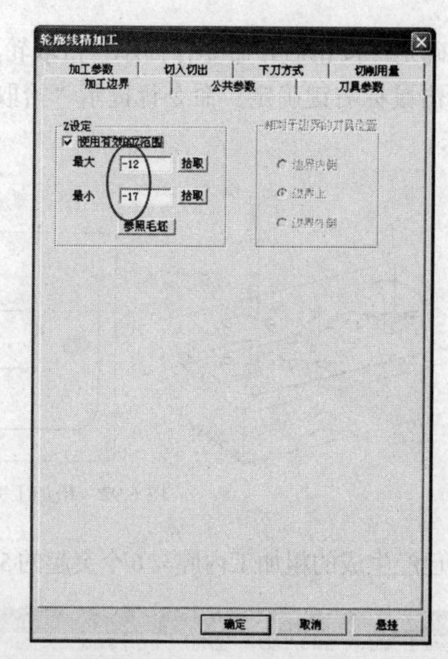

（b）“加工边界”选项卡

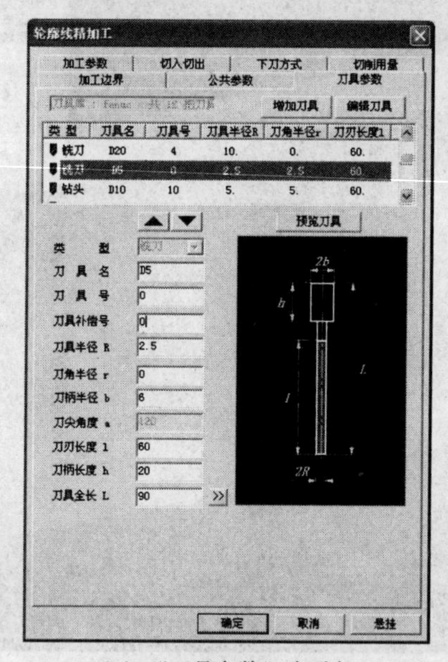

（c）“刀具参数”选项卡

图 6.94 精加工突起 1 的加工参数设置

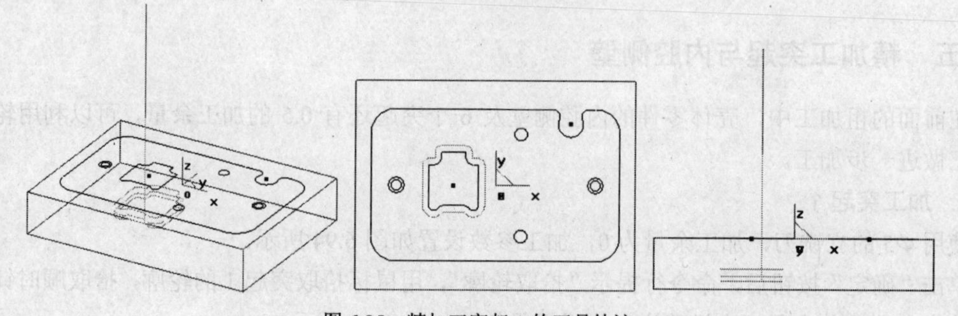

图 6.95 精加工突起 1 的刀具轨迹

2．加工突起 3、4、5、6

使用 *Φ*5 的立铣刀，加工余量为 0，加工参数设置如图 6.96 所示。

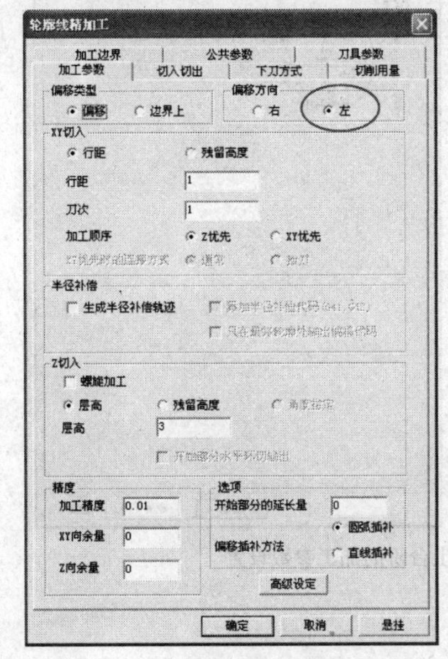

（a）“加工参数”选项卡

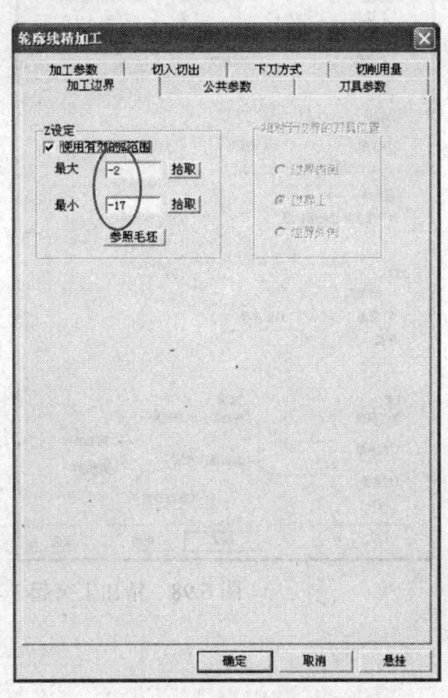

（b）“加工边界”选项卡

图 6.96　精加工突起 3、4、5、6 的加工参数设置

单击“确定”按钮后，命令行提示“拾取轮廓”，用鼠标依次拾取突起 3、4、5、6 的轮廓，拾取顺时针方向为链搜索方向，单击鼠标右键确定，生成刀具轨迹如图 6.97 所示。

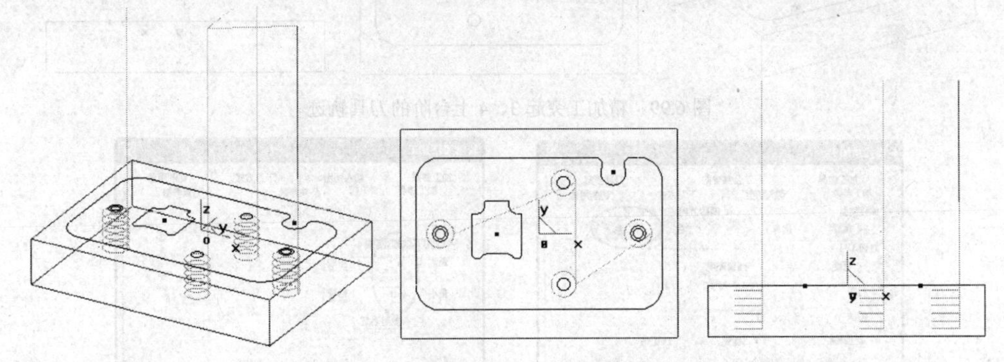

图 6.97　精加工突起 3、4、5、6 的刀具轨迹

3．加工突起 3、4 上面的台阶

使用 *Φ*5 的立铣刀，加工余量为 0，加工参数设置如图 6.98 所示。拾取两个 *Φ*4 的小圆为轮廓，生成的刀具轨迹如图 6.99 所示。

4．加工内腔侧壁

先加工 *Z*（0）平面到 *Z*（−15）平面之间的部分，使用 *Φ*5 的立铣刀，加工余量为 0，加工参数设置如图 6.100 所示。拾取 100×60 的带圆角矩形为轮廓，生成的刀具轨迹如图 6.101 所示。

再加工 *Z*（−15）平面到 *Z*（−17）平面之间的侧壁部分，使用 *Φ*5 的立铣刀，加工余量为 0，加工参数设置如图 6.102 所示，拾取如图 6.103 所示的图形为轮廓，生成的刀具轨迹如图 6.104 所示。

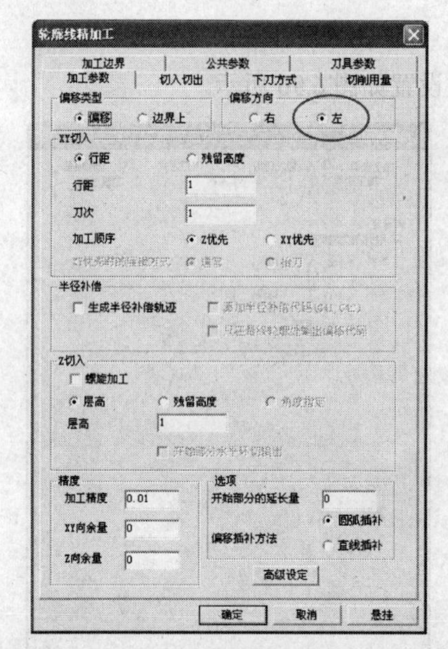

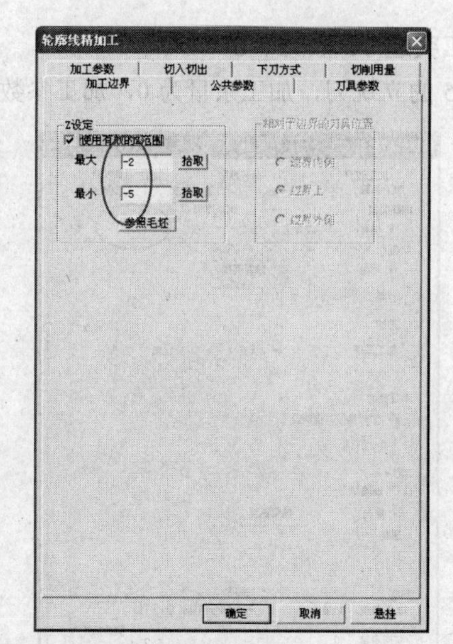

图 6.98　精加工突起 3、4 上台阶的加工参数设置

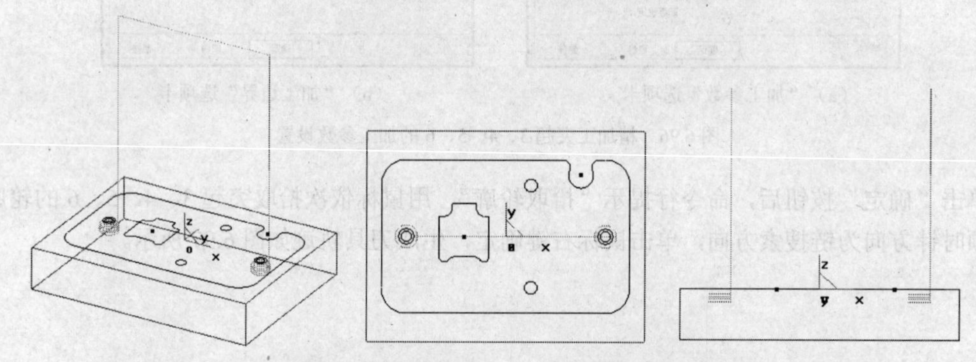

图 6.99　精加工突起 3、4 上台阶的刀具轨迹

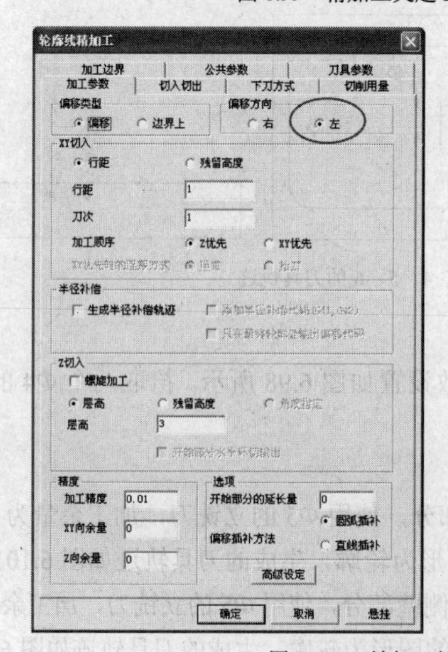

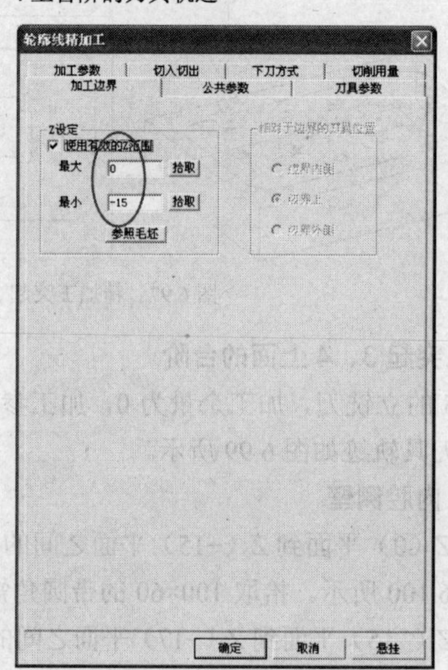

图 6.100　精加工侧壁的加工参数设置

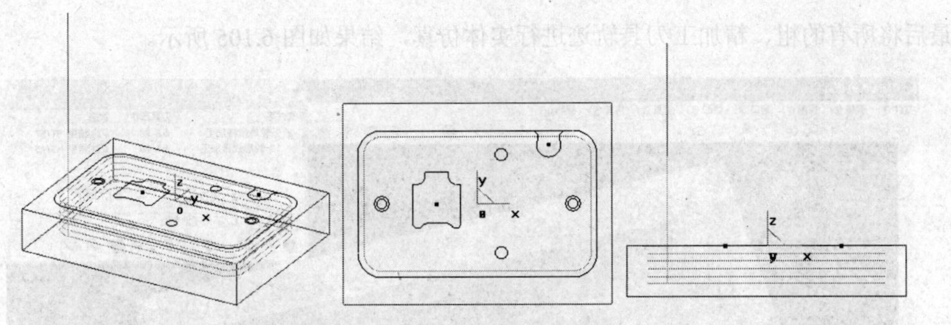

图 6.101　精加工侧壁的刀具轨迹

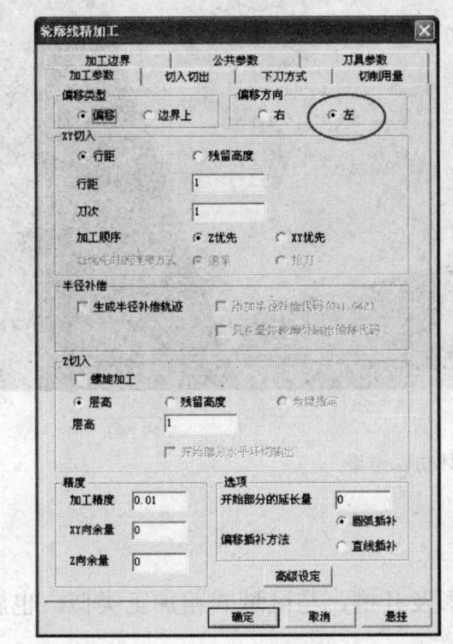

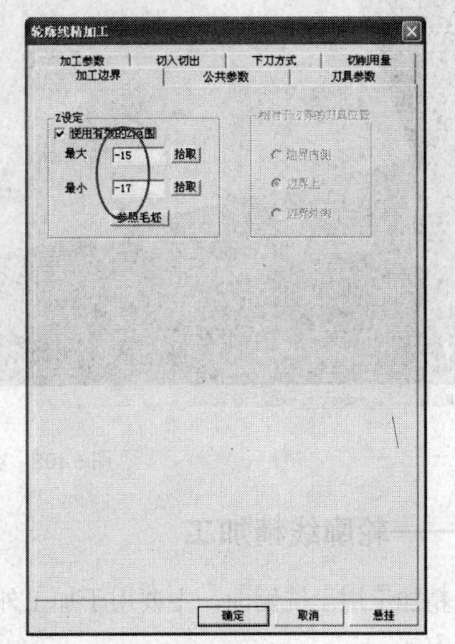

图 6.102　精加工侧壁的加工参数设置

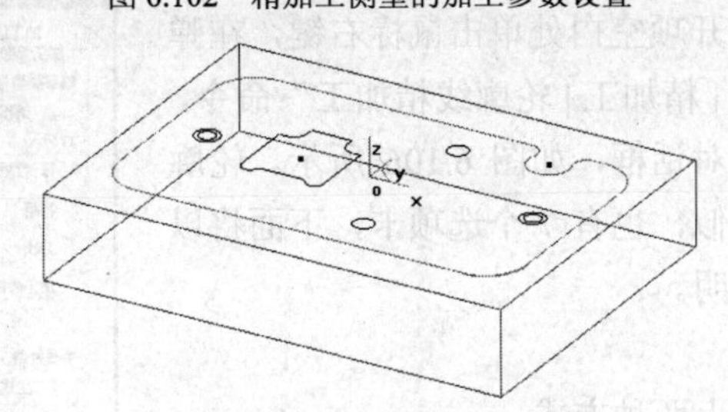

图 6.103　精加工侧壁的轮廓线

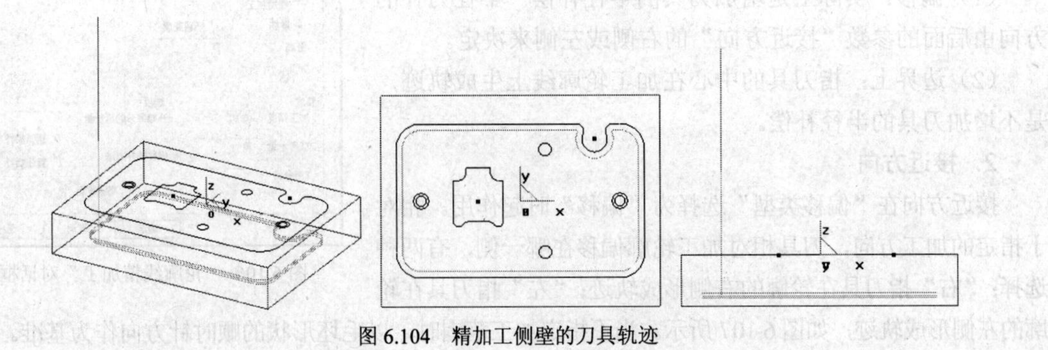

图 6.104　精加工侧壁的刀具轨迹

最后将所有的粗、精加工刀具轨迹进行实体仿真，结果如图 6.105 所示。

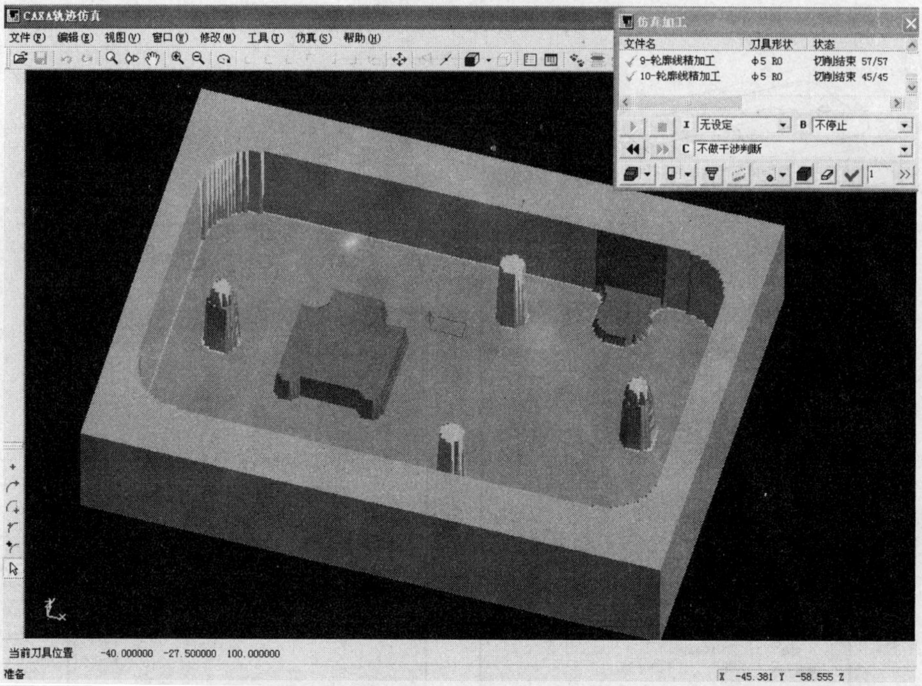

图 6.105　实体仿真结果

知识链接——轮廓线精加工

轮廓线精加工用于铣侧面，主要用于加工外形及开槽，与区域式粗加工类似，也属于两轴或两轴半加工方式。

在特征树的加工管理展开项空白处单击鼠标右键，在弹出的快捷菜单中选择“加工 | 精加工 | 轮廓线精加工”命令，系统弹出“轮廓线精加工”对话框，如图 6.106 所示。轮廓线精加工与区域式粗加工类似，也有 7 个选项卡，下面将以前没有介绍过的参数进行说明。

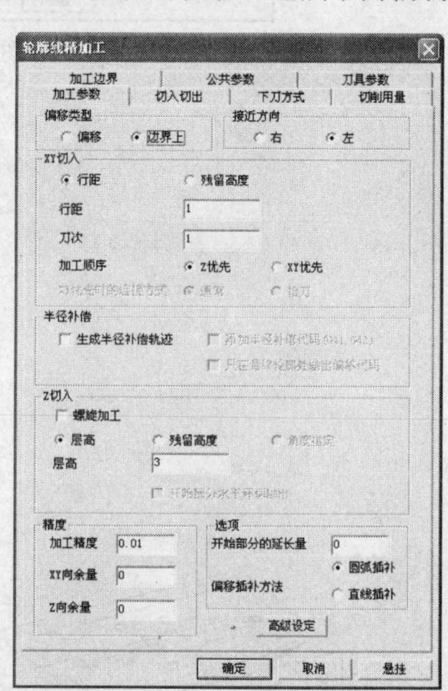

图 6.106 “轮廓线精加工”对话框

1．偏移类型

偏移类型有偏移和边界上两种方式。

（1）偏移：实际上是增加刀具的半径补偿。半径刀补的方向由后面的参数“接近方向”的右侧或左侧来决定。

（2）边界上：指刀具的中心在加工轮廓线上生成轨迹，是不增加刀具的半径补偿。

2．接近方向

接近方向在“偏移类型”选择为“偏移”时起作用。相对于指定的加工方向，刀具相对加工轮廓偏移在哪一侧，有两种选择：“右”指刀具在轮廓的右侧形成轨迹；“左”指刀具在轮廓的左侧形成轨迹，如图 6.107 所示。当不指定加工范围时，以毛坯形状的顺时针方向作为基准。

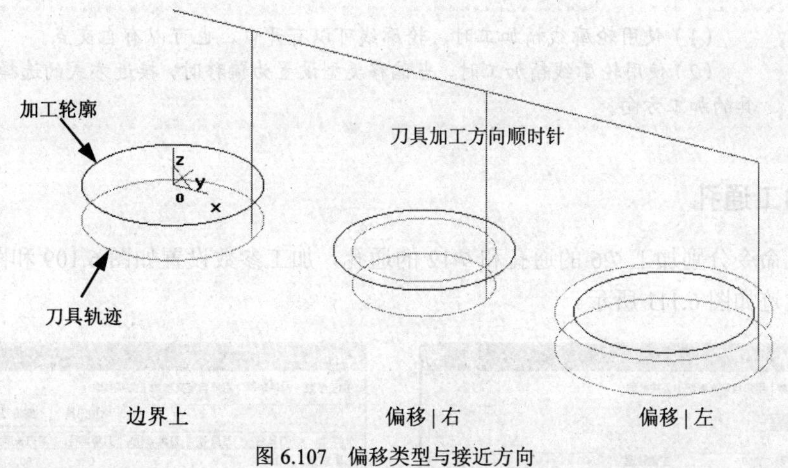

图 6.107 偏移类型与接近方向

3．加工顺序

当 *Z* 方向切削和 *XY* 方向切削都设定复数回路时，加工的顺序有两种选择：①*Z* 优先，生成 *Z* 方向优先加工的轨迹；②*XY* 优先，生成 *XY* 方向优先加工的轨迹。

4．半径补偿

选择是否生成半径补偿轨迹。不生成半径补偿轨迹时，在偏移位置生成轨迹。生成半径补偿轨迹时，对于偏移的形状再作一次偏移。这次轨迹生成在加工边界位置上，在拐角部附加圆弧，圆弧半径为所设定刀具的半径。

添加半径补偿代码（G41、G42）：选择在 NC 数据中是否输出 G41、G42 代码。该参数在“切入切出”选项卡中的“XY 向”设定为“圆弧”或者“直线”时才有效，而且必须设定刀具参数相应的补偿号。

5．精度

在这里除了可以设置精度之外，还可以设置 *XY* 向和 *Z* 向上的加工余量。

6．选项

开始部分的延长量：指在设定领域是开放形状时，在切削截面的开始和结束位置，增加相切方向的接近部分轨迹和返回部分轨迹，以提高切口处的加工质量。

偏移插补方法：指在“偏移类型”选择为“偏移”时设定的插补方法。在生成偏移加工边界轨迹时有两种插补功能：一是圆弧插补，生成圆弧插补轨迹；二是直线插补，生成直线插补轨迹。如图 6.108 所示。

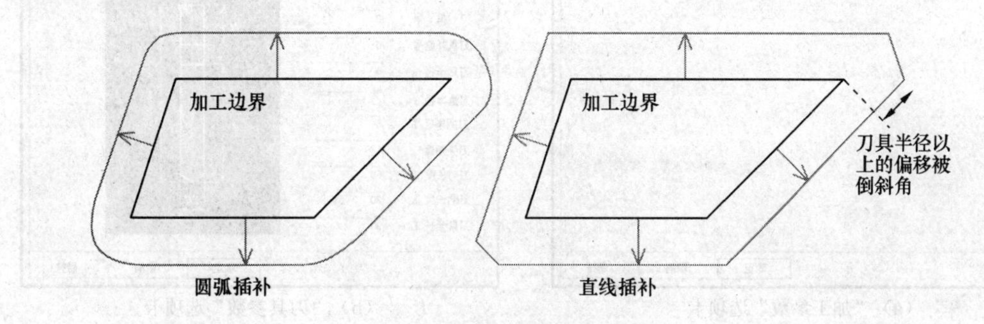

图 6.108 偏移插补方法

(1) 使用轮廓线精加工时，轮廓线可以有开口，也可以有自交点。

(2) 使用轮廓线精加工时，当偏移类型设置为偏移时，接近方式的选择一定要考虑刀具的加工方向。

步骤六 加工通孔

利用打孔命令分别加工 Φ6 的通孔和 Φ12 的通孔，加工参数设置如图 6.109 和图 6.110 所示，生成的刀具轨迹如图 6.111 所示。

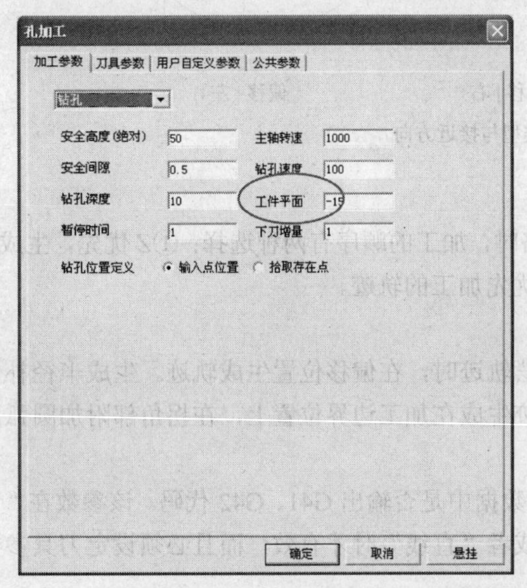

(a) “加工参数”选项卡

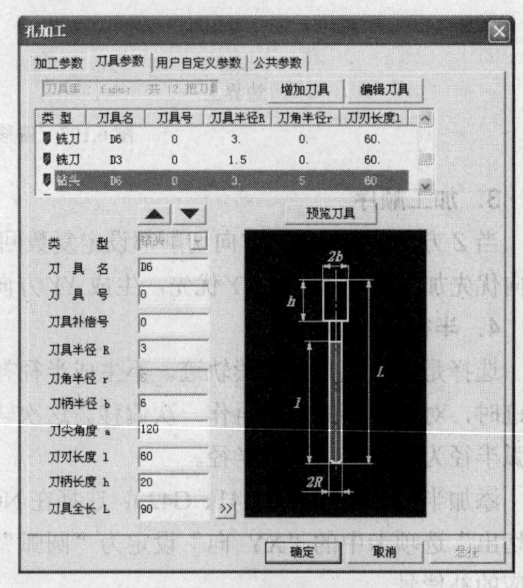

(b) “刀具参数”选项卡

图 6.109 加工 Φ6 孔的加工参数设置

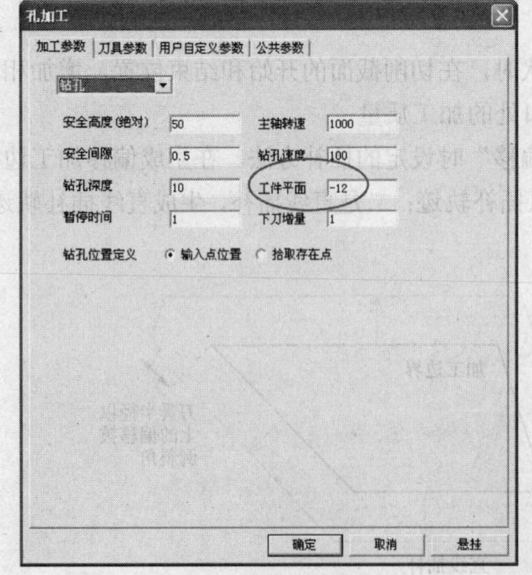

(a) “加工参数”选项卡

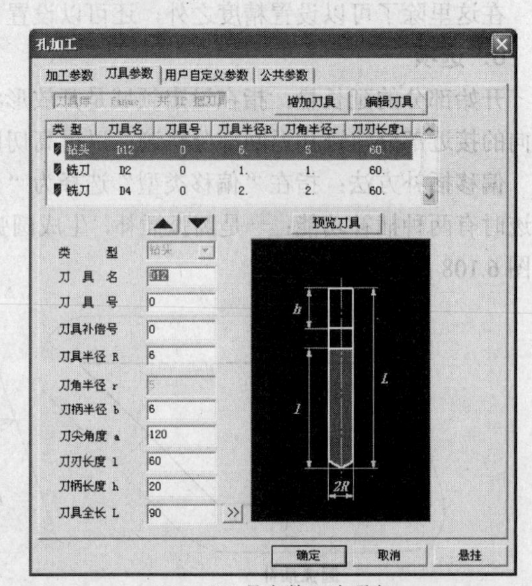

(b) “刀具参数”选项卡

图 6.110 加工 Φ12 孔的加工参数设置

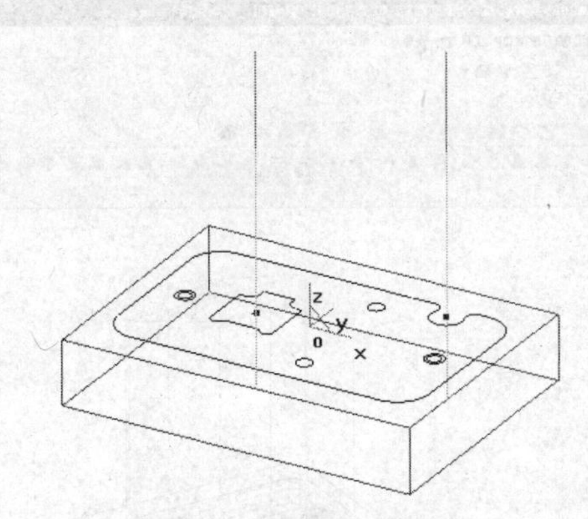

图 6.111　孔加工的刀具轨迹

对壳体零件内腔加工的刀具轨迹进行实体仿真，结果如图 6.112 所示。

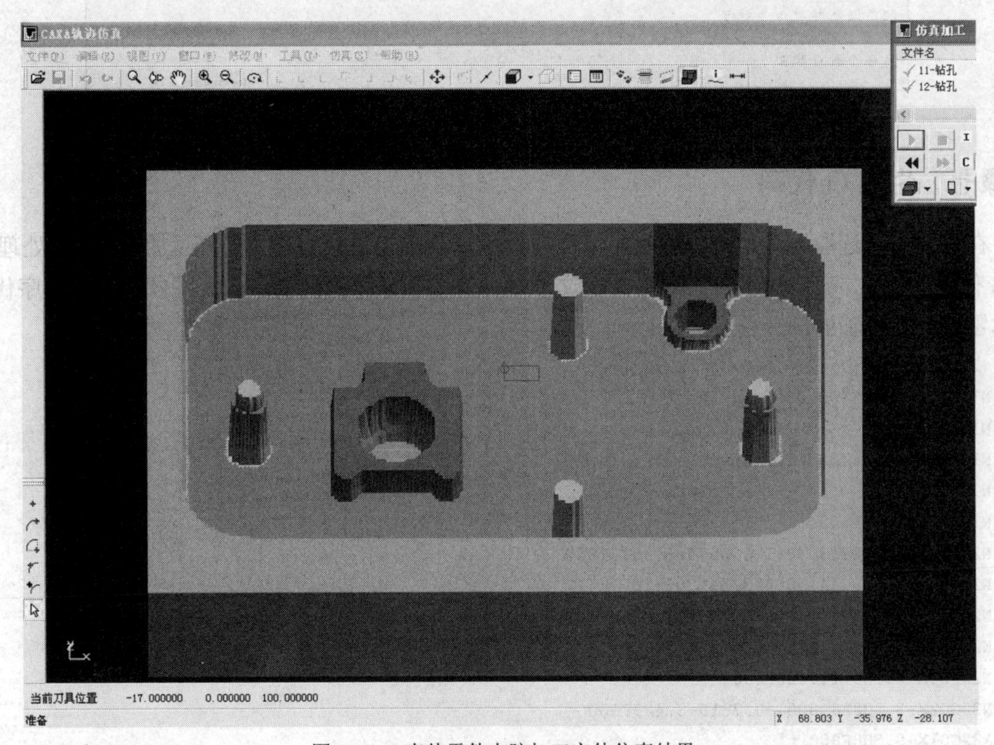

图 6.112　壳体零件内腔加工实体仿真结果

注意

（1）进行实体仿真时，可以单击特征树加工管理展开项中的"刀具轨迹"，这样可以一次选中所有显示的刀具轨迹，暂时不仿真的刀具轨迹可以先隐藏，如图 6.113 所示。

（2）实体仿真时，如果发现加工次序不合适，可以直接拖住某条轨迹上下进行移动。

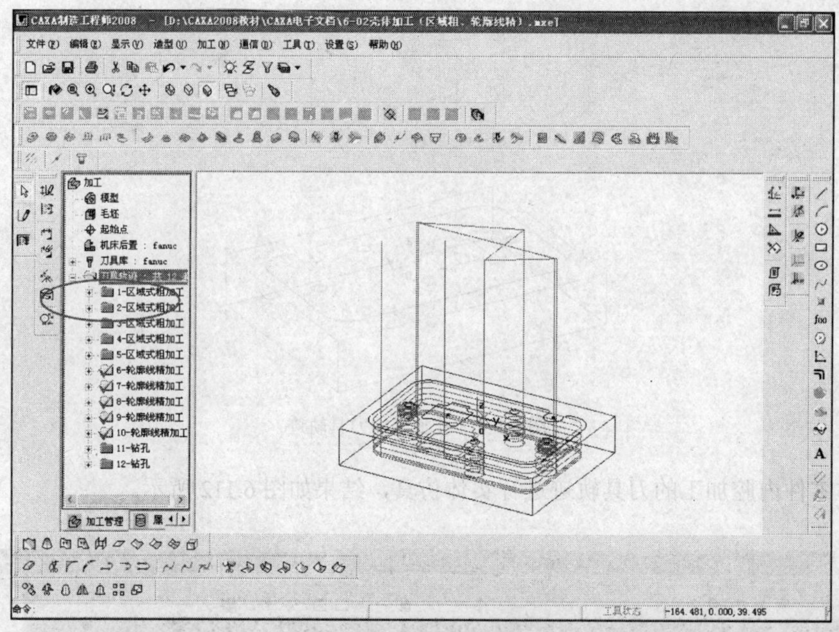

图 6.113　选择刀具轨迹

步骤七　生成 G 代码

在特征树中选取刀具轨迹，然后在特征树的空白处单击鼠标右键，选择“加工 | 后置处理 | 生成 G 代码”命令，确定程序的保存路径及文件名，单击鼠标右键确定，系统将自动生成程序代码。壳体零件内腔加工的部分程序如下：

```
(2,2010.2.6,17:42:6.980)
N10G90G54G00Z100.000
N12S3000M03
N14X-5.643Y14.357Z100.000
N16Z10.000
N18G01Z0.000F100
N20G02X-3.511Y13.484I-1.357J-6.357F1000
N22G02X-3.955Y14.500I13.511J6.516
N24G01X-5.675
N26G02X-5.643Y14.357I-6.325J-1.500
N28G01X-6.269Y11.423F800
N30G02X-3.500Y8.000I-0.731J-3.423F1000
N32G01X-0.500F800
N34X2.500Y3.637
N36Y-0.000F1000
N38Y-3.637
N40G02X15.488Y-2.857I7.500J-16.363
N42G01X16.403Y0.000F800
N44G02X18.515Y-0.804I-6.403J-20.000F1000
```

步骤八　生成工艺清单

在特征树中选取刀具轨迹，然后在特征树的空白处单击鼠标右键，选择“工艺清单”命令，指定工艺清单的保存路径，分别输入零件名称、图号、编号、设计、工艺、校核等内容，单击“生成清单”按钮，然后单击“确定”按钮，如图 6.114 所示。

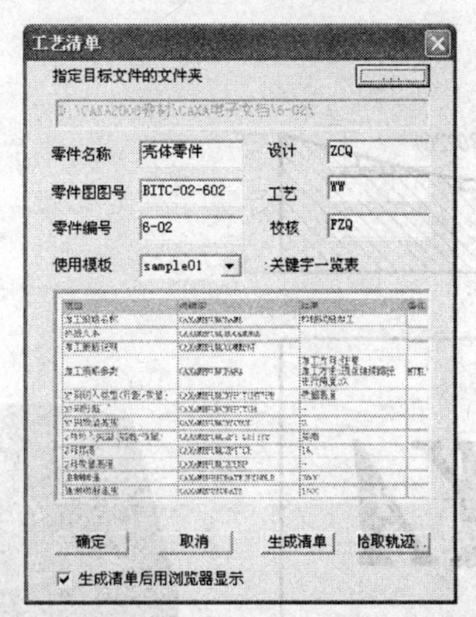

图 6.114 壳体零件加工的“工艺清单”对话框

在工艺清单保存的目录下面，会有如图 6.115 所示的轨迹信息、刀具信息等。

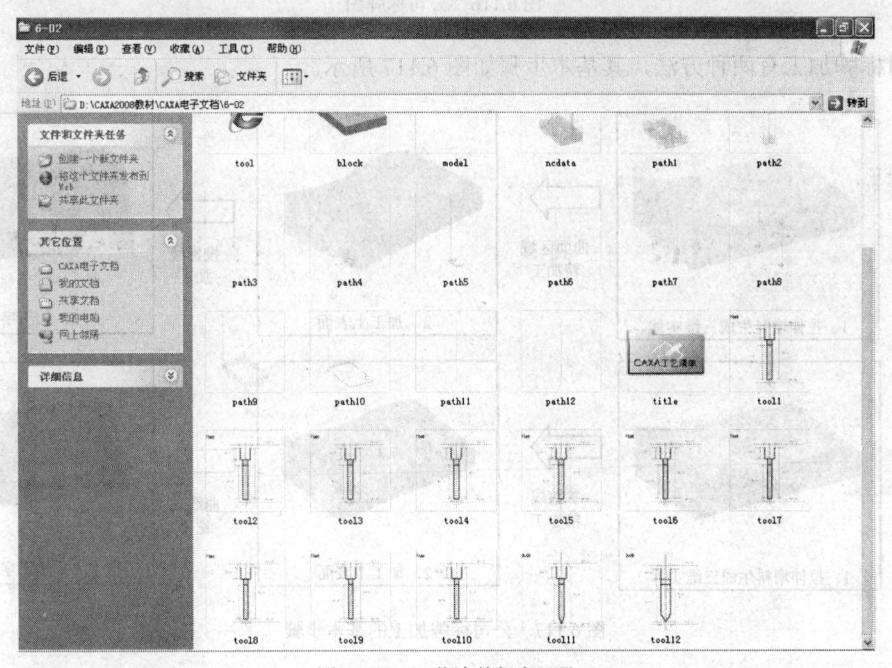

图 6.115 工艺清单保存目录

任务4 公司标牌加工

思路分析

本任务将要完成如图 6.116 所示公司标牌的加工。标牌的上表面为曲面，其上的字母底面也是曲面。零件的上表面可以应用曲面区域加工，或者应用参数线加工；上面的字母可以应用投影线加工或者曲线式铣槽。

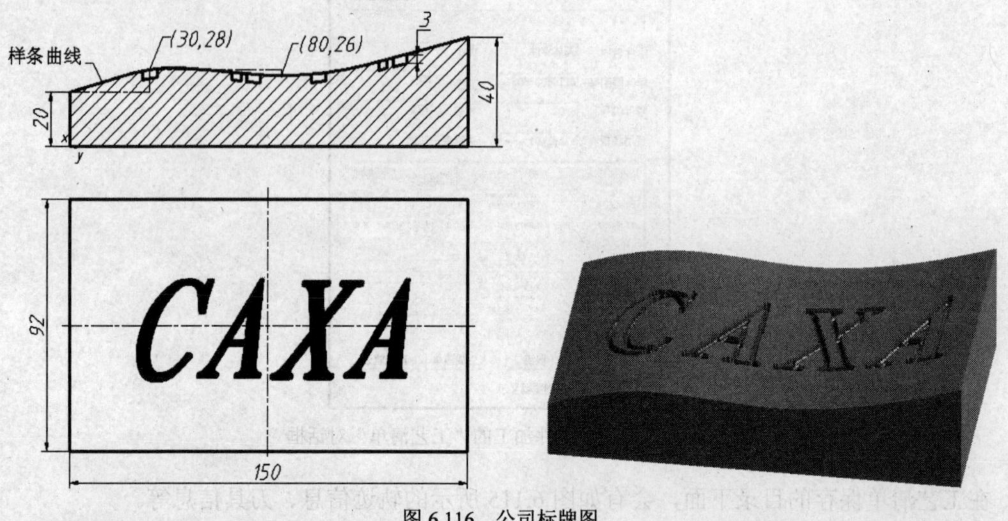

图 6.116　公司标牌图

公司标牌加工有两种方法，其基本步骤如图 6.117 所示。

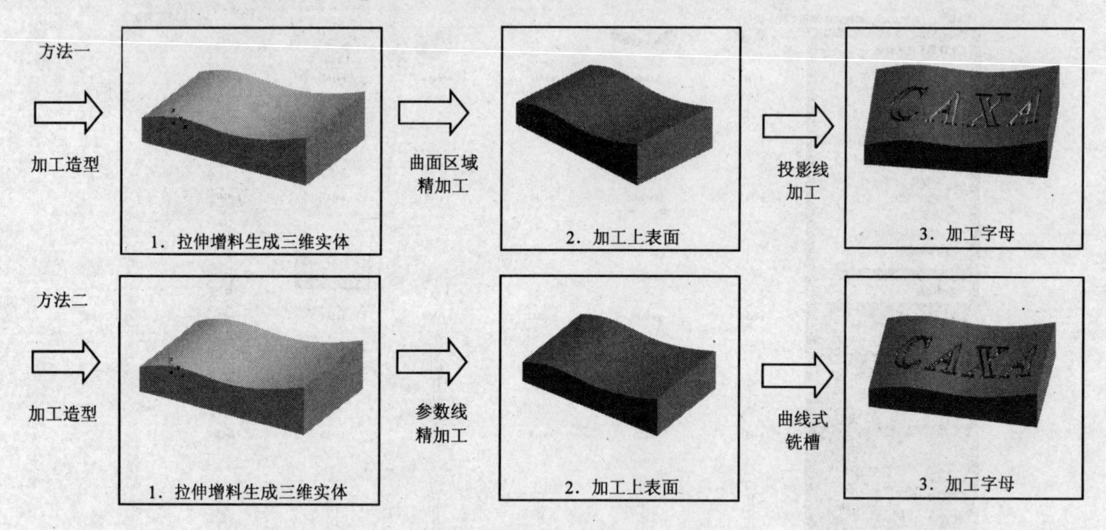

图 6.117　公司标牌加工的基本步骤

操作步骤

步骤一　绘制加工造型与文字造型

根据公司标牌的图纸绘制草图，进行双向拉伸，生成标牌的实体造型，如图 6.118 所示。

单击“曲线”工具栏中的“文字”按钮 A，在界面上任意处单击作为文字的插入点，弹出对话框如图 6.119 所示。在对话框的文本框中输入“CAXA”，单击“设置”按钮，按图 6.120 所示对文字进行设置，单击“确定”按钮，即生成文字。再利用移动命令将文字移动到标牌的中央位置，如图 6.121 所示。

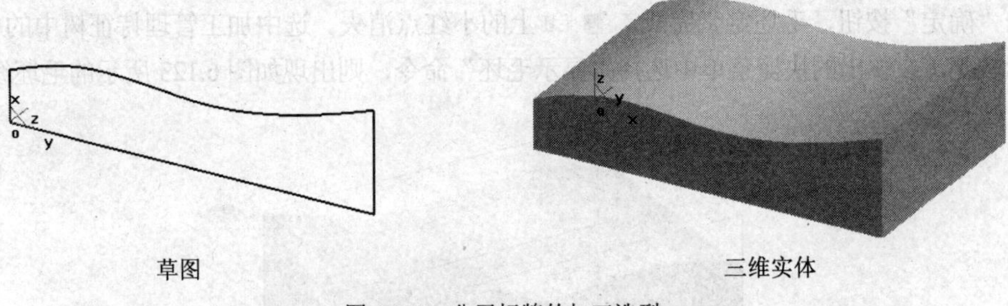

图 6.118 公司标牌的加工造型

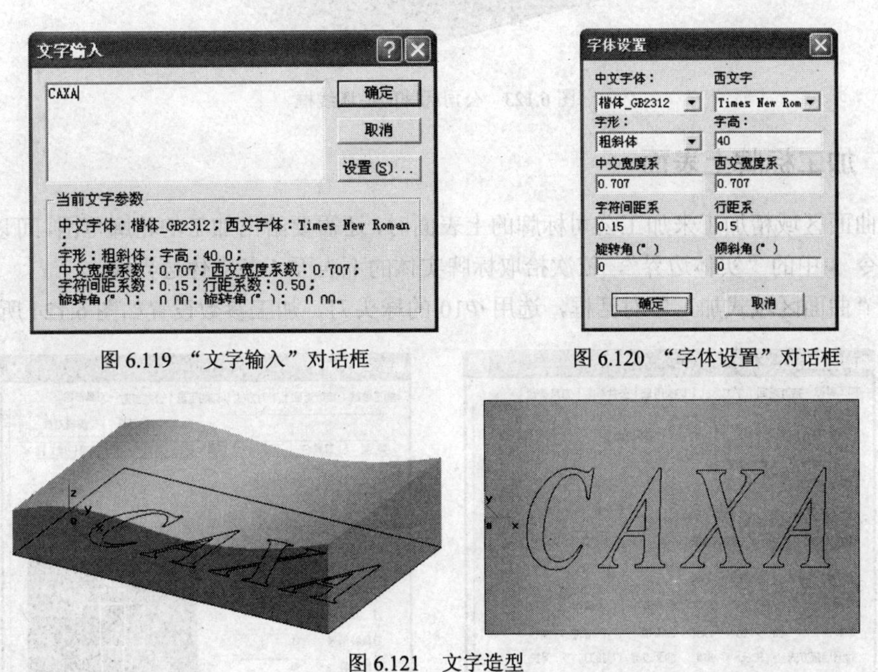

图 6.119 “文字输入”对话框

图 6.120 “字体设置”对话框

图 6.121 文字造型

步骤二 定义毛坯

定义毛坯的尺寸为 150×92×40。双击加工管理特征树栏中的“毛坯”，在弹出的对话框中单击“拾取两点”按钮，然后在工作区拾取实体的两个对角点，如图 6.122 所示。

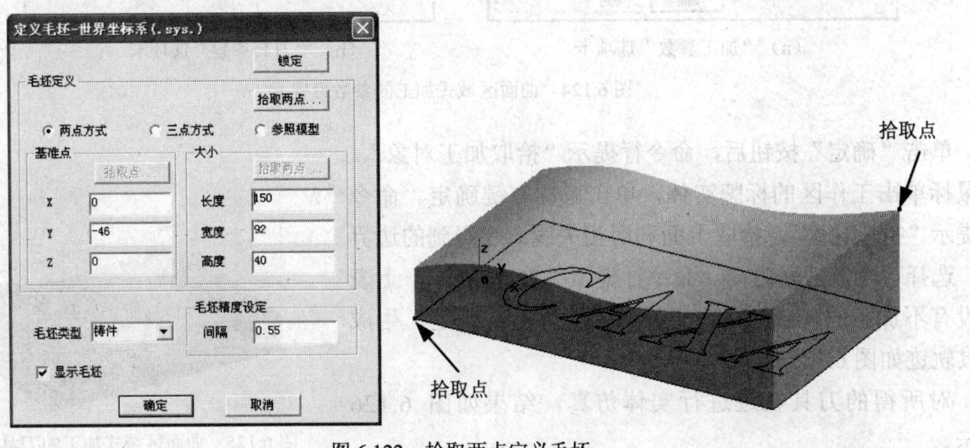

图 6.122 拾取两点定义毛坯

单击“确定”按钮，毛坯定义完成，毛坯上的小红点消失。选中加工管理特征树中的“毛坯”，单击鼠标右键，在弹出的快捷菜单中选择“显示毛坯”命令，则出现如图 6.123 所示的毛坯线框。

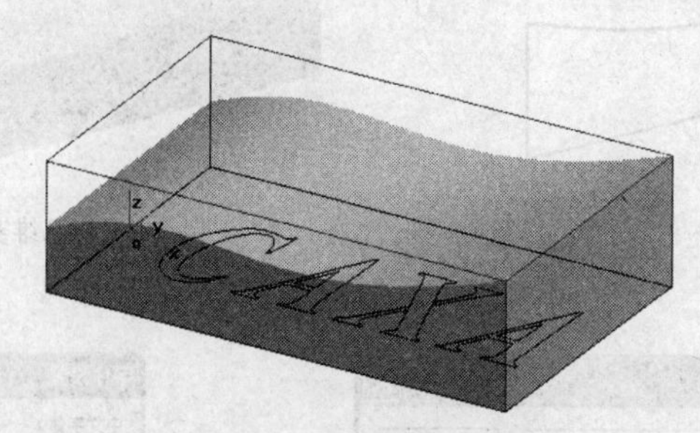

图 6.123　公司标牌的毛坯线框

步骤三　加工标牌上表面

利用曲面区域精加工来加工公司标牌的上表面时，还需要给出加工的轮廓范围，可以通过“相关线”命令中的“实体边界”，依次拾取标牌实体的下表面 4 条实体边界线。

打开“曲面区域式加工”对话框，选用 Φ10 的球头刀，加工参数设置如图 6.124 所示。

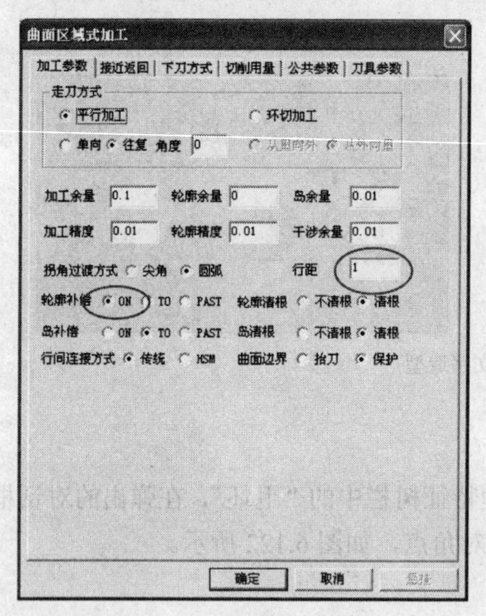

（a）“加工参数”选项卡

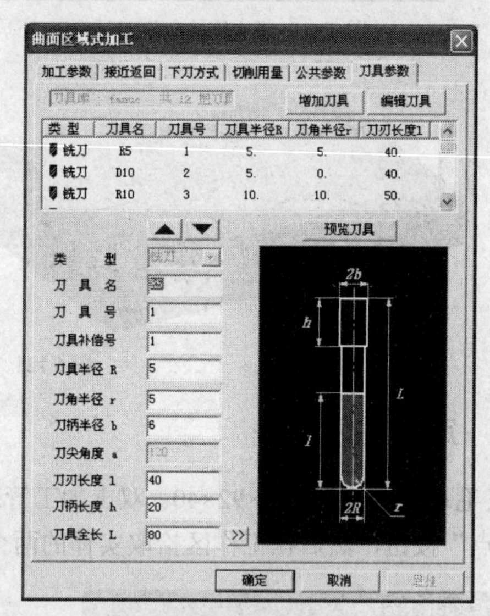

（b）“刀具参数”选项卡

图 6.124　曲面区域式加工的参数设置

单击“确定”按钮后，命令行提示“拾取加工对象”，用鼠标单击工作区的标牌实体，单击鼠标右键确定。命令行提示“拾取轮廓”，拾取上面利用相关线命令得到的边界线，选择一个链搜索方向。命令行提示“拾取岛屿”，上表面没有不加工的区域的岛，直接单击鼠标右键确定，生成刀具轨迹如图 6.125 所示。

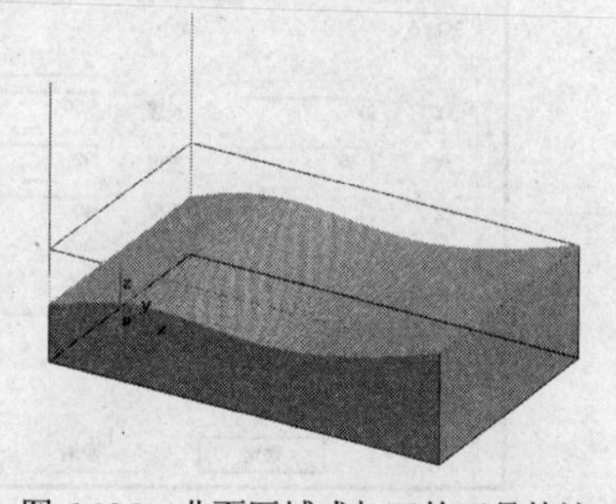

图 6.125　曲面区域式加工的刀具轨迹

对所得的刀具轨迹进行实体仿真，结果如图 6.126 所示。

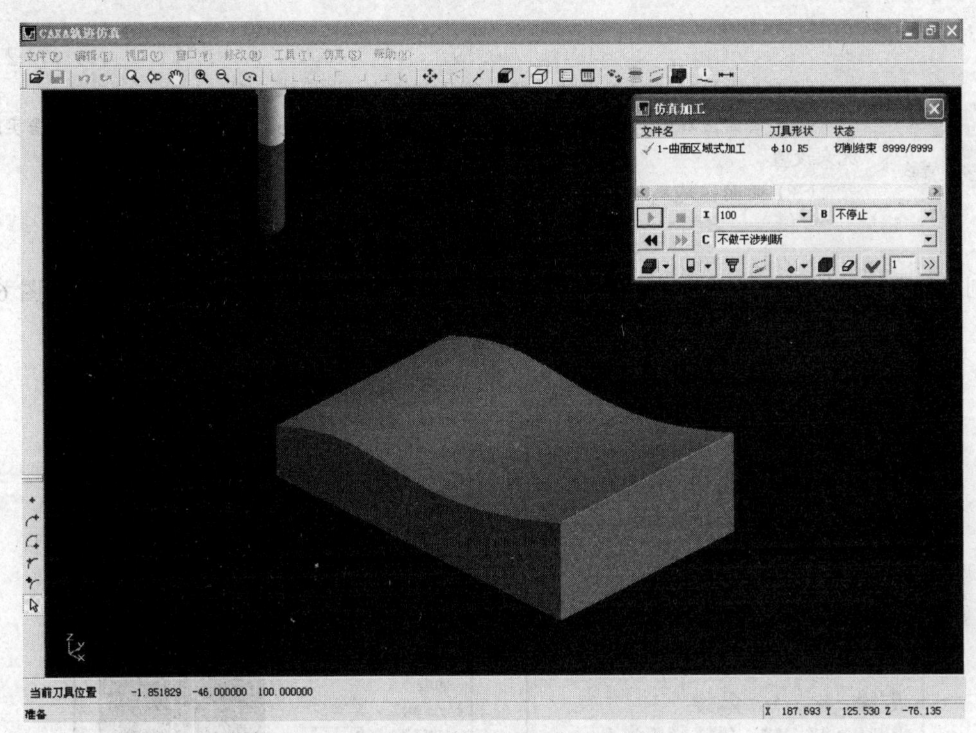

图 6.126 曲面区域式加工轨迹仿真结果

知识链接 1——曲面区域精加工

曲面区域式加工是一种曲面加工方法，适合加工较为平坦的曲面。它所针对的加工对象应该是曲面或者是实体上的曲面，并且这些曲面当中也可以有岛屿，也就是不加工的区域，这一点与平面区域粗加工是类似的。

单击“加工工具栏”中的“曲面区域精加工”按钮，弹出“曲面区域式加工”对话框，如图 6.127 所示。“曲面区域式加工”对话框中有 6 个选项卡，其中的大部分参数与平面区域粗加工相同。

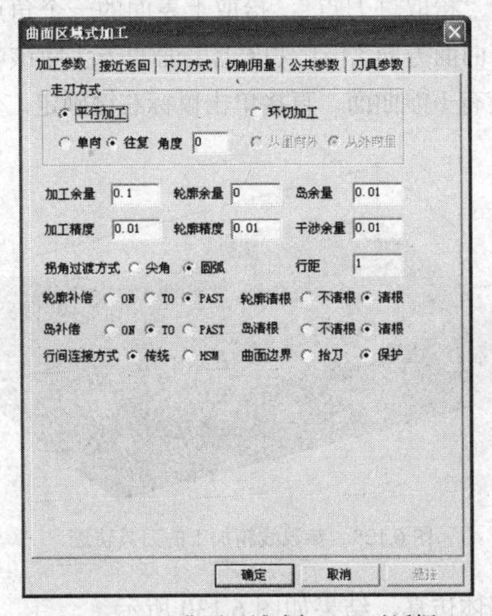

图 6.127 “曲面区域式加工”对话框

（1）曲面区域式加工中的行距一般不超过 1，选用球头刀。

（2）曲面区域式加工中轮廓的补偿方式默认为“PAST”，具体加工时要根据实际情况来设置。

（3）曲面区域式加工时要拾取的轮廓必须是封闭的。

利用参数线精加工来加工公司标牌的上表面，选用 $\Phi10$ 的球头刀，加工参数设置如图 6.128 所示。

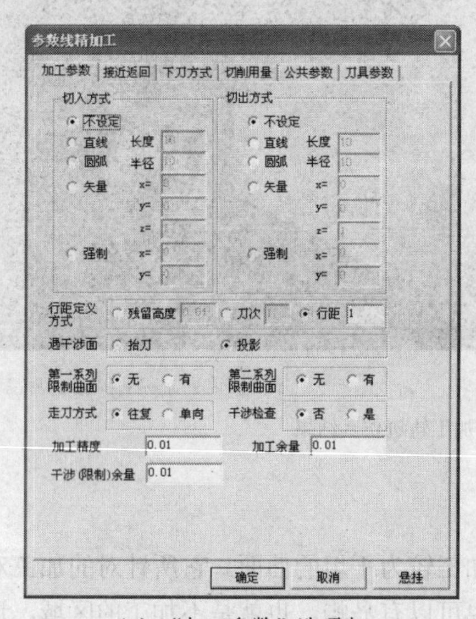

（a）“加工参数”选项卡

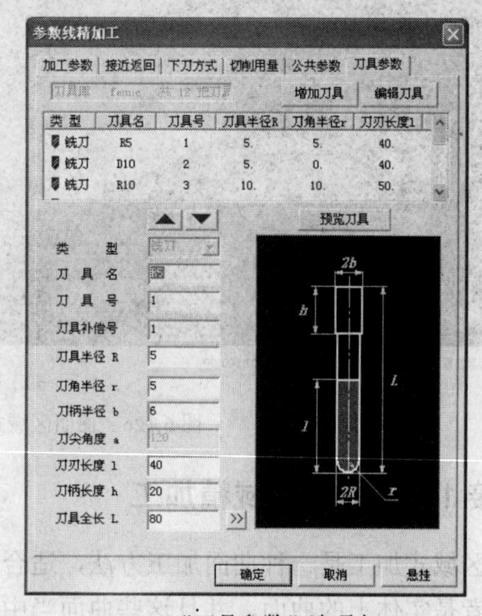

（b）“刀具参数”选项卡

图 6.128 参数线精加工的参数设置

单击“确定”按钮后，命令行提示“拾取加工对象”，用鼠标单击工作区中标牌的上表面，单击鼠标右键确定。命令行提示“拾取进刀点”，拾取上表面的一个角点，选择加工方向，单击鼠标右键确定。命令行提示“改变曲面方向”，工作区上表面的箭头应该朝上，单击鼠标右键确定。命令行提示“拾取干涉曲面”，没有干涉曲面，直接单击鼠标右键确定，生成刀具轨迹如图 6.129 所示。

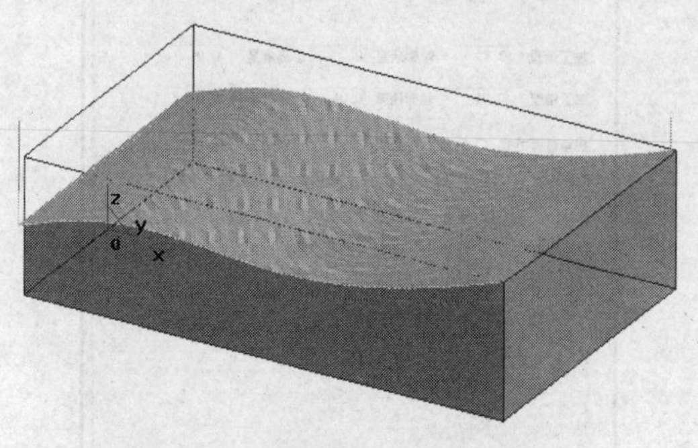

图 6.129 参数线精加工的刀具轨迹

对所得的刀具轨迹进行实体仿真，结果如图 6.130 所示。

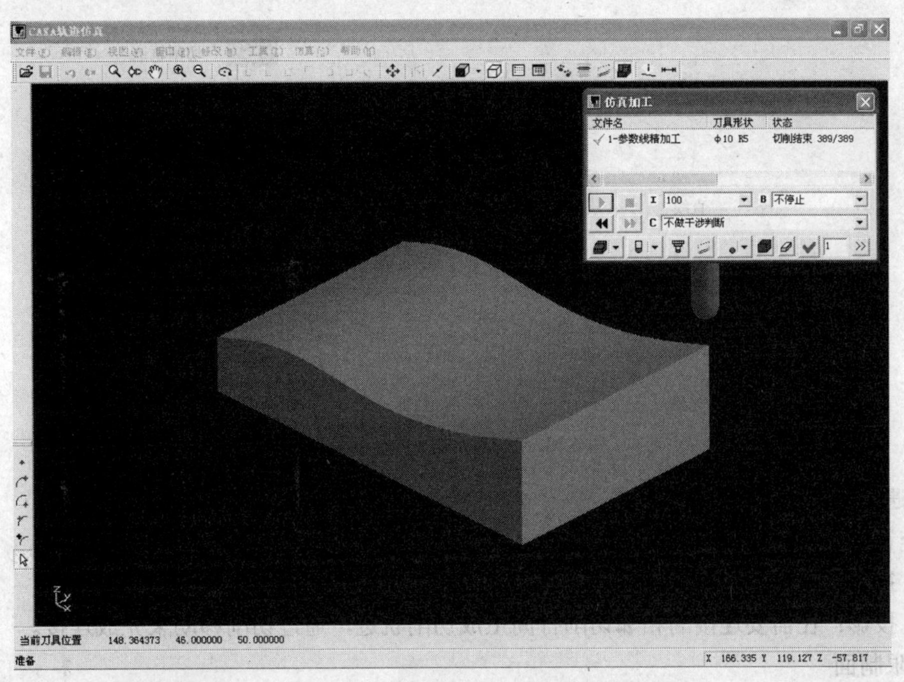

图 6.130 参数线精加工轨迹仿真结果

知识链接 2——参数线精加工

参数线精加工是沿曲面的参数线方向产生刀具轨迹的方法，可以对单个或多个曲面进行加工，生成多个按曲面参数线行进的刀具轨迹。它所针对的加工造型为曲面或实体造型上的曲面。

单击“加工工具栏”中的“参数线精加工”按钮，弹出“参数线精加工”对话框，如图 6.131 所示。“参数线精加工”对话框中有 6 个选项卡，其中有些参数与平面轮廓精加工、区域式粗加工中相同，请参见相应部分的内容，下面介绍新参数的设置。

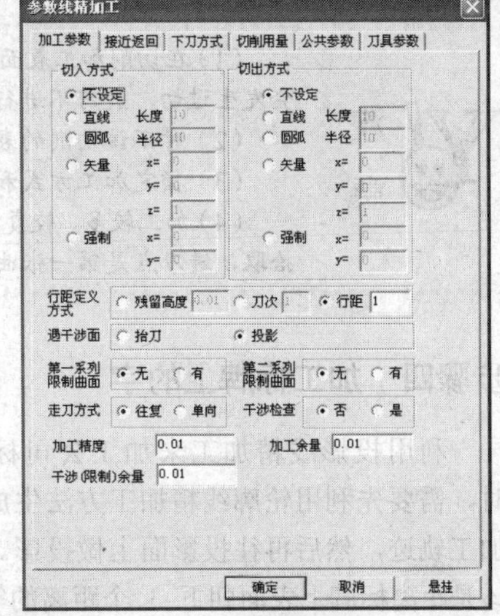

图 6.131 “参数线精加工”对话框

1. 切入方式和切出方式

系统设置了 5 种切入、切出方式。

（1）不设定：不使用切入、切出。

（2）直线：沿直线垂直切入、切出，长度指直线切入、切出的长度。

（3）圆弧：沿圆弧切入、切出，半径指圆弧切入、切出的半径。

（4）矢量：沿矢量指定的方向和长度切入、切出，x、y、z 指矢量的 3 个分量。

（5）强制：强制从指定点直线水平切入到切削点，或强制从切削点直线水平切出到指定点，x、y 指在与切削点相同高度的指定点的水平位置分量。

切入、切出方式如图 6.132 所示。

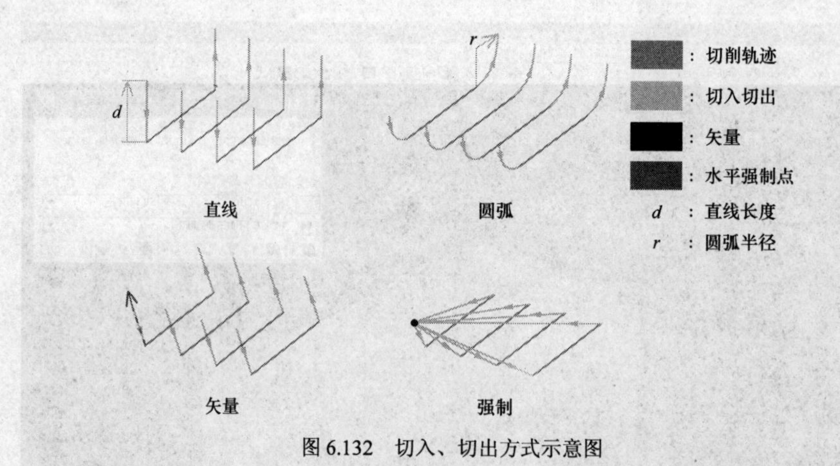

图 6.132 切入、切出方式示意图

2．遇干涉面

系统设置了两种遇到干涉面的处理方式。

（1）抬刀：通过抬刀，快速移动，下刀完成相邻切削行间的连接。

（2）投影：在需要连接的相邻切削行间生成切削轨迹，通过切削移动来完成连接。

3．限制面

限制加工曲面范围的边界面，其作用类似于加工边界，通过定义第一和第二系列限制面，可以将加工轨迹限制在一定的加工区域内。

4．干涉检查和干涉（限制）余量

用户可根据需要确定是否使用干涉检查，以防止过切。干涉（限制）余量是指处理干涉面或限制面时采用的加工余量。

（1）在切削加工表面时，对可能干涉的表面要做干涉检查，如果能够确认曲面自身不会发生过切，最好不进行干涉检查，以减少系统资源的消耗。

（2）对不该切削的表面，要设置限制面，否则会产生过切。

（3）指定加工方式和退刀方式时要保证刀具不会碰伤机床、夹具。

（4）加工较多、较复杂的曲面时，可以用单个拾取或链拾取的方式来完成系列曲面的拾取，进刀点是第一张曲面的某一个角点，要逐个确定待加工曲面的方向。

步骤四　加工标牌上的字

利用投影线精加工来加工公司标牌上的字母时，需要先利用轮廓线精加工方法生成文字的平面加工轨迹，然后再往投影面上做投影。投影曲面应该是距离标牌上表面朝下 3 个距离的等距面，可以单击曲面生成栏中的“实体表面”按钮，拾取标牌的上表面，然后再单击“等距面”按钮，生成距离上表面为 3 的投影面，如图 6.133 所示。

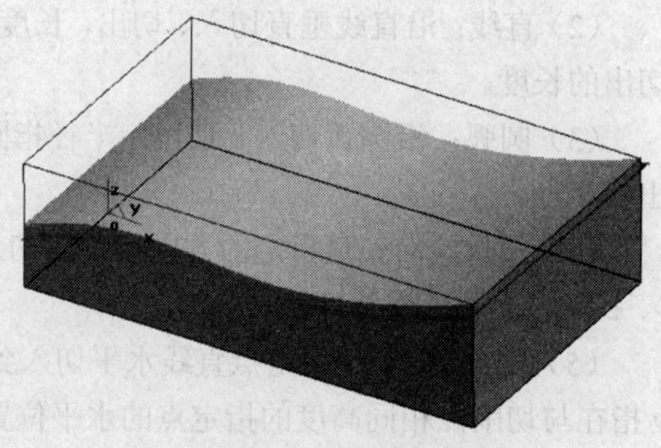

图 6.133 投影面

利用轮廓线精加工方法生成字母“C”的平面加工轨迹，参数设置如图 6.134 所示，生成的刀具轨迹线如图 6.135 所示。

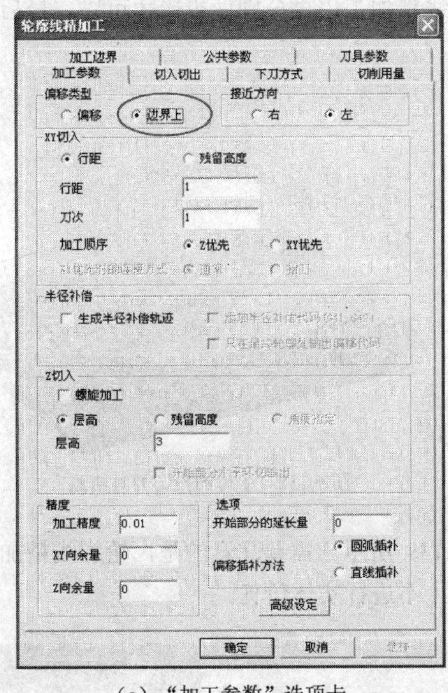

（a）“加工参数”选项卡

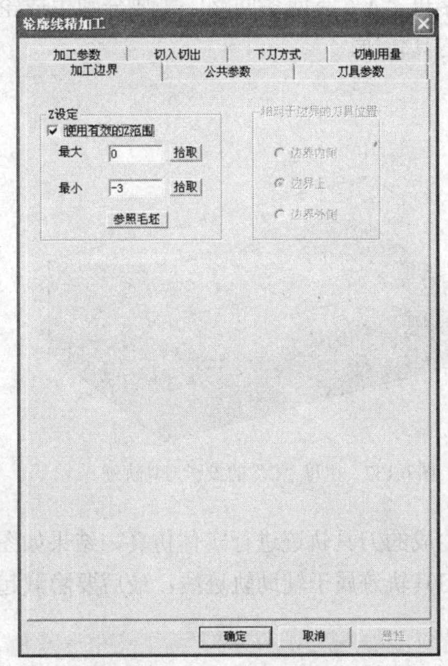

（b）“加工边界”选项卡

图 6.134 轮廓线精加工字母“C”的参数设置

打开“投影线加工”对话框，选用 $\Phi2$ 的球头刀，加工参数如图 6.136 所示，其余参数默认即可。

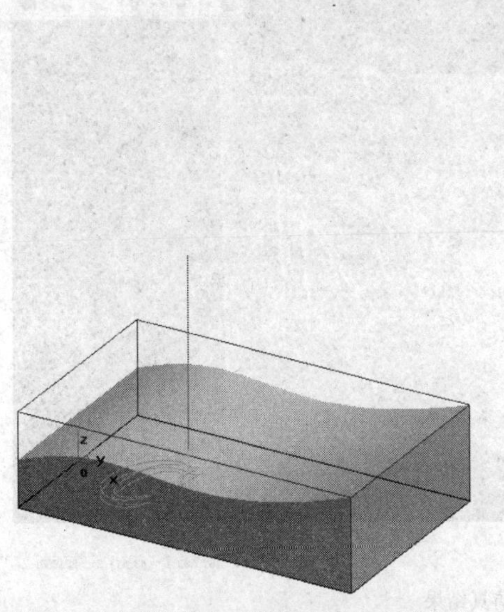

图 6.135 轮廓线精加工字母“C”的刀具轨迹

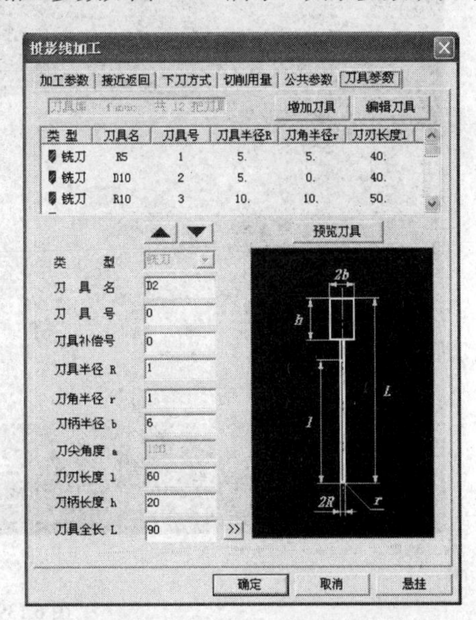

图 6.136 投影线加工的参数设置

单击“确定”按钮，系统提示“拾取刀具轨迹”，选取刚刚生成的轮廓线精加工刀具轨迹。系统提示“拾取加工对象”，拾取前面生成的投影面，单击鼠标右键确定。命令行提示“拾取干涉曲面”，没有干涉曲面，直接单击鼠标右键确定。生成刀具轨迹如图 6.137 所示。

依此类推，分别生成字母“A”、“X”、“A”的投影刀具轨迹线，如图 6.138 所示。需要注意的是，字母“A”有两条回路，需要分别生成轮廓线精加工，再分别做投影才可以。最后共有 6 条投影刀具轨迹。

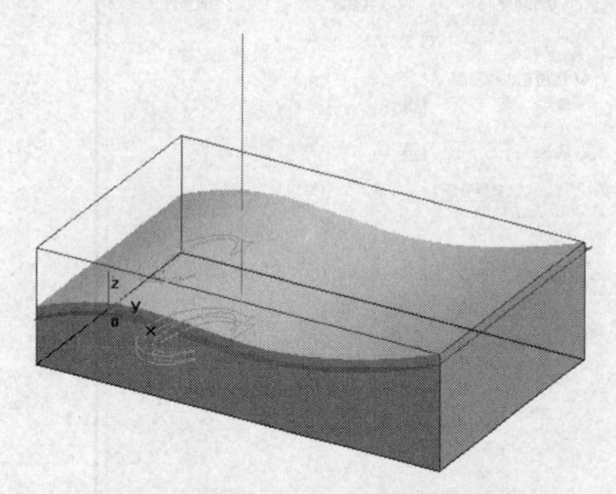

图 6.137 字母“C”的投影刀具轨迹

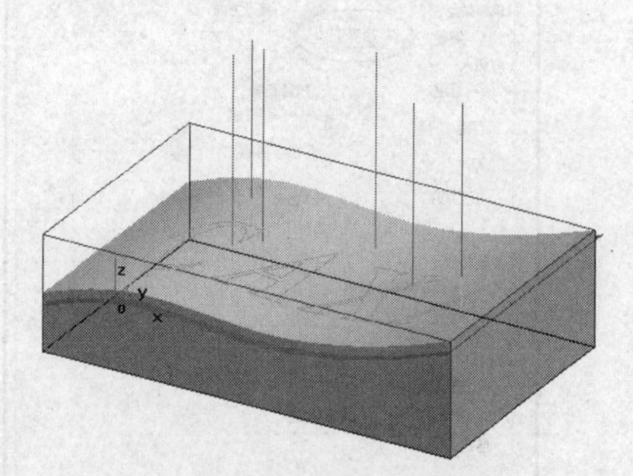

图 6.138 字母的投影刀具轨迹

对生成的刀具轨迹进行实体仿真，结果如图 6.139 所示。需要注意的是，轮廓线精加工生成的 6 条刀具轨迹属于辅助轨迹线，最后要隐藏起来，不进行实体仿真。

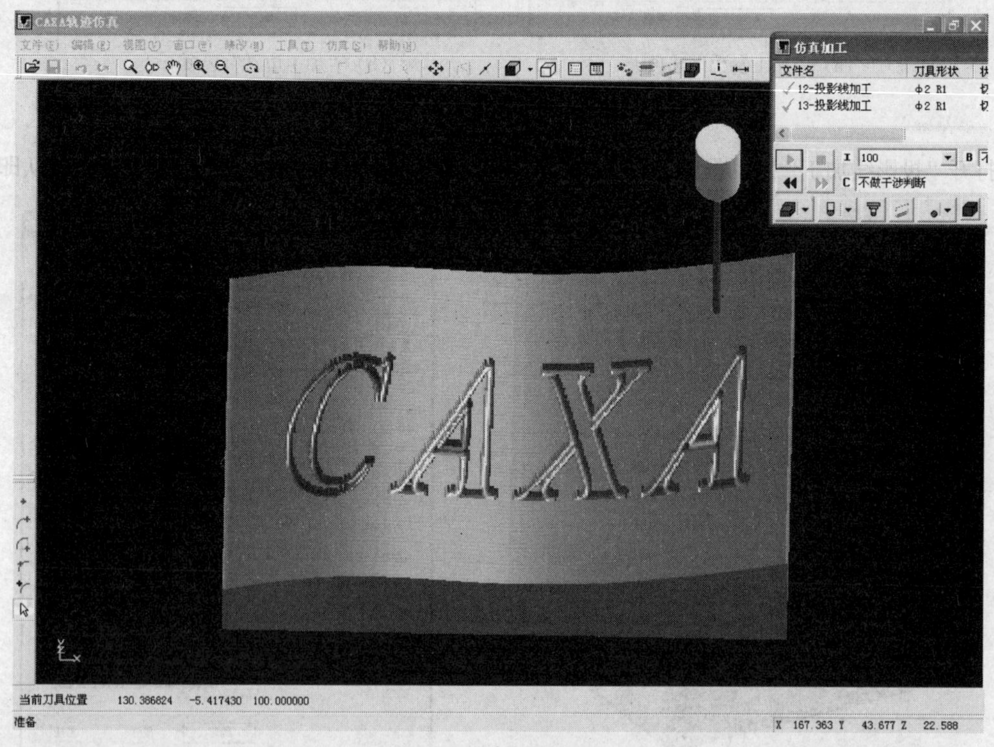

图 6.139 实体仿真结果

知识链接 1——投影线加工

投影线加工是将比较容易生成的平面刀具轨迹投影到某个曲面上，从而在该曲面上生成刀具轨迹线。单击“加工工具栏”中的“投影线加工”按钮，弹出“投影线加工”对话框，其中有 6

个选项卡，如图 6.140 所示。

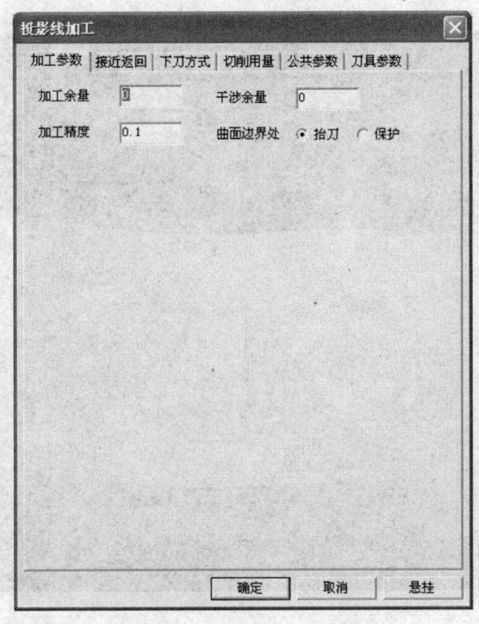

图 6.140 “投影线加工”对话框

（1）应用投影线加工，必须先有较容易生成的平面加工轨迹，然后才能做投影加工。

（2）应用投影线加工时，一次投影只能得到一次抬刀，也就是说平面加工轨迹中有多处抬刀，但投影到曲面后，只有一次抬刀。

（3）待加工曲面可以拾取多个。

（4）投影加工的加工参数可以与原有刀具轨迹的参数不同。

利用曲线式铣槽来加工公司标牌上的字母时，选用 $\Phi2$ 的球头刀，依次拾取“C”、“A”、“X”、“A”作为“曲线路径”，然后拾取投影面作为加工对象，单击鼠标右键即可生成刀具轨迹，如图 6.141 所示。

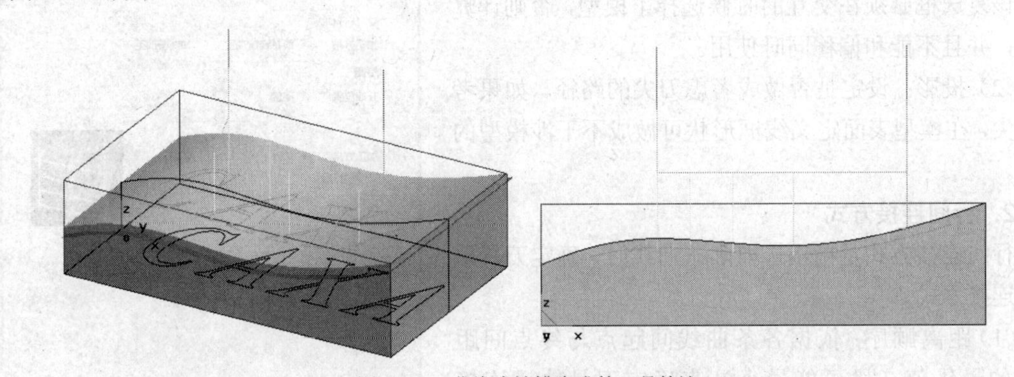

图 6.141 曲线式铣槽生成的刀具轨迹

对曲线式铣槽生成的刀具轨迹进行实体仿真，结果如图 6.142 所示。

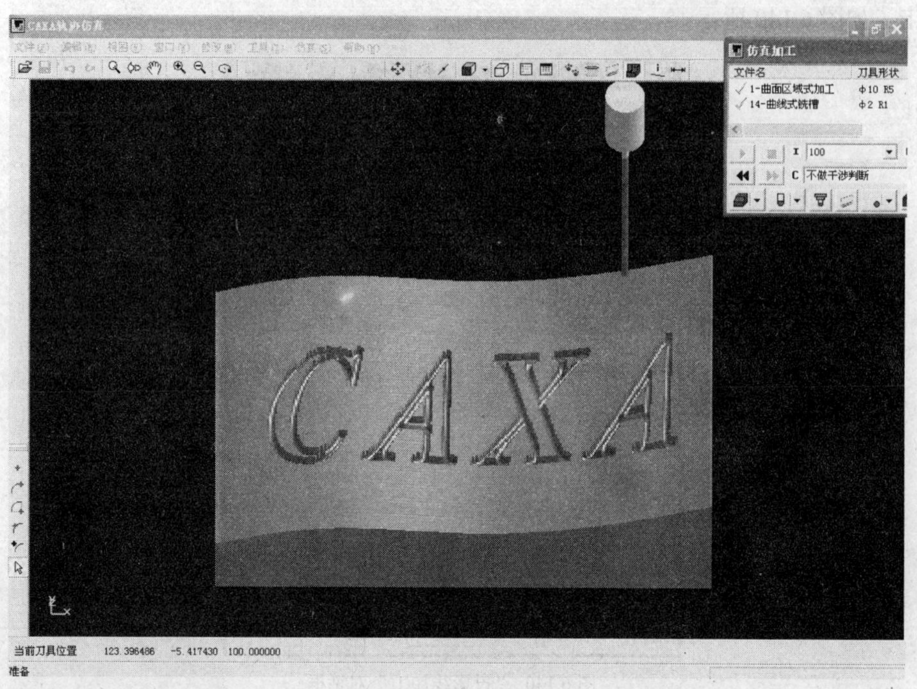

图 6.142 实体仿真结果

知识链接 2——曲线式铣槽

曲线式铣槽加工是根据曲线提供的路径生成轨迹，在不规则的曲面或造型中铣槽加工使用较广泛。单击“加工工具栏”中的“曲线式铣槽”按钮，弹出“曲线式铣槽”对话框，其中有 6 个选项卡，如图 6.143 所示。

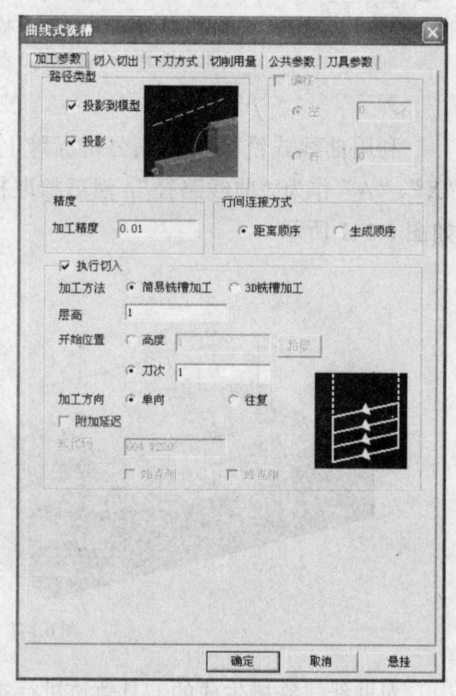

图 6.143 “曲线式铣槽”对话框

“加工参数”选项卡中的参数说明如下。

1．路径类型

（1）投影到模型：在模型上做成投影路径。注意，选择该复选框必须在交互的时候选择了模型，否则计算失败，并且不能和偏移同时使用。

（2）投影：设定是否做成考虑刀尖的路径。如果考虑刀尖，在模型表面定义线框形状可做成不干涉模型的路径。

2．行间连接方式

行间连接方式是指当选取多条曲线时，确定刀具轨迹的连接方式。

（1）距离顺序：依据各条曲线间起点与终点间距离和的最优值（尽可能最小）来确定刀具轨迹连接顺序。

（2）生成顺序：依据曲线选择顺序来确定加工路径

连接顺序。

3．执行切入

执行切入是指设定在导向曲线上是否执行复数段加工。

（1）“加工方法”有两种方式供选择。

简易铣槽加工：在 Z 方向上，复制指定数（[刀次]或[高度/层高]）条导向曲线，形成轨道，然后按照这些轨道生成刀具轨迹。

3D 铣槽加工：在 Z 方向上，按照指定数（[刀次]或[高度/层高]）间取导向曲线，形成轨道，然后按照这些轨道生成加工路径。

两种加工方法的示意图如图 6.144 所示。

（2）选择不同的加工方法，又有各自不同的加工方向供选择。加工方法设置为“简单铣槽加工”时，加工方向有“单向”和“往复”两种，如图 6.145 所示。加工方法设置为“3D 铣槽加工”时，加工方向有“平行”和“Z 字形”两种，如图 6.146 所示。

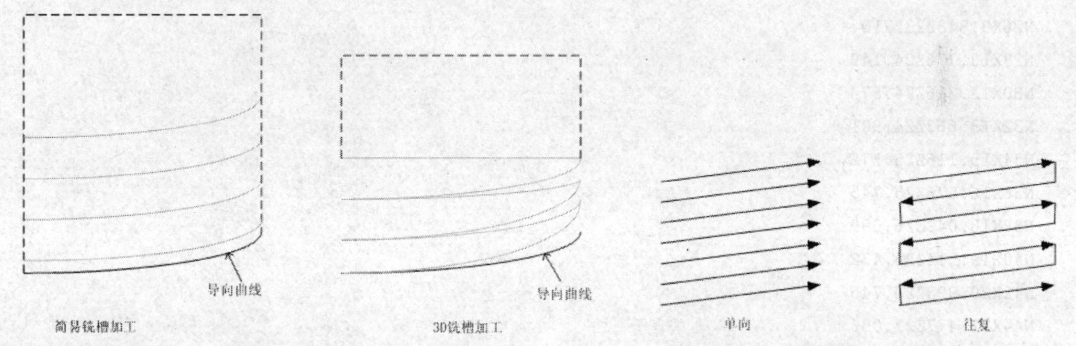

图 6.144 铣槽加工两种加工方法示意图　　图 6.145 简单铣槽加工的两种加工方向

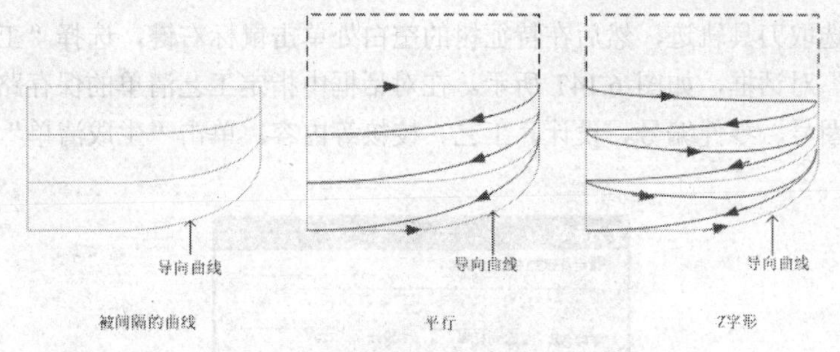

图 6.146 3D 铣槽加工的两种加工方向

（3）“层高”是指设定 Z 方向复制的间隔或 Z 方向切入的间隔。

（4）“开始位置”有两种设定方法。

高度：指定加工开始高度。

刀次：指定加工次数。

（1）曲线式铣槽的曲线路径可以是多个回路，也可以是开曲线。

（2）曲线式铣槽的加工对象可以是实体，也可以是曲面。

步骤五　生成 G 代码

在特征树中选取刀具轨迹，然后在特征树的空白处单击鼠标右键，选择“加工 | 后置处理 | 生成 G 代码”命令，确定程序的保存路径及文件名，单击鼠标右键确定，系统将自动生成程序代码。公司标牌加工的部分程序如下：

```
(3,2010.2.7,0:2:46.242)
N10G90G54G00Z100.000
N12S3000M03
N14X0.000Y46.000Z100.000
N16Z30.459
N18G01Z20.459F100
N20X0.900Z20.802F1000
N22X3.684Z21.817
N24X6.498Z22.788
N26X9.343Z23.710
N28X10.776Z24.149
N30X12.216Z24.573
N32X13.663Z24.981
N34X15.116Z25.372
N36X16.576Z25.745
N38X18.042Z26.099
N40X19.514Z26.432
N42X20.993Z26.745
N44X22.477Z27.036
```

步骤六　生成工艺清单

在特征树中选取刀具轨迹，然后在特征树的空白处单击鼠标右键，选择“工艺清单”命令，弹出“工艺清单”对话框，如图 6.147 所示。在对话框中指定工艺清单的保存路径，分别输入零件名称、零件图图号、零件编号、设计、工艺、校核等内容，单击“生成清单”按钮，然后单击“确定”按钮。

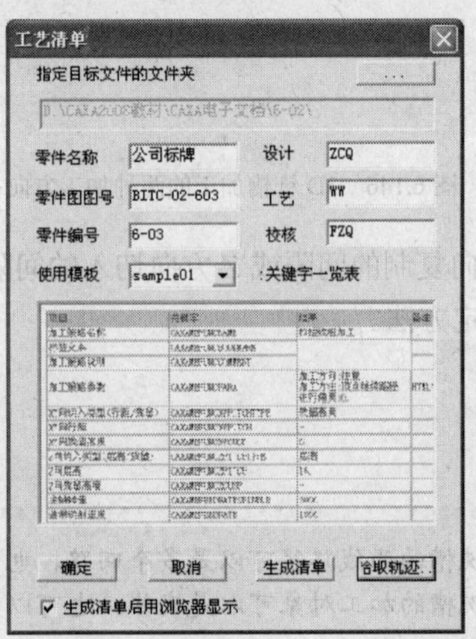

图 6.147　公司标牌加工的“工艺清单”对话框

任务5 花瓶凸模加工

思路分析

花瓶为回转体零件，应用数控铣床或加工中心进行加工时，以半个瓶体为单位进行加工。作为模具设计，根据花瓶生产工艺的要求，可能要求制作花瓶的凸模，也可能要求制作花瓶的凹模。本任务将要完成花瓶凸模的制作。

花瓶凸模零件为半个瓶体的加工，加工造型要增加下部分的托体。整个凸模应用扫描线粗加工、扫描线精加工和笔式清根补加工 3 种加工方法进行加工。

花瓶零件图如图 6.148 所示。

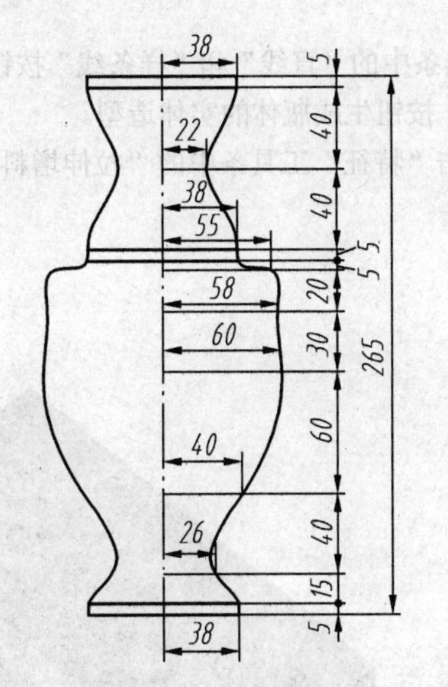

图 6.148 花瓶零件图

花瓶凸模加工的基本步骤如图 6.149 所示。

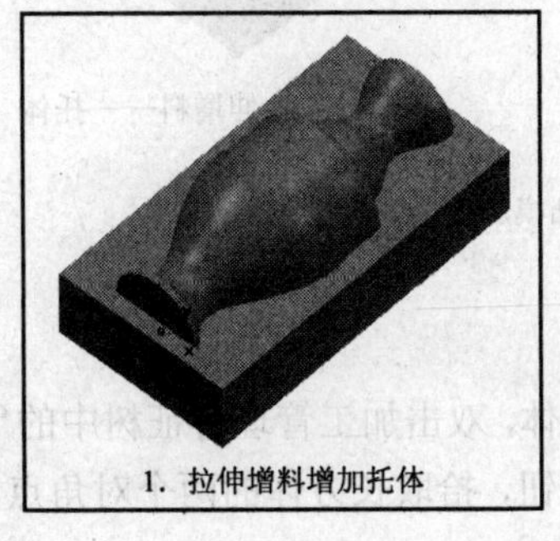

1. 拉伸增料增加托体

2. 花瓶凸模的粗加工

扫描线精加工

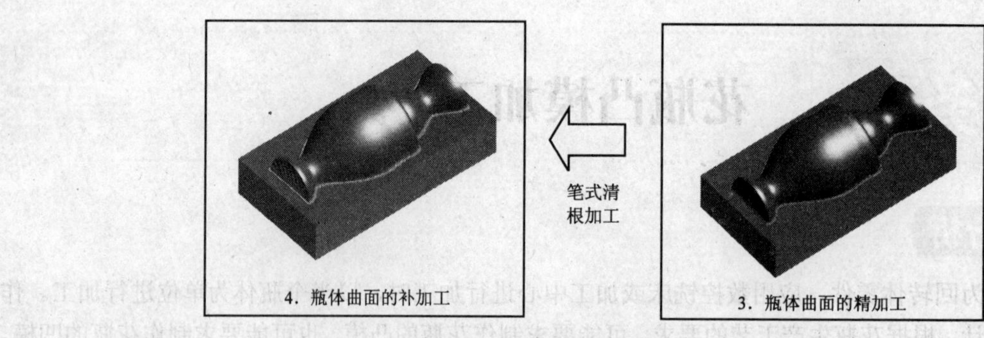

图 6.149 花瓶凸模加工的基本步骤

操作步骤

步骤一 绘制加工造型

（1）根据零件图的尺寸，单击"曲线"工具条中的"直线"和"样条线"按钮画出瓶体草图。

（2）单击"特征"工具条中的"旋转增料"按钮生成瓶体的实体造型。

（3）绘制矩形草图，尺寸为 155×300。单击"特征"工具条中的"拉伸增料"按钮，设置拉伸厚度为 60，生成托体。

花瓶凸模加工造型如图 6.150 所示。

图 6.150 花瓶凸模加工造型

步骤二 定义毛坯

在花瓶凸模托体的边上加一棱线，高度高于瓶体，双击加工管理特征树中的"毛坯"，弹出"定义毛坯-世界坐标系"对话框，单击"拾取两点"按钮，拾取长方体的两个对角点，毛坯定义完成。毛坯图形如图 6.151 所示。

花瓶毛坯的参数设置如图 6.152 所示。

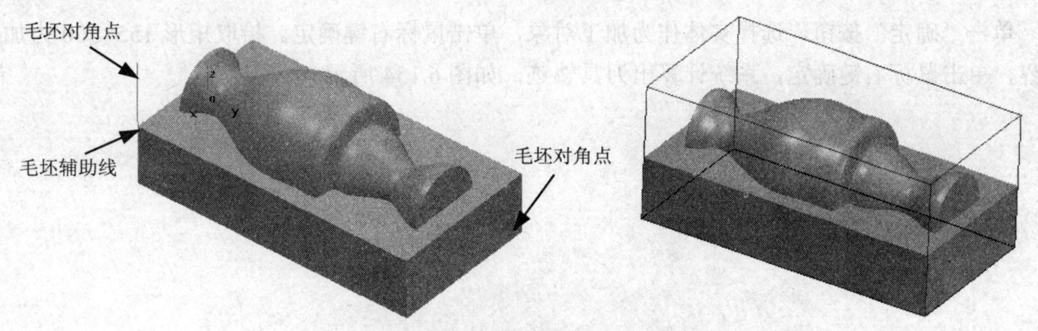

图 6.151　花瓶凸模的毛坯定义

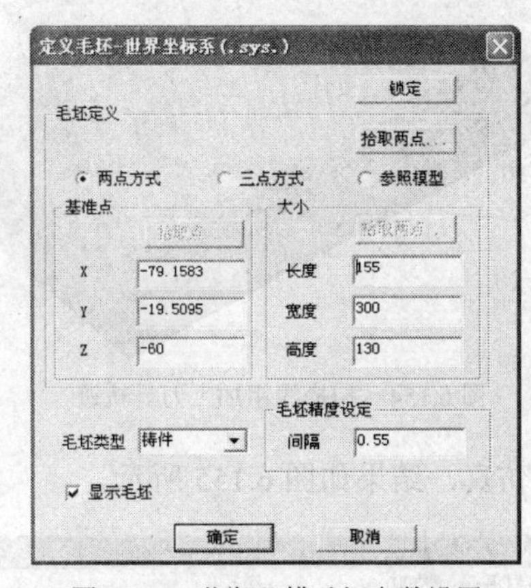

图 6.152　花瓶凸模毛坯参数设置

步骤三　粗加工花瓶凸模

花瓶凸模的粗加工采用扫描线粗加工的方法。选用 $\Phi10$ 的立铣刀，加工余量设为 0.3，加工参数设置如图 6.153 所示。

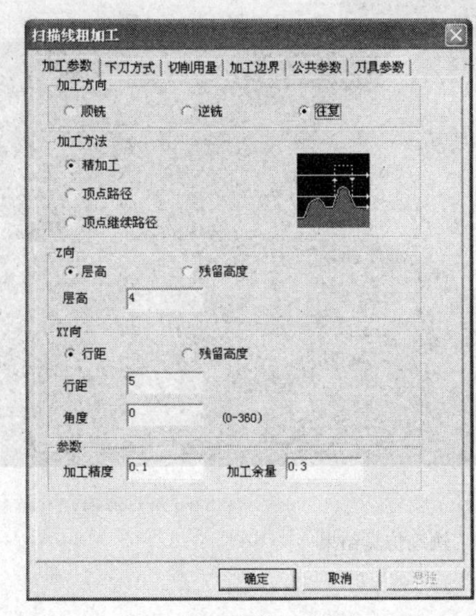

（a）“加工参数”选项卡

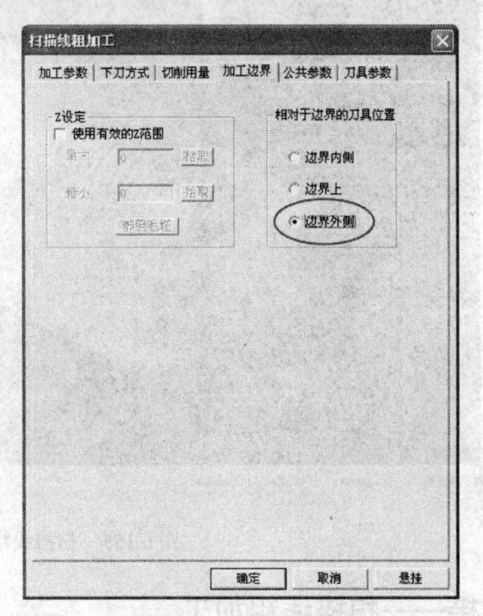

（b）“加工边界”选项卡

图 6.153　扫描线粗加工参数设置

单击“确定”按钮，选择实体作为加工对象，单击鼠标右键确定。拾取矩形 155×300 为加工边界，单击鼠标右键确定，系统计算出刀具轨迹，如图 6.154 所示。

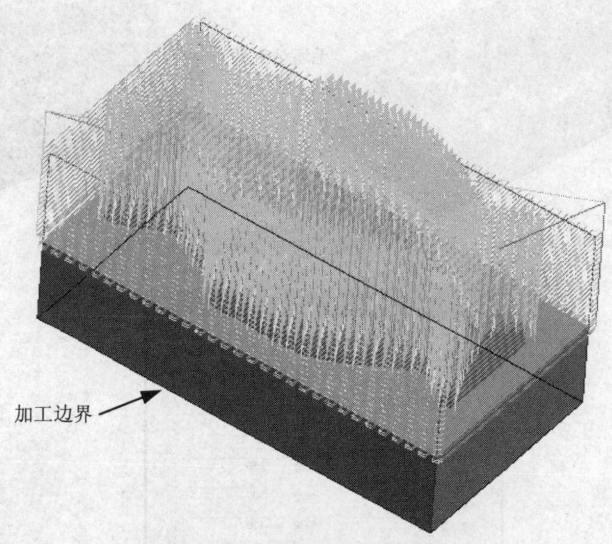

图 6.154　扫描线粗加工刀具轨迹

对生成的刀具轨迹进行实体仿真，结果如图 6.155 所示。

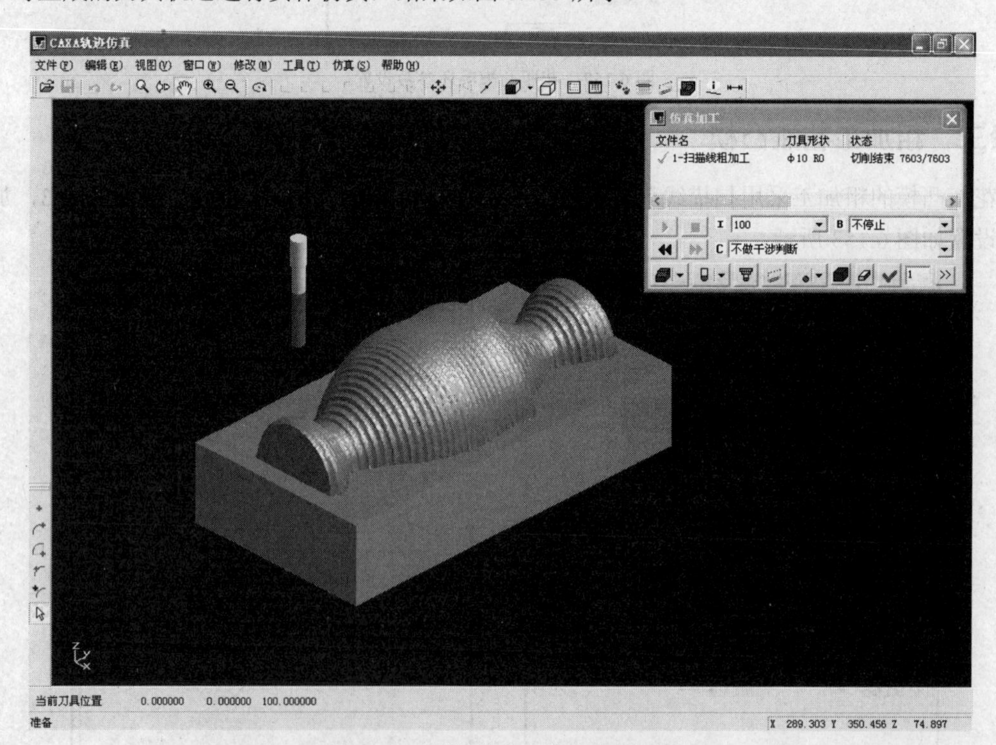

图 6.155　扫描线粗加工轨迹仿真结果

知识链接——扫描线粗加工

扫描线粗加工用平行层切的方法进行粗加工，保证在未切削区域不向下进给，适合使用立铣刀进行对称凸模的粗加工。它所针对的加工造型为实体造型和曲面造型的零件。

单击“加工工具栏”中的“扫描线粗加工”按钮，如图 6.156 所示。

图 6.156 “加工工具栏”中的扫描线粗加工

打开“扫描线粗加工”对话框如图 6.157 所示，其中有 6 个选项卡。

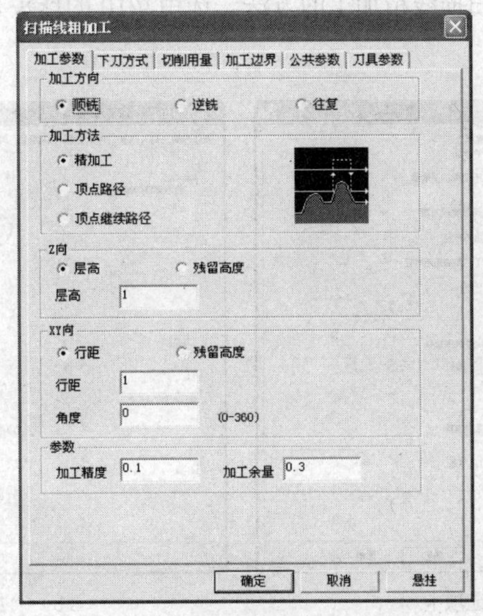

图 6.157 “扫描线粗加工”对话框

在“加工参数”选项卡中，系统为扫描线粗加工设置了 3 种加工方法。

（1）精加工：生成沿着模型表面进给的精加工轨迹。

（2）顶点路径：生成遇到第一个顶点则快速抬刀至安全高度的轨迹。

（3）顶点继续路径：在已完成的轨迹中，生成含有最高顶点的轨迹，即达到顶点后继续走刀，直到上一加工层轨迹位置后快速抬刀至安全高度的轨迹。

扫描线粗加工的 3 种加工方法如图 6.158 所示。

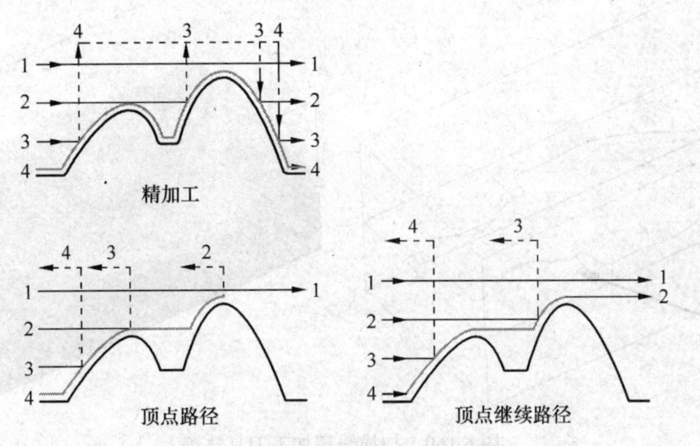

图 6.158 扫描线粗加工的加工方法

注意

（1）在应用扫描线粗加工时，要求模型是左右对称的。

（2）在应用扫描线粗加工时，加工造型可以是实体也可以是曲面。

（3）在应用扫描线粗加工时，一般选用立铣刀。

步骤四　精加工瓶体曲面

花瓶凸模的精加工采用扫描线精加工的方法。选用 $\Phi10$ 的球头刀，加工余量设为 0，加工参数设置如图 6.159 所示。

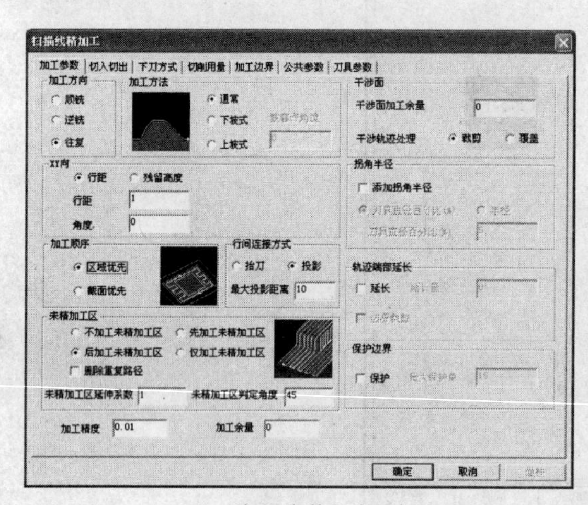

（a）“加工参数”选项卡

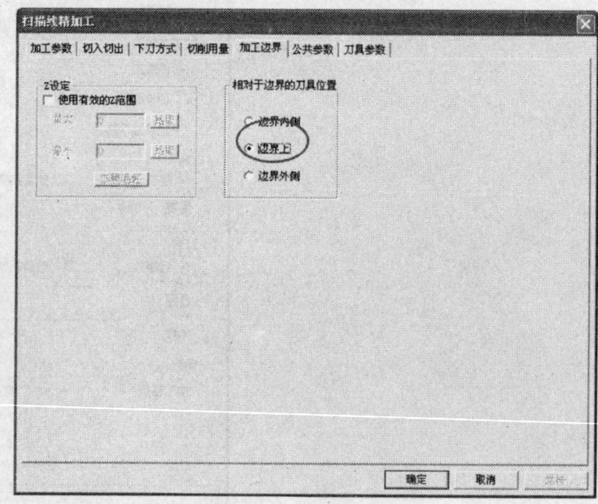

（b）“加工边界”选项卡

图 6.159　扫描线精加工参数设置

单击“确定”按钮，选择实体作为加工对象，单击鼠标右键确定。拾取平面为干涉检查面（该面需要利用拾取实体表面的方法生成一个），单击鼠标右键确定，拾取 155×300 的矩形为加工边界，单击鼠标右键确定。系统计算出计算刀具轨迹，如图 6.160 所示。

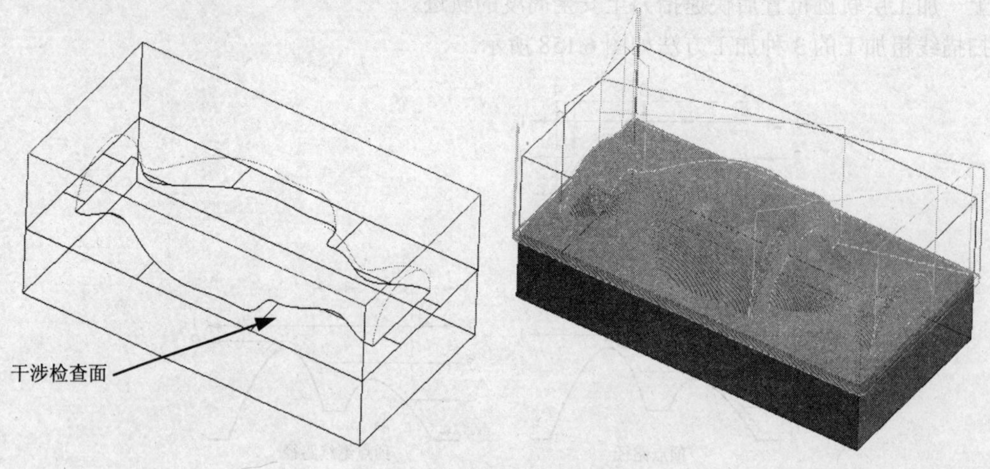

图 6.160　扫描线精加工刀具轨迹

对生成的刀具轨迹进行实体仿真，结果如图 6.161 所示。

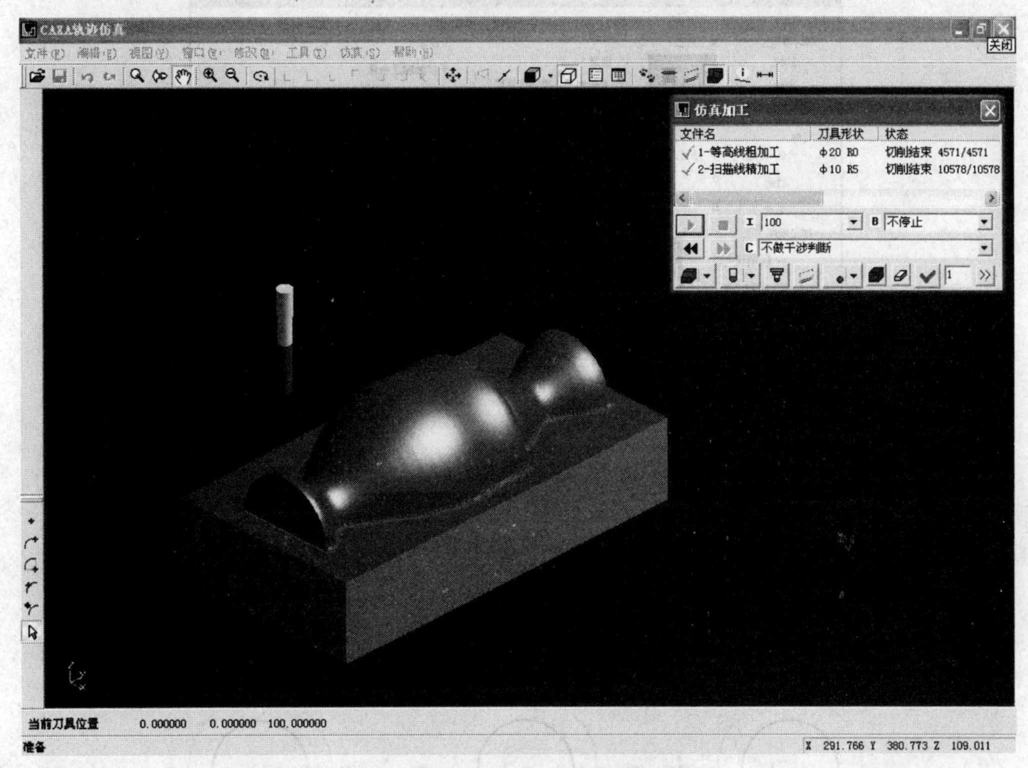

图 6.161　扫描线精加工轨迹仿真结果

知识链接——扫描线精加工

扫描线精加工能够解决加工平行于加工方向的竖直面加工效果差的问题，增加了自动识别竖直面并进行补加工的功能，提高了加工效果和效率。

单击“加工工具栏”中的“扫描线精加工”按钮，如图 6.162 所示。

图 6.162　“加工工具栏”中的扫描线精加工

打开“扫描线精加工”对话框如图 6.163 所示，其中有 7 个选项卡。

“加工参数”选项卡中的参数说明如下。

1．加工方法

在扫描线精加工中系统设置了 3 种加工方法：通常、下坡式和上坡式。3 种加工方法如图 6.164 所示。

（1）通常：生成通常的单向扫描轨迹，未优化。

（2）下坡式：生成下坡式的扫描线精加工优化轨迹，加工表面受力均匀，表面质量好。

（3）上坡式：生成上坡式的扫描线精加工优化轨迹，尤其适合加工表面较软、塑性大、易变形的表面。

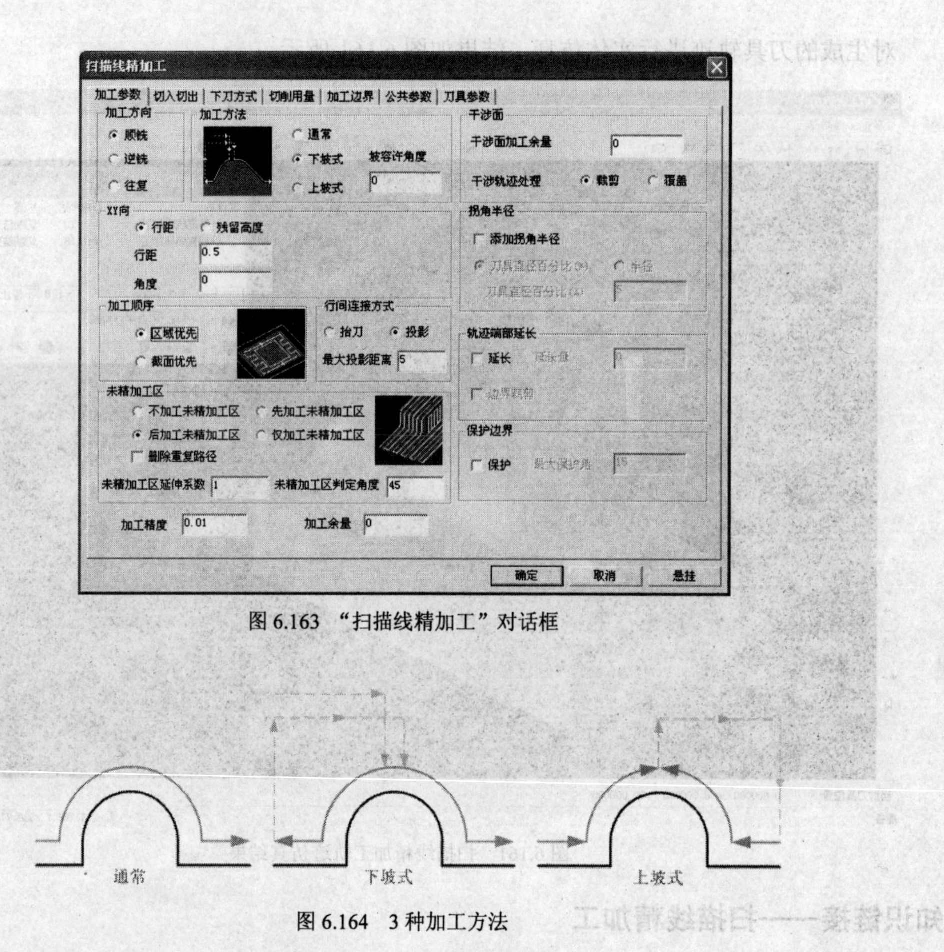

图 6.163 “扫描线精加工”对话框

通常　　下坡式　　上坡式

图 6.164　3 种加工方法

2. 加工顺序

在扫描线精加工中加工顺序有两种选择方式。

（1）区域优先：当判明加工方向截面后，生成区域优先的轨迹。

（2）截面优先：当判明加工方向截面后，抬刀后快速移动然后下刀，生成截面优先的轨迹。

两种加工顺序如图 6.165 所示。

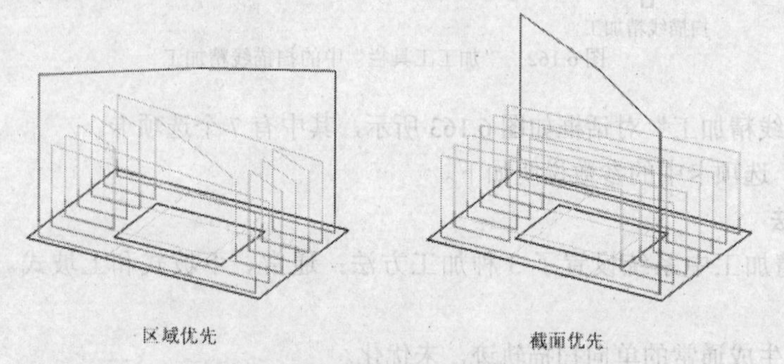

图 6.165　两种加工顺序

3. 未精加工区

未精加工区与行距及曲面的坡度有关，行距较大时，行间容易产生较大的残余量，达不到加工精度的要求，这些区域就会被视为未精加工区；坡度较大时，行间的空间距离较大，也容易产生较大的残余量，这些区域就会被视为未精加工区。所以，未精加工区是由行距及未精加工区判定角度联合决定的。未精加工区的轨迹方向与扫描线轨迹方向成 90°夹角，行距相同。如何加工未精加工区有以下 4 种选择。

（1）不加工未精加工区：只生成扫描线轨迹。

（2）先加工未精加工区：生成未精加工区轨迹后再生成扫描线轨迹。

（3）后加工未精加工区：生成扫描线轨迹后再生成未精加工区轨迹。

（4）仅加工未精加工区：仅生成未精加工区轨迹。

未精加工区延伸系数：指设定未精加工区轨迹的延长量，即 *XY* 向行距的倍数。

未精加工区判定角度：指未精加工区方向轨迹的倾斜程度判定角度，将这个范围视为未精加工区生成轨迹。

4．干涉面

干涉面也称检查曲面，这是与保护加工曲面相关的一些曲面。

干涉面加工余量：指干涉面处的加工余量。

干涉轨迹处理：指对加工干涉面的轨迹有裁剪和覆盖两种处理方式，裁剪指在加工干涉面处进行抬刀或不进行加工处理，覆盖指保留干涉面处的轨迹。

5．轨迹端部延长

轨迹端部延长是指沿轨迹方向将末端轨迹延长。可延长也可不延长，延长时还可以使用边界裁剪，也就是加工曲面的边界外保留延长量长的轨迹，多余部分将进行裁剪处理。若把加工曲面或干涉曲面看做一个整体，此处的边界为该整体的边界，这个边界与加工边界是不同的，使用时请注意。

6．保护边界

设定是否对边界进行保护，示意图如图 6.166 所示。

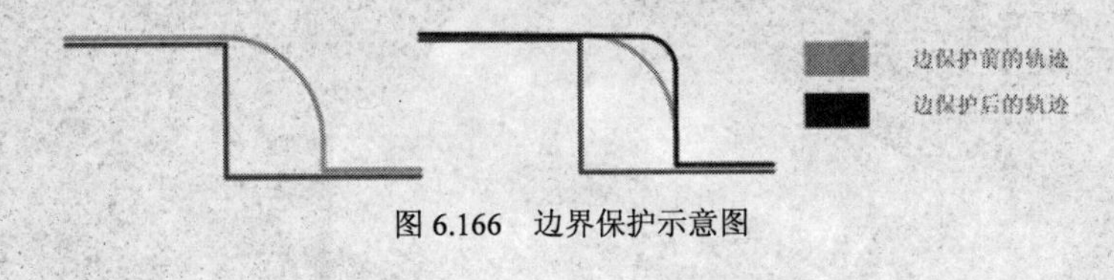

图 6.166　边界保护示意图

（1）在应用扫描线精加工时，一般情况下要求模型是左右对称的。
（2）在应用扫描线精加工时，加工造型可以是实体也可以是曲面。

步骤五　补加工瓶体曲面

花瓶凸模最后采用笔式清根加工方法进行补加工。选用 $\Phi 2$ 的球头刀，加工参数设置如图 6.167 所示。

单击“确定”按钮，选择实体作为加工对象，单击鼠标右键确定。拾取 155×300 的矩形为加工边界，单击鼠标右键确定。系统计算出刀具轨迹，如图 6.168 所示。

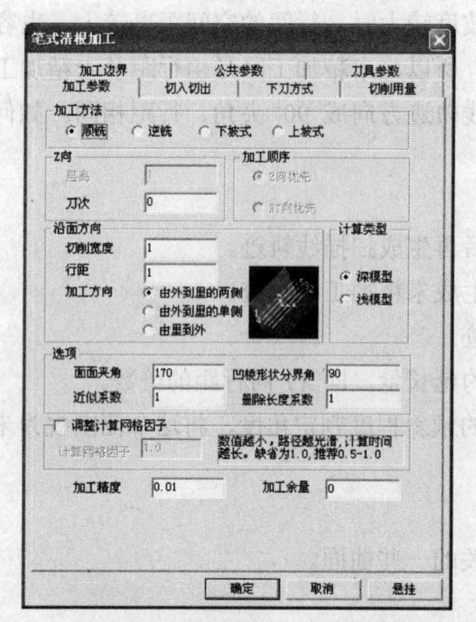

图 6.167　笔式清根加工参数设置

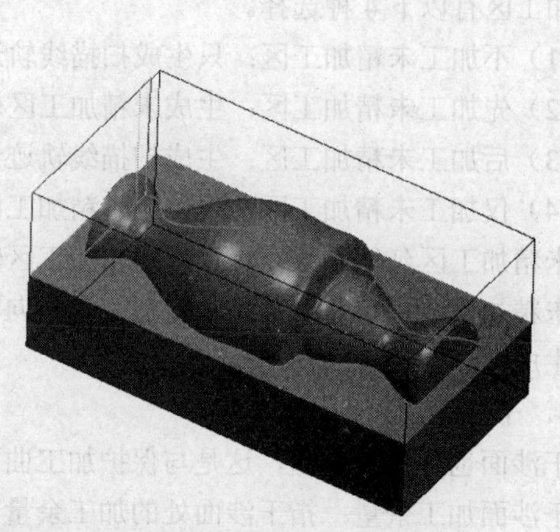

图 6.168　笔式清根加工刀具轨迹

对生成的刀具轨迹进行实体仿真，结果如图 6.169 所示。

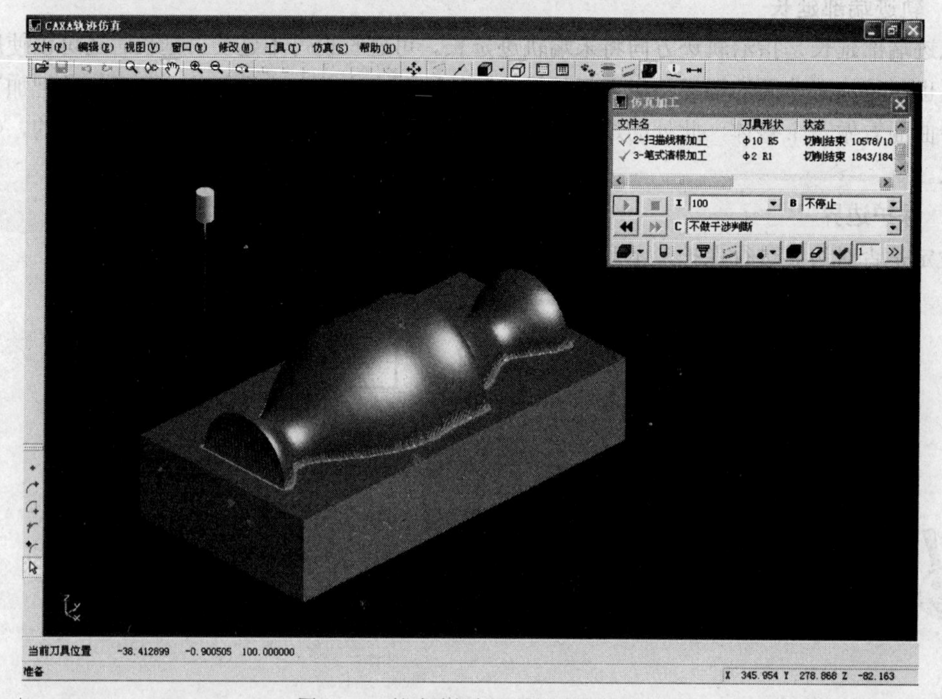

图 6.169　笔式清根加工轨迹仿真结果

知识链接——笔式清根加工

笔式清根加工是在内部圆角和小的圆弧拐角处创建刀具轨迹的方法，该方法能够去除其他方法不能到达的残余坯料，常用来清理角落或者前次加工剩余的角落。

单击“加工工具栏”中的“笔式清根加工”按钮，如图 6.170 所示。

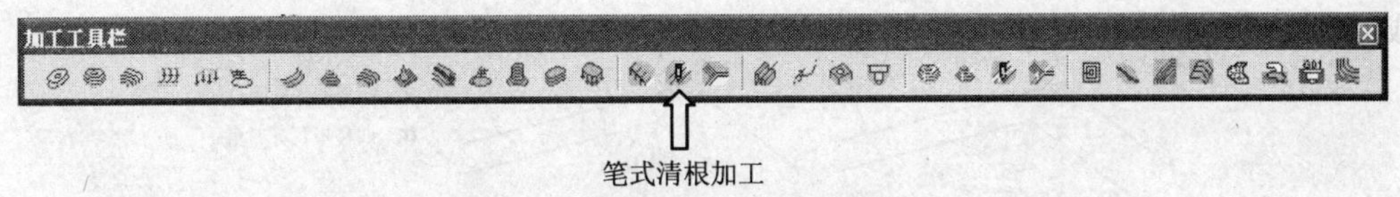

图 6.170 “加工工具栏”中的笔式清根加工

打开“笔式清根加工”对话框如图 6.171 所示，其中有 7 个选项卡。

“加工参数”选项卡中的参数说明如下。

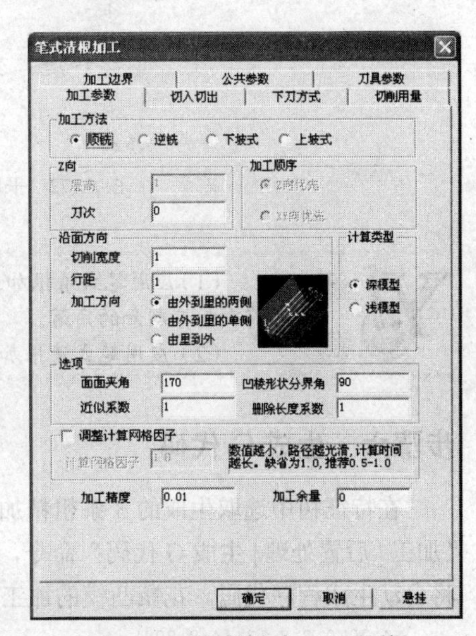

图 6.171 “笔式清根加工”对话框

1．沿面方向

沿面方向是指设定沿模型表面方向多行切削，有以下两个设定值。

（1）切削宽度：未加工区域切削范围沿面方向的延伸宽度，设定后沿未加工区域会生成多条轨迹，为 0 时，沿未加工区域只生成一条轨迹。

（2）行距：切削宽度方向多行切削相邻行间的间隔。

生成沿模型表面方向多行切削有以下 3 种加工方向。

（1）由外到里的两侧：由外到里，从两侧往中心的交互方式生成轨迹。

（2）由外到里的单侧：由外到里，从一侧往另一侧的方式生成轨迹。

（3）由里到外：一个单侧轨迹生成后再生成另一单侧的轨迹。

2．计算类型

（1）深模型：生成适合具有深沟的模型或者极端浅沟的模型的轨迹。

（2）浅模型：生成适合冲压用的大型模型，和深模型相比，计算时间短。

3．选项

（1）面面夹角：如果面面夹角大时，则不希望在这里做出补加工轨迹，所以系统计算出的面面之间的夹角小于面面夹角的凹棱线处才会做出补加工轨迹，角度设置范围为 0°～180°。

（2）凹棱形状分界角：补加工区域部分可以分为平坦区和垂直区两个类别进行轨迹的计算，这两个类别通过凹棱形状分界角为分界线进行区分，凹棱形状角度指面面成凹状的棱线与水平面所成的角度，当凹棱形状角度>凹棱形状分界角的补加工区域为垂直区，生成等高线加工轨迹；当凹棱形状角度≤凹棱形状分界角的补加工区域为平坦区，此时生成类似于三维偏置的轨迹。凹棱形状分界角的设置范围为 0°～90°，示意图如图 6.172 所示。

（3）近似系数：它是一个调整计算加工精度的系数，原则上建议使用“1”。近似系数×加工精度被作为将轨迹点拟合成直线段时的拟合误差。

（4）删除长度系数：根据输入的删除长度系数，设定是否生成微小轨迹。删除长度=刀具半径×删除长度系数。一般删除大于删除长度且大于凹棱形状分界角的轨迹，也就是说，垂直区轨迹的长度<删除长度，而平坦区轨迹不受删除长度系数的影响，通常采用删除长度系数的初始值。

4．调整计算网格因子

设定轨迹光滑的计算间隔因子，因子的推荐值为 0.5～1.0，一般可设定为 1.0。虽然因子越小生成的轨迹越光滑，但计算时间会越长。

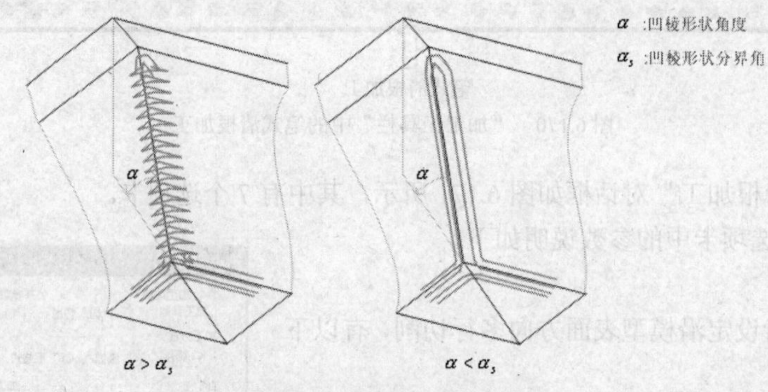

图 6.172　平坦区与垂直区加工示意图

（1）应用笔式清根加工能够去除其他方法不能到达的残余坯料，常用来清理角落或者前次加工剩余的角落。

（2）应用笔式清根加工时，一般要选用较小的球头刀。

步骤六　生成 G 代码

在特征树中选取生成的 3 条粗精加工刀具轨迹，然后在特征树的空白处单击鼠标右键，选择“加工 | 后置处理 | 生成 G 代码”命令，确定程序的保存路径及文件名，单击鼠标右键确定，系统将自动生成程序代码。花瓶凸模的加工程序如下：

```
(4,2010.2.8,13:44:8.808)
N10G90G54G00Z100.000
N12S3000M03
N14X0.000Y0.000Z100.000
N16X-79.158Y285.490
N18Z80.000
N20G01Z70.000F100
N22X75.842F1000
N24G02X80.842Y280.490I-0.000J-5.000F800
N26G01X-84.158F1000
N28Y275.490F800
N30X80.842F1000
N32Y270.490F800
N34X-84.158F1000
N36Y265.490F800
N38X80.842F1000
N40Y260.490F800
N42X-84.158F1000
N44Y255.490F800
```

步骤七　生成工艺清单

在特征树中选取刀具轨迹，然后在特征树的空白处单击鼠标右键，选择“工艺清单”命令，弹出“工艺清单”对话框，如图 6.173 所示。在对话框中指定工艺清单的保存路径，分别输入零件名称、零件图图号、零件编号、设计、工艺、校核等内容，单击“生成清单”按钮，然后单击“确定”按钮。

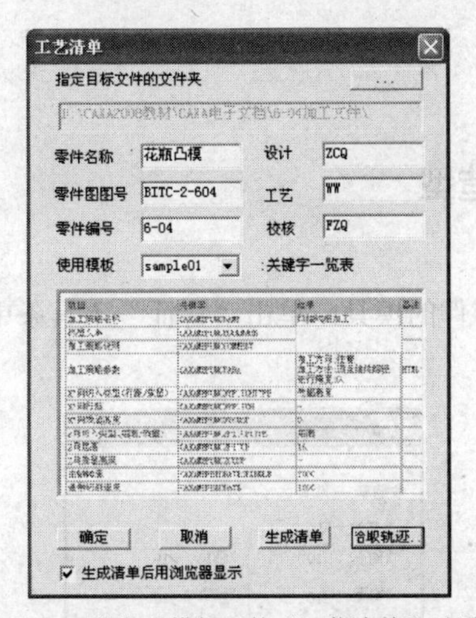

图 6.173　花瓶凸模加工的“工艺清单”对话框

任务6　花瓶凹模加工

思路分析

在任务 5 中介绍了花瓶凸模的制作方法，本任务将介绍模具的凹模造型方法，并应用等高线粗加工和等高线精加工的加工方法进行加工。

花瓶零件图如图 6.148 所示，花瓶凹模加工的基本步骤如图 6.174 所示。

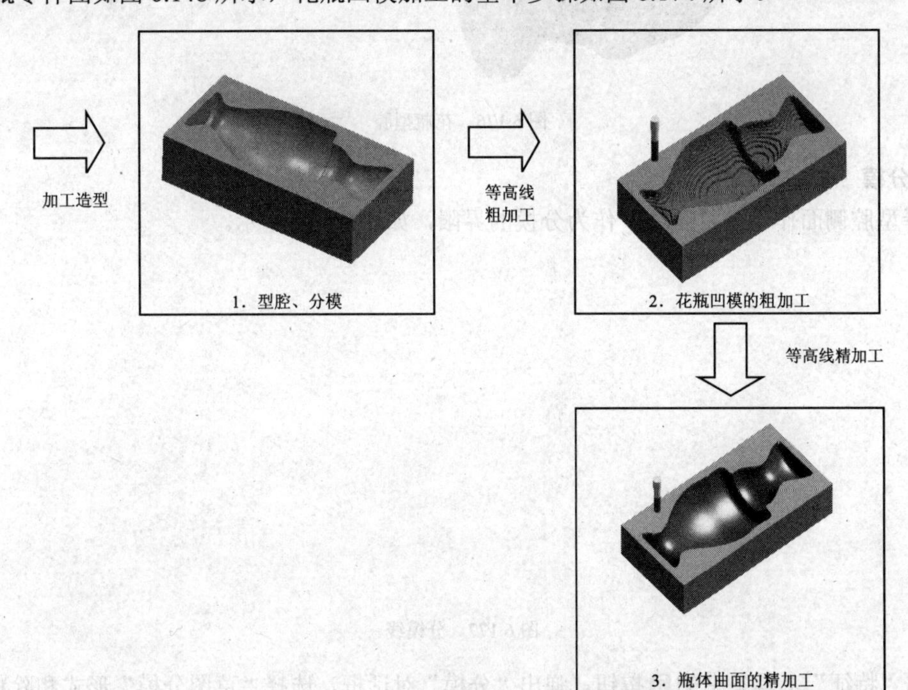

图 6.174　花瓶凹模加工的基本步骤

操作步骤

步骤一　绘制瓶体的加工造型

1．型腔

以零件为型腔生成包围此零件的模具。单击“特征”工具条中的按钮，弹出“型腔”对话框，如图 6.175 所示。

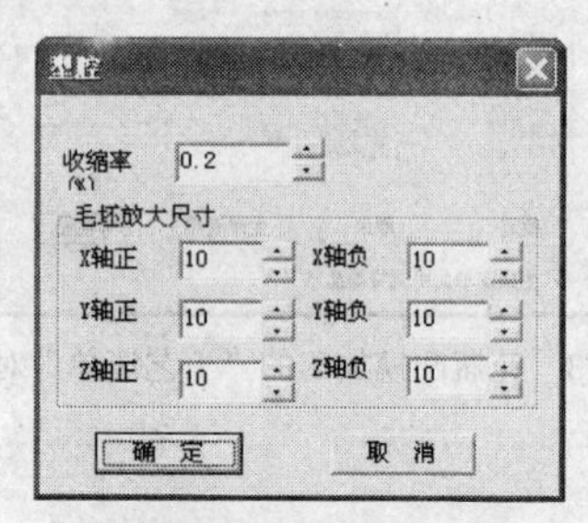

图 6.175 “型腔”对话框

按对话框中所示进行设置，生成花瓶型腔，如图 6.176 所示。

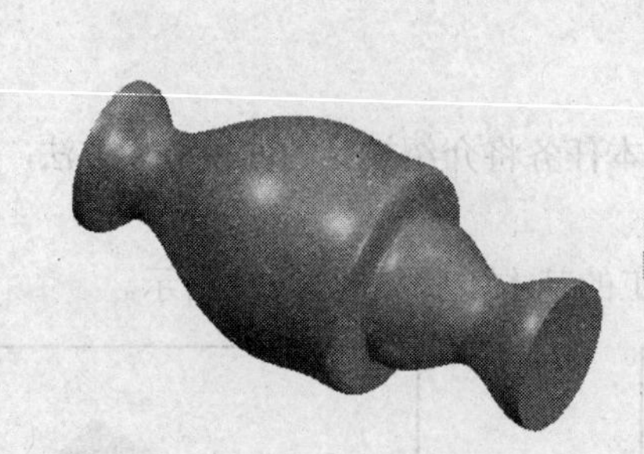

图 6.176　花瓶型腔

2．分模

选择型腔侧面作一条草图线，作为分模的界限，如图 6.177 所示。

图 6.177　分模线

单击“特征”工具条中的按钮，弹出“分模”对话框，选择“草图分模”形式和除料方向，分模完成，如图 6.178 所示。

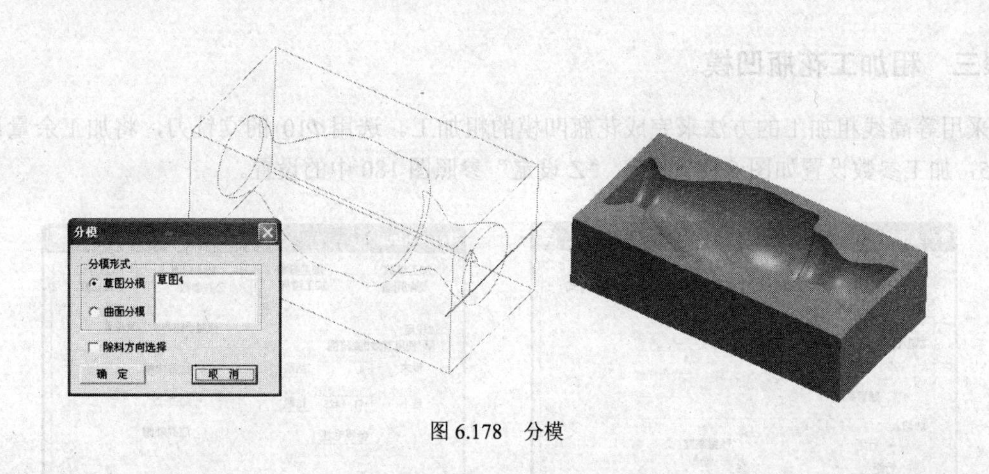

图 6.178 分模

步骤二 定义毛坯

定义花瓶凹模的毛坯，双击特征树加工管理展开项中的“毛坯”按钮，在“定义毛坯-世界坐标系”对话框中单击“拾取两点”按钮，点取长方体的两个对角点，毛坯定义完成，如图 6.179 所示。

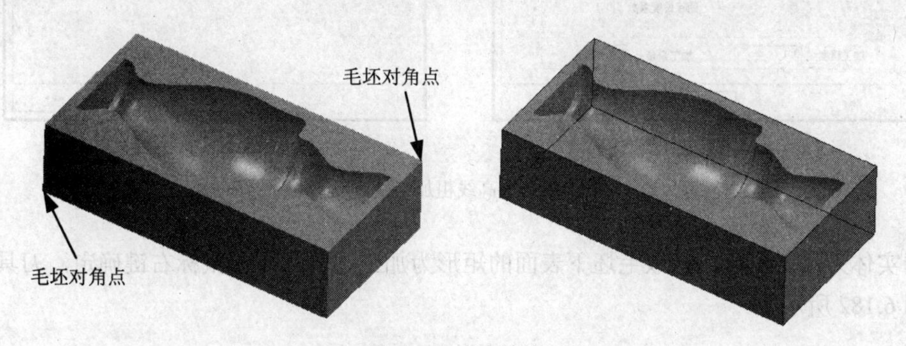

图 6.179 毛坯定义

毛坯定义参数的设定如图 6.180 所示。

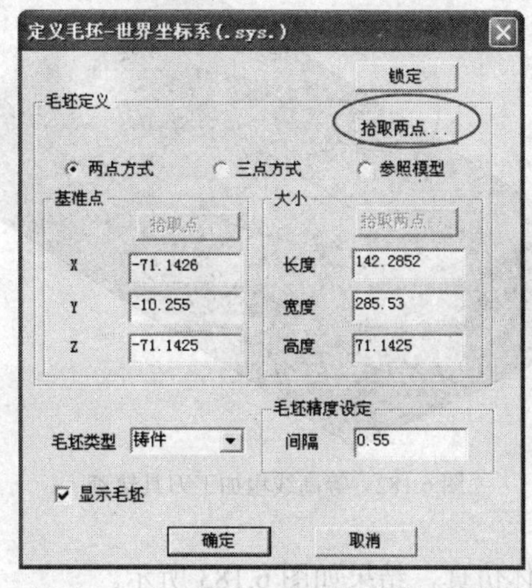

图 6.180 “定义毛坯-世界坐标系”对话框

步骤三　粗加工花瓶凹模

采用等高线粗加工的方法来完成花瓶凹模的粗加工。选用Φ10 的立铣刀，将加工余量设置为 0.5，加工参数设置如图 6.181 所示，“Z 设定”参照图 180 中的设置。

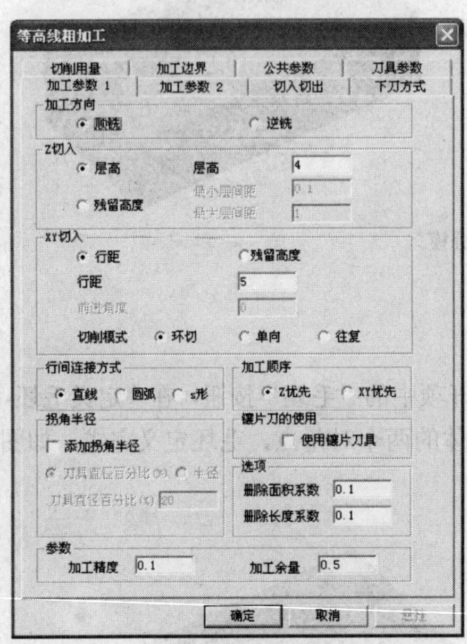

（a）“加工参数 1”选项卡

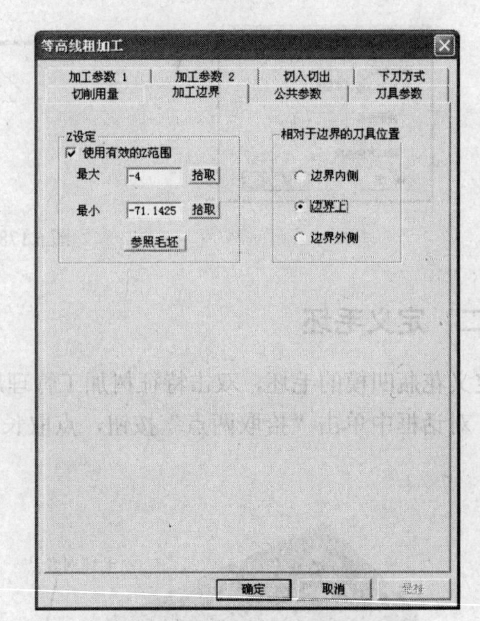

（b）“边界加工”选项卡

图 6.181　等高线粗加工参数设置

选择实体为加工对象，拾取毛坯下表面的矩形为加工边界，单击鼠标右键确定，刀具轨迹完成，如图 6.182 所示。

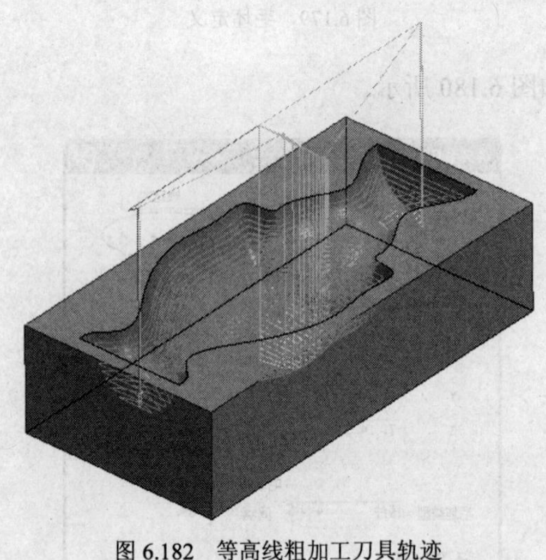

图 6.182　等高线粗加工刀具轨迹

对生成的刀具轨迹进行实体仿真，结果如图 6.183 所示。

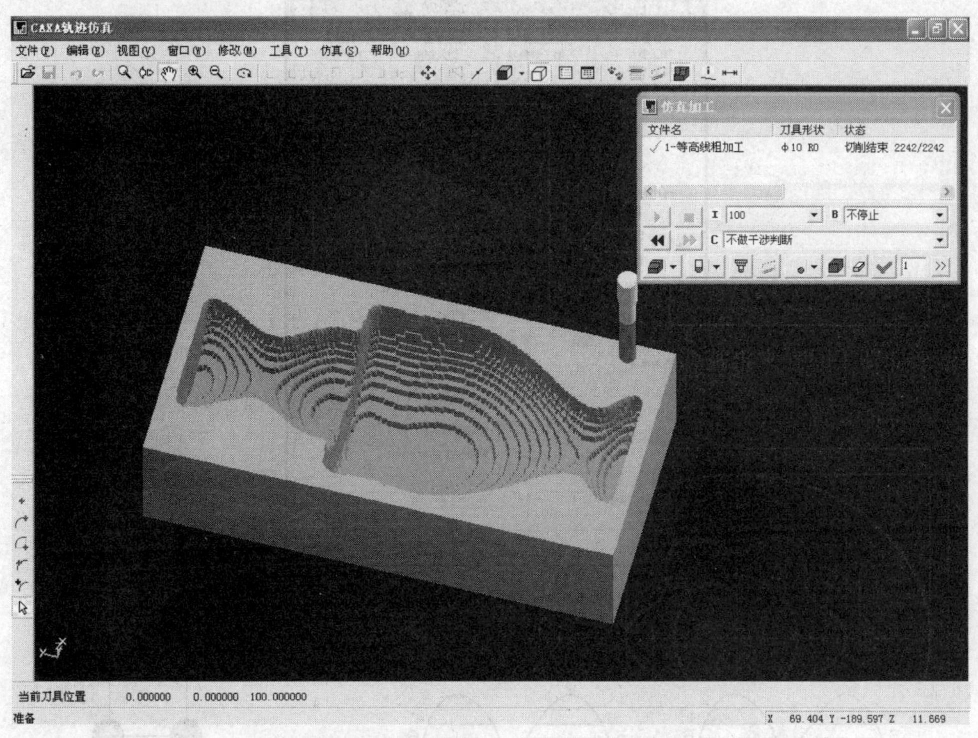

图 6.183 等高线粗加工刀具轨迹仿真结果

知识链接——等高线粗加工

等高线粗加工能够根据曲面轮廓产生高度不同的刀具轨迹，如同对零件几何进行水平切片一样。这种加工方法是对陡峭区域进行大量去除毛坯材料的一种粗加工方法，按照设置的高度，层层加工去除毛坯。它所针对的加工造型为实体造型和曲面造型的零件。

单击“加工工具栏”中的“等高线粗加工”按钮，如图 6.184 所示。

图 6.184 “加工工具栏”中的等高线粗加工

打开“等高线粗加工”对话框如图 6.185 所示，其中有 8 个选项卡。

“加工参数 1”选项卡中的参数说明如下。

1．加工顺序

（1）Z 优先：指完成了一个凹坑的加工，再进行下一个凹坑的加工。

（2）XY 优先：指按照 *Z* 进刀的高度顺序加工。

两种加工顺序如图 6.186 所示。

2．镶片刀的使用

在使用镶片刀具时生成最优化路径。因为考虑到镶片刀具的底部存在不能切割的部分，选中“使用镶片刀具”复选框可以生成最合适加工路径。镶片刀示意图如图 6.187 所示。

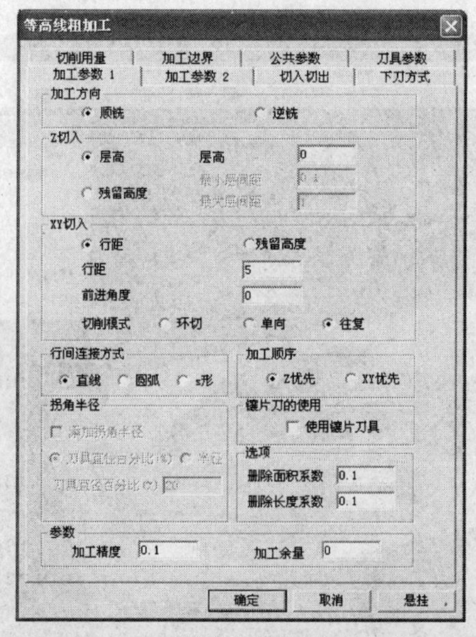

图 6.185 “等高线粗加工”对话框

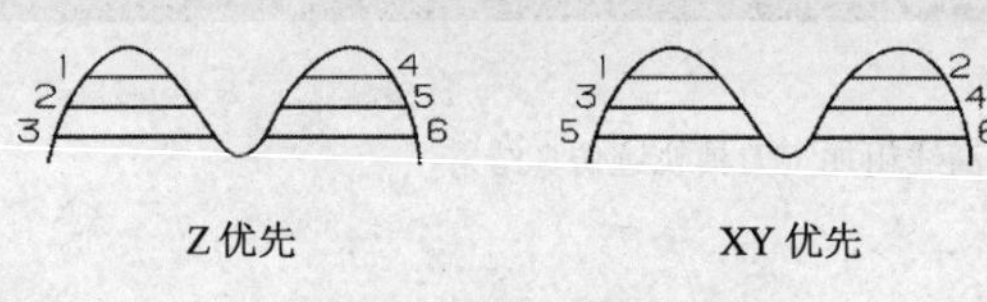

图 6.186 两种加工顺序示意图

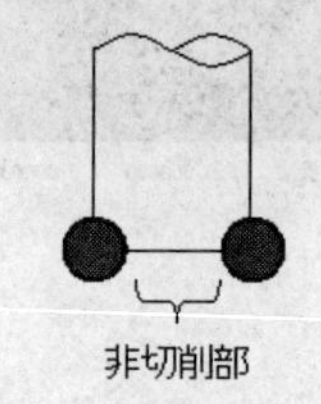

图 6.187 镶片刀示意图

3．删除面积系数

基于输入的删除面积系数，设定是否生成微小轨迹。刀具截面积和等高线截面面积若满足下面的条件时，删除该等高线截面的轨迹，即等高线截面面积＜刀具截面积×删除面积系数（刀具截面积系数）。要删除微小轨迹时，该值比较大。相反，要生成微小轨迹时，应设定小一点的值，通常使用初始值 0.1。

4．删除长度系数

基于输入的删除长度系数，设定是否生成微小轨迹。刀具截面积和等高截面线长度若满足下面的条件时，删除该等高线截面的轨迹，即等高截面线长度＜刀具直径×删除长度系数（刀具直径系数）。要删除微小轨迹时，该值比较大。相反，要生成微小轨迹时，应设定小一点的值，通常使用初始值 0.1。

“加工参数 2”选项卡如图 6.188 所示，参数说明如下。

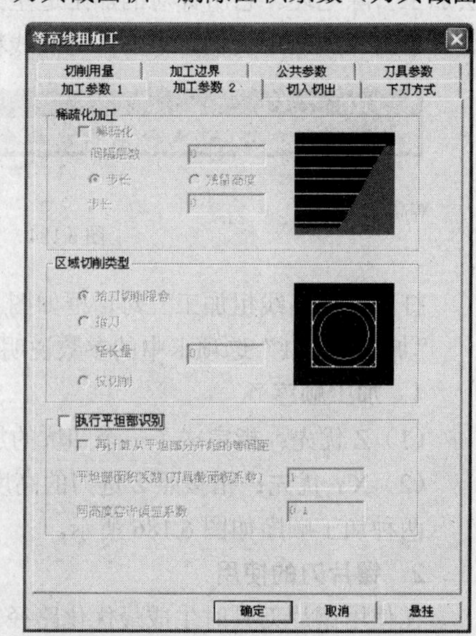

图 6.188 “加工参数 2”选项卡

1．稀疏化加工

稀疏化加工是指粗加工后的残余部分，用相同的刀具从下往上生成加工路径。

（1）稀疏化：指确定是否稀疏化。

（2）间隔层数：指从下向上设定欲间隔的层数。

（3）步长：指对于粗加工后阶梯形状的残余量，设定

XY 方向的切削量。

（4）残留高度：指由球刀铣削时，输入铣削通过时的残余量（残留高度）。指定残留高度时，*XY* 方向的行距显示。

稀疏化加工的示意图如图 6.189 所示。

对于某些特殊要求，如若毛坯材料较软，或零件的塑性较大时，或需要尽量使切削载存均匀化时，应该考虑用稀疏化加工方式来优化轨迹。

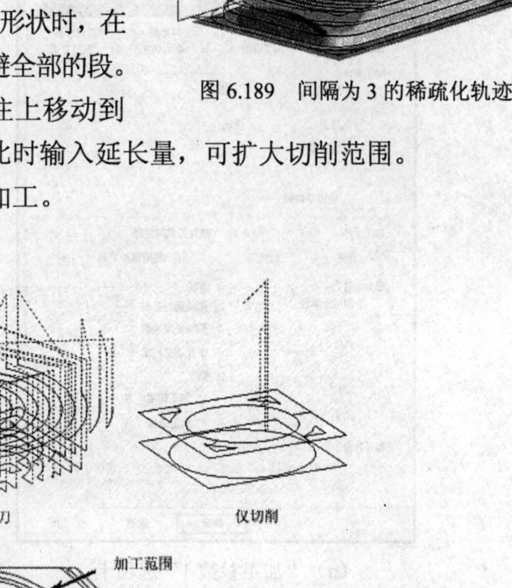

图 6.189　间隔为 3 的稀疏化轨迹

2．区域切削类型

系统设置了在加工边界上重复刀具路径的切削类型有以下几种。

（1）抬刀切削混合：在加工对象范围中没有开放形状时，在加工边界上以切削移动进行加工。有开放形状时，回避全部的段。

（2）抬刀：刀具移动到加工边界上时，快速往上移动到安全高度，再快速移动到下一个未切削的部分。此时输入延长量，可扩大切削范围。

（3）仅切削：在加工边界上用切削速度进行加工。

区域切削类型如图 6.190 所示。

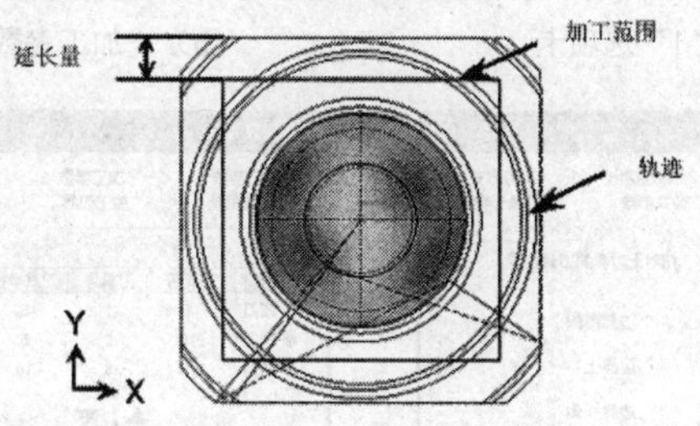

图 6.190　区域切削类型

3．执行平坦部识别

执行平坦部识别是指自动识别模型的平坦区域，选择是否根据该区域所在高度生成轨迹。

（1）再计算从平坦部分开始的等间距：设定是否根据平坦部区域所在高度重新度量 *Z* 向层高，生成轨迹。选择不再计算时，在 *Z* 向层高的路径间插入平坦部分的轨迹。

（2）平坦部面积系数：根据输入的平坦部面积系数（刀具截面积系数），设定是否在平坦部生成轨迹。比较刀具的截面积和平坦部分的面积，满足下列条件时，生成平坦部轨迹，即平坦部分面积＞刀具截面积×平坦部面积系数（刀具截面积系数）。

（3）同高度容许误差系数（*Z* 向层高系数）：同一高度的容许误差量（高度量）＝*Z* 向层高×同高度容许误差系数（*Z* 向层高系数）。

(1) 在应用等高线粗加工时，使用稀疏化加工的刀具轨迹特点是，越接近工件表面边缘，轨迹越稀疏，这样可以大大节省加工时间，也减少了留给精加工的余量。

(2) 等高粗加工是最常用的一种开粗方法，可以尽可能地去除余量，以保证后序加工的余量均匀。加工时要选用立铣刀，该刀的切削力较大。

步骤四　精加工花瓶凹模

采用等高线精加工的方法完成瓶体凹腔曲面的精加工。选用Φ10 的球头刀，加工余量设为 0，“Z 设定”参照毛坯，加工参数设置如图 6.191 所示。

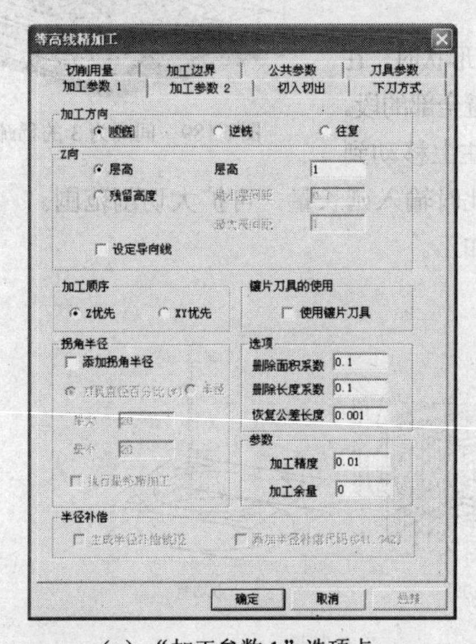

（a）“加工参数 1”选项卡

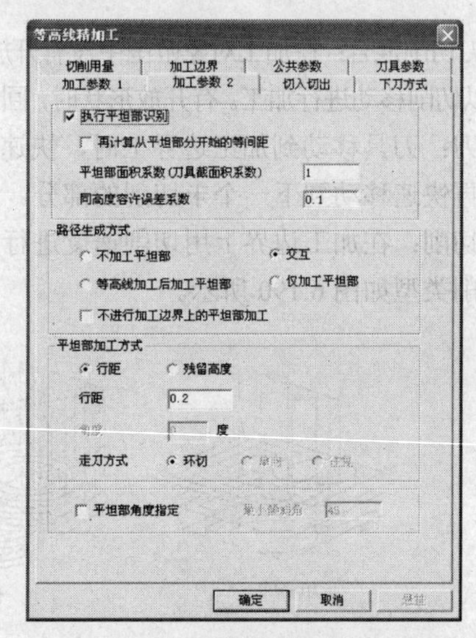

（b）“加工参数 2”选项卡

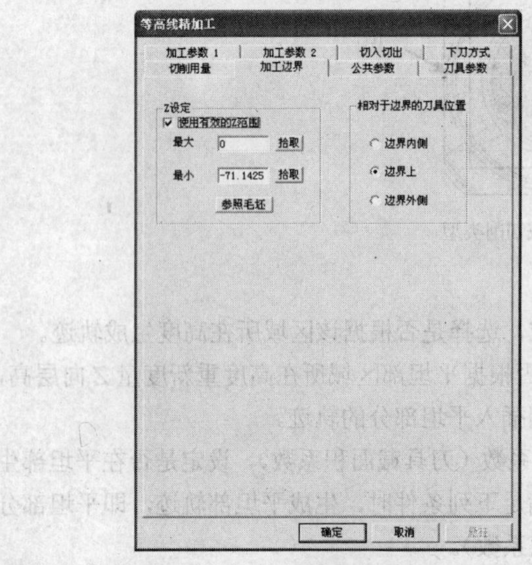

（c）“加工边界”选项卡

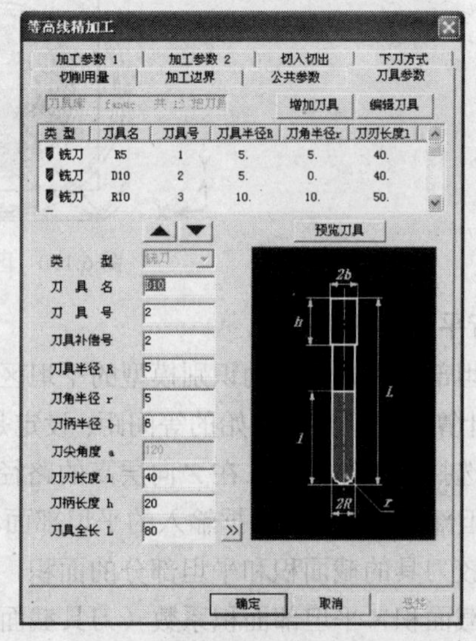

（d）“刀具参数”选项卡

图 6.191　等高线精加工参数设置

选择实体为加工对象，注意这时的加工边界应该是花瓶凹坑的边界线，单击鼠标右键确定，刀具轨迹计算完成，如图 6.192 所示。

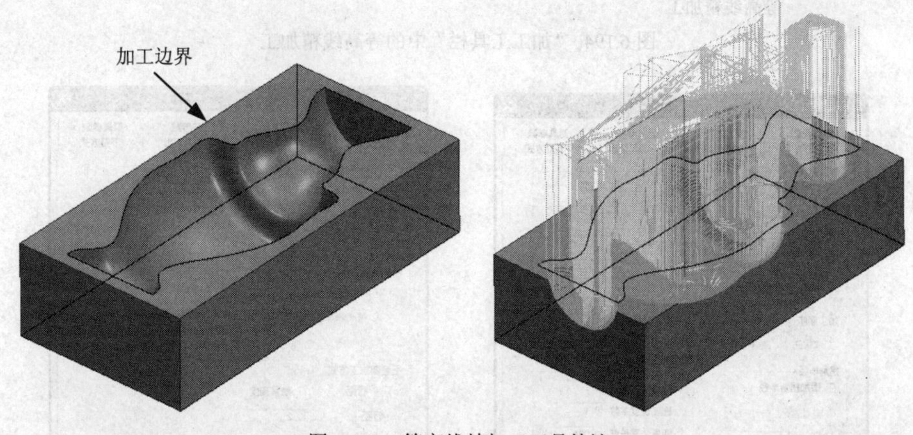

图 6.192　等高线精加工刀具轨迹

对生成的刀具轨迹进行实体仿真，结果如图 6.193 所示。

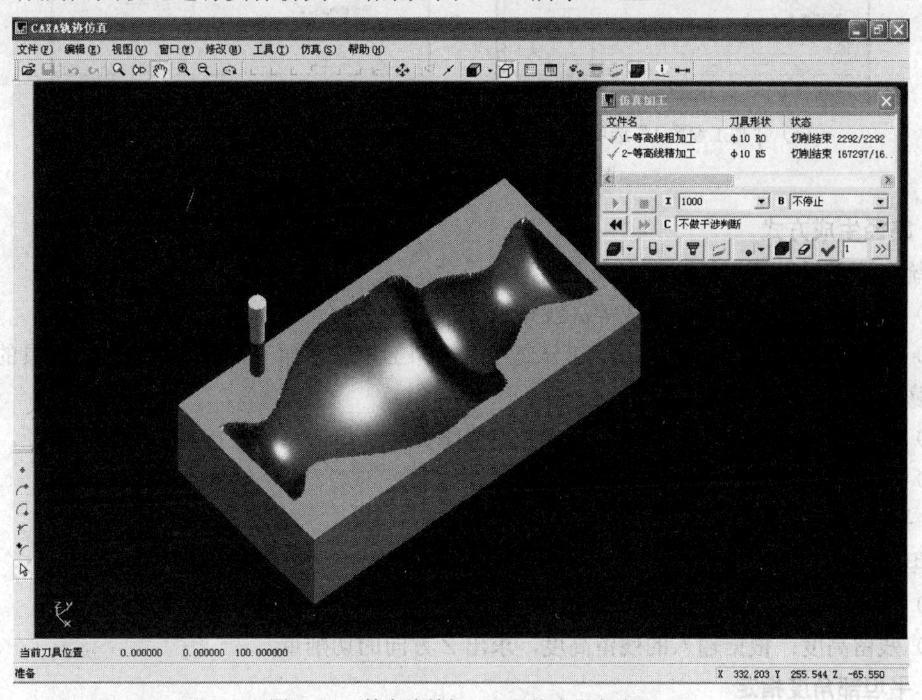

图 6.193　等高线精加工刀具轨迹仿真结果

知识链接——等高线精加工

等高线精加工是按照设置的高度，层层加工去除毛坯的精加工方法，适用于较为陡峭的曲面加工。它所针对的加工造型为实体造型和曲面造型的零件。

单击“加工工具栏”中的“等高线精加工”按钮，如图 6.194 所示。

打开“等高线精加工”对话框如图 6.195 所示，其中有 8 个选项卡。8 个选项卡中的参数大部分与等高线粗加工是一样的，只是在“加工参数 2”选项卡中增加了一些参数，这几个参数的说明如下。

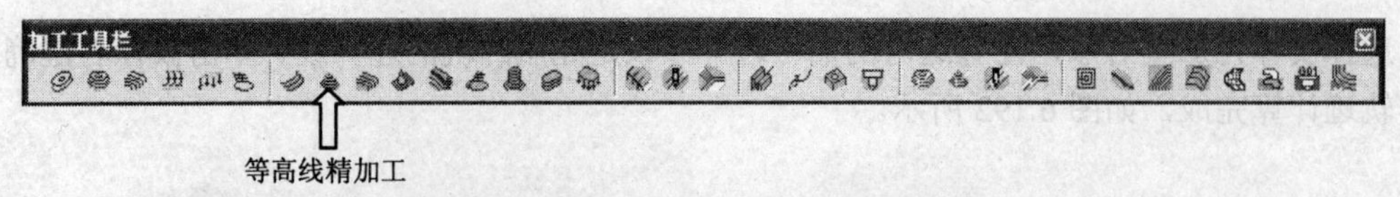

图 6.194 “加工工具栏”中的等高线精加工

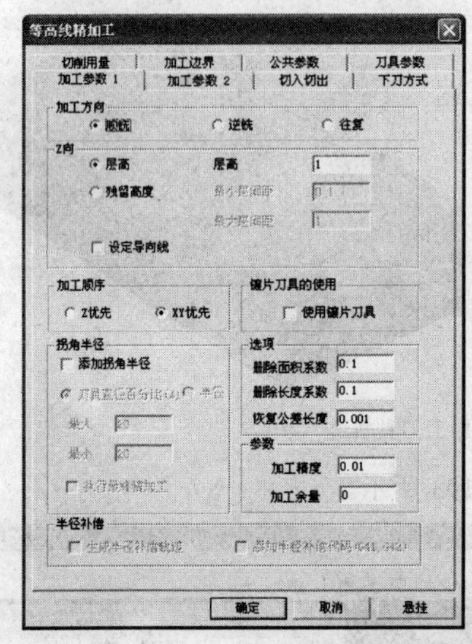

(a) “加工参数 1”选项卡

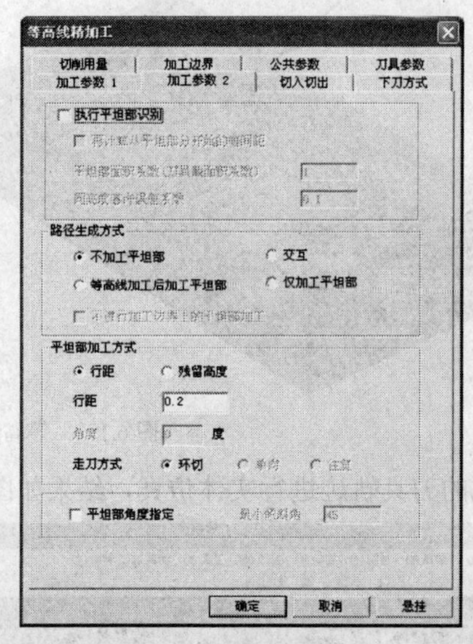

(b) “加工参数 2”选项卡

图 6.195 “等高线精加工”对话框

1．路径生成方式

系统在这里提供了 4 种路径生成方式。

（1）不加工平坦部：仅仅生成等高线路径。

（2）交互：将等高线断面和平坦部分交互进行加工，这种加工方式可以减少对刀具的磨损，以及热膨胀引起的段差现象。

（3）等高线加工后加工平坦部：生成等高线路径和平坦部路径连接起来的加工路径。

（4）仅加工平坦部：仅生成平坦部分的路径。

2．平坦部加工方式

平坦面的加工方式设定有以下 2 种选择。

（1）行距：输入 *XY* 加工方向的切削量。

（2）残留高度：根据输入的残留高度，求出 *Z* 方向的切削量。

3．平坦部角度指定

通过输入最小倾斜角度来设定是否指定被视为平坦部的面。在最小倾斜角度指定值以下的面被认为是平坦部，不生成等高线路径，而生成扫描线路径。

（1）等高线精加工适用于较为陡峭的曲面精加工。

（2）在应用等高线精加工时，一般选用球头刀，层高不能设置太大。

（3）等高精加工时，若采用直接下刀，会在下刀处产生过切现象，故在编制等高外形加工时，一定要用螺旋或 Z 型下刀导入材料，下刀点选在不重要的斜面上或在坡度较大的斜面下刀，这样加工出来的零件表面质量较好。

步骤五 生成 G 代码

在特征树中选取生成的粗精加工刀具轨迹，然后在特征树的空白处单击鼠标右键，选择“加工 | 后置处理 | 生成 G 代码”命令，确定程序的保存路径及文件名，单击鼠标右键确定，系统将自动生成程序代码。花瓶凹模加工的部分程序如下：

```
(5,2010.2.8,16:11:37.202)
N10G90G54G00Z100.000
N12S3000M03
N14X0.000Y0.000Z100.000
N16X-71.143Y275.275
N18Z10.500
N20G01Z0.500F100
N22X71.143F1000
N24Y270.275F800
N26X38.474F1000
N28Z10.500F100
N30G00Z100.000
N32X71.143Y275.275
N34Z10.500
N36G01Z0.500F100
N38X38.074F800
N40Y270.291
N42G02X41.604Y268.831I-0.000J-4.999
N44G01X41.689Y268.746
```

步骤六 生成工艺清单

在特征树中选取刀具轨迹，然后在特征树的空白处单击鼠标右键，选择“工艺清单”命令，弹出“工艺清单”对话框，如图 6.196 所示。在对话框中指定工艺清单的保存路径，分别输入零件名称、零件图图号、零件编号、设计、工艺、校核等内容，单击“生成清单”按钮，然后单击“确定”按钮。

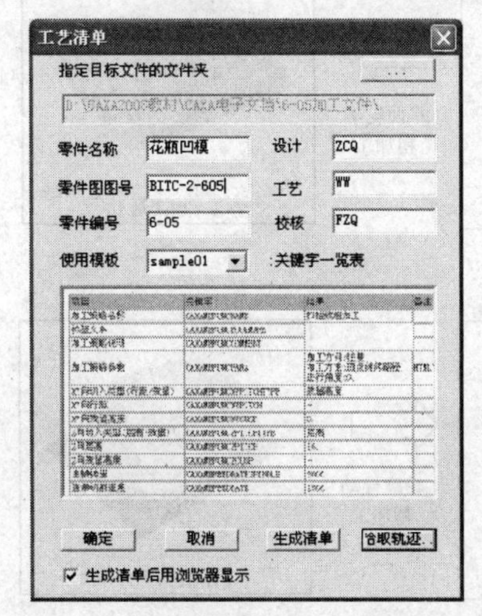

图 6.196 花瓶凹模加工的“工艺清单”对话框

任务7 花盘零件加工

思路分析

加工如图 6.197 所示的花盘零件，零件的中间有花形凹坑，外轮廓为椭圆。中间通孔的加工可以打上中心孔之后，利用平面轮廓加工的方法加工；花形凹坑的粗精加工可以应用导动线粗加工和导动线精加工；椭圆外形粗精加工可以应用平面轮廓加工和轮廓导动精加工。

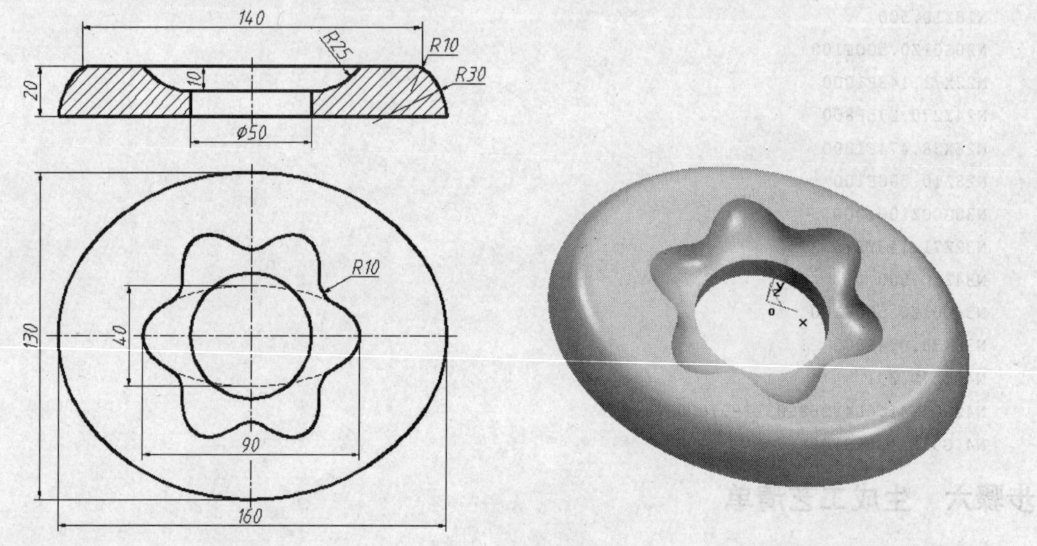

图 6.197 花盘零件图

花盘零件加工的基本步骤如图 6.198 所示。

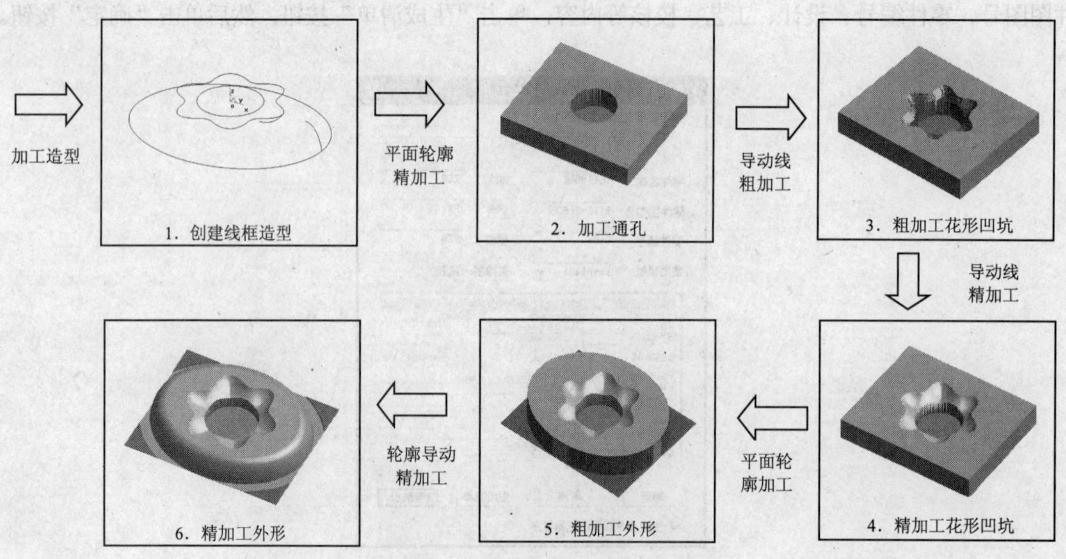

图 6.198 花盘零件加工的基本步骤

操作步骤

步骤一　绘制加工造型

根据花盘零件的图纸（见图 6.197）绘制零件的加工造型，加工造型为图 6.199 中所示的线框造型（非草图状态下）。

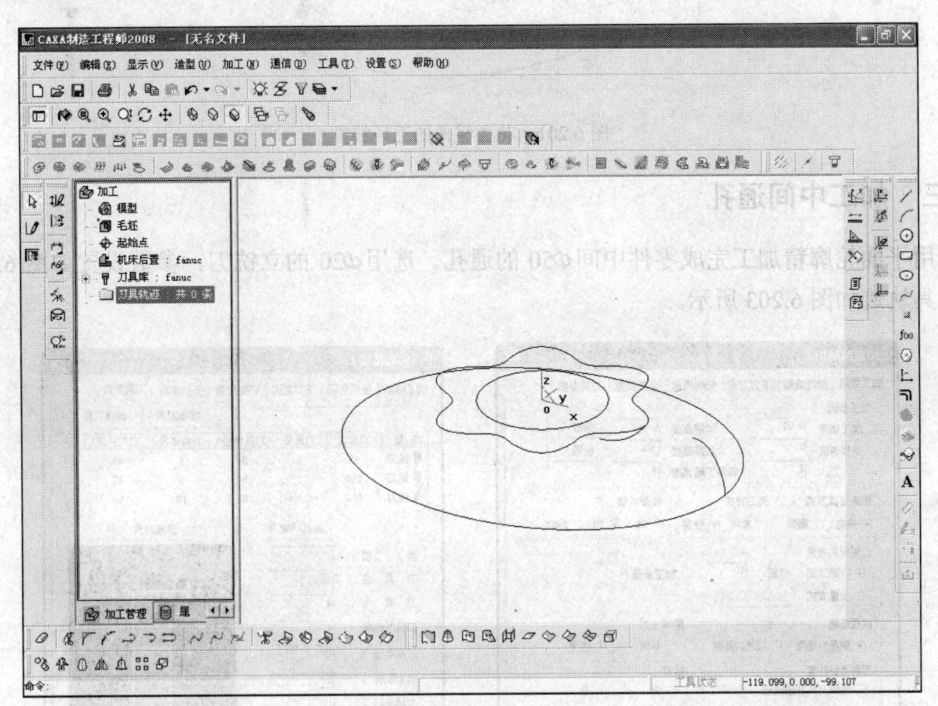

图 6.199　花盘零件的加工造型

步骤二　定义毛坯

定义毛坯的尺寸为 160×130×20。双击加工管理特征树中的“毛坯”按钮，在弹出的对话框中，输入基准点的坐标值和长、宽、高的尺寸，参数设置如图 6.200 所示。

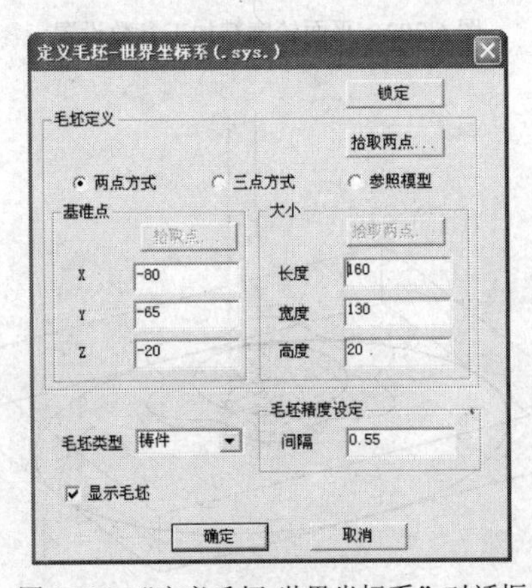

图 6.200　“定义毛坯-世界坐标系”对话框

单击“确定”按钮，毛坯定义完成，选中加工管理特征树中的“毛坯”，单击鼠标右键，选择“显示毛坯”命令，则出现如图 6.201 所示的毛坯线框。

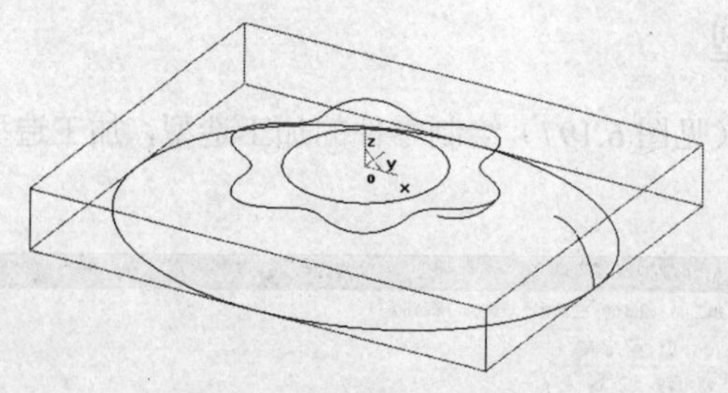

图 6.201 花盘零件的毛坯线框

步骤三 加工中间通孔

利用平面轮廓精加工完成零件中间Φ50 的通孔。选用Φ20 的立铣刀，参数设置如图 6.202 所示，刀具轨迹如图 6.203 所示。

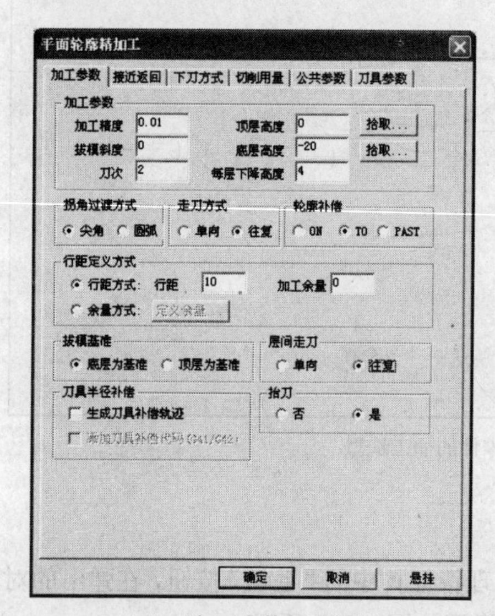

（a）“加工参数”选项卡

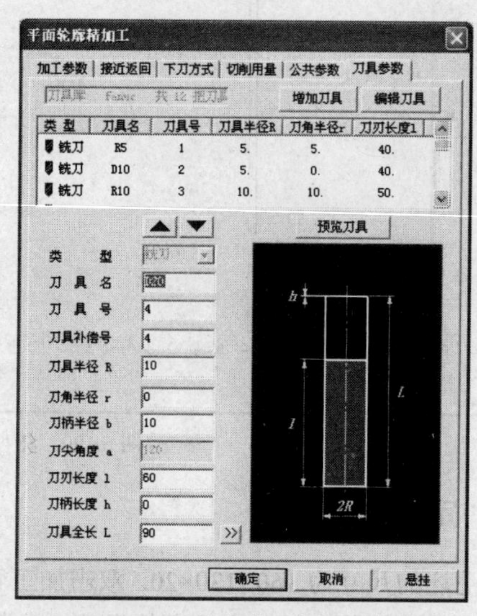

（b）“刀具参数”选项卡

图 6.202 平面轮廓精加工参数设置

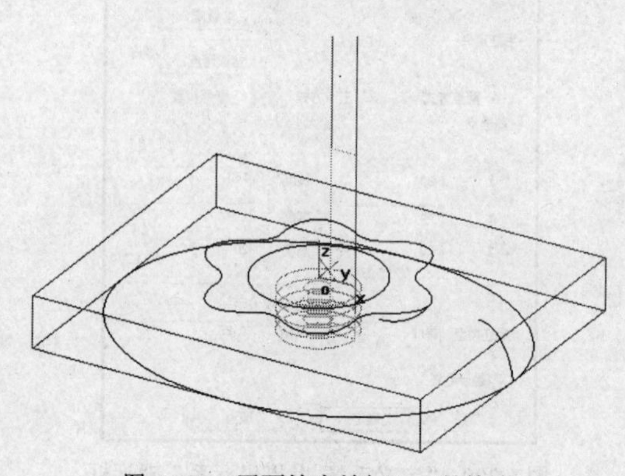

图 6.203 平面轮廓精加工刀具轨迹

步骤四　加工花形凹坑

应用导动线粗加工加工花盘零件的花形凹坑。选用$\Phi 5$的立铣刀，留0.5的加工余量，加工参数设置如图6.204所示。

命令行提示“拾取轮廓和加工方向”时，拾取花形边为轮廓和逆时针方向，单击鼠标右键确定。命令行提示“拾取截面线”时，拾取*R*25圆弧上半段，选取向下箭头，单击鼠标右键确定。生成刀具轨迹如图6.205所示。

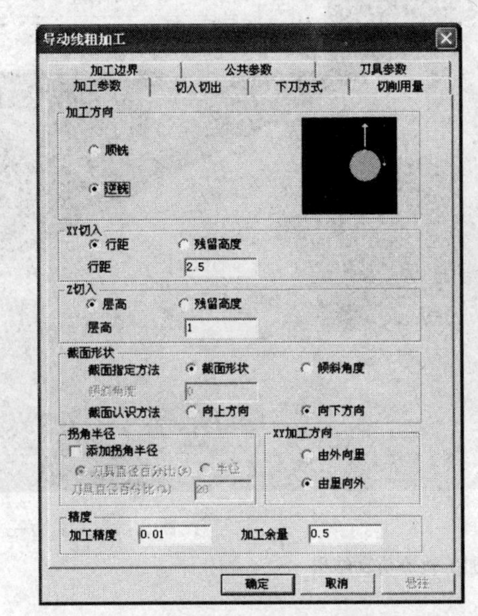

（a）“加工参数”选项卡　　（b）“加工边界”选项卡

图6.204　导动线粗加工的参数设置

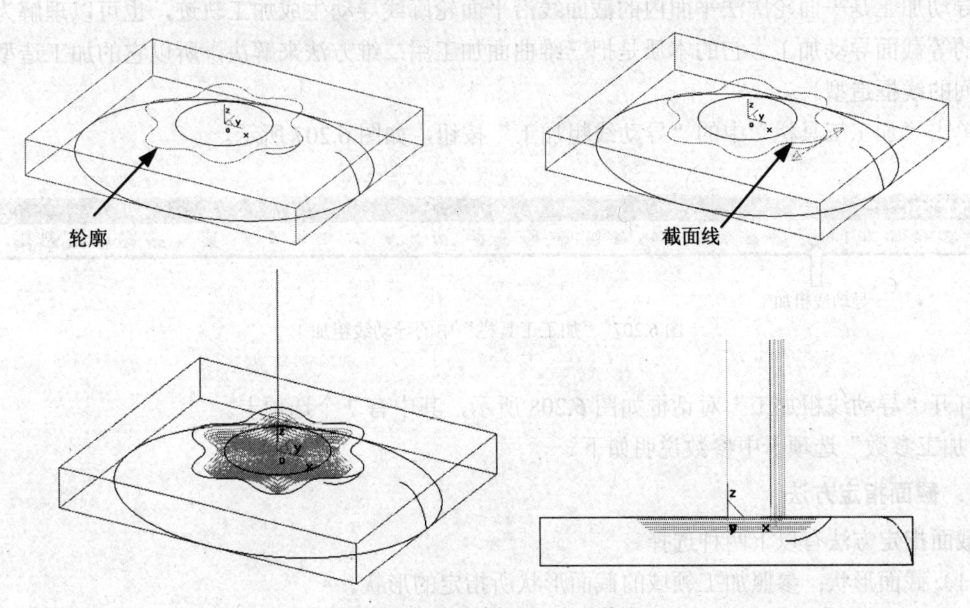

图6.205　导动线粗加工刀具轨迹

将生成的导动线粗加工刀具轨迹进行实体仿真，结果如图 6.206 所示。

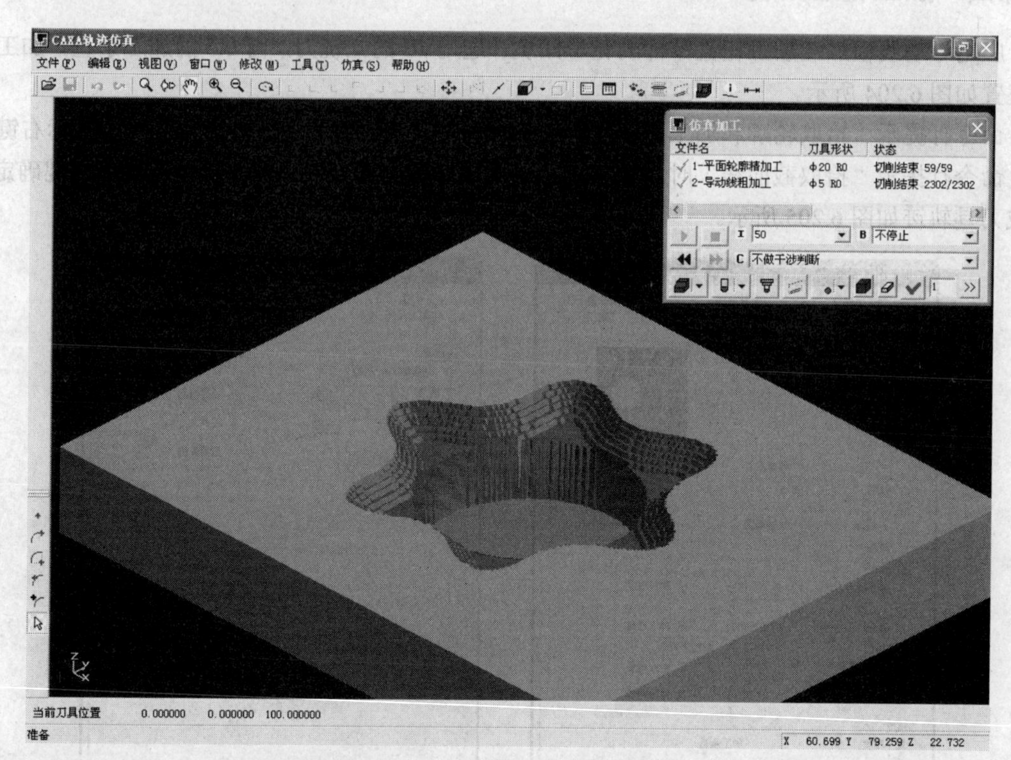

图 6.206　导动线粗加工轨迹仿真结果

知识链接 1——导动线粗加工

导动加工是平面轮廓法平面内的截面线沿平面轮廓线导动生成加工轨迹，也可以理解为平面轮廓的等截面导动加工。它的本质是把三维曲面加工用二维方法来解决，所以它的加工造型可以是空间的线框造型。

单击“加工工具栏”中的“导动线粗加工”按钮，如图 6.207 所示。

图 6.207　“加工工具栏”中的导动线粗加工

打开“导动线粗加工”对话框如图 6.208 所示，其中有 7 个选项卡。

“加工参数”选项卡中参数说明如下。

1．截面指定方法

截面指定方法有以下两种选择。

（1）截面形状：参照加工领域的截面形状所指定的形状。

（2）倾斜角度：以指定的倾斜角度，做成一定倾斜的轨迹，倾斜角度的输入范围为 0°～90°。

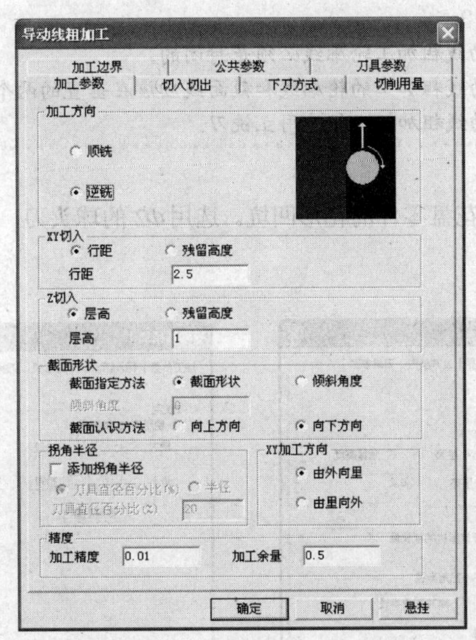

图 6.208 “导动线粗加工”对话框

2．截面认识方法

截面认识方法有以下两种选择。

（1）向上方向：对于加工领域，指定朝上的截面形状（倾斜角度方向）。

（2）向下方向：对于加工领域，指定朝下的截面形状（倾斜角度方向）。

截面认识方法如图 6.209 所示。

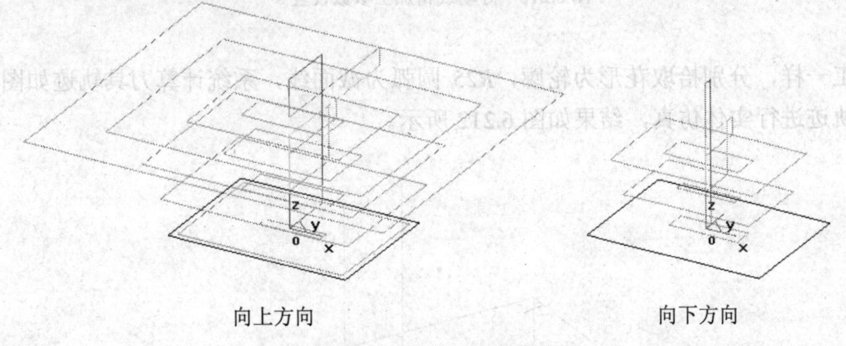

图 6.209 截面认识方法示意图

3．XY 加工方向

XY 加工方向有以下两种选择。

（1）由外向里：从加工边界（基本形状）一侧向加工领域的中心方向进行加工。

（2）由里向外：从加工领域的中心向加工边界（基本形状）一侧方向进行加工。XY 加工方向通常指定为后者。

(1) 导动线粗加工轮廓线必须是封闭的。
(2) 导动线粗加工的轮廓线和截面线应该在垂直的两个平面内。
(3) 导动线粗加工一般选用立铣刀。

应用导动线精加工加工花盘零件的花形凹坑。选用$\Phi 2$ 的球头刀，加工余量为 0，加工参数设置如图 6.210 所示。

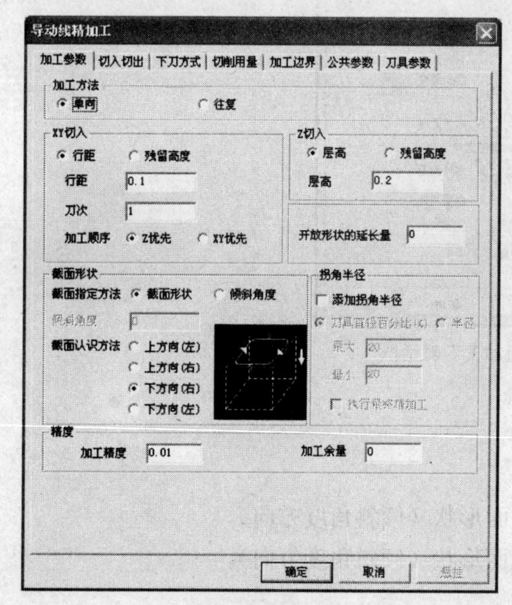

(a)“加工参数”选项卡

(b)“边界加工”选项卡

图 6.210　导动线精加工参数设置

同粗加工一样，分别拾取花形为轮廓，*R*25 圆弧为截面线，系统计算刀具轨迹如图 6.211 所示。对加工轨迹进行实体仿真，结果如图 6.212 所示。

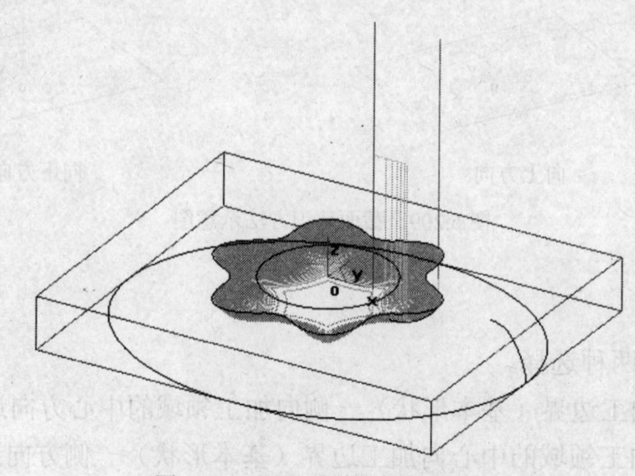

图 6.211　导动线精加工刀具轨迹

图 6.212 导动线精加工轨迹仿真结果

知识链接 2——导动线精加工

导动线精加工对话框如图 6.213 所示，其中的参数与导动线粗加工类似。

导动线精加工的截面认识方法有 4 种。

（1）上方向（右）：加工领域为顺时针时，凸模形状作成顺铣轨迹；加工领域为逆时针时，凹模形状作成顺铣轨迹。

（2）上方向（左）：加工领域为顺时针时，凹模形状作成逆铣轨迹；加工领域为逆时针时，凸模形状作成逆铣轨迹。

（3）下方向（右）：加工领域为顺时针时，凹模形状作成逆铣轨迹；加工领域为逆时针时，凸模形状作成逆铣轨迹。

（4）下方向（左）：加工领域为顺时针时，凸模形状作成顺铣轨迹；加工领域为逆时针时，凹模形状作成顺铣轨迹。

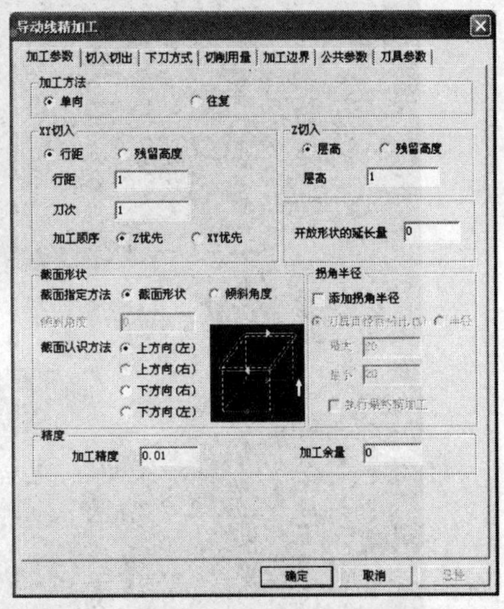

图 6.213 “导动线精加工”对话框

这 4 种截面认识方法的理解方式与导动线粗加工相似。

步骤五 加工外轮廓

加工花盘零件的外轮廓，可以先应用平面轮廓精加工进行加工，然后再应用轮廓导动精加工。平面轮廓精加工选用Φ20 的立铣刀，留 0.5 的加工余量，参数设置如图 6.214 所示，刀具轨迹如图 6.215 所示，对生成的刀具轨迹进行实体仿真，结果如图 6.216 所示。

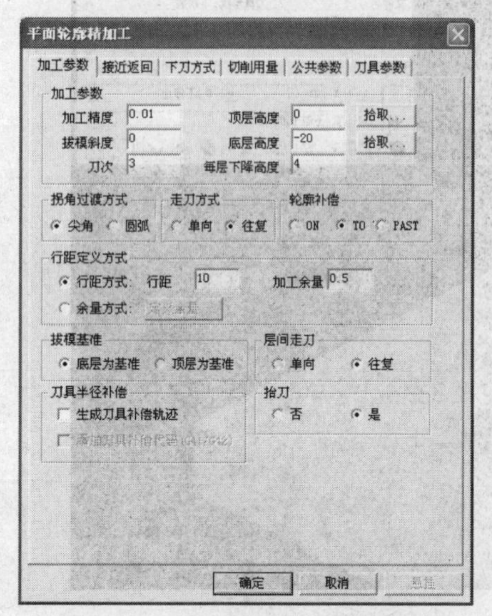

图 6.214 平面轮廓精加工参数设置

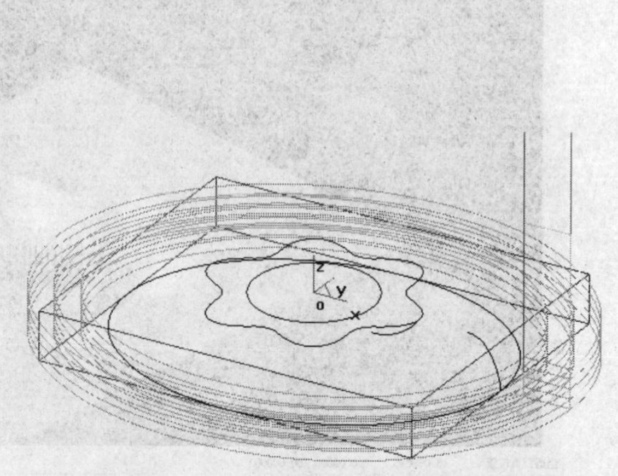

图 6.215 平面轮廓精加工刀具轨迹

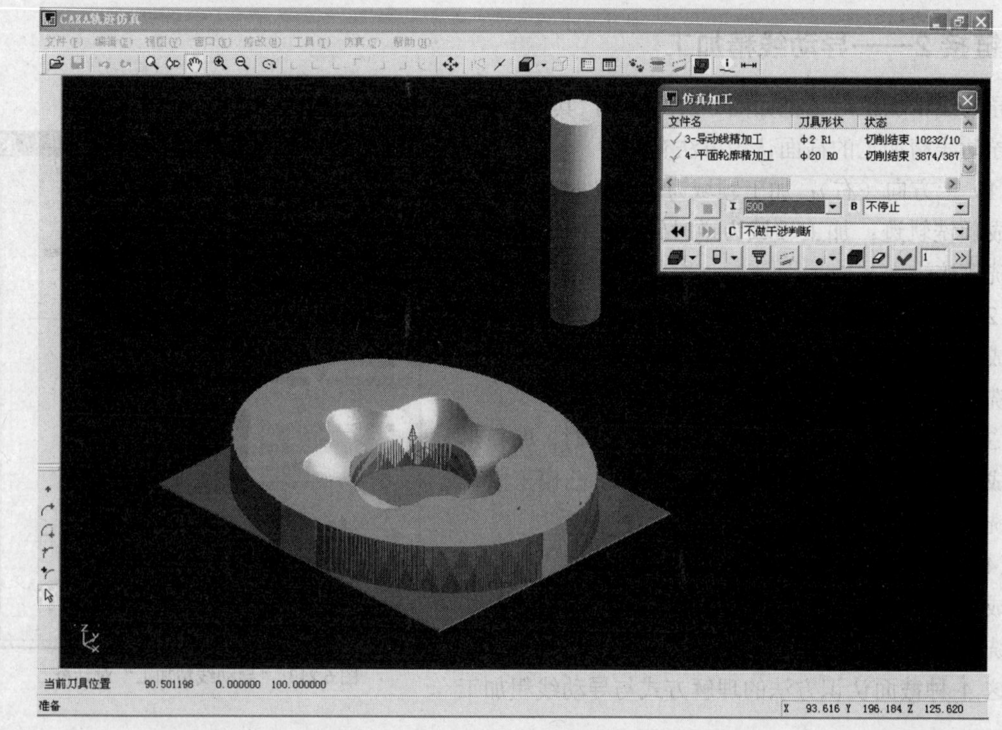

图 6.216 实体仿真结果

应用轮廓导动精加工对花盘零件外形进行精加工，选用Φ10 的球头刀刀，加工余量为 0，参数设置如图 6.217 所示。拾取椭圆为轮廓，顺时针为加工方向，这时一定要按空格键选择“单个拾取”，加工轮廓如图 6.218 所示。

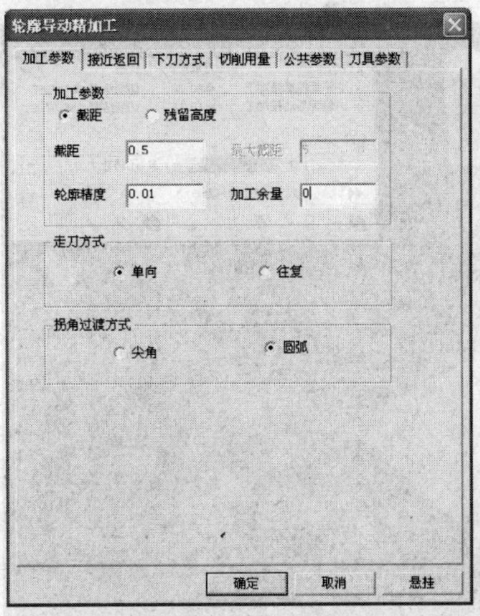

轮廓导动精加工
加工参数 | 接近返回 | 下刀方式 | 切削用量 | 公共参数 | 刀具参数
加工参数
◉ 截距 ○ 残留高度
截距 0.5 最大截距 5
轮廓精度 0.01 加工余量 0
走刀方式
◉ 单向 ○ 往复
拐角过渡方式
○ 尖角 ◉ 圆弧
确定 取消 悬挂

图 6.217 轮廓导动精加工参数设置

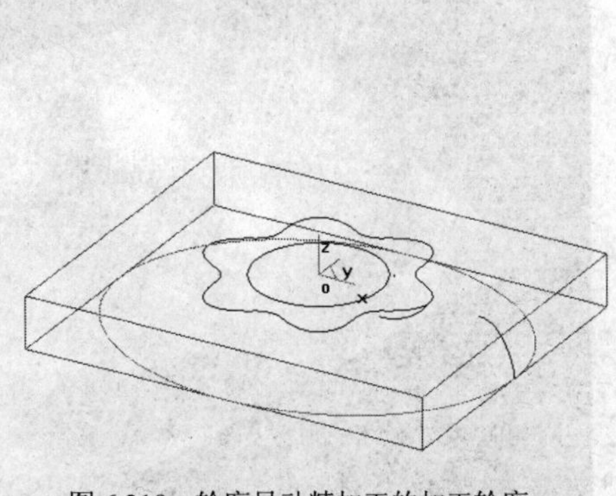

图 6.218 轮廓导动精加工的加工轮廓

分别选取 $R10$ 和 $R30$ 两端圆弧为截面线，选取朝外方向为加工侧边，如图 6.219 所示。系统生成的轮廓线精加工刀具轨迹如图 6.220 所示。

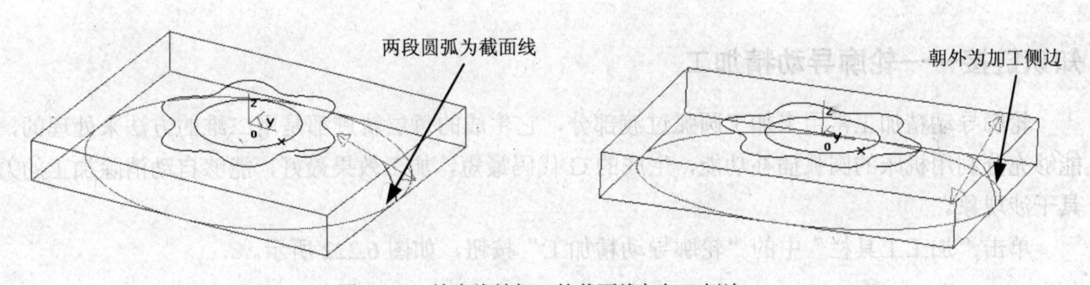

图 6.219 轮廓线精加工的截面线与加工侧边

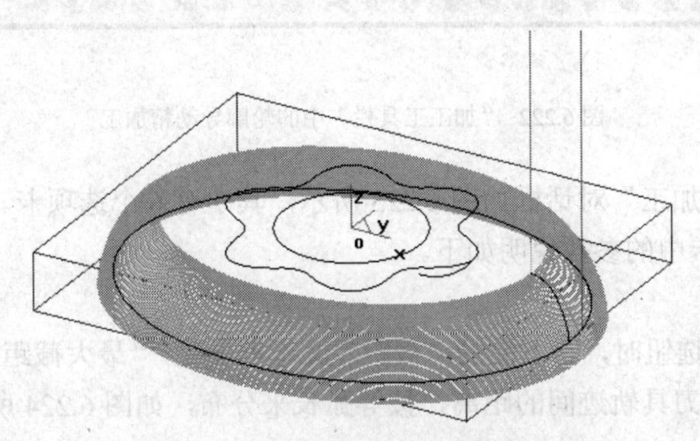

图 6.220 轮廓线精加工刀具轨迹

对生成的所有刀具轨迹进行实体仿真，结果如图 6.221 所示。

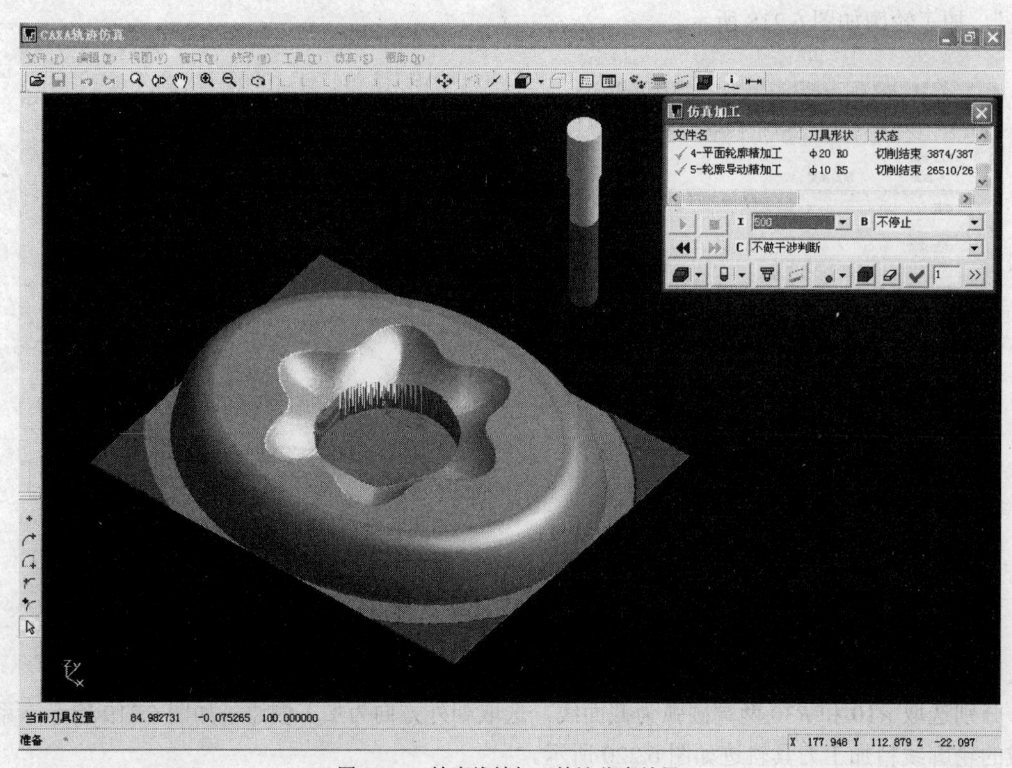

图 6.221　轮廓线精加工轨迹仿真结果

知识链接——轮廓导动精加工

轮廓导动精加工常用来加工圆弧过渡部分，它生成的每层轨迹都是用二维的方法来处理的，能够充分利用机床的圆弧插补功能，生成的 G 代码最短，加工效果最好，能够自动消除加工的刀具干涉现象。

单击“加工工具栏”中的“轮廓导动精加工”按钮，如图 6.222 所示。

图 6.222 “加工工具栏”中的轮廓导动精加工

打开“轮廓导动精加工”对话框如图 6.223 所示，其中有 6 个选项卡。

“加工参数”选项卡中的参数说明如下。

1．截距

当选中“截距”单选钮时，它下面的“截距”文本框变亮，“最大截距”文本框变为灰显。这表示沿截面线上每一行刀具轨迹间的距离，按等弧长来分布，如图 6.224 所示。

2．最大截距

输入最大 Z 向背吃刀量。根据残留高度值在求得 Z 向的层高时，为防止在加工较陡斜面时层高过大，限制层高在最大截距的设定值之下。

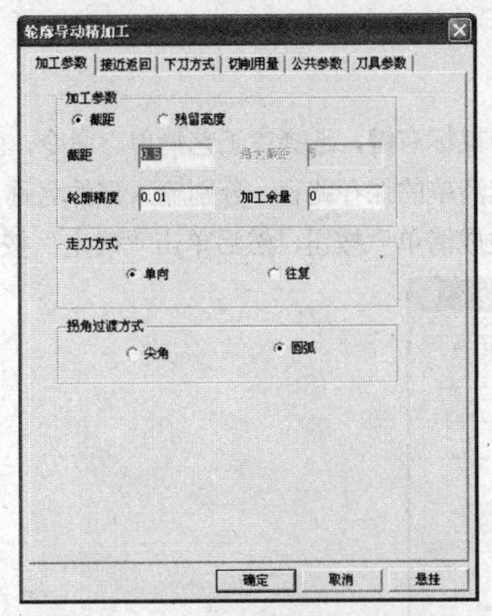

图 6.223 “轮廓导动精加工”对话框

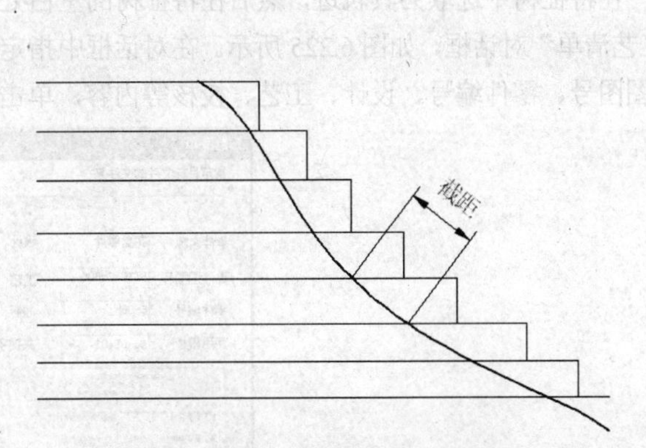

图 6.224 轮廓导动精加工的截距

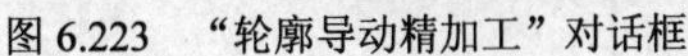

（1）轮廓导动精加工能够充分利用机床的圆弧插补功能，生成的 G 代码最短，加工效果最好，能够自动消除加工的刀具干涉现象。

（2）轮廓导动精加工在拾取轮廓和截面线的时候，一定要“单个拾取”，否则轮廓线将和截面线链接在一起。

（3）应用轮廓导动精加工时，沿截面线由下往上还是由上往下加工，可以根据需要任意选择。

步骤六 生成 G 代码

在特征树中选取刀具轨迹，然后在特征树的空白处单击鼠标右键，选择“加工 | 后置处理 | 生成 G 代码”命令，确定程序的保存路径及文件名，单击鼠标右键确定，系统将自动生成程序代码。花盘零件加工的部分程序如下：

```
(6,2010.2.8,20:54:37.588)
N10G90G54G00Z100.000
N12S3000M03
N14X5.000Y-0.000Z100.000
N16Z6.000
N18G01Z-4.000F100
N20G02X5.000Y0.000I-5.000J0.000F1000
N22G01X15.000
N24G02X15.000Y0.000I-15.000J-0.000
N26G01Z6.000F100
N28G00Z50.000
N30X5.000
N32Z2.000
N34G01Z-8.000F100
N36G02X5.000Y0.000I-5.000J0.000F1000
N38G01X15.000
N40G02X15.000Y0.000I-15.000J-0.000
N42G01Z2.000F100
N44G00Z50.000
```

步骤七　生成工艺清单

在特征树中选取刀具轨迹，然后在特征树的空白处单击鼠标右键，选择“工艺清单”命令，弹出“工艺清单”对话框，如图 6.225 所示。在对话框中指定工艺清单的保存路径，分别输入零件名称、零件图图号、零件编号、设计、工艺、校核等内容，单击“生成清单”按钮，然后单击“确定”按钮。

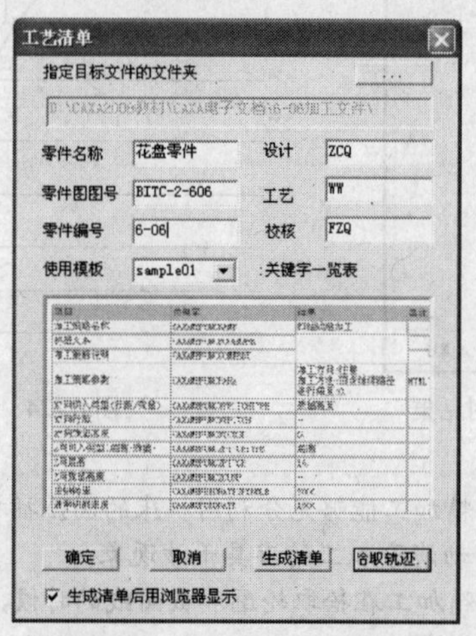

图 6.225 “工艺清单”对话框

任务8　手机外壳模具加工

思路分析

加工如图 6.226 所示的手机外壳模具，可以参考前面讲到的扫描线粗加工、扫描线精加工、笔式清根加工和等高线补加工来完成。

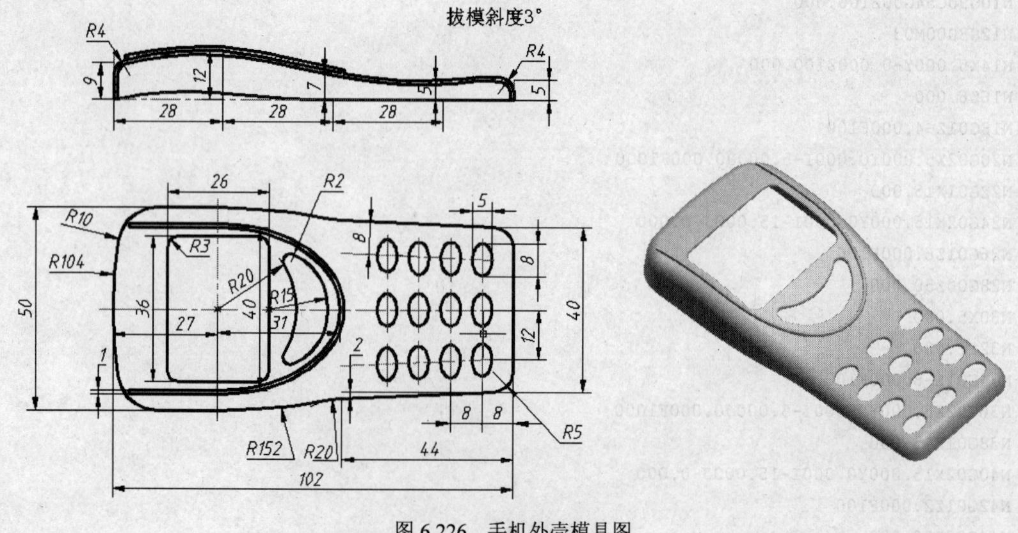

图 6.226　手机外壳模具图

手机外壳模具加工的基本步骤如图 6.227 所示。

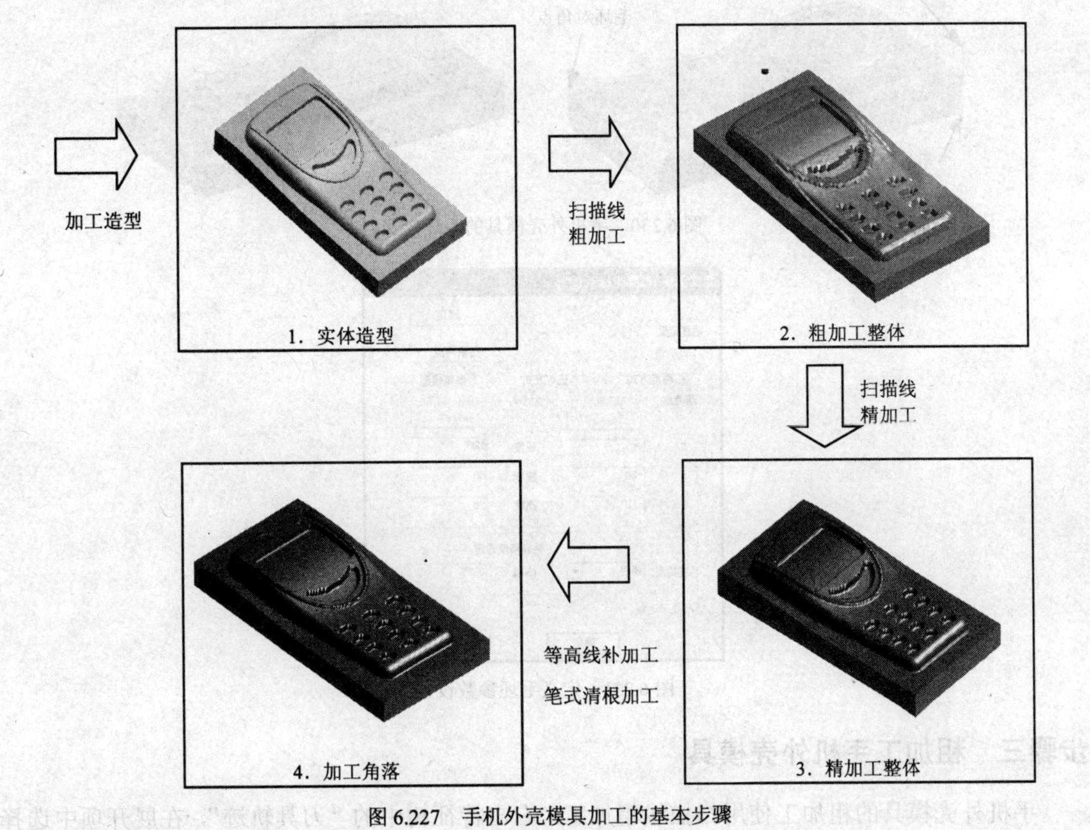

图 6.227　手机外壳模具加工的基本步骤

操作步骤

步骤一　绘制加工造型

根据手机外壳模具图（见图 6.226）绘制零件实体造型，如图 6.228 所示，未给出的尺寸可自行设计。再给模型增加下部分的托体，如图 6.229 所示。

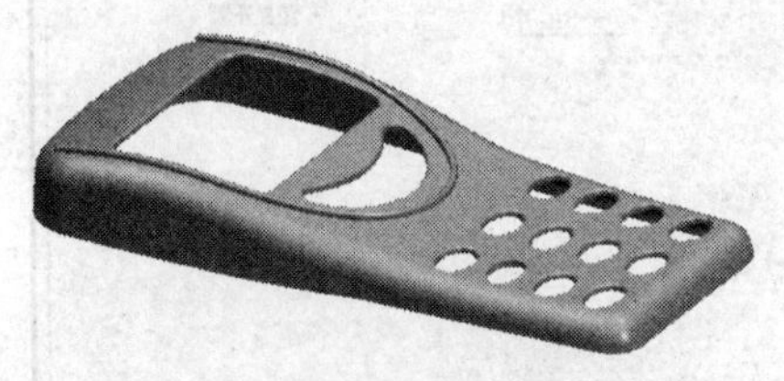

图 6.228　手机外壳模具实体造型

图 6.229　增加托体

步骤二　定义毛坯

在手机外壳模具托体的边上加一棱线，棱线的高度高于外壳，双击加工管理特征树中的“毛坯”按钮，在弹出的对话框中单击“拾取两点”按钮，点取两个对角点，毛坯定义完成，如图 6.230 所示。定义毛坯参数设置如图 6.231 所示。

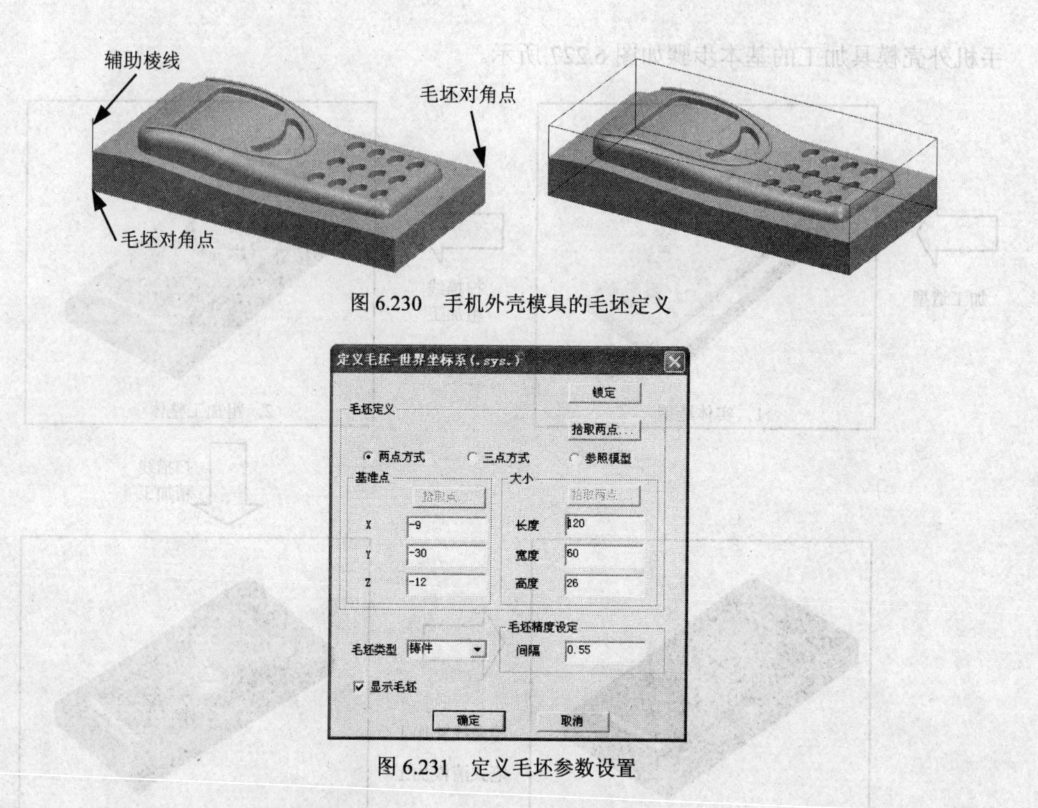

图 6.230　手机外壳模具的毛坯定义

图 6.231　定义毛坯参数设置

步骤三　粗加工手机外壳模具

手机外壳模具的粗加工使用扫描线粗加工，右击特征树中的“刀具轨迹”，在展开项中选择“加工 | 粗加工 | 扫描线粗加工”，按照图 6.232 所示完成参数的设置。选用$\Phi 4$的立铣刀，加工余量为 0.3，安全高度与起始高度可以定为 50。

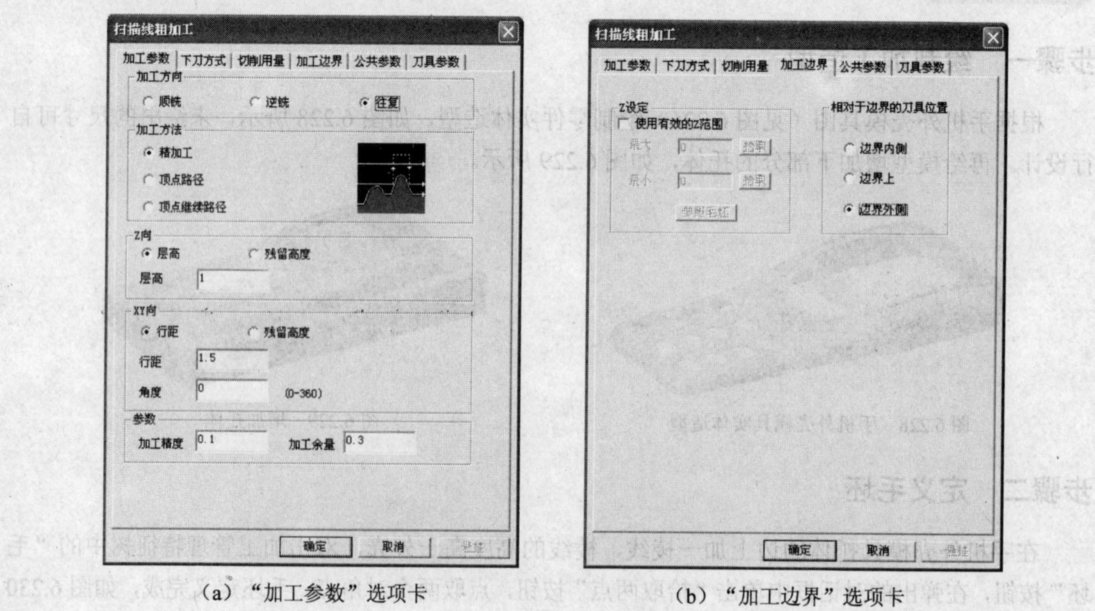

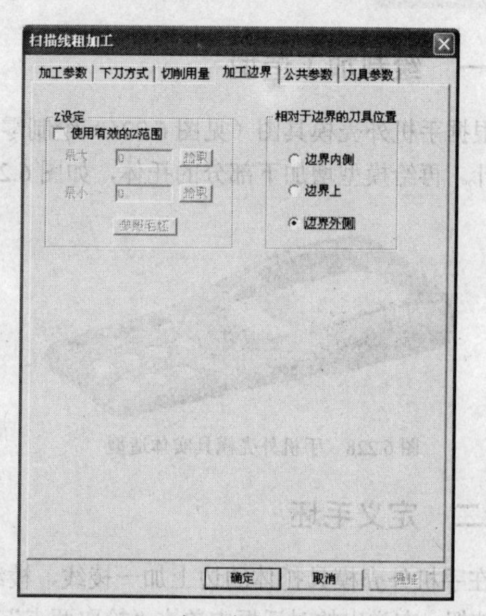

（a）“加工参数”选项卡　　（b）“加工边界”选项卡

图 6.232　扫描线粗加工参数设置

选择实体为加工对象，加工边界为毛坯下表面的矩形，这里需要先用“拾取实体边界”的方法生成加工边界线，生成的刀具轨迹如图 6.233 所示。

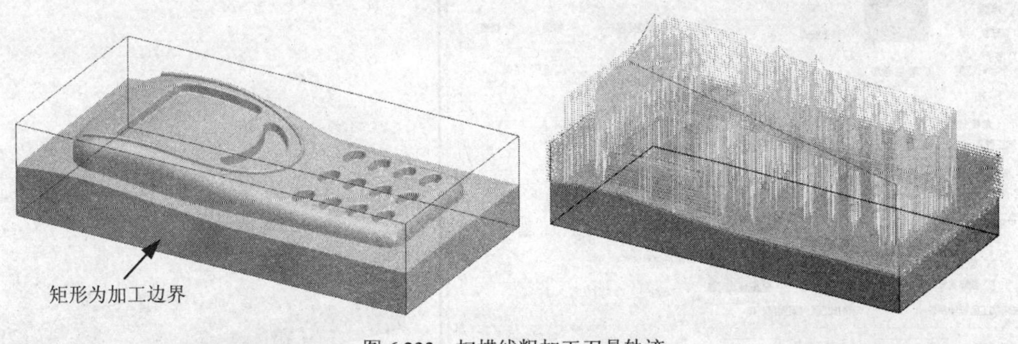

图 6.233　扫描线粗加工刀具轨迹

对生成的刀具轨迹进行实体仿真，结果如图 6.234 所示。

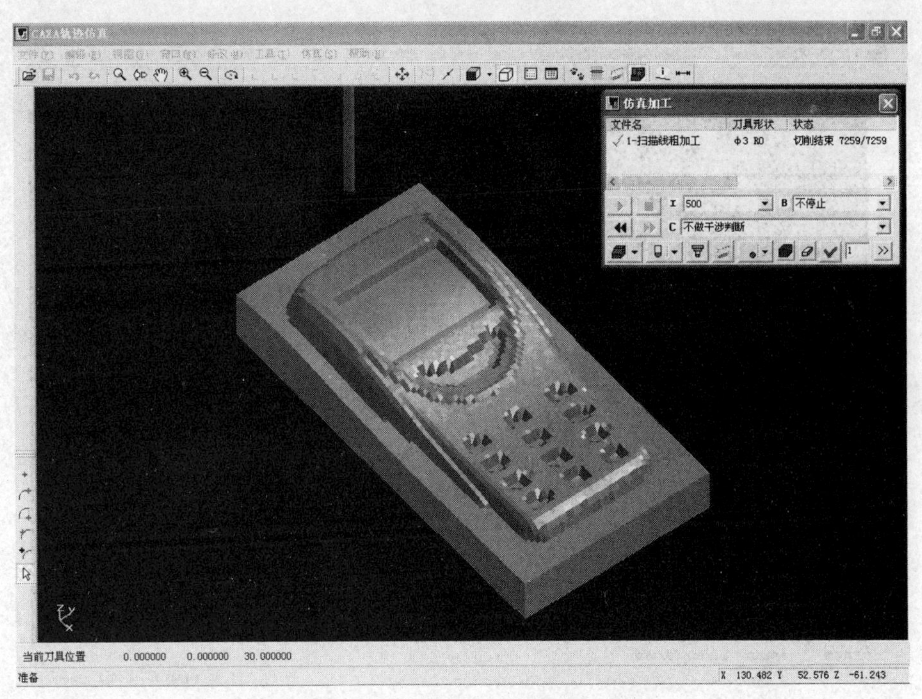

图 6.234　扫描线粗加工轨迹仿真结果

步骤四　精加工手机外壳模具

手机外壳模具的精加工使用扫描线精加工。右击特征树中的“刀具轨迹”，在展开项中选择“加工 | 精加工 | 扫描线精加工”，按照图 6.235 所示完成参数的设置。选用 $\Phi3$ 的球头刀，加工余量为 0。

选择实体为加工对象，加工边界为毛坯下表面的矩形，生成的刀具轨迹如图 6.236 所示。

对生成的刀具轨迹进行实体仿真，结果如图 6.237 所示。

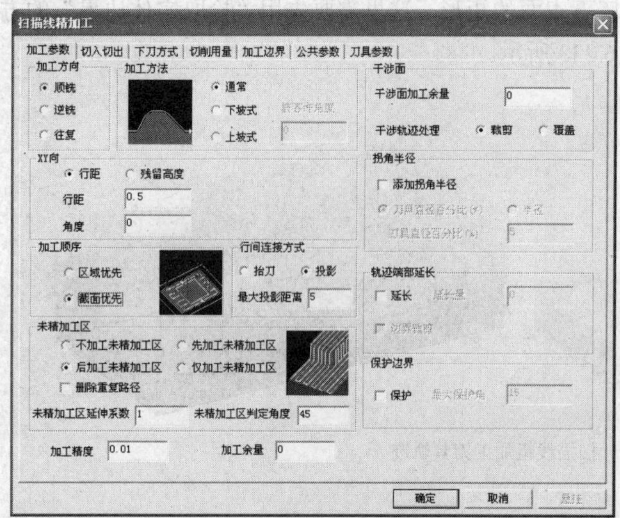

图 6.235　扫描线精加工参数设置

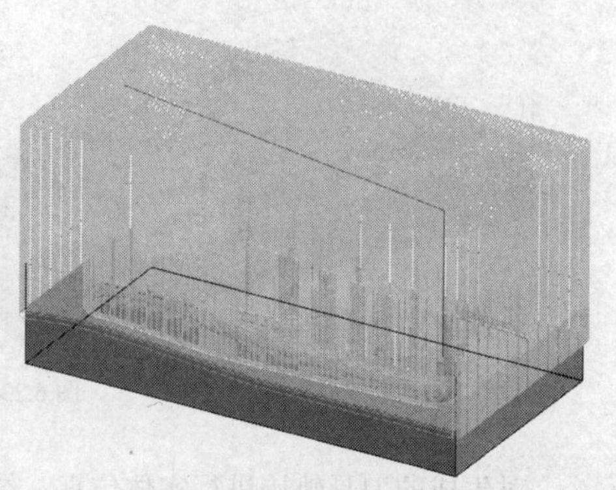

图 6.236　扫描线精加工刀具轨迹

图 6.237　扫描线精加工轨迹仿真结果

步骤五　补加工手机外壳模具

手机外壳模具的补加工可以先使用等高线补加工，最后使用笔式清根加工来清除角落的毛坯残留余量。

使用等高线补加工，右击特征树中的“刀具轨迹”，在展开项中选择“加工 | 补加工 | 等高线补加工”，按照图 6.238 所示完成参数的设置。选用 $\Phi 2$ 的球头刀，加工余量为 0。

选择实体为加工对象，加工边界为毛坯下表面的矩形，生成的刀具轨迹如图 6.239 所示。

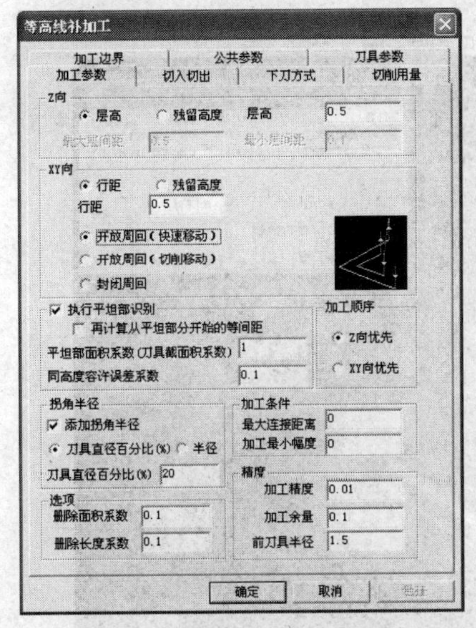

图 6.238 等高线补加工参数设置

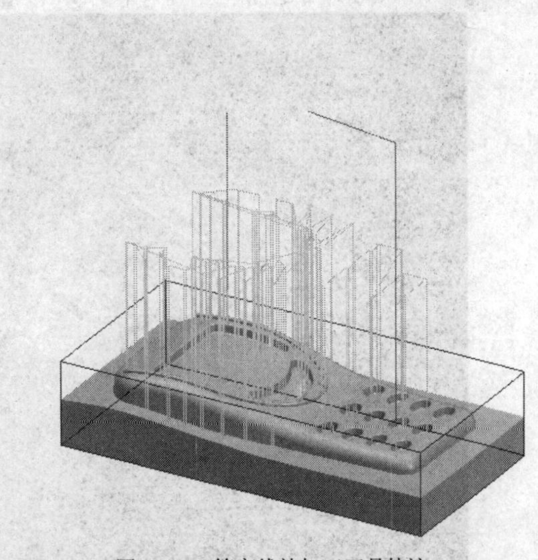

图 6.239 等高线补加工刀具轨迹

笔式清根加工能够去除其他方法不能到达的残余坯料，常用来清理角落或者前次加工剩余的角落，具体参数在花瓶凸模的补加工中已经介绍了，这里可以用来做手机外壳模型加工的最终补加工。

右击特征树栏的“刀具轨迹”，在展开项中选择“加工 | 补加工 | 笔式清根加工”，按照图 6.240 所示完成参数的设置。选用Φ2 的球头刀，加工余量为 0。

选择实体为加工对象，加工边界为毛坯下表面的矩形，生成的刀具轨迹如图 6.241 所示。

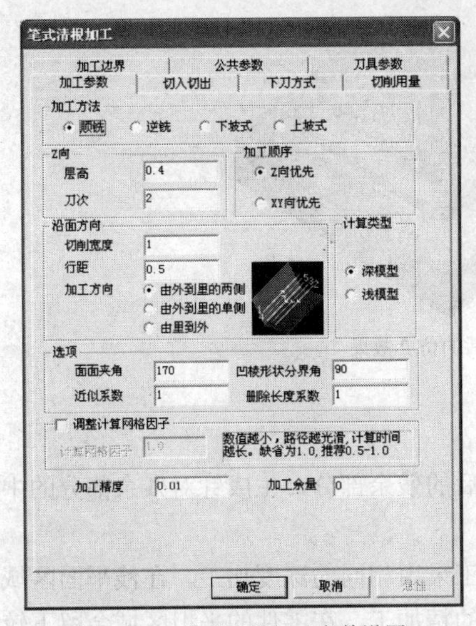

图 6.240 笔式清根加工参数设置

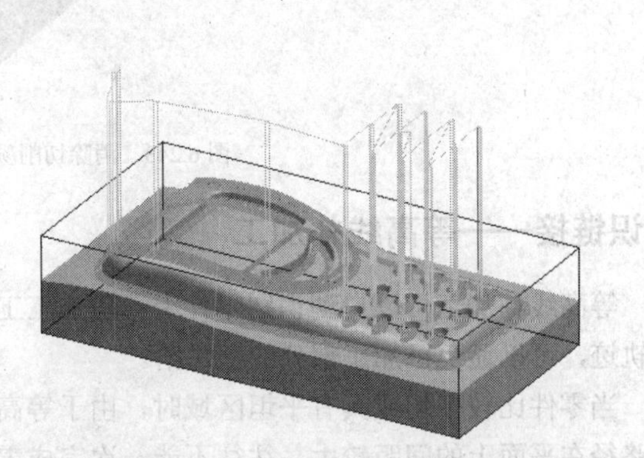

图 6.241 笔式清根加工刀具轨迹

对生成的所有刀具轨迹进行实体仿真，结果如图 6.242 所示。清除切削颜色之后的仿真效果如图 6.243 所示。

图 6.242 手机外壳模具加工轨迹仿真结果

图 6.243 消除切削颜色后的仿真效果

知识链接——等高线补加工

等高线补加工可以自动识别零件上一道加工工序后的残余部分，生成针对残余部分的中间加工轨迹，可以避免已加工部分的空进给。

当零件比较平坦或具有平坦区域时，由于等高加工采用相同的深度加工，在浅平面区域，切削路径在平面上的间距较大，往往不能一次完成零件的精加工，在零件的平坦区域会留下较多的余量，这些待切除余量的区域称为等高线加工的欠切区域。等高线补加工就是根据等高线加工轨迹和加工曲面的形状自动确定残留面积过大的区域，实现对未加工区域的补加工。

单击“加工工具栏”中的“等高线补加工”按钮，如图 6.244 所示。

图 6.244 “加工工具栏”中的等高线补加工

打开“等高线补加工”对话框如图 6.245 所示，其中有 7 个选项卡。

“加工参数”选项卡中的参数说明如下。

1．XY 向轨迹控制

XY 向轨迹控制有 3 种方式，如图 6.246 所示。

（1）开放周回（快速移动）：在开放形状中，以快速移动进行抬刀。

（2）开放周回（切削移动）：在开放形状中，生成切削移动轨迹。

（3）封闭周回：在开放形状中，生成封闭的周回轨迹。

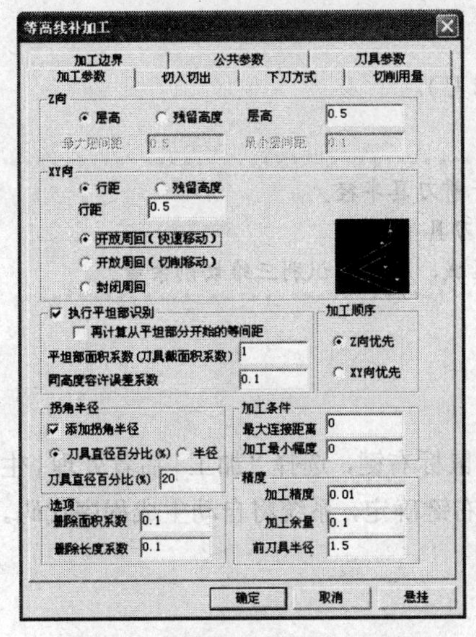

图 6.245 “等高线补加工”对话框

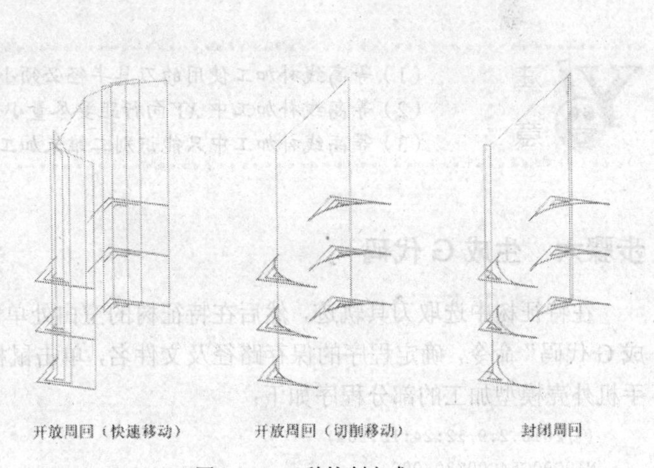

图 6.246 3 种控制方式

2．加工条件

加工条件有以下两种。

（1）最大连接距离：输入多个补加工区域通过正常切削移动速度连接的距离。最大连接距离大于补加工区域切削间隔距离时，以切削移动连接；最大连接距离小于加工区域切削间隔距离时，抬刀后快速移动连接。最大连接距离示意图如图 6.247 所示。

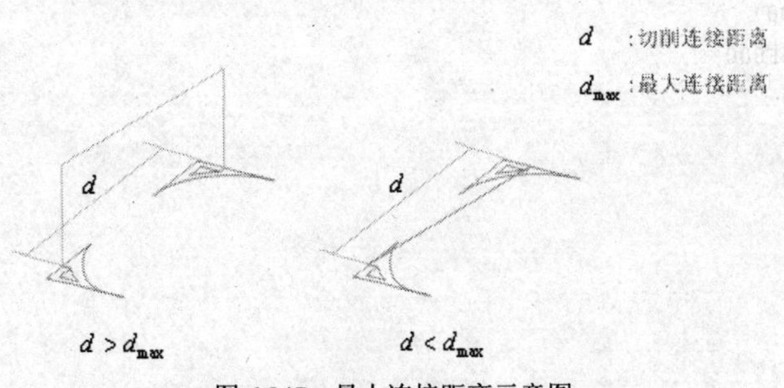

图 6.247 最大连接距离示意图

（2）加工最小幅度：补加工区域宽度小于加工最小幅度时，不生成轨迹，将加工最小幅度设定为 0.01 以上。如果设定 0.01 以下的值，系统会以 0.01 计算处理。加工最小幅度示意图如图 6.248 所示。

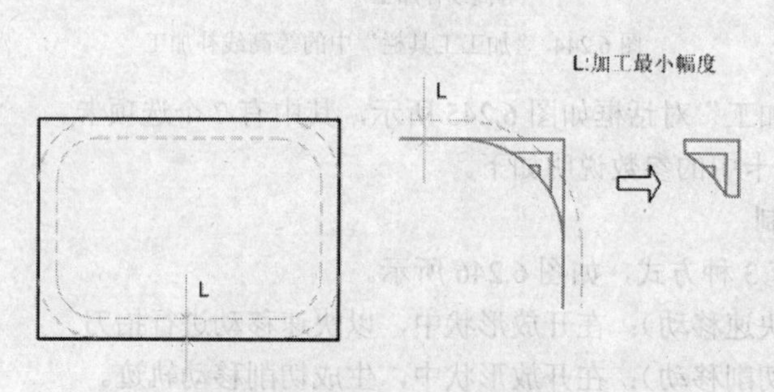

图 6.248　加工最小幅度示意图

3．前刀具半径

前刀具半径即前一道加工策略中采用的刀具的半径（球刀）。

（1）等高线补加工使用的刀具半径必须小于前刀具半径。
（2）等高线补加工中 XY 向行距要尽量小于刀具半径。
（3）等高线补加工中只能识别二维未加工区域，不能够识别三维切削余量。

步骤六　生成 G 代码

在特征树中选取刀具轨迹，然后在特征树的空白处单击鼠标右键，选择“加工 | 后置处理 | 生成 G 代码”命令，确定程序的保存路径及文件名，单击鼠标右键确定，系统将自动生成程序代码。手机外壳模型加工的部分程序如下：

```
(7,2010.2.9,12:24:13.984)
N10G90G54G00Z30.000
N12S3000M03
N14X0.000Y0.000Z30.000
N16X-9.000Y32.000
N18Z24.000
N20G01Z14.000F100
N22X111.000F1000
N24G02X112.936Y30.500I0.000J-2.000F800
N26G01X-10.936F1000
N28X-10.965Y30.375F800
N30X-10.986Y30.235
N32X-10.998Y30.094
N34X-11.000Y30.000
N36Y29.000
N38X113.000F1000
N40Y27.500F800
N42X-11.000F1000
N44Y26.000F800
```

步骤七　生成工艺清单

在特征树中选取刀具轨迹，然后在特征树的空白处单击鼠标右键，选择“工艺清单”命令，弹出“工艺清单”对话框，如图 6.249 所示。在对话框中指定工艺清单的保存路径，分别输入零件名称、零件图图号、零件编号、设计、工艺、校核等内容，单击“生成清单”按钮，然后单击“确定”按钮。

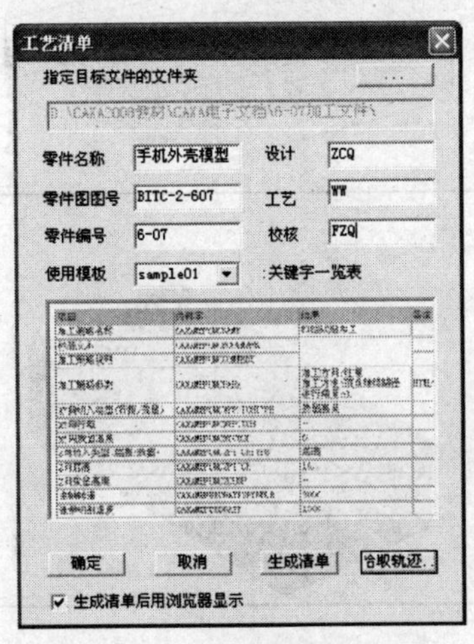

图 6.249　“工艺清单”对话框

项目小结

本项目的目的在于使读者掌握 CAXA 制造工程师 2008 中常用的一些加工方法。本项目通过 7 个具体的任务，使读者了解了 17 种加工方法的具体使用过程。表 6.1 所示为加工命令汇总表，其中描述了 CAXA 制造工程师 2008 中各种加工命令的功能、图例和使用注意事项。

在利用 CAM 软件进行辅助加工时，最终的目的是得到合适的加工程序，即 G 代码。每个零件的加工方法都不是唯一的，读者在使用软件的时候，可以选用不同的方法来生成刀具轨迹，对仿真结果进行比较。加工方法中各个参数的区别，也可以通过修改参数设置，然后再来对比前后的轨迹。要熟练、灵活地掌握 CAXA 制造工程师 2008 中的各种加工方法，还需要读者不断地练习和实践，积累经验。

表 6.1　　加工命令汇总表

命令		功　能	图　例	使用注意事项
粗加工	平面区域粗加工	生成具有多个岛的平面区域粗加工刀具轨迹	平面区域	1. 属于 2 轴或 2.5 轴加工方式 2. 平面轮廓线必须封闭 3. 主要用于加工平面类零件的型腔，但不支持岛屿的嵌套

续表

命令		功　能	图　例	使用注意事项
粗加工	区域式粗加工	可拾取多个轮廓、多个岛屿，生成平面区域的粗加工刀具轨迹	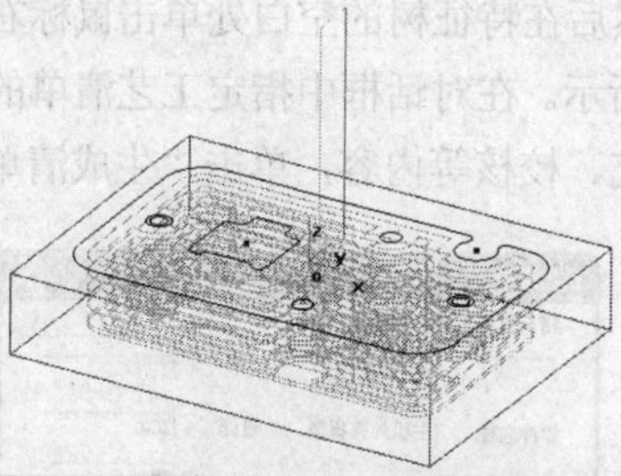	1．轮廓线必须封闭 2．多用于铣一定深度的平面，一次参数可实现多部位的加工
	等高粗加工	根据曲面轮廓生成高度不同的粗加工刀具轨迹	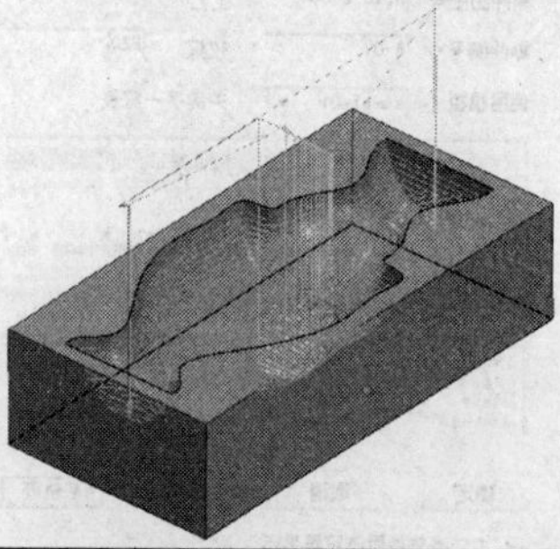	1．加工凹模模型时，加工范围的 Z 最大值设定为模型最大值减去层高 2．若毛坯材料较软，或零件塑性较大，需要尽量使切削载存均匀化时，可以用稀疏化加工方式来优化轨迹 3．等高粗加工是最常用的一种开粗方法，可以尽可能地去除余量，选用立铣刀，切削力较大
	扫描线粗加工	根据曲面轮廓生成平行层切的粗加工刀具轨迹	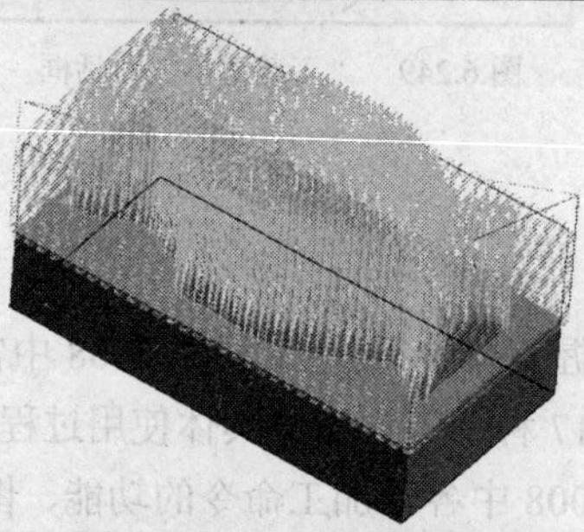	1．加工造型可以是实体也可以是曲面 2．能够保证在未切削区域不向下进给，适合使用立铣刀进行对称凸模的粗加工
	摆线式粗加工	生成摆线式粗加工刀具轨迹	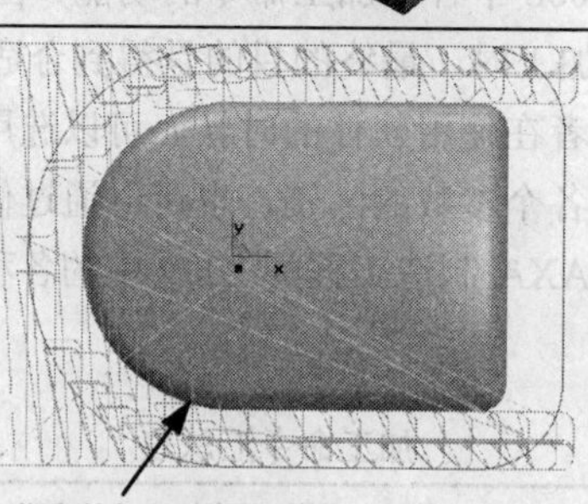 指定的加工边界	1．当加工边界不是矩形时，也会被作为包含该领域的矩形进行处理（如图） 2．当指定多个领域时，包含全部领域的矩形将被作为加工边界 3．适用于高速加工
	插铣式粗加工	生成直捣式的粗加工刀具轨迹	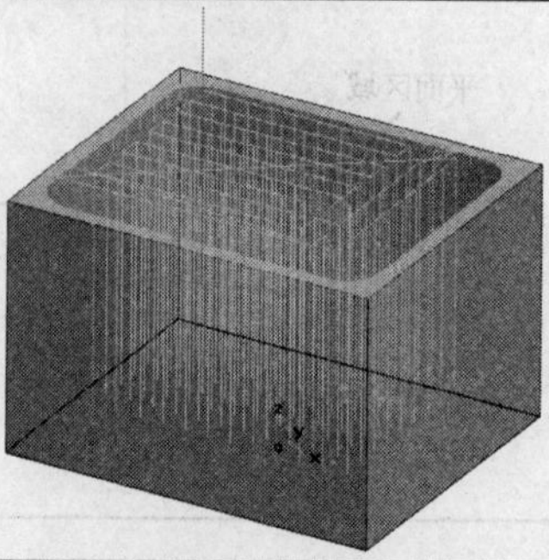	1．类似于“钻”的动作 2．选用带有开槽刃的立铣刀 3．适用于大中型模具的深腔加工

续表

命令		功 能	图 例	使用注意事项
粗加工	导动线粗加工	平面轮廓法平面内的截面线沿平面轮廓线导动生成的粗加工刀具轨迹	轮廓线 截面线	1. 轮廓线必须封闭 2. 截面线必须在轮廓线的法平面内 3. 适用于具有明显截面三维曲面的粗加工
精加工	平面轮廓精加工	生成沿轮廓线切削的平面刀具轨迹	轮廓线	1. 属于2轴或2.5轴加工方式 2. 平面轮廓线可以是封闭的，也可以不封闭 3. 主要用于加工平面类零件的外形
	轮廓导动精加工	生成轮廓线沿导动线运动的刀具轨迹	截面线 轮廓线	1. 在拾取轮廓和截面线的时候，一定要“单个拾取”，否则轮廓线将和截面线链接在一起 2. 截面线必须在轮廓线的法平面内 3. 轮廓线可以不封闭 4. 常用来加工零件上的圆弧过渡部分
	曲面轮廓精加工	生成沿轮廓线加工曲面的刀具轨迹		1. 生成的刀具轨迹与刀次和行距都关联，要加工轮廓内的全部曲面时，可以把刀次数设置得大一点 2. 轮廓线可以是封闭的，也可以不封闭，还可以是空间的
	曲面区域精加工	生成待加工封闭曲面的刀具轨迹，曲面区域内可以有不加工部分		1. 轮廓线必须封闭 2. 轮廓的补偿方式默认为“PAST”，具体加工时要根据实际情况来设置 3. 适用于有岛的较平坦的三维曲面精加工

续表

命令		功　　能	图　　例	使用注意事项
精加工	参数线精加工	可以对单个或多个曲面进行加工，生成多个按曲面参数线行进的刀具轨迹	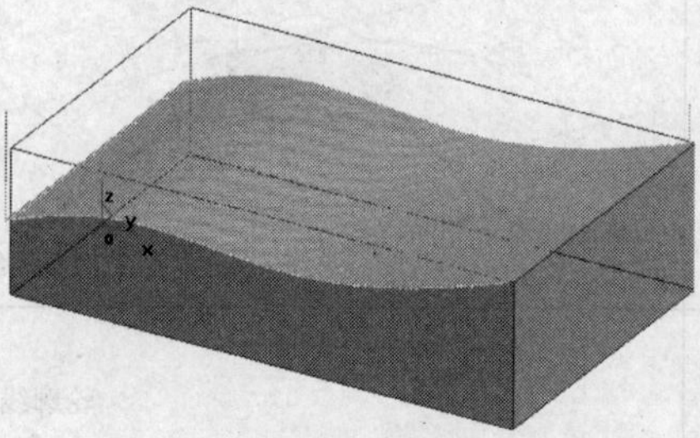	1．在切削加工表面时，对可能干涉的表面要做干涉检查，如果能够确认曲面自身不会发生过切，最好不进行干涉检查，以减少系统资源的消耗 2．对不该切削的表面，要设置限制面，否则会产生过切 3．指定加工方式和退刀方式时要保证刀具不会碰伤机床、夹具 4．进刀点要拾取第一张曲面的某一个角点 5．常用来精加工零件的凹腔曲面部分
	投影线精加工	将已有的刀具轨迹投影到待加工曲面，生成曲面加工的刀具轨迹	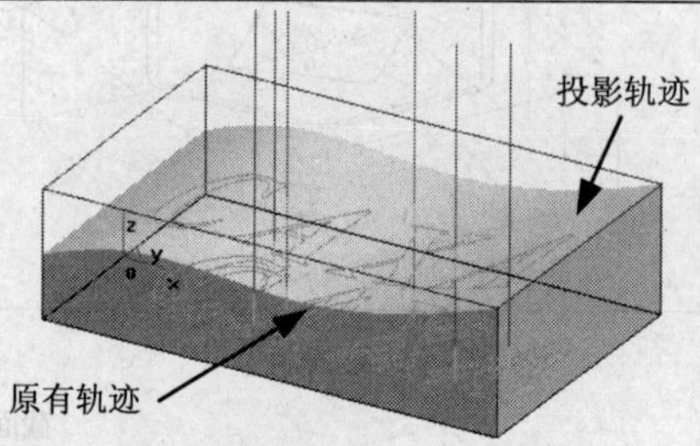 投影轨迹 原有轨迹	1．投影之前必须先有较容易生成的平面加工轨迹，但平面加工轨迹中的多处抬刀在投影后只会有一次抬刀 2．待加工曲面可以拾取多个 3．投影加工的加工参数可以与原有刀具轨迹的参数不同
	轮廓线精加工	可以对单个或多个轮廓进行加工，生成多条沿轮廓线切削的平面刀具轨迹	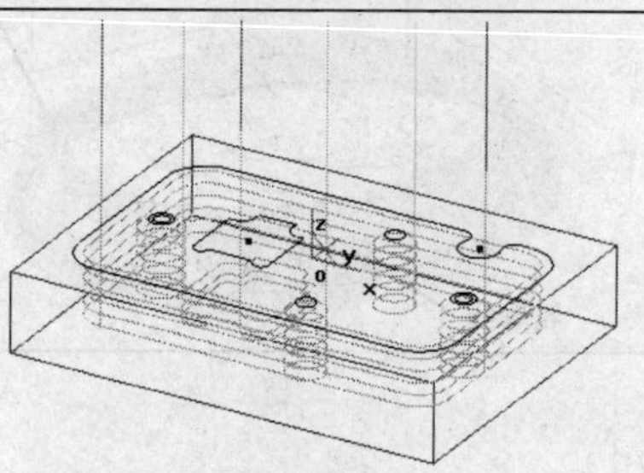	1．属于 2 轴或 2.5 轴加工方式 2．轮廓线可以有开口，也可以有自交点 3．当偏移类型设置为偏移时，接近方式的选择一定要考虑刀具的加工方向 4．主要用于铣削工件的侧面或槽的加工
	导动线精加工	平面轮廓法平面内的截面线沿平面轮廓线导动生成的精加工刀具轨迹	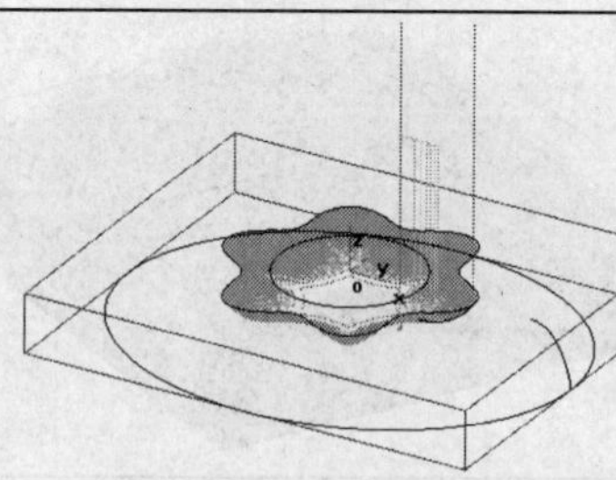	1．轮廓线必须封闭 2．截面线必须在轮廓线的法平面内 3．适用于具有明显截面线的三维曲面的精加工
	等高线精加工	根据曲面轮廓生成精加工刀具轨迹	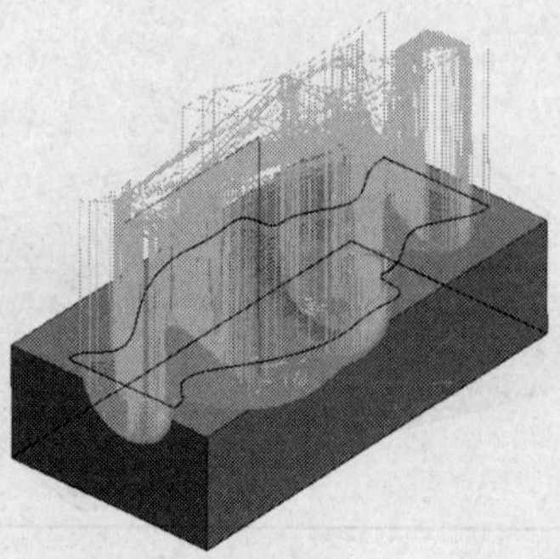	1．在加工外形时，要用螺旋或 Z 型下刀导入材料，下刀点选在不重要的斜面上或在坡度较大的斜面下刀 2．适用于较为陡峭的曲面精加工

续表

命令		功能	图例	使用注意事项
精加工	扫描线精加工	根据曲面轮廓生成精加工刀具轨迹		1．加工造型可以是实体也可以是曲面 2．有多种加工方法，可优化加工轨迹，适用于不同材料毛坯的高速加工 3．适合高速加工
	浅平面精加工	自动识别零件模型的平坦区域，针对这些区域生成精加工刀具轨迹		1．加工边界中，如果相对于边界的刀具位置设定为边界外侧，且加工参数中行间连接方式设定为投影时，则边界位置成为抬刀方式 2．适用于复杂零件平坦部分的精加工
	限制线精加工	生成多个曲面的三轴刀具轨迹，并且刀具轨迹限制在两系列限制线内	限制线 1　限制线 2	1．限制曲线不能封闭，且曲率不能太大，否则不能生成相应的刀具轨迹 2．使用两条限制线时，方向要保持一致 3．当加工边界比较大时，可能不能在全部加工边界内生成刀具轨迹 4．适用于多个曲面的整体处理，中间无抬刀
	三维偏置精加工	生成由里向外或由外向里的三维等间距刀具轨迹		1．如果模型全部或一部分在加工范围之外，或模型中有垂直的立壁，或模型中有贯穿模型的孔，或模型中有与刀具直径相近宽度的沟形状，将不会生成所需的刀具轨迹 2. 加工特点是在 *XOY* 平面内的行距是均匀的，在 *Z* 方向的层降也是均匀的，适用于高速精加工
	深腔侧壁精加工	生成按插铣方式上下运动的精加工刀具轨迹		1．类似于“钻”的动作 2．选用带有开槽刃的立铣刀 3．适用于深腔侧壁的精加工

续表

命令		功　能	图　例	使用注意事项
补加工	等高线补加工	根据等高线加工轨迹和加工曲面的形状自动确定残留面积过大的区域，生成对未加工区域的补加工刀具轨迹		1．使用的刀具半径必须小于前刀具半径 2．*XY* 向行距要尽量小于刀具半径 3．只能识别二维未加工区域，不能识别三维切削余量 4．适用于等高加工平坦区域后的补加工
	笔式清根加工	生成角落部分的补加工刀具轨迹		1．一般要选用较小的球头刀 2．常用来清理角落或者前次加工剩余的角落
	区域式补加工	针对前一道工序加工后的残余量区域生成补加工刀具轨迹		1．使用的刀具半径必须小于前刀具半径 2．后面可以追加笔式清根加工
槽加工	曲线式铣槽	根据曲线提供的路径生成铣槽的刀具轨迹		1．加工对象也可以是某曲面 2．铣槽的曲线路径可以是多个回路，也可以是开曲线 3．适用于在不规则的曲面或造型中的铣槽加工
	扫描式铣槽	根据导向线及检查线生成铣槽的刀具轨迹	导向线　检查线	1．类似于加工截面 2．加工范围由导向线和检查线来控制

续表

命令		功　能	图　例	使用注意事项
其他加工	孔加工	生成钻孔的刀具轨迹		1．“加工参数”中的工件平面一定要根据实际情况来设置，系统默认的开始钻孔的高度是Z0平面 2．“加工参数”中的钻孔深度要设置为正值 3．拾取点的顺序就是打孔顺序，要考虑到如何安排打孔节省时间

综合练习

1．完成零件加工造型，用平面区域粗加工和轮廓线精加工的方法设计如图6.250所示圆台零件的加工轨迹。

2．应用等高线粗加工和等高线精加工的方法完成如图6.251所示槽轮的加工轨迹。

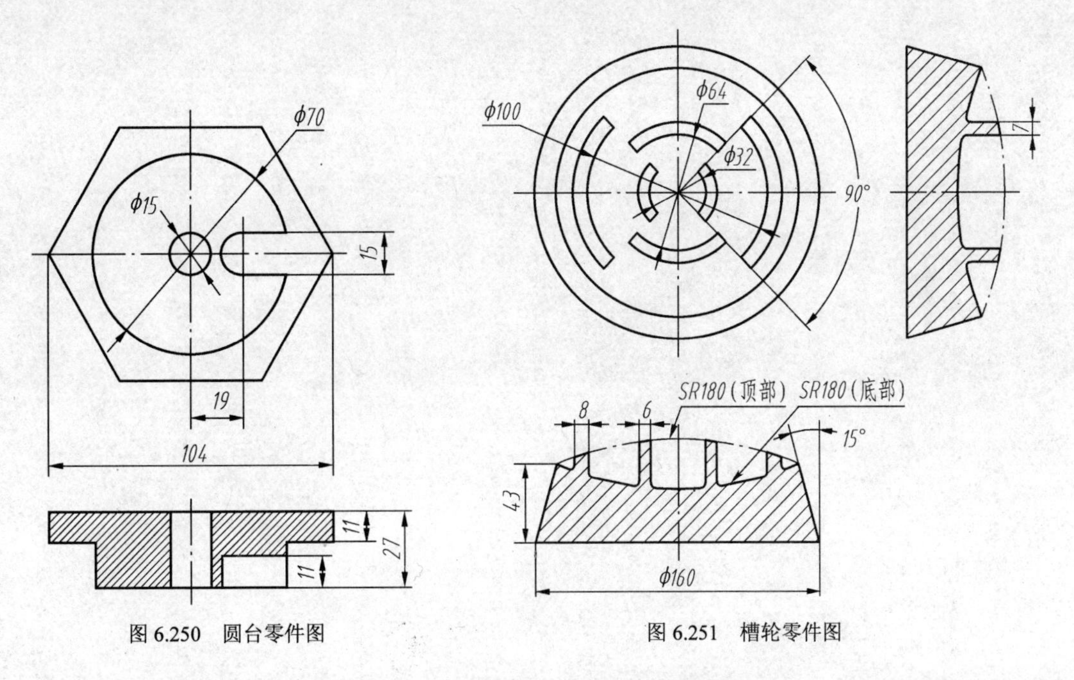

图6.250　圆台零件图

图6.251　槽轮零件图

3．自己设计一个水杯的实体造型，分别设计成凸模和凹模的加工造型，选择合适的加工方法，分别生成加工轨迹。

参 考 文 献

[1] 杨伟群．数控工艺培训教程（数控铣部分）[M]．北京：清华大学出版社，2002．

[2] 胡松林．CAXA 制造工程师 V2/XP 实例教程[M]．北京：北京航空航天大学出版社，2001．

[3] 北京北航海尔软件有限公司．CAXA 制造工程师 XP 用户手册[M]．北京：北京北航海尔软件有限公司